食品酵素化学の最新技術と応用Ⅱ
―展開するフードプロテオミクス―

Food Enzyme Chemistry: its Cutting-edge Technology and Development in Food Proteomics

《普及版／Popular Edition》

監修 井上國世

シーエムシー出版

はじめに

酵素の産業利用の歴史は古い。古来，アジアでは酒造や味噌，醤油などの醸造において微生物のアミラーゼやプロテアーゼが利用され，欧州ではチーズの製造にウシやヒツジ，ヤギの胃の酵素が用いられてきた。しかし，これは伝統的技法にとどまるものである。科学的認識に裏打ちされた酵素利用技術は，1910年頃に食品加工においてはじまったと考えられている。つまり，酵素の利用は伝統的および科学的な応用のどちらにおいていも，食品加工からスタートしたものである。酵素の産業利用の歴史は1世紀以上となり，酵素が活躍する分野も食品のほか，洗剤，繊維，皮革，紙・パルプ，飼料，診断，医薬，遺伝子工学用など多岐にわたっている。最近では，バイオエタノール製造や新規の機能材料の開発に酵素が利用されるなど，新しい用途も開発されつつあり，酵素への期待は増すばかりである。

現在，使用が認められている食品酵素は数十品目で，食品の品質改善，保存，果汁飲料の製造，ビール混濁防止，ねり製品の製造，製パン，小麦グルテン加工など，応用範囲は多岐にわたる。また，応用シーンは，高温，高圧，高塩濃度下，酸性，アルカリ性，油中など様々で，歴史の長い食品酵素であるが，積極的な研究がいまなお盛んである。ゲノミクス，プロテオミクス，タンパク質工学を活用した新機能の創出やメタゲノムを活用した新規な酵素の探索など，新しいバイオテクノロジーが活用され，食品酵素化学の研究も大きく変わろうとしている。

これまでに「食品酵素化学の最新技術と応用ーフードプロテオミクスへの展望」(2004年3月)およびに「産業酵素の応用技術と最新動向」(2009年3月) をシーエムシー出版から出版した。本書では，これらに記載された内容以降に蓄積された情報を取り上げ，とくに食品酵素化学に焦点を当てた。食品には多くの酵素が含まれ，食品の特性の形成に大きい役割を果たしている。また，食品の製造や加工，保蔵，調理さらには食品分析，食品衛生など，食品を取り巻く科学・技術には多くの酵素が関係している。食品の科学・技術は酵素機能の調節・制御の上に成り立っていると言っても過言ではない。食品の製造や加工では，人類が経験的に獲得してきた酵素機能の利用に加えて，近年の酵素化学や食品科学の進展により，思いもよらない酵素の利用法が見られる。これらを踏まえて，前書では「食品に関わる酵素タンパク質の情報の大系」をフードプロテオミクスと呼んだ。本書は，フードプロテオミクスのさらなる展開と発展に着眼して取りまとめたつもりである。

本書では，糖質関連酵素，アミノ酸・ペプチド・タンパク質関連酵素，リパーゼなどの各種食品酵素の最新研究動向のほか，酵素を利用した食品の軟化処理や低アレルゲン化など新しい食品加工技術について，企業・大学で活躍される専門家の方々にご解説頂いている。本書が，酵素とその産業利用に関心をもつ企業の企画・研究・開発担当者はもとより，酵素化学，産業用酵素に関心をもつ多くの方々に活用され，その研究開発の一助となれば幸甚である。最後に，ご多忙中，快く執筆をお引き受け頂いた著者の皆様に，心より感謝申し上げる。

2011年9月

京都大学大学院農学研究科
井上　國世

普及版の刊行にあたって

本書は2011年に『食品酵素化学の最新技術と応用Ⅱ—展開するフードプロテオミクス—』として刊行されました。普及版の刊行にあたり，内容は当時のままであり加筆・訂正などの手は加えておりませんので，ご了承ください。

2018年6月

シーエムシー出版　編集部

執筆者一覧（執筆順）

上田光宏	大阪府立大学 大学院生命環境科学研究科　准教授
杉田亜希子	天野エンザイム㈱　産業用酵素開発部 研究員
岡田正通	天野エンザイム㈱　産業用酵素開発部 上級専門研究員
山口庄太郎	天野エンザイム㈱　産業用酵素事業部 部長
森川康	長岡技術科学大学　名誉教授
阪本龍司	大阪府立大学大学院　生命環境科学研究科　准教授
澤田雅彦	合同酒精㈱　酵素医薬品研究所　グループマネージャー
深溝慶	近畿大学大学院　農学研究科　バイオサイエンス専攻　教授
新家粧子	近畿大学大学院　農学研究科　バイオサイエンス専攻
渡邉剛志	新潟大学　大学院自然科学研究科　生命・食料科学専攻　教授
鈴木一史	新潟大学　大学院自然科学研究科　生命・食料科学専攻　准教授
岩本博行	福山大学　生命工学部　生命栄養科学科　教授
半谷吉識	キッコーマン㈱　研究開発本部　環境・安全分析センター　センター長代理
伊藤考太郎	公益財団法人　野田産業科学研究所　研究員
吉宗一晃	日本大学　生産工学部　応用分子化学科　助教
若山守	立命館大学　生命科学部　生物工学科　教授
野口治子	東京農業大学　応用生物科学部　生物応用化学科　嘱託准教授
有馬二朗	鳥取大学　農学部　生物資源環境学科　准教授
森本康一	近畿大学　生物理工学部　准教授
井上國世	京都大学　大学院農学研究科　食品生物科学専攻　教授

中　澤　洋　三　東京農業大学　生物産業学部　食品香粧学科　助教
髙　野　克　己　東京農業大学　応用生物科学部　生物応用化学科　教授
島　田　裕　司　岡村製油㈱　商品企画開発室　室長
植　野　洋　志　奈良女子大学　生活環境学部　食物栄養学科　教授
伊　東　昌　章　沖縄工業高等専門学校　生物資源工学科　教授
藤　本　佳　則　日本食品化工㈱　研究所　研究員
佐分利　　　亘　北海道大学大学院　農学研究院　助教
林　　　幸　男　宮崎大学　工学部　教授
篠　原　　　智　日本オリゴ㈱　研究所　研究所顧問
熊　谷　日登美　日本大学　生物資源科学部　生命化学科　教授
北　田　杏　和　日本大学　生物資源科学研究科　生物資源利用科学専攻
中　村　静　佳　大塚薬品工業㈱　生産部　開発課　研究員
尾　﨑　嘉　彦　㈱農業・食品産業技術総合研究機構　果樹研究所　栽培・流通利用研究領域
流通利用・機能性ユニット　上席研究員
尾　関　健　二　金沢工業大学　バイオ・化学部　応用バイオ学科　ゲノム生物工学研究所
教授
坂　本　宏　司　広島県立総合技術研究所食品工業技術センター　技術支援部　部長
島　田　研　作　松谷化学工業㈱　研究所　主査研究員
大　隈　一　裕　松谷化学工業㈱　研究所　所長

執筆者の所属表記は，2011年当時のものを使用しております。

目　　次

【第Ⅰ編　糖質関連酵素】

第1章　ミミズ由来の低温適応性を有する新規な生デンプン分解酵素　上田光宏

第2章　微生物*β*-アミラーゼ　杉田亜希子，岡田正通，山口庄太郎

第3章　セルラーゼ　森川　康

第4章　ペクチンの構造と分解酵素　　阪本龍司

第5章　キシラナーゼ　　澤田雅彦

第6章　キトサナーゼの加水分解機構と基質認識機構

深溝　慶，新家粧子

第7章　キチナーゼ

渡邉剛志，鈴木一史

第8章　枝切り酵素

岩本博行

【第Ⅱ編　アミノ酸・ペプチド・タンパク質関連酵素】

第9章　麹菌グルタミナーゼ

半谷吉識，伊藤考太郎

第10章　グルタミナーゼ・アスパラギナーゼ　吉宗一晃，若山　守

第11章　コムギ由来プロテインジスルフィドイソメラーゼ　野口治子

第12章　セリンペプチダーゼ　―ペプチド合成への利用展開―　有馬二朗

第13章　コラーゲン分解酵素　森本康一

第14章　サーモライシンの活性化と安定化　**井上國世**

【第Ⅲ編　その他の酵素】

第15章　ホスホリパーゼDの構造と機能およびその応用

中澤洋三，髙野克己

第16章　リパーゼ反応を利用した油脂加工：反応におよぼす水の影響　**島田裕司**

第17章 GABA合成酵素，グルタミン酸デカルボキシラーゼ：その生理作用と塩味･隠し味に関する最近の話題 植野洋志

第18章 有機溶媒耐性チロシナーゼ ―その特性と利用の可能性― 伊東昌章

【第Ⅳ編 食品加工】

第19章 CGTaseとα-グルコシダーゼの共反応による分岐グルカンの生成とその応用 藤本佳則，佐分利 亘

第20章 グルコシルトランスフェラーゼを用いた機能性オリゴ糖の生産 林 幸男，篠原 智

第21章　酵素による食品の低アレルゲン化

熊谷日登美，北田杏和，中村静佳

第22章　微生物酵素によるカキ果実剥皮技術の開発

尾﨑嘉彦

第23章　小麦フスマの前処理・酵素処理および麹菌発酵による解析と機能性付与

尾関健二

第24章　凍結含浸法による食材の軟化

坂本宏司

第25章 既存の酵素を用いた新素材の生産―難消化性デキストリンと遅消化性デキストリンを例に―

島田研作，大隈一裕

―第Ⅰ編　糖質関連酵素

第1章　ミミズ由来の低温適応性を有する新規な生デンプン分解酵素

上田光宏*

1　はじめに

植物バイオマスの糖化は高温条件でなく低温条件で糖化する方が加温するためのエネルギーを節約できることから生産コストを下げることができる。また，加温のためのエネルギーは一般に化石燃料（重油）が用いられているので，低温条件で糖化することでCO_2ガスの発生量も減らすことができる。以上のことから，低温条件での糖化が望まれる。しかしながら，高温条件で耐熱性酵素を用いて糖化されているのが現状である[1)]。これまでに生デンプンを用いた無蒸煮アルコール発酵法（図1）が考案され，一時工業的にエタノールの生産が行われたが，現在この方法は日本国内では用いられていない。そこで，我々はこれまでの酵素の弱点を補える能力を有するとともに，工業的に利用価値の高い酵素のスクリーニングを行ったところ，土壌動物であるシマミミズ（*Eisenia foetida*）に目的の酵素が存在することを見出した[2)]。

ここでミミズがどのような生物なのかふれておくことにする。ミミズは，地球上に4億年前から生息している環形動物門・貧毛綱に属する動物の総称で，世界で6,200～7,000種程度生息している[3)]。ミミズは繁殖能力が高く，枯葉や小枝など有機物を分解する能力が高いことから近年，食品廃棄物のコンポスト化に用いられている。*E. foetida*の最適生育温度は25℃で，気温が

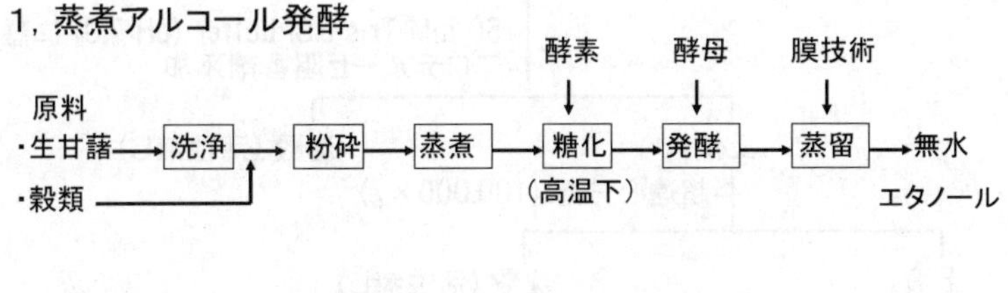

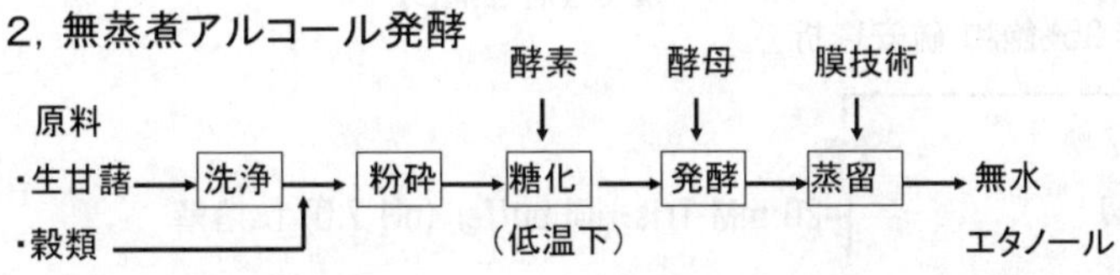

（利点：糖化に投入熱エネルギーを必要としない ・製造コストを削減できる）

図1　発酵法によるエタノール製造工程

*　Mitsuhiro Ueda　大阪府立大学　大学院生命環境科学研究科　准教授

10℃に低下しても生育できる。ミミズの中には越冬するものや氷河で生育できる種（コオリミミズなど）も存在し，低温に適応する能力が高いことから地球上のかなり広い領域に生息している。ミミズには生理活性物質が含まれ，古来より漢方薬（地龍）として広く用いられてきた。また，血栓溶解作用を示す物質が含まれており，今後医薬方面での利用が期待される[4)]。さらに，ミミズは乾燥重量あたり60％がタンパク質で栄養価に富み，ニワトリや魚が好んで食べることから飼料としても利用されている[5)]。ミミズは氷河期を含む4億年もの間地球上に生存し続けてきた生命体である。この間にミミズは低温環境への適応能力と繁殖能力を身につけたと考えられる。これまでに我々はミミズから抗植物ウイルス性プロテアーゼを単離・精製し，本酵素が生物系農薬として利用できる可能性を示す結果を得ている[6, 7)]。以上のことから，ミミズにはユニークな性質を有する酵素が存在しているものと考え，ミミズに着目して研究を行った。

2　ミミズ由来の低温適応性を有する生デンプン分解酵素の単離・精製[2)]

1日絶食させ凍結乾燥した*E. foetida* 10gを破砕し，50mM Tris-HCl緩衝液（pH7.0）で懸濁した。懸濁液を遠心分離（27,720g，20min，4℃）し，上清をさらに超遠心分離（10,000g，20min，4℃）し，*E. foetida*粗抽出液とした（図2）。*E. foetida*粗抽出液に35％飽和になるよう硫酸アンモニウムを添加，よく攪拌後，一晩4℃で静置した。遠心分離（27,720g，20min，4℃）を行い，上清と沈殿に分画し，沈殿画分に少量の50mM Tris-HCl緩衝液（pH7.0）を加え，沈殿物を完全に溶解した。溶解後，20mM Tris-HCl緩衝液（pH7.0）で透析を行った。透析後の酵素液をあらかじめ20mM Tris-HCl緩衝液（pH7.0）で平衡化したDEAE-Toyopearl

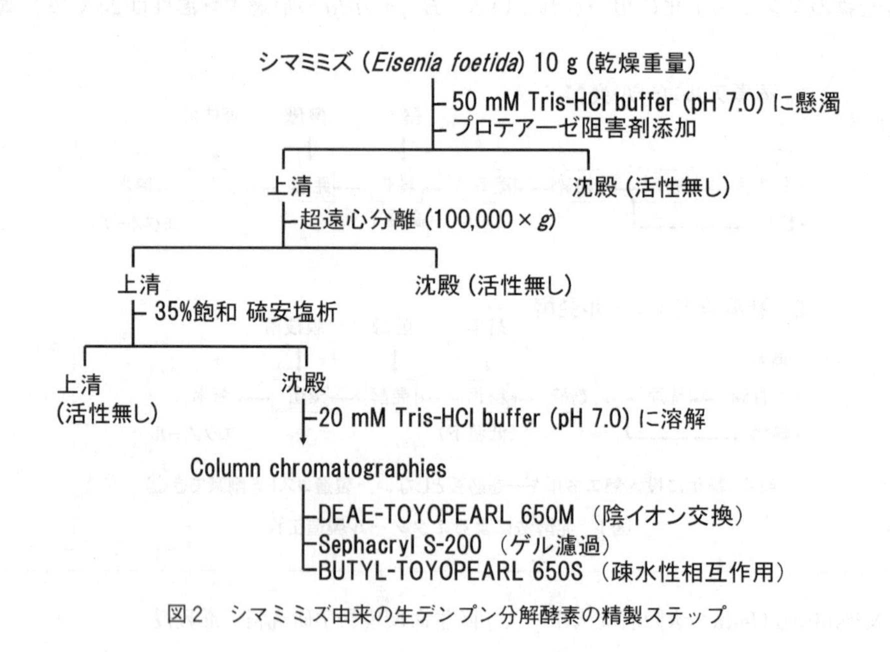

図2　シマミミズ由来の生デンプン分解酵素の精製ステップ

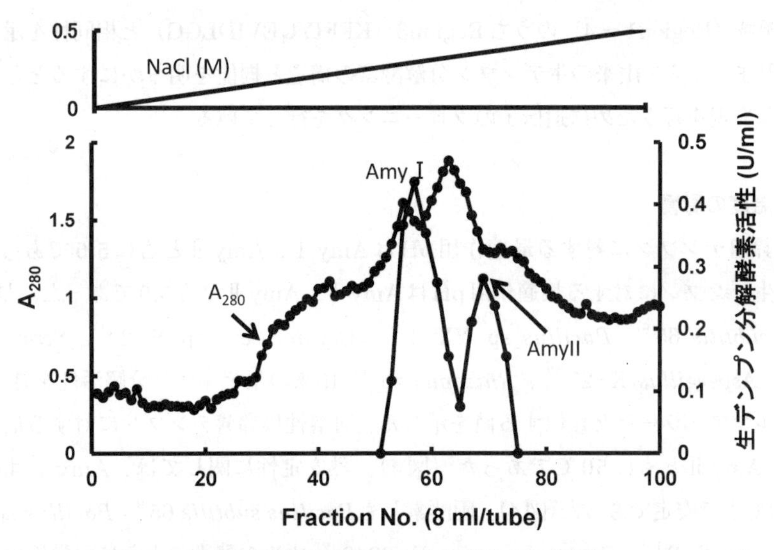

図3　DEAE-TOYOPEARL 650Mカラムクロマトグラフィー

650M陰イオン交換カラムに負荷し，NaClを用いたリニアグラジエントにより酵素を溶出した。その結果，アミラーゼⅠ（AmyⅠ）とアミラーゼⅡ（AmyⅡ）が得られた（図3）。生デンプン分解活性のある画分をそれぞれ回収し，80％飽和硫酸アンモニウム塩析後，Sephacryl S-200ゲルろ過カラムにサンプルを負荷し，活性画分を回収した。回収した画分を0.5M硫酸アンモニウムを含むようにサンプルを調製し，そのサンプルをButyl-Toyopearl 650S疎水性相互作用カラムに負荷し，硫酸アンモニウムによるグラジエント（0.5～0M）によりタンパク質を溶出した。精製の結果，電気泳動的に均一な酵素タンパク質が得られ，AmyⅠ，AmyⅡとも分子量は60,000であった。

3　ミミズ由来の低温適応性を有する生デンプン分解酵素の性質

3.1　N-末端ならびに内部アミノ酸配列

AmyⅠ，AmyⅡをSDS-PAGE後，PVDF膜にブロッティングし，プロテインシークエンサーを用いてN-末端アミノ酸配列の解析を行ったが，N-末端部分がブロックされ解析することができなかった。そこで，N-formyl基のデブロッキング処理，N-pyroglutamyl基のデブロッキング処理を行ったが，これらの処理を行っても解析することができなかった。次に，N-acetyl基のデブロッキング処理を行った後N-末端アミノ酸配列の解析を行ったところ，AmyⅠとAmyⅡともN-末端アミノ酸配列を解析することができた。両酵素の配列はほとんど一致していた。次に内部アミノ酸配列の解析を行った。AmyⅠをトリプシンで消化した後，消化液をHPLCに供したところ，複数のペプチド断片を分離することができた。各ペプチド断片のアミノ酸配列の解析を行った結果，ヒト唾液α-アミラーゼなどのα-アミラーゼファミリーに高度に保存されている4つの領域（Region1～4）のうちRegion3（KPFIYQEVIDLGG）と相同性を示す配列を見出した[8]。現在，ミミズ由来の生デンプン分解酵素の構造と機能を明らかにするとともに異種宿主による大量発現を行うために遺伝子のクローニングを行っている。

3.2 pHと温度の影響

可溶性馬鈴薯デンプンに対する最適作用pHはAmyⅠ，AmyⅡともに5.5であった（表1）。また，コメ生デンプンに対する最適作用pHはAmyⅠ，AmyⅡとも5.0であった。最適作用pHは*Bacillus subtilis* 65[9]，*Bacillus* sp. YX-1[10]，*Cryptococcus* sp. S-2[11]，*Streptomyces* sp. E-2248[12]，*Aspergillus* K-27[13]，*Rhizopus* sp.[14] 由来の生デンプン分解活性を有するα-アミラーゼやグルコアミラーゼと類似する値を示した。可溶性馬鈴薯デンプンに対する最適作用温度はAmyⅠ，AmyⅡともに50℃であった（図4）。熱安定性に関しては，AmyⅠは60℃まで，AmyⅡは50℃まで安定であった(図4)。両酵素とも*Bacillus subtilis* 65[9]，*Bacillus* sp. YX-1[10]，*Cryptococcus* sp. S-2[11]，*Streptomyces* sp. E-2248[12] 由来の酵素のように耐熱性を有する酵素であることが分かった。南極好冷菌*Alteromonas haloplanctis* A23由来のα-アミラーゼは低温

表1　シマミミズ由来の生デンプン分解酵素の諸性質

	AmyⅠ	AmyⅡ
分子量	60,000	60,000
分解様式	エンド型	エンド型
比活性		
(可溶性デンプン)	314U/mg protein	174U/mg protein
(コメ生デンプン)	6.05U/mg protein	18.7U/mg protein
最適作用温度	50℃	50℃
熱安定性	60℃まで安定	50℃まで安定
最適作用pH	pH5.5	pH5.5

(AmyⅠ，AmyⅡとも低温下で活性を示す)

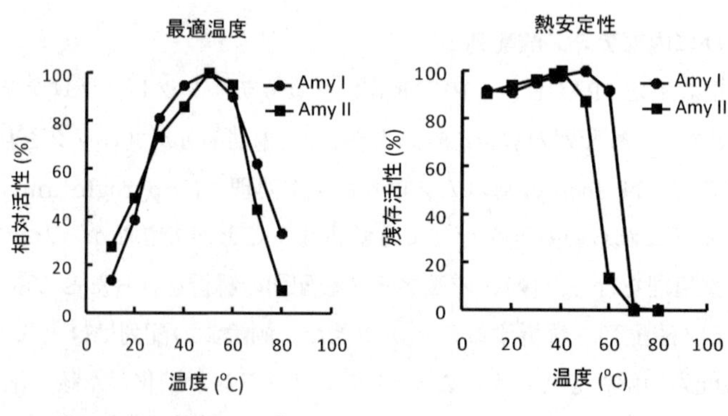

図4　生デンプン分解酵素の温度の影響

適応酵素と知られているが，熱に対しては不安定である[15]。一方，AmyⅠ，AmyⅡは耐熱性を有するだけでなく，10℃という低温でも活性を示した（図4）。さらに両酵素は可溶性だけでなく，不溶性のデンプン（コメ生デンプン）を10℃でも分解することができた。

3.3　各種生デンプンに対する分解活性と加水分解産物

うるち米，インディカ米，コーン，小麦，ポテト，サツマイモ，キャッサバ由来の生デンプンを用いてAmyⅠとAmyⅡの分解活性を調べたところ，コメ由来デンプンに対して高い活性を示した。さらに，うるち米よりもインディカ米に対する活性が強いことが分かった。コメ由来のデンプンの粒径は他の植物由来のデンプンに比べて小さいことから，本酵素は粒径の小さいデンプンに対して特異性が高いと考えられる。また，インディカ米はうるち米よりもアミロペクチンの割合が低いので，本酵素は分岐構造をとるアミロペクチン部分よりも直鎖構造のアミロース部分を分解しやすいと考えられる。

精製した2種のアミラーゼとコメ生デンプン（うるち米）とを反応させ，分解産物を薄層クロマトグラフィー（TLC）により分析した。反応3時間後の分解産物はマルトース，マルトトリオース，マルトテトラオース，マルトペンタオース，とさらに重合度の大きなオリゴ糖が見られたが，グルコースはほとんど検出されなかった。12時間後では，主にマルトース，マルトトリオースが生成し，72時間後ではグルコース，マルトースが主要産物となっている。つまり，反応初期では重合度の大きなオリゴ糖が見られ，時間の経過に伴い，重合度の小さなオリゴ糖が得られた。この結果と3.1の内部アミノ酸配列の結果からAmyⅠとAmyⅡはエンド型のα-アミラーゼであると判断した。コメ生デンプン（うるち米）に対する比活性はAmyⅠ（6.05units/mgprotein）よりAmyⅡ（18.7units/mg protein）の方が高い値を示した。一方，可溶性デンプン（馬鈴薯）に対してはAmyⅠ（314units/mg protein）の方がAmyⅡ（174 units/mg protein）より比活性が高かった（表1）。このことは生デンプンを効率よく分解するために両酵素が相補的な役割を果たしているものと考えられる。

4　ミミズ由来の低温適応性を有する生デンプン分解酵素のバイオエタノール生産への利用

コメ生デンプン溶液（5.0％（w/v））をミミズ由来の生デンプン分解酵素（AmyⅠとAmyⅡを含む硫安塩析後の粗酵素液）とともに25℃，pH5.0の条件下で1～2日間反応させた。その分解物に酵母（*Saccharomyces cerevisiae*）を添加し，25℃で発酵を行った。その結果，約2％のエタノールが生産できた。研究室レベルで生デンプンからエタノールを生産できることを明らかにしたので，今後，加水分解反応の効率化を図り，高濃度のエタノールを生産することを目指している。また，原料としては食品廃棄物として処分されるCd汚染米，食飼料に適さない古米，くず米，調理後の廃棄される米飯等を利用できないかと考えている。

5 まとめと展望

ミミズから低温適応性を有する生デンプン分解酵素（Amy I とAmy II）を精製した。本酵素は最適pH5.0～5.5，最適温度50℃であった。Amy I とAmy IIとも低温下（10℃）で可溶性だけでなく不溶性のデンプンを分解できるとともに，50～60℃という熱に対しても安定であった。コメ生デンプンからの分解産物をTLCを用いて調べたところ，反応初期では重合度の大きなオリゴ糖が得られ，時間の経過に伴い重合度の小さなオリゴ糖とグルコースが得られた。また，内部アミノ酸配列から本酵素はエンド型のα-アミラーゼであると判断した。低温・酸性条件でコメ生デンプンを加水分解し，その分解産物を用いて酵母によるエタノールの生産を行った（無蒸煮アルコール発酵）。

現在，デンプンを原料にバイオエタノールの生産が行われている。将来的には，食料と競合しないセルロース等の再生可能な植物バイオマスを原料にバイオエタノールの生産が考えられている。現在のところ，カビ由来のセルラーゼが用いられているがセルロースを効率よく分解できる酵素が存在しないのが現状である[16]。ミミズには結晶性セルロースやヘミセルロースに対する分解能力が高く，しかも低温下でも高活性を示す酵素が存在することを見出している[17]。カルボキシメチルセルラーゼ（EF-CMCase25）に関しては，すでに単離・精製し，その酵素の性質を明らかにしている。現在，本酵素の大量発現ならびに低温適応機構を明らかにするために酵素遺伝子のクローニングを行っている。今後，低温条件で植物バイオマスを効率良く分解するためにミミズ酵素ならびに微生物由来の酵素を用いて酵素カクテルを調製し，低温糖化・低温発酵システムの構築を試みる予定である。本技術は低炭素社会構築において有用な技術になると考えている。

謝辞

この著述は，大阪薬科大学薬学部講師・坂口　実先生，京都大学大学院農学研究科教授・井上國世先生との共同研究の成果をまとめたものである。ここに深く感謝申し上げたい。さらに，本研究を担当してくれた淺野友彦氏に感謝申し上げる。

文　　献

1） アルコールハンドブック第9版, 技法堂出版
2） M. Ueda *et al.*, *Comp. Biochem. Physiol. Part B.*, **150**, 125-130（2008）
3） 渡辺弘之, ミミズ―嫌われもののはたらきもの―, 東海大学出版会
4） N. Nakajima *et al.*, *Biosci. Biotechnol. Biochem.*, **57**, 1726-1730（1993）
5） 中村好男, "ミミズと土と有機農業", p. 34, 創森社
6） 上田光宏, ミミズ由来抗植物ウイルス性プロテアーゼ, 井上國世監修, 産業酵素の応用技術と

最新動向　第33章，CMC出版
7) M. Ueda *et al.*, *Comp. Biochem. Physiol. Part B.*, **151**, 381-385（2008）
8) 栗木隆，α-アミラーゼファミリーの概念：http://www.glycoforum.gr.jp/science/word/saccharide/SA-B05J.html（江崎グリコ株式会社，生物科学研究所）
9) S. Hayashida *et al.*, *Appl. Environ. Microbiol.*, **54**, 1516-1522（1988）
10) X. D. Liu, Y. Xu, *Bioresour. Technol.*, **99**, 4315-4320（2008）
11) H. Iefuji *et al.*, *Biochem. J.*, **318**, 989-996（1996）
12) T. Kaneko *et al.*, *Biosci. Biotechnol. Biochem.*, **69**, 1073-1081（2005）
13) J. I. Abe *et al.*, *Carbohydr. Res.*, **175**, 85-92（1998）
14) T. Takahashi *et al.*, *J. Biochem.*, **98**, 663-671（1985）
15) G. Feller *et al.*, *Eur. J. Biochem.*, **222**, 441-447（1994）
16) 2010年度日本農芸化学会シンポジウム，4SY20 多様な「非デンプン性」バイオマスからの効率的かつ多角的なバイオエタノール生産をめざす酵素化学の現状と展望（2010年度日本農芸化学会講演要旨集 p.シ71～シ74）
17) M. Ueda *et al.*, *Comp. Biochem. Physiol. Part B.*, **157**, 26-32（2010）

第2章　微生物β-アミラーゼ

杉田亜希子[*1]，岡田正通[*2]，山口庄太郎[*3]

1　はじめに

β-アミラーゼ（EC 3.2.1.2, 1, 4α-D-Glucan maltohydrolase）は，澱粉中の主鎖であるα-1,4結合に作用し非還元末端よりβアノマー型のマルトースを順次遊離するエキソ型の酵素である。β-アミラーゼは，マルトースの製造や餅菓子の老化防止等に利用されているが，その給源は，大麦，小麦，大豆などの食糧植物に限られていた。近年，中国やインドなど多くの人口を抱える国々の急速な成長に伴い世界的な食糧危機が叫ばれている。また昨今では，穀物の貯蔵糖質や脂質は，食物であるとの批判を受けつつも，化石燃料の代替となるバイオ燃料いわゆる再生可能エネルギーの原料として米国を中心に消費されており，この動きが穀物価格の高騰に拍車をかけ，原料確保に一層の困難さをもたらしている。このような状況のもと，産業用酵素の給源についても，将来に渡って安定的に供給できる微生物起源が望まれている。

微生物由来のβ-アミラーゼは，1970年代に最初に見出され，多くの研究がなされてきたが，種々の理由からその実用化は困難であった。最近，筆者らは，新たな微生物由来のβ-アミラーゼのスクリーニングを行い，大麦や小麦の酵素より耐熱性に優れたβ-アミラーゼを見出し，その性質と構造を明らかにすると共に応用試験により有用性を明らかにした。さらに工業的生産を目指し，その生産性向上とスケールアップを行い製品化に成功した。

本章では，産業用酵素としてのβ-アミラーゼの開発の歴史と産業利用を概観したのち，*Bacillus flexus*由来のβ-アミラーゼの性質，構造および応用について解説する。

2　β-アミラーゼの歴史と工業生産の現状

β-アミラーゼは，麦芽中の糖化酵素のなかに見出されたβ型のマルトースを生成する酵素として見出され，命名された名前である。詳細な研究は，1946年の甘藷（サツマイモ）からの結晶単離から始まり，その後大麦，小麦などの穀類，大豆などの豆類から次々に見出され，高等植物に広く分布している酵素として知られた[1]。それ以降，これら植物酵素に関する作用様式や活性化機構の解明研究が盛んになされ，1993年にはX線結晶構造が大豆由来の酵素について解明さ

＊1　Akiko Sugita　天野エンザイム㈱　産業用酵素開発部　研究員
＊2　Masamichi Okada　天野エンザイム㈱　産業用酵素開発部　上級専門研究員
＊3　Shotaro Yamaguchi　天野エンザイム㈱　産業用酵素事業部　部長

れている[2)]。

β-アミラーゼは植物種子中に多く存在し比較的安価に製造できるため，工業生産においても植物由来酵素が利用されている。欧州で生産されている大麦由来の酵素が，現在世界の市場の大半を占めている。日本においては1960年代に大豆由来の酵素の製造販売から始まったが，その後原料供給元であった製油会社での大豆油の搾油方法の変更による原料確保の問題が生じたため，1980年代後半に小麦由来の酵素の製造販売が開始された。大豆由来の酵素も，原料の確保に成功したメーカーから供給が続いている[3)]。

一方，当初はβ-アミラーゼは微生物には存在しないと言われていたが，1974年日本で最初に細菌から見出された[4)]のを皮切りに数多くの微生物酵素が発見された[5)]。1980年代にはその工業生産が期待され，研究開発が盛んになされたが，耐熱性において十分でなかったこと，工業レベルでの生産性が得られなかったこと，また食品用酵素生産菌として適当でなかったことなどの理由により，現在に至るまで微生物β-アミラーゼの工業化は成功していなかった。

3　β-アミラーゼの産業利用

酵素の産業利用は多岐にわたっているが，なかでも澱粉加工工業は，酵素利用が最も盛んな産業の一つである。その中心となるのは，澱粉液化型酵素として細菌α-アミラーゼ，糖化型酵素として糸状菌グルコアミラーゼ，枝切り酵素として細菌プルラナーゼである。

3.1　マルトースの製造

糖化型酵素のうち，グルコアミラーゼはグルコースや異性化糖の製造に用いられるが，マルトースの製造にはβ-アミラーゼが用いられる。マルトース（麦芽糖）は，古くから麦芽飴の主成分として利用されてきたが，現在では食品用甘味料としてそのまま利用されるほかマルチトールの原料としても利用されている。また高純度のものは医療用栄養剤としても広く利用されている糖である。その甘味度はショ糖の30～40％と低甘味であるが，ショ糖よりまろやかな甘味を有している。また，マルトースは常温下で1分子の水を保有した含水結晶状態となり，一定水分を保持して吸放湿を示さない安定な状態をとるため，吸湿性が低く高い水分保持能を有する。グルコースと比較して加熱による着色（メイラード反応）が少ないという特徴も有する。このように，マルトースは，ボディー感がある，メイラード反応率が低い，結晶化しにくいなどの特徴から，キャンディー，菓子類，佃煮，アイスクリームなどの甘味料として使用されている。特に，上品でまろやかな甘味質であり，着色も少ないことから，和菓子の甘味料としてはなくてはならないものである。麹菌*Aspergillus oryzae*のα-アミラーゼも，マルトースを比較的多く蓄積するため本用途に用いられているが，グルコースも著量生成するため用途が限られている。

3.2 澱粉食品の老化抑制

またβ-アミラーゼには澱粉老化抑制作用がある。この性質を利用して，主として日本において餅菓子の老化防止に広く利用されている。大福餅や団子などの餅菓子においては，柔らかさ（ソフトネス）はその品質の大きな部分を占めており，ソフトネスを維持して商品価値を維持させるためにさまざまな工夫が施されている。糖類や乳化剤などを添加する方法の他に，β-アミラーゼを利用する方法もその一つである。餅が硬くなる原因は澱粉の老化である。澱粉は水を加えて加熱すると，吸水・膨潤し，澱粉粒を飛び出したアミロースが水分子と結合し柔らかな状態となる（糊化状態）。糊化した澱粉はそのまま放置されると硬化する（老化）。この現象は一般に，アミロース分子の構造がヘリックス形態から伸張形態となり，水素結合により凝集を起こし，これに伴い水分子が離脱するためと言われている[6)]。β-アミラーゼは，老化の主たる原因であるアミロースのα-1,4結合をエキソタイプに分解しその鎖長を短くするため，直鎖アミロースの分子間の凝集を抑制する。また，生ずるマルトースの保湿作用も柔らかさに寄与すると考えられる[7)]。この目的にα-アミラーゼを用いた場合，老化防止効果はあるが澱粉そのものを過剰に分解してしまうため，餅が柔らかくなり過ぎダレが生じてしまう。またグルコアミラーゼを用いた場合には，生成したグルコースが加熱時にメイラード反応を起こし，餅が着色しやすいという欠点もある。β-アミラーゼは，甘味度にあまり影響を与えないことも利点である。これは他のアミラーゼと比べて反応が限定されること，また上述のように生成マルトースがまろやかな甘味度を有しているためと考えられている。

製パンにおいては，パンへの柔らかさ付与，シェルフライフの延長のニーズから，澱粉老化防止用酵素としてα-アミラーゼ類が広く利用されている。β-アミラーゼについては，小麦粉中に内在するβ-アミラーゼが老化抑制作用を発揮していると言われており，大麦由来のβ-アミラーゼ酵素剤が一部利用されているが，耐熱性が低いためその利用は制限されている。

4 *Bacillus flexus* APC9451株由来のβ-アミラーゼ

4.1 生産株の取得

筆者らは，天野エンザイムの保存菌株より*Bacillus*属菌株を対象の中心として，β-アミラーゼの生産性および耐熱性を指標にスクリーニングを行い，目的の生産株として菌株番号APC9451を見出した。本菌株は，形態学的および生化学的解析あるいは16SリボゾームRNA遺伝子の塩基配列解析の結果，*Bacillus flexus*に属する一菌株と同定された。*B. flexus*は*Bacillus megaterium*に近い菌種であるが，*B. megaterium*も比較的耐熱性の高いβ-アミラーゼの生産菌として報告がある[8)]。本酵素（以下，BAFと略す）を精製し，明らかにした性質および構造を以下に記す。

4.2　性質

4.2.1　分子量および等電点

SDS-ポリアクリルアミドゲル電気泳動で分子量約60kDaを示し，他の植物や微生物由来の酵素とよく似ている。ゲルろ過での分子量測定では，担体に吸着する現象が見られ正確には求められなかったが，後述するX線結晶構造解析の結果より単量体で存在すると考えられる。密度勾配等電点集積法により求めたpIは9.7であり，他の微生物由来酵素（pI 8～9）と比較するとやや高めである。

4.2.2　温度およびpHの影響

本酵素の温度依存性および温度安定性を図1に示す。至適温度は55℃，55℃まで安定である。温度安定性は，大麦，小麦などの麦系の酵素よりも10℃以上高く，市販品酵素の中で最も耐熱性の高い大豆酵素には劣るが，微生物酵素としてよく研究されている*B. cereus*由来のβ-アミラーゼよりも高い。pH依存性およびpH安定性を図2に示す。至適pHは弱アルカリのpH 8.0にあり，pH 4～9の幅広いpHで安定である。他の微生物起源の酵素の至適pHはpH 6～7付近にあるが，BAFはそれよりもやや高い至適pHを有している。

4.2.3　基質特異性

BAFは，澱粉やマルトデキストリンによく作用するが，マルトトリオース，α-サイクロデキストリン，プルランにほとんど作用せず，これらの点は植物由来酵素とよく似ている。しかしグリコーゲンに対しては，植物由来酵素がほとんど作用しないのに対し，BAFはよく作用する(表1)。*B. cereus*由来酵素[9]や*Clostridium thermosulphurogenes*[10]由来酵素にもグリコーゲンに対する分解活性が報告されており，微生物由来酵素の特徴であるかもしれない。微生物由来

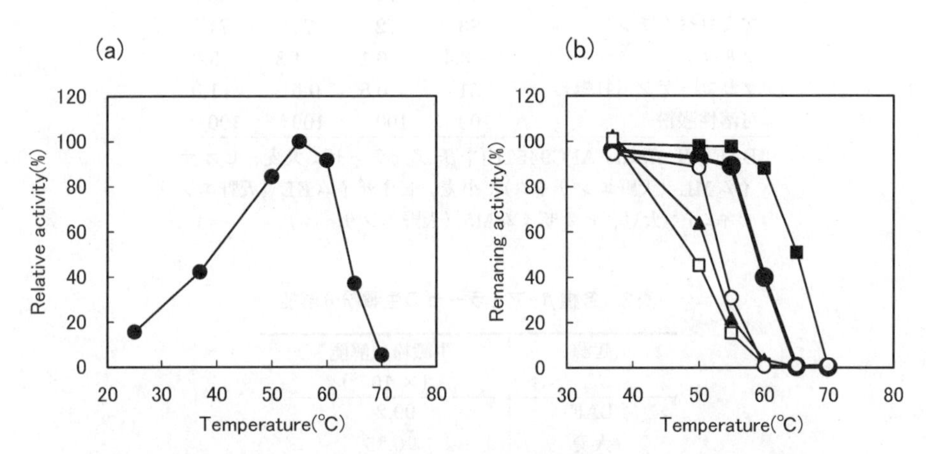

図1　*B. flexus* APC9541由来β-アミラーゼの温度依存性（a）および温度安定性（b）
（a）各温度での活性を測定。（b）pH5.0において各温度で10分間処理後の残存活性を測定。*B. flexus* APC9541酵素（●），*B. cereus*酵素（○），大豆酵素（■，ビオザイムM5，天野エンザイム），小麦酵素（□，ビオザイムKL，天野エンザイム）および大麦酵素（▲，ビオザイムML，天野エンザイム）。

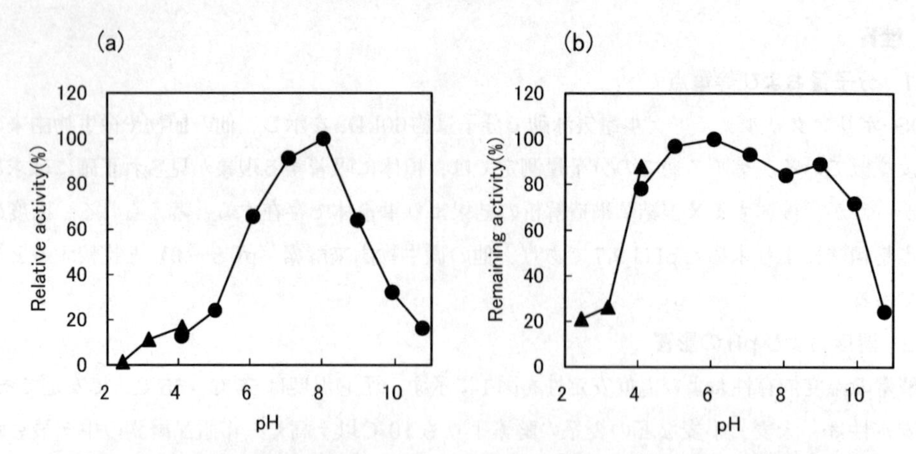

図2　*B. flexus* APC9541由来β-アミラーゼのpH依存性（a）およびpH安定性（b）
（a）各pHでの活性を測定。（b）各pHにおいて，30℃，3時間処理後の残存活性を測定。クエン酸Na-HCl緩衝液（pH 2-4，▲），Britton-Robinson緩衝液（pH 4-11，●）。

表1　各種β-アミラーゼの基質特異性

基質	相対活性（%）*			
	BAF	大麦	小麦	大豆
マルトトリオース	0	0	0	0
マルトテトラオース	75	106	88	63
マルトペンタオース	102	122	96	48
マルトヘキサオース	131	149	126	119
α-サイクロデキストリン	0	0	0	0
アミロース	98	72	67	85
アミロペクチン	83	72	74	71
プルラン	3.4	6.1	4.8	3.8
グリコーゲン（牡蠣）	51	0.8	0.5	1.0
可溶性澱粉	100	100	100	100

*BAF，*B. flexus* APC9451由来β-アミラーゼ；大麦，ビオザイムML（天野エンザイム）；小麦，ビオザイムKL（天野エンザイム）；大豆，ビオザイムM5（天野エンザイム）。

表2　各種β-アミラーゼの生澱粉分解能

起源	生澱粉分解能*（$\times 10^{-3}$）
BAF	99.2
大麦	0.25
小麦	0.03
大豆	0.00

*生澱粉分解能は，糊化澱粉分解活性に対する生澱粉分解活性（小麦由来澱粉，pH6.0）の比率で表した。

酵素には生澱粉分解活性があることが古くから知られている[11)]。BAFおよび市販の植物由来酵素について生澱粉分解活性を比較した結果を表2に示す。ここでは，糊化澱粉分解能に対する生澱粉分解能の割合を指標に比較した。従来からの知見通り，市販の植物由来酵素にはほとんど生澱粉分解活性が見られないが，BAFには一定の活性が見られる。これは植物由来酵素には見られない特徴であり，工業化に成功したβ-アミラーゼ剤の中で生澱粉分解活性を持つものはBAFのみである。

4.2.4　金属塩および阻害剤の影響

金属イオンのなかではMn^{2+}やCa^{2+}で活性化され，この点は植物由来酵素と類似している。一般に，β-アミラーゼはSH試薬により阻害を受けることが知られている。モノヨード酢酸に対しては，植物由来酵素はそれほど影響を受けないがBAFは86％の阻害を受ける。パラクロロ水銀安息香酸（pCMB）に対しては，強く阻害を受けた植物由来酵素に比べ程度が低かったものの75％の阻害を受けた。従って，BAFも他のβ-アミラーゼと同様SH酵素であると推定されている。

4.3　構造

4.3.1　一次構造

BAFの構造遺伝子は，1635bpの塩基からなりN末端側30残基からなるシグナル配列を含む545アミノ酸をコードしていた。塩基配列から推定した一次構造と，植物由来酵素および他起源微生物由来酵素とのアライメントを図3に示す。BAFは，一次構造上*B. megaterium*の酵素と80％，*B. cereus*の酵素と70％，大麦や大豆の植物由来酵素とは32％の相同性を有していた。成熟体タンパク質のN末端側の約400アミノ酸の配列から，本酵素はグリコシルヒドロラーゼファミリー14に属していると考えられる。この領域には，他のβ-アミラーゼにおいて同定されている触媒残基である2カ所のグルタミン酸（E202，E398）および活性部位を覆うように存在するフレキシブルループが見られ，これらは植物あるいは微生物を通じてよく保存されていることが分かる。また，C末端側の約100アミノ酸は澱粉結合ドメインと類似しているが，この構造は微生物由来酵素にのみ特徴的に見られる。このことは，生澱粉分解活性が微生物由来酵素に存在し植物由来酵素には存在しない知見と一致する。

4.3.2　X線結晶構造

X線結晶構造解析の結果，BAFの高次構造は*B. cereus*のβ-アミラーゼのそれ[12, 13)]と非常によく似ていた（図4）。フレキシブルループが2カ所の触媒残基を覆っている様子，活性部位，澱粉結合ドメイン，そして‘上部の領域’の3カ所でマルトースなどの糖が結合している様子がBAFでも明らかとなった。また*B.cereus*の酵素と同様，高次構造の内部にカルシウムイオンを保持していた。図5は，BAFと大豆酵素の高次構造をスーパーインポーズした図である。大豆酵素の高次構造と比較すると，C末端領域の澱粉結合ドメインが大豆酵素に存在しないことは一次構造からも明らかであるが，BAFにおいてマルトースが結合していた‘上部の領域’も大豆酵

```
                                ▼N-末端
B. flexus      MYKPIKKFASLIVLLSFVAAFILGPTNSQAAVNGQSFNSNY-KTYLMAPLKKVT---EFTTWEAFENDLRKAKQNGFYAVTVDFWWGDMEKNGDQQFDFSYAQRFAQAARNAGIKMVPII
B. cereus      MKNQFQYCCIVILSVVMLFVSLLIPQASSAAVNGKGMNPDY-KAYLMAPLKKIP---EVTNWETFENDLRWAKQNGFYAITVDFWWGDMEKNGDQQFDFSYAQRFAQSVKNAGMKMIPII
B. megaterium  MKQLCKKGLAFVLMFIFVNAFILSPINGAAAVDGKSMNPGY-KTYLMAPLKKVT---DYTTWEAFENDLRKAKQNGFYAVTVDFWWGDMEKNGDQQFDFSYAQRFAQAARNAGIKIVPII
Soybean        M-----------------------------ATSDRNMLLNYVPVYVMLPLGVVTVDNVFEDPDGLKEQLLQLRAAGVDGVMVDVWWGIIELKGPKQYDWSAYRSLFQLVQECGLTLQAIM
Barley         M-----------------------------EV---NVKGNYVQVYVMLPLDAVSVNNRFEKGDELRAQLRKLVEAGVDGVMVDVWWGLVEGKGPKAYDWSAYKQLFELVQKAGLKLQAIM

                     ▼フレキシブルループ                                                              ▼触媒残基
B. flexus      STHQCGGNVGDDCNTPLPSWIWNTKTDD-SLYFKSETGTVNKETVN------PLATDVIT-KQYGELYTAFAQALAPYKD--VIPKVYLSGGPAGELRYPSYTAADGTGYPSRGKFQAYT
B. cereus      STHQCGGNVGDDCNVPIPSWVWNQKSDD-SLYFKSETGTVNKETLN------PLASDVIR-KEYGELYTAFAAAMKPYKD--VIAKIYLSGGPAGELRYPSYTTSDGTGYPSRGKFQAYT
B. megaterium  STHQCGGNVGDDCNVPLPSWVWNLKSDD-SLYFKSETGTTNKETLS------PLATDVIS-KQYGELYTAFAQALAPYKD--VIAKIYLSGGPAGEIRYPSYTAADGTGYPSRGKFQVYT
Soybean        SFHQCGGNVGDVVNIPIPQWVLDIGESNPDIFYTNRSGFRNKEYLTVGVDNEPIFHGRTAIEIYSDYMKSFRENMSDFLESGLIIDIEVGLGPAGELRYPSYPQSQGWEFPGIGDFQCYD
Barley         SFHQCGGNVGDAVNIPIPQWVRDVGTRDPDIFYTDGHGTRNIEYLTLGVDNQPLFHGRSAVQMYADYMTSFRENMKDFLDAGVIVDIEVGLGPAGEMRYPSYPQSHGWSFPGIGEFICYD

B. flexus      DFAKSKFQMWAVNKYGSLAGVNQAWGLSLTSTSQILPPSDGNQFLKDG-YNTNYGKDFLEWYQGVLQDHAKRIGALAHQAFDPVFNVPVGAKIAGIHWQYNNPTMPHAAEKPAGYNN---
B. cereus      EFAKSKFRLWVLNKYGSLNEVNKAWGTKLISELAILPPSDGEQFLMNG-YLSMYGKDYLEWYQGILENHTKLIGELAHNAFDTTFQVPIGAKIAGVHWQYNNPTIPHGAEKPAGYND---
B. megaterium  NFAKSKFQSYALTKYGSLAGINQAWGTNLTSASQILPPSDGYQFLKDG-YSTAYGKDFLAWYQGALEDHTKRIGQLAHQAFDSTFNVPIGAKVAGIHWQYNNPTIPHAAEKPAGYND---
Soybean        KYLKADFKAAVA------RAGHPEWELPDDAGKYNDVPESTGFFKSNGTYVTEKGKFFLTWYSNKLLNHGDQILDEANKAFLS-CKVKLAIKVSGIHWWYKVE--NHAAELTAGYYNLNN
Barley         KYLQADFKAAAA------AVGHPEWEFPNDAGQYNDTPERTQFFRDNGTYLSEKGRFFLAWYSNNLIKHGDRILDEANKVFLG-YKVQLAIKISGIHWWYKVP--SHAAELTAGYYNLHD

                                                                            ▼触媒残基
B. flexus      ---YSTLLDSFKTAKLDLTFTCLEMVDS-GTYPEYSMPKTLVKEVASLANAKGIVLNGENALSIGSEEQYKRAAEMTF----------NYNFAGFTLLRFYDVINNSTRMSQFNQHL---
B. cereus      ---YSHLLDAFKSAKLDVTFTCLEMTDK-GSYPEYSMPKTLVQNIATLANEKGIVLNGENALSIGNEEEYKRVAEMAF----------NYNFAGFTLLRYQDVMYNNSLMGKFKDLL---
B. megaterium  ---YNALLDAFKTAKLDITFTCLEMTDS-GNYPEYSMPKKLVRQVAGIANAKGVVLNGENALTIGSEDQYTKAAEMAF----------NYNFAGFTLLRFYDVINNDTLMGQFKNTL---
Soybean        RDGYRPIARLLSRHHAILNFTCLEMRDSEQPSDAKSGPQELVQQVLSGGWREDIRVAGENALPRYDATAYNQIILNARPQGVNNNGPPKLSMFGVTYFRLSDDLLQKSNFNIFKKFVLKM
Barley         RDGYRTIARMLKRHRASINFTCAEMRDSEQSSQAMSAPEELVQQVLSAGWREGLNVACENALPRYDPTAYNTILRNARPHGINQSGPPEHKLFGFTYLRLSNQLVEGQNYVNFKTFVDRM

                                                      ▼澱粉吸着ドメイン
B. flexus      --NIKPVA--QTMVVKNAPTSSGESVYIVGDRPELGQWDTIAYPIKLSYNSTYGDWRGTVNFPADRSVQFKAIIKRSDGSL--KSWQPTQQYWN-VPGTPTTYTNNW
B. cereus      --GVTPVM--QTIVVKNVPTTIGDTVYITGNRAELGSWDTKQYPIQLYYDSHSNDWRGNVVLPAERNIEFKAFIKSKDGTV--KSWQTIQQSWNPVPLKTTSHTSSW
B. megaterium  --GVTPLA--QTVVVKNAPTALGETVYIVGDRAELGQWDTSIYPIKLTYNSSTADWRGTVHFPASQNVQFKAIVKRADGSL--KAWQPSQQYWS-VPSTTTTYTDNW
Soybean        HADQDYCANPQKYNHAITPWKPSAPKIPLEVLLEATKP-IPPFPWLPETDMKVDG---------------------------------------------------
Barley         HANLPR----DPYVDPMAPLPRSGPEISIEMILQAAQPKLQPFPFQEHTDLPVGPTGGMGGQAEGPTCGMGGQVKGPTGGMGGQAEDPTSGMGGELPATM-------
```

図3　*B.flexus* APC9541 由来β-アミラーゼと各種β-アミラーゼの一次構造アライメント

B. cereus（GenBank accession No.BAA34650.1），*B. megaterium*（CAB61483.1），Soybean（AAY40266.1），Barley（AAC64904.1）。N末端，フレキシブルループ，2ヵ所の触媒グルタミン酸残基，および澱粉吸着ドメインをシャドウで示した。

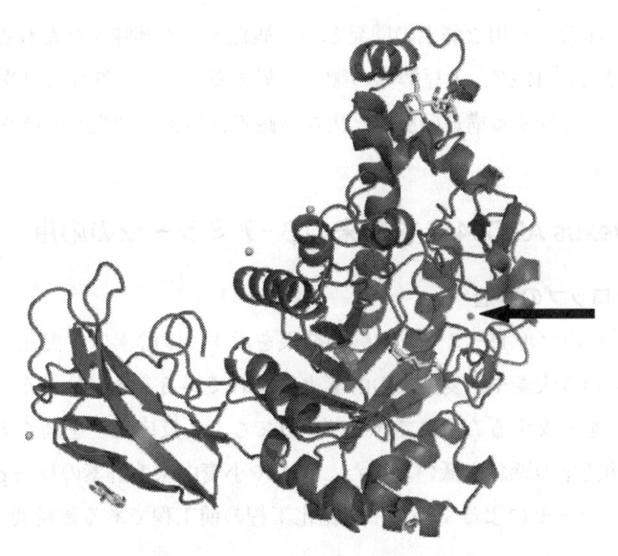

図4　*B. flexus* APC9541由来β-アミラーゼの高次構造
2つのマルトースおよび1つのグルコース分子は，スティックで表した。矢印は，カルシウムイオンを示す。

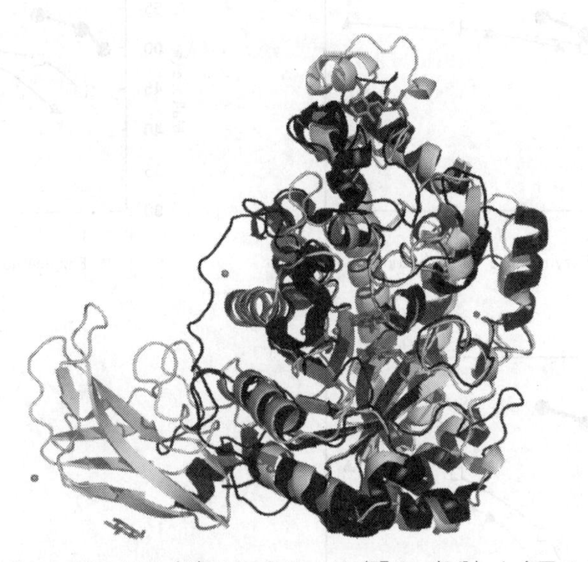

図5　*B. flexus* APC9541由来β-アミラーゼ（明るい部分）と大豆β-アミラーゼ（暗い部分）の高次構造の比較
両酵素のα炭素原子を重ね合わせた。糖類はスティックに表した。

素には存在していない。この‘上部の領域’は*B.cereus*酵素にも存在しており，マルトースが結合することが分かっている[12]。*Bacillus*由来酵素において，活性部位以外のマルトース結合部位が存在していることが生澱粉粒に対して吸着・分解することに関与していると考えられるが，その詳細はまだ明らかとなっていない。種々の澱粉分解酵素における生澱粉分解能の違いと高次構造の相関の解明は，産業上有用な酵素の開発という観点からも興味が持たれる。また，酵素の耐熱性は，*B. cereus*酵素，BAF，大豆酵素の順で上昇する。これら3種の高次構造が明らかになったことで，耐熱性に寄与する構造の解明と更なる耐熱性酵素の創生が期待される。

5 *Bacillus flexus* APC9451株由来のβ-アミラーゼの応用

5.1 マルトースシロップの製造

図6に液化澱粉からのマルトース生成試験の結果を示す。本酵素は，現在マルトースシロップの製造に用いられている大麦や小麦由来の酵素より優れていることが分かる。少ない酵素量でより多くのマルトースを生成することができるばかりでなく，反応温度を高くすることができるため，反応中の微生物汚染の懸念も低い。また，大麦や小麦由来の酵素の反応pHは酸性側に偏っているため，β-アミラーゼによるマルトース糖化工程の前工程である澱粉液化工程のpH領域で

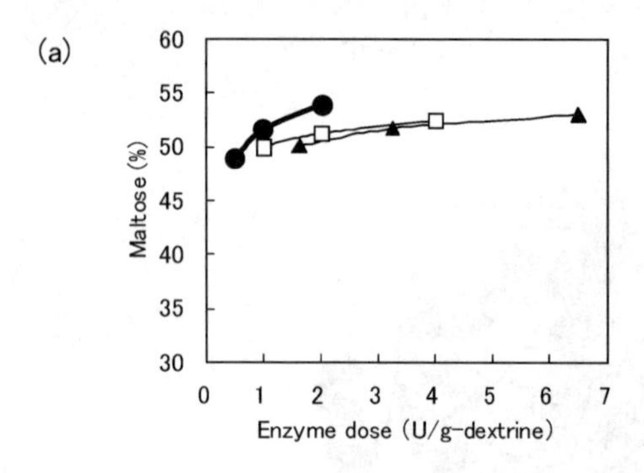

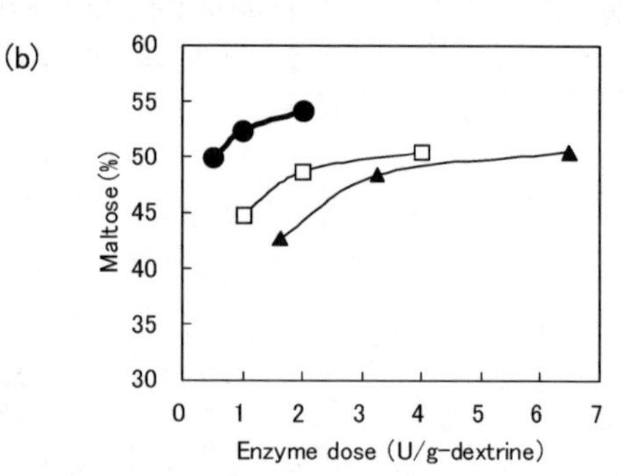

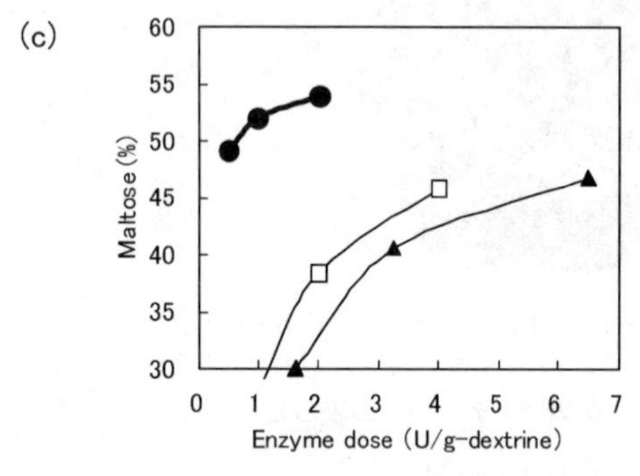

図6 各種β-アミラーゼによる澱粉糖化

30％（w/v）デキストリン（DE3）溶液に各種β-アミラーゼを添加し，60℃（a），64℃（b）或いは66℃（c）において18時間反応させた。*B. flexus* APC9451酵素の場合pH5.8，植物酵素の場合はpH5.5で行った。マルトース生成量は，MCI™GEL CK-04Sカラム（三菱化学）を用いた高速液体クロマトグラフィーで分析した。*B. flexus* APC9541酵素（●），小麦酵素（□，ビオザイムKL，天野エンザイム）および大麦酵素（▲，ビオザイムML，天野エンザイム）。

表3　*B. flexus* APC9451由来β-アミラーゼによる糖化液の糖組成

反応時間	G1	G2	G3	G4	G5≦
18 hr	0.2%	56.3%	7.0%	1.0%	35.5%
42 hr	0.2%	59.1%	7.2%	0.7%	32.8%

30%（w/v）デキストリン（DE3）溶液に0.33U/g-デキストリンの*B. flexus* APC9451由来β-アミラーゼを添加し62℃，pH5.8で反応させた。糖組成は，MCI™GEL CK-04Sカラム（三菱化学）を用いた高速液体クロマトグラフィーで分析した。G1，グルコース；G2，マルトース；G3，マルトトリオース；G4，マルトテトラオース；G5≦，マルトペンタオースおよびそれ以上の糖。

(a)

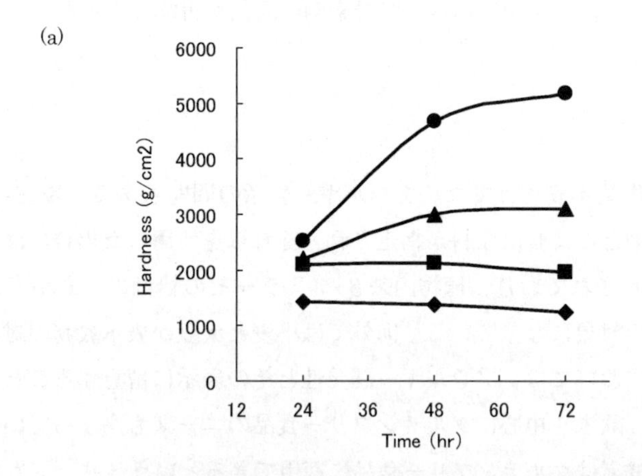

(b)

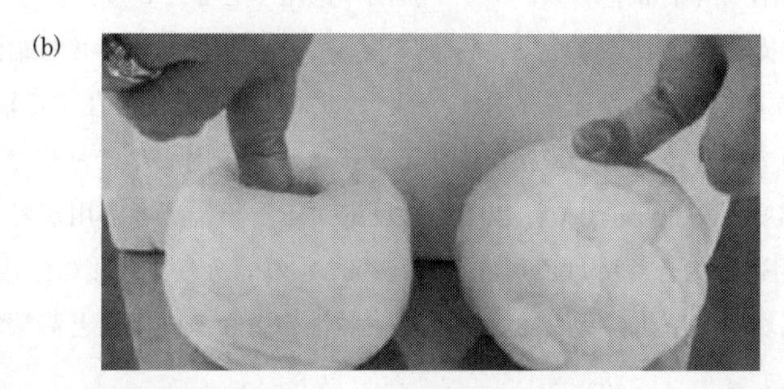

図7　*B. flexus* APC9541由来β-アミラーゼによる餅のソフトネス維持効果
(a) 200gの上新粉と160gの水を混合し蒸煮後，餅を捏ねた。65℃になった時点で3.3U（●），6.5U（▲），9.8U（■）或いは13U（◆）の*B. flexus* APC9541由来β-アミラーゼを均一に練りこみ，15℃で静置した後レオメーターで硬さを測定した（a)。酵素無添加の餅は24時間後に測定不能の硬さであった。(b) 酵素添加した餅（左），酵素無添加の餅（右)。

ある6付近での使用には，中性に最適pHを有する本酵素の方が適している。得られたシロップの糖組成を見ても，グルコースの生成がほとんど観察されず，マルトースシロップとして相応しいものであった（表3)。β-アミラーゼ単独では，表3に示すように60%程度までしかマルトースを生成することができないが，プルラナーゼを併用することにより80%までマルトース生成量を向上させることができた。

5.2 餅のソフトネス維持

図7は，BAFによる餅のソフトネス維持効果を示している。本酵素の添加量を増やしていくと，時間が経過しても餅のソフトネスがほとんど変化しなくなることが分かる。本酵素を添加した餅は，15℃で3日間の保存後でも明らかに柔らかさを保持していた。図には示さないが，本酵素を添加しなかった場合，24時間後で既にソフトネスは測定不可能であった。酵素に微量のα-アミラーゼが夾雑している場合餅がべたつくという問題が生じるが，本酵素の生産菌はα-アミラーゼをほとんど生産しないため，本用途に適した酵素剤の開発が可能であった。

6 おわりに

植物由来酵素には，供給不安だけでなくアレルギー表示の問題もある。現在日本では25品目の食物アレルギーの原因となる食品原料が指定され，それらを使用した場合には，その使用表示が義務付けあるいは推奨されており，植物由来β-アミラーゼの給源のうち小麦が表示義務の対象に，大豆が表示推奨の対象になっている。海外では小麦と大豆が表示義務の対象品目となっている。近年の食品開発においては，アレルギー誘発性とその表示に留意することが重要なポイントとなっている。また，欧米を中心にグルテンフリー食品のニーズも高まっているが，穀類由来酵素に比べ微生物由来酵素はグルテンフリー食品に適用できるというメリットもある。

世界的な食糧危機が叫ばれるなかで，将来に渡って安定的に供給できる給源を求めることは酵素メーカーの責務である。また先にも示したように，現在市場に存在する植物由来β-アミラーゼは生澱粉に作用できないため，澱粉が糊化した後にしか作用することができない。一方，本酵素は澱粉の糊化温度（約60～70℃）以下から反応するため幅広い応用が考えられる。本酵素はβ-アミラーゼの用途を大きく広げる可能性を秘めたものであり，今後の応用開発に期待したい。また，本酵素の高次構造解析の更なる進展と，耐熱性の更なる向上など高機能化酵素の開発にも期待したい。

謝辞

X線結晶構造解析を実施して頂きました京都大学大学院農学研究科三上文三教授に，深く御礼申し上げます。

文　　献

1) J. A. Thoma, J. E. Spradlin and S. Dygert, 6 Plant and Animal Amylases: The Enzymes, P. D Boyer eds., Academic Press, New York and London, Vol.5, pp.115-189 (1971)

2) B. Mikami, E. J. Hehre, M. Sato, Y. Katsube, M. Hirose, Y. Morita and J. C. Sacchettini, The 2.0 Å resolution structure of soybean β-amylase complexed with α-cyclodextrin, *Biochemistry*, **32**, 6836-6845 (1993)

3) 「日本酵素産業小史」, 日本酵素協会「日本酵素産業小史」ワーキンググループ編集, 日本酵素協会, 千葉, pp.84-85 (2009)

4) M. Higashihara and S. Okada, Studies on β-amylase of *Bacillus megaterium* Strain No. 32, *Agric. Biol. Chem.*, **38**, 1023-1029 (1974)

5) 坂野好幸, β-アミラーゼ,「澱粉・関連糖質酵素実験法」, 中村道徳, 貝沼圭二編集, 学会出版センター, 東京, pp.151-163 (1989)

6) 岡田　実, 澱粉の機能的性質,「澱粉科学の事典」不破英次, 小巻利章, 檜作進, 貝沼圭二監修, 朝倉書店, 東京, pp.198-200 (2003)

7) 東原昌孝, 三吉新介, β-アミラーゼの老化防止作用,「工業糖質酵素ハンドブック」, 岡田茂孝, 北畑寿美雄 監修, 講談社, 東京, pp.133-134 (1999)

8) R. R. Ray, Purification and characterization of extracellular β-amylase of *Bacillus megaterium* B_6, *Acta Microbiol Immunol Hung.*, **47**, 29-40 (2000)

9) Y. Takasaki, Purifications and Enzymatic Properties of β-amylase and Pullulanase from *Bacillus cereus* var. *mycoides*, *Agric. Biol. Chem.*, **40**, 1523-1530 (1976)

10) G. J. Shen, B. C. Saha, Y. E. Lee, L. Bhatnagar and J. G. Zeikus, Purification and characterization of a novel thermostable β-amylase from *Clostridium thermosulphurogenes*, *Biochem J.*, **254**, 835-840 (1988)

11) 新田康則, 三宅英雄,「食品酵素化学の最新技術と応用―フードプロテオミクスへの展望―」, 井上國世監修, シーエムシー出版, 東京, pp.13-20 (2004)

12) T. Oyama, M. Kusunoki, Y. Kishimoto, Y. Takasaki and Y. Nitta, Crystal Structure of β-amylase from *Bacillus cereus* var. *mycoides* at 2.2 Å Resolution, *J. Biochem.*, **125**, 1120-1130 (1999)

13) B. Mikami, M. Adachi, T. Kage, E. Sarikaya, T. Nanmori, R. Shinke and S. Utsumi, Structure of raw starch-digesting *Bacillus cereus* β-amylase complexed with maltose, *Biochemistry*, **38**, 7050-7061 (1999)

第3章　セルラーゼ

森川　康*

1　はじめに

セルラーゼは，セルロースを分解する酵素の総称であり，非常に多種類の酵素が含まれている。セルラーゼの基質となるセルロースは，グルコースがβ-1,4-結合した直鎖状の多糖であるが，それらが分子内および分子間での水素結合により10～30本集まって結晶性のミクロフィブリルを構成し，それらが集まってフィブリル（微少繊維）を，さらに繊維を形成している。実際の天然基質のほとんどは，純粋のセルロースではなく，セルロース系バイオマスあるいはリグノセルロースを呼ばれる植物細胞壁であり，ミクロフィブリルやフィブリルの周りをヘミセルロースやリグニンが取り囲んでいる。このように，セルロースは構造的にも非常に複雑で難分解性であることから，自然界は，様々な種類の酵素をさらには一般的な酵素にはない仕組みを用意して，セルロースを何とか分解できるようにしている。

また，炭酸ガス増加の抑制，人口増による食糧不足，さらには石油の枯渇あるいはコスト増による化学工業原料の給源などから，非食糧であるセルロース系バイオマスからの糖が今後の地球にとっての重要な資源となると想定されており，それだけセルラーゼが重要となっている。すでに欧米や日本ではバイオリファイナリーが大きな話題となっており，そこでもセルロース系バイオマスを原料としたセルラーゼによる糖化が必須のプロセスとなっている[1]。

本章では，現在多くの生物から17,000種以上の遺伝子が報告されているセルラーゼの種類や分類および構造と機能などについて述べるとともに，バイオマスの酵素糖化についても簡単に触れ，最後に食品への応用についてまとめた。

2　セルラーゼの種類とファミリー分類

セルラーゼには大きく分けて，セルロース鎖の末端から主としてセロビオースを遊離するセロビオハイドロラーゼ（cellobiohydrolase，CBH），セルロース鎖の内部をランダムに切断するエンドグルカナーゼ（endoglucanase，EG），およびこれらの2つの酵素が最終的に生成するセロビオースやセロオリゴ糖の非還元末端からグルコースを生成するβ-グルコシダーゼ（β-glucosidase，BGL）の3種類が存在する。

結晶セルロースを分解できるのはエキソ型のCBHだけであり，CBHには還元末端からセロビ

*　Yasushi Morikawa　長岡技術科学大学　名誉教授

オースを生成するCBH Iと，非還元末端に作用するCBH IIがあり，アミラーゼ類では非還元末端からのみ作用する酵素（β-アミラーゼ，グルコアミラーゼなど）しかないのと比較すると非常に興味深い。セルロース分子には非還元末端と還元末端の存在比が1：1であるのに対し，デンプン分子では非還元末端が多数あるのに還元末端は一つしかないからであろう。EGは後述するようにセルロースに加えて種々の基質を分解できる活性を示すものもあるが，基本的にはβ-1,4-グルコシド結合の切断活性を有する酵素と考えられる。BGLはデンプン分解時のグルコアミラーゼやα-グルコシダーゼと同様のグルコース生成酵素であるが，グルコアミラーゼのように大きなポリマーを分解する能力はないとされている。これは基質であるセロオリゴ糖が，アミロースやアミロデキストリンと異なり，セロヘキサオースより重合度が大きくなると不溶性になるからと考えられる。

セルラーゼは各種生物から非常に多くの酵素・遺伝子が報告されており，表1に示したようにアミノ酸配列の相同性からファミリー（Glycoside Hydrolase Family，GHF）に分類されている[2)]。この表にはセルラーゼに含まれる3種の酵素を記載したが，この中には微量のEG活性しか示さず機能が充分判明していないGHF61およびキシログルカナーゼ（GHF 74）を含めた。セルラーゼは，以前はCBHやEGといった形で分類がなされていたが，CBHであってもエンドグルカナーゼ活性を有するものもあり，現在ではファミリー分類および後述する反応機構での分類（表1のMechanism）が妥当であると考えられている。このファミリー分類と酵素の立体構造（Fold）は全く一致しており，さらに後述するように，同じFoldのものが複数のファミリーに存在し，アミノ酸配列は全く変わってもFoldは同一のもの（Foldの上位概念でClanと呼ばれ

表1　セルラーゼのファミリー分類

Family	Total	Mechanism	Enzyme (known activity)	Clan (Fold)
1*	4549	Retaining	β-glucosidase, β-galactosidase, β-mannosidase etc.	GH-A ($(\beta/\alpha)_8$)
3*	3806	Retaining	β-glucosidase, β-xylosidase	
5*	3632	Retaining	endoglucanase, β-mannanase, xylanase, chitosanase	GH-A ($(\beta/\alpha)_8$)
6*	367	Inverting	endoglucanase, cellobiohydrolase	
7*	702	Retaining	endoglucanase (xylanase), cellobiohydrolase (chitosanase)	GH-B (β-jelly roll)
8	527	Inverting	endoglucanase, lichenase, chitosanase	GH-M ($(\alpha/\alpha)_6$)
9	1345	Inverting	endoglucanase, cellobiohydrolase	$(\alpha/\alpha)_6$
12*	403	Retaining	endoglucanase, xyloglucanase	GH-C (β-jelly roll)
30*	433	Retaining	β-xylosidase, β-glucosidase	GH-A ($(\beta/\alpha)_8$)
44	61	Retaining	endoglucanase, xyloglucanase	$(\beta/\alpha)_8$
45*	230	Inverting	endoglucanase	
48	161	Inverting	endoglucanase, cellobiohydrolase, chitinase	GH-M ($(\alpha/\alpha)_6$)
51	659	Retaining	α-L-arabinofuranosidase, endoglucanase	GH-A ($(\beta/\alpha)_8$)
61*	191	Not known	endoglucanase (?)	
74*	80	Inverting	xyloglucanase, xyloglucan cellobiohydrolase	(β-propeller)

http://www.cazy.org/Glycoside-Hydrolases.html　2011. 7. 11現在

* *Trichoderma reesei*がもっている遺伝子

る）が多い。

表1で興味深いことは，セルラーゼがCBHでは4ファミリー，EGは10，BGLは2つ（GHF30は随伴活性）に分類され，配列の異なるセルラーゼが非常に多いことである。これは，アミラーゼ類が非常に少ないことに比べて対照的であり，それだけセルロースの分解が難しく，進化的にも多様に発展したと思われる。

3　セルラーゼ生産生物とそのセルラーゼの種別

3.1　セルラーゼ生産生物

動植物を始め多数の生物がセルラーゼを生成することが知られている（表2）。動物では昆虫や甲殻類で見いだされており，シロアリでは体内に取り入れたセルロース系バイオマスのセルロース分解の中心は後腸等に存在する嫌気性細菌あるいは原生生物によって分解されるが，その前にすりつぶしと自ら出すEGによってある程度部分分解されていると考えられている[3)]。植物は細胞壁のセルロースを一部緩めながらセルロース合成を行うためにセルラーゼを出すと考えられている[4)]。微生物の生産するセルラーゼは，表2に示したように，大きく3つのパターンに分けられる。1つは好気性細菌の*Bacillus*属などおよび古細菌の*Pyrococcus*属（BGLも生成）のように一種あるいは極少ない種類のEGを生成するものである。このうち*Bacillus*属EGは洗剤用のセルラーゼとして大量に利用されている。2番目は，*Cellulomonas fimi*のような好気性細菌や好気性菌類（糸状菌および担子菌）のように全てのセルラーゼを多種類分泌生産するものであり，糸状菌は多種類のヘミセルラーゼを同様に生成し，セルロース系バイオマスの酵素糖化に用いることができる。最後は嫌気性細菌および嫌気性糸状菌が生成するセルロソームである。セルロソームは酵素活性のない骨格タンパク質に多数のセルラーゼを結合させたセルラーゼ複合体である。糸状菌の作るセルラーゼについては第5節で述べるので，次項で嫌気性細菌（ルーメン細菌）の作るセルロソームについて記載する。

表2　セルラーゼ生産生物とその種別

生物種		代表例	種類
動物	昆虫，甲殻類	シロアリ，ゴキブリ，ザリガニ	EG
植物			EG
微生物	好気性細菌	*Bacillus*	EG
		Cellulomonas，*Thermobifida*	CBH，EG，BGL
	嫌気性細菌	*Clostridium*，*Acetivibrio*，*Ruminococcus*	セルロソーム
	好気性菌類	*Trichoderma*，*Acremonium*，*Aspergillus*，*Penicillium*，*Irpex*，*Phanerochaete*	CBH，EG，BGL
	嫌気性菌類	*Neocallimastix*，*Piromyces*	セルロソーム
	原生生物	*Coptotermes*，*Reticulitermes*	CBH，EG，BGL
	古細菌	*Pyrococcus*	EG，BGL

なお個々の酵素の名前は，これまでそれぞれの生産菌独特の名前が用いられてきたが，現在では例えば，糸状菌*Trichoderma reesei*（不完全菌であったが，完全世代が見つかり，*Hypocrea jecorina*と命名されている）のCBH IはT. *reesei* Cel7aとも呼ばれる（7aの意味はGHF7に属し，最初に特定された酵素を指す）。

3.2 セルロソーム[5)]

セルロソームはルーメン細菌等が作るセルラーゼ複合体である。図1にそのモデル図を示したが，*Clostridium thermocellum*の骨格タンパク質（Cip1と呼ばれる）には多数のセルラーゼサブユニットを結合できるコヘーシン領域が9つ存在し，またセルロース結合領域（CBM）でセルロースと結合できる。さらに，タイプIIのドッケリンをもち，菌の細胞壁にあるコヘーシンをもった表層タンパク質（SdbA）と結合している。多数のセルラーゼ（およびヘミセルラーゼ等）が結合したセルロソームは，代表的な糸状菌*Trichoderma reesei*のセルラーゼよりもセルロースの分解能力が格段に優れていると言われており，多数のセルラーゼが近傍に存在することによる近接効果と考えられるが，これだけで説明可能かどうかは不明である。

現在もセルロソーム全体の構造機能相関およびミニ骨格タンパク質を用いた人工ミニセルロソームでの研究が盛んに行われている[6)]。

4 セルラーゼの構造と機能

4.1 反応機構

セルラーゼの加水分解機構は他の糖質加水分解酵素とほとんど同様であり，図2に示したような2種類のいずれかの反応経過をたどる。表1にはそれぞれのファミリーに分類される酵素の反

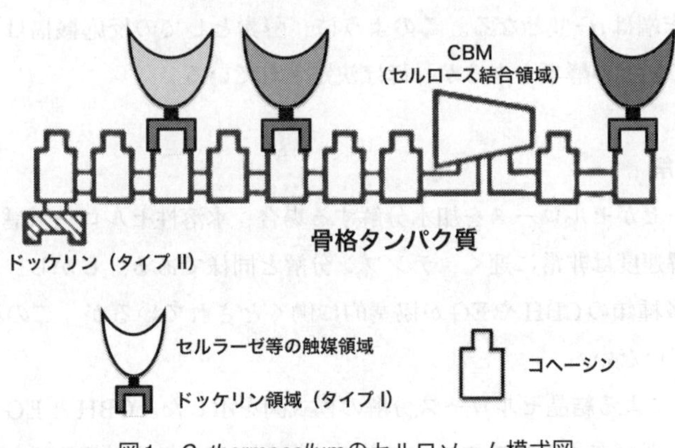

図1 C. thermocellumのセルロソーム模式図

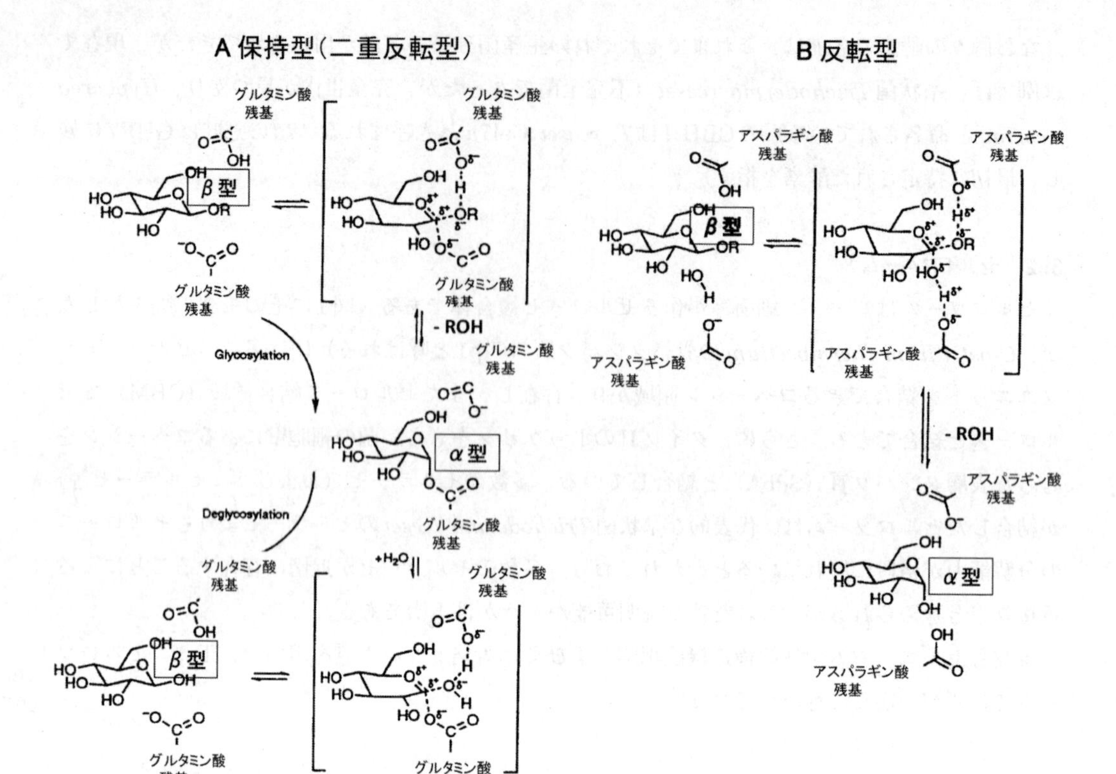

図2　セルラーゼの反応機構

応機構（Mechanism）をRetaining（保持型）とInverting（反転型）で表現している。いずれの場合も酸性アミノ酸残基2つが触媒残基として働く。保持型は元々のβ-結合が酸／塩基触媒残基の助けで一旦求核触媒のグルタミン酸のカルボキシル基に反転して移り，そこに水が入って加水分解反応が起こる時に2回目の反転が起こり，生成還元末端は同じβ-型となる。一方，反転型は，最初から水が入って，2つの酸／塩基触媒残基により一度の加水分解反応が起こるので反転して生成還元末端はα-型となる。このように，酵素としての反応機構は，触媒残基については若干確定されていない酵素もあるが，ほぼ決定されている。

4.2　セルロース分解

これらのセルラーゼがセルロースを加水分解する場合，水溶性セルロース誘導体やアモルファスセルロースの分解速度は非常に速く，デンプン分解と同様である。しかし，結晶セルロース分解は非常に遅く，多種類のCBHやEGが協奏的に働くとされているが，この機構についてはまだ充分に解明されていない。

図3にセルラーゼによる結晶セルロース分解の模式図を示した。CBHとEGがそれぞれセルロース鎖末端および一部存在するアモルファス領域を分解していくが，EGによるアモルファス領

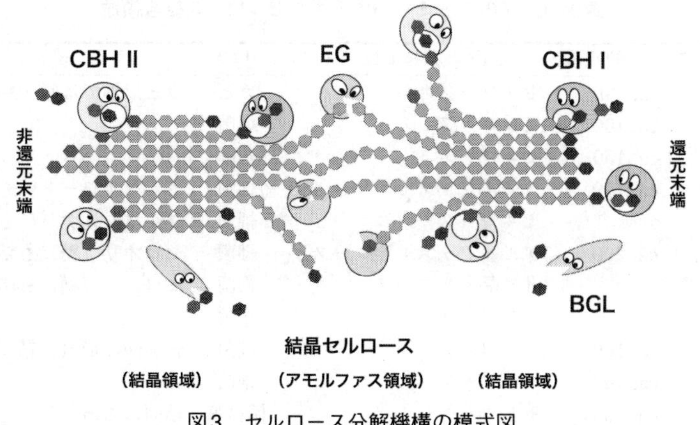

図3　セルロース分解機構の模式図

域の分解により結晶領域の末端が露出し，そこにCBHが作用していくことにより結晶セルロース分解が協奏的に進行すると考えられている。生成したセロオリゴ糖やセロビオースをBGLがグルコースまで分解する。CBH IとCBH IIの相乗効果もあるが，どのように協奏して分解が加速されるのかは不明である。また，セルロース分解にはセルロース鎖の水素結合の解裂が必要であり，これらを補助するタンパク質なども見出されてきた[7)]。

4.3　セルラーゼの構造

セルロソームを除くほとんどのセルラーゼはセルロース結合領域（Cellulose-Binding Domain，CBD）をもち，触媒ドメインとリンカーでつながったいわゆるモジュラー酵素である。CBDは現在糖質結合モジュール（Carbohydrate-Binding Module，CBM）と呼ばれ，表3に示したようにレクチンやデンプンあるいはキチン結合領域などを含めて64のファミリーに分類されている[8)]。表3には主なセルロース結合領域を示したが，参考までにレクチン，デンプン結合領域およびグリコーゲン結合領域も示した。カビのCBDは，ファミリー1に属する分子量約4kDaの小さなドメインで，主に結晶領域に結合する。バクテリアでは，結晶セルロースあるいはアモルファスセルロースに結合するものなど多種類存在している。これらのCBDは，セルラーゼの反応が固液反応であるため，基質であるセルロース表面に酵素を濃縮する役割を果たすと考えられているが，バクテリアのCBDにはセルロース構造を破壊（水素結合の分断）するとの報告もある[9)]。カビの小さなCBDでアミノ酸配列や構造がほとんど同じであっても結合定数や解離定数などが異なり，触媒ドメインとの相互作用を含め，充分な作用機構は未だ明らかではない[10, 11)]。

CBMの立体構造は，*T. reesei*のCBH IのCBDがNMRで解析されて以降多数の構造が報告されているが，いずれもセルロース鎖のグルコースユニットの疎水面（1つおきに存在）とスタックする芳香属アミノ酸残基が複数個存在している。CBH IのCBDとセルロース鎖との結合をシミュレーション解析した例も報告されており[12)]，触媒領域とCBDがどのようにセルロース鎖表

表3　CBMのファミリー中の主なセルロース結合領域

No.	数	アミノ酸残基	結合するセルロース	生物	備　考
1	609	ca. 40	セルロース	カビ	カビ以外では唯一粘菌にもあり
2	1011	ca. 100	セルロース	細菌	
3	388	ca. 150	セルロース	細菌	
4	190	ca. 150	アモルファスセルロース	細菌	ヘミセルロースにも結合
16	85		セルロース	細菌	グルコマンナンにも結合
17	36	ca. 200	アモルファスセルロース	細菌	セロオリゴ糖にも結合
28	40		非結晶セルロース	細菌	セロオリゴ糖にも結合
30	16		セルロース	細菌	
37	83	ca. 100	セルロース	細菌	広範囲の糖質に結合
46	35	ca. 100	セルロース	細菌	
49	60	ca. 100	セルロース	植物等	粘菌にもあり
13	1738	ca. 150	ガラクトース，マンノース	植物等	レクチン，細菌にも多い
20	604		デンプン	微生物	シクロデキストリンにも結合
48	4247	ca. 100	グリコーゲン	全生物	

セルロースに結合すると報告されているファミリーは，上記以外に6，8，9，10，11，44，59，63，64がある。レクチンやデンプン結合領域は他のファミリーにもある。
http://www.cazy.org/carbohydrate-binding-Modules.html（2011. 7. 27日現在）

面を動いているかが理解しやすい。

セルラーゼ（触媒領域）の立体構造は大部分のファミリーですでに解析されており，ファミリー内ではほとんど同じであり，クラン内ではその骨格が同一である。表1に示したClan（Fold）に記載のないものは，1つあるいはごくわずかの数しか解明されていないので，そのFoldが決定されていないだけである。セルラーゼ等の立体構造はCazy GHF[1]の該当酵素からPDB/3Dの項を検索すれば容易に探すことができる。

4. 4　構造機能相関

4. 4. 1　プロセッシブな分解反応[13]

セルラーゼの構造上の大きな特徴はエキソ型のCBHがトンネル構造を有していることであり，このトンネルの奥行きとセルロース分解反応とが密接に関係している。図4に示したように，CBH Ⅰでは，アミノ酸配列の相同性が高く構造が類似しているEG Ⅰ（いずれも*T. reesei*由来）と比べて，いくつかのループが基質結合クレフトを完全に覆っている（図4中の太矢印）。これに対して，CBH Ⅱ（*T. reesei*由来）は同じGHF5の*Thermobifida fusca*由来のEG2と比べると明らかに1つの覆い（2つのループ）しかない。このように，CBH Ⅰはトンネルの奥行きが長く，CBH Ⅱでは非常に短いトンネルになっている。そのため，CBH Ⅰは一旦セルロース鎖の還元末端（R）に結合すると，セロビオースを遊離してもセルロース鎖から離れず，そのまま最後までそのセルロース鎖を分解して行く（図5）。これをプロセッシビティと呼んでいるが，CBH Ⅱはそのプロセッシビティが弱く，非還元末端から結合しても離れやすい。このため，セルロースの

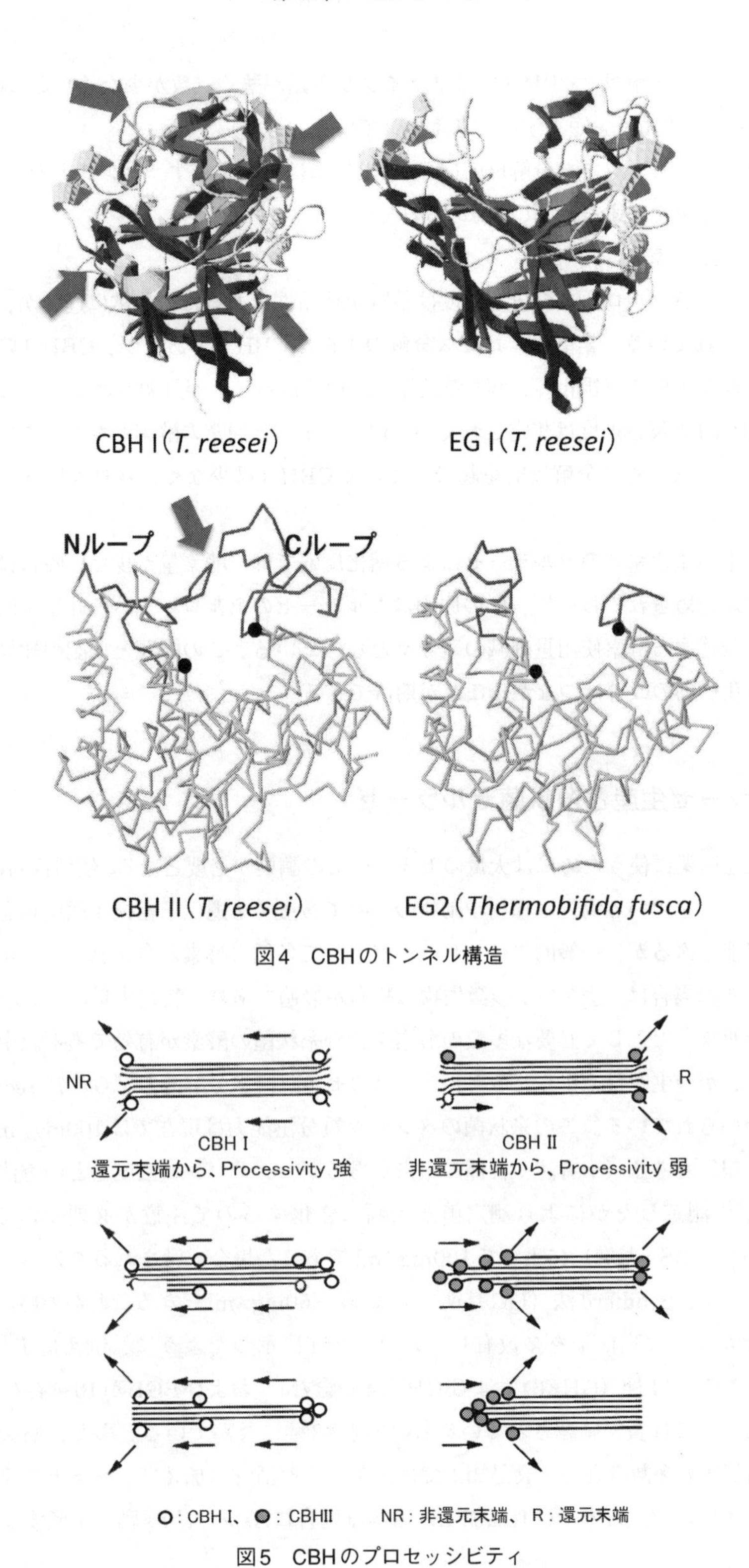

図4　CBHのトンネル構造

図5　CBHのプロセッシビティ

ミクロフィブリルの分解は，CBH Ⅰではファイブリル鎖が薄く（数が少なく）なるのに対して，CBH Ⅱはフィブリル鎖長を短くすると考えられている。

セルラーゼのプロセッシブな分解反応はCBHだけにはとどまらず，クレフトの延長にCBDのセルロース結合部位を有するEGでも認められている[14]。

4.4.2 CBHの反応速度

セルラーゼによるセルロースの分解速度は基質が結晶性であるため非常に遅いが，最近興味ある知見が報告されている。結晶セルロース分解の主役はCBH Ⅰであるが，CBH Ⅰの反応を高速原子間力顕微鏡を用いて可視化し，図5の通りの進行であることが証明された[15]。この動きを計算すると，CBH Ⅰの反応速度は想定されていた以上に早く，通常の酵素と変わらないとのことであった。しかし，まともに分解反応を起こしているCBH Ⅰは少なく，残りは反応せずに休んでいるとされている。

セルロース系バイオマスのセルラーゼによる糖化反応では，酵素量が少ない際に糖化率が頭打ちになる現象が認められており[16]，この原因はセルラーゼのセルロースへの非生産的結合によると考えられ，後述する酵素使用量削減のネックとなっている。この課題と上記の知見がうまく結びつけば，糖化反応の改善につながることが期待できる。

5 セルラーゼ生産と糸状菌セルラーゼ

セルラーゼを産業に使うためには大量のセルラーゼの調製が必要となる。使用目的によっては，個々のセルラーゼを用いる場合は植物や動物のものであっても遺伝子組換え微生物を用いて生産することも可能であるが，一般的にはセルラーゼとして各種の酵素が含まれたものが用いられることが多い。その場合は，表2の中の微生物の酵素が最適であり，特に大量のタンパク質を分泌でき，かつセルラーゼとして必要な多数の酵素を含む糸状菌の酵素が有効である。中でも，研究の歴史が長く，かつ生産量や作られるセルラーゼのセルロース分解能力から，*T. reesei*のセルラーゼが主に用いられている。この糸状菌のタンパク質分泌能力は現在では100mg/ml-培養液に達するという報告もある（筆者注：各種の報告があるが，タンパク質濃度をどの方法でどのタンパク質を基準に測定したかにより測定値が大幅に変化するので注意が必要である。例えば，Lowry-Folin法（BSA基準）によって100mg/mlであった場合，含まれるタンパク質以外の成分の違いもあるが，Bradford法（IgG基準）では30～50mg/mlとなることが多い）。

糸状菌はセルラーゼ遺伝子を多数有しており，表4に示したように，例えば*T. reesei*ではCBHが2種，EGが11種（GHF61およびGHF74を含む），およびBGLが10種存在する[17]。このうち，酵素として性質が確認されているものでも13種に及んでいる。また，糸状菌はヘミセルラーゼの遺伝子も多数存在し，食品加工ではセルラーゼ活性に加えて，ヘミセルラーゼ活性も必要な場合が多いので，日本では食品加工に用いる場合に*Aspergillus*属が生産する酵素もよく利用されている。

表4　糸状菌と嫌気性細菌のセルラーゼ遺伝子の比較

GHF	(main activity)	*T. reesei*	*C. thermocellum* All	*C. thermocellum* ＋Dockerin
1	BGL	2	2	−
3	BGL	8	2	−
5	EG，XYL	5	11	10
6	EG，CBH	1	−	−
7	EG，CBH	2	−	−
8	EG，XYL	−	1	1
9	EG，CBH	−	16	16
12	EG	2	−	−
44	EG	−	1	1
45	EG	1	−	−
48	CBH，EG	−	2	1
61	EG	3	−	−
74	Xyloglucanase	1	1	1
	All genes	25	36	30

注：*T. reesei*のGHF5にはEG以外に3種の酵素遺伝子が含まれる。*C. thermocellum*も同様である。

生産微生物によって所持するセルラーゼ遺伝子に特徴的な違いがあり，表4に*T. reesei*と嫌気性細菌でセルロソームを作る*Clostridium thermocellum*のセルラーゼ遺伝子の数[5]を示したが，CBHでは糸状菌がGHF6と7であるのに対し，細菌ではGHF9とGHF48であり，EGでは*C. thermocellum*がGHF8を有し，GHF7と12を有しない。また，特徴的なことは，*C. thermocellum*のBGLにはドッケリンがないことで，恐らく数少ないBGLは菌体内酵素と考えられ，セルロソームにはBGLが含まれない。

6　セルロース系バイオマスの酵素糖化

セルロース系バイオマスの糖化には現在*T. reesei*の作るセルラーゼを用いることが中心となっているが，デンプン糖化に比べて大量のセルラーゼが必要であることから，これを改善してごく少ない酵素で糖化することが緊急の課題となっている。*T. reesei*のセルラーゼの最大の欠点はBGL活性が低いことであり，現在では組換え技術を駆使して*Aspergillus*属の高活性なBGL遺伝子を組み込んだ酵素が作られ，欧米の2大酵素メーカーからAccellerase DUET（Genencor社）およびCellic CTec2（Novozymes社）が市販されており，さらにGenencor社では2011年6月にAccellerase TRIOが発表された。日本でも，筆者も参加しているNEDO加速的先導技術開発プロジェクトの「酵素糖化・効率的発酵に資する基盤研究」で，*T. reesei*の革新的糖化酵素を開発しており，図6に示したように，*A. aculeatus*（大阪府立大）のBGL1を組み込んだ酵素[18]（JN13）が海外の市販酵素を凌駕する糖化能力（酵素使用量3mg/g-バイオマスで80％糖化率）

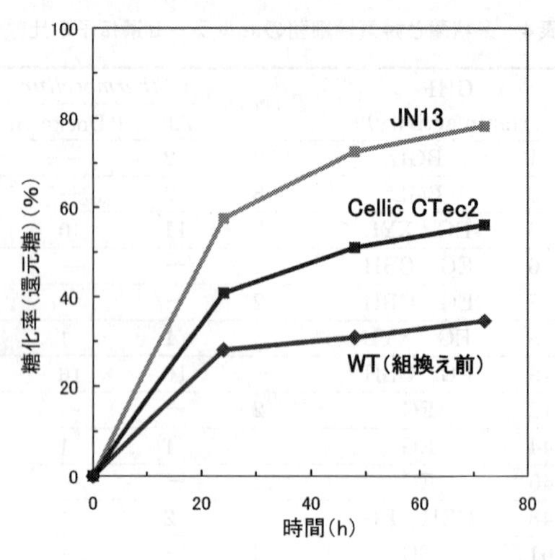

図6　高機能酵素による水熱前処理ユーカリの糖化
それぞれの酵素を3mg/g-前処理バイオマスで糖化（50℃，5%バイオマス濃度）

を達成している。最近の酵素使用量は約2～5mg/g-バイオマス程度であり，以前の1/10～1/20となってきた。しかし，経産省・農水省の「バイオ燃料技術革新計画」では1mg/g-生成糖がベンチマークとなっており,実用化にはさらに1/5程度に酵素使用量を低下させる必要があり，セルラーゼ中に含まれる個々の酵素機能の改善やそれらの含有量（発現比率）の最適化など酵素の機能向上に加え，有効な前処理や効率の良い酵素回収プロセスの実現などが世界中で取り組まれている。

7　セルラーゼの応用

セルラーゼの応用としては，食品加工用酵素としての他に医薬品（消化剤）や飼料添加物，および組換え等で発現させた個々の酵素（EGなど）が洗剤用酵素としてあるいは木綿繊維の加工処理などに用いられている。

食品加工としては，古くから野菜等のマセレーション（ニンジンピューレ製造など）に使われているが，セルラーゼは野菜や果物の植物組織を崩壊させ，細胞内物質を溶出させる効果がある。このため，清澄化やろ過性増進あるいは収率向上を目的に野菜や果物エキスの製造に使われるほか，様々な食品製造に使用可能である。これらの場合，セルラーゼ以外にヘミセルラーゼやペクチナーゼ類などが重要な役割を果たす時も多い。面白い例に，海藻類に作用させ，単細胞の粒子に変換して発酵原料にさせる特許も出願されている[19]。

文　　献

1） 森川　康, セルロース利用技術の最先端, p.362-376, シーエムシー出版（2008）
2） http://www.cazy.org/Glycoside-Hydorolases.html
3） 渡辺裕文, *Bio industry*, **21**（3）, 61-67（2004）
4） T. Hayashi *et al.*, *Intern. Rev. Cytol.*, **247**, 1-34（2005）
5） E. Bayer *et al.*, "Biomass Recalcitrance", p.407-435, Blackwell Publishing,（2009）
6） T. Arai *et al.*, *Proc. Natl. Acad. Sci.*, **104**（6）, 1456-1460（2007）
7） V. Arantes *et al.*, *Biotechnol. for Biofuels*, **3**（4）,（2010）
8） http://www.cazy.org/Carbohydrate-Binding-Modules.html
9） D. Damude, *et al.*, *Proc. Natl. Acad. Sci.*, **91**, 11383-11387（1994）
10） G. Jager *et al.*, *Biotechnol. for Biofuels*, **3**（18）,（2010）
11） W. LuShan *et al.*, *Sci. China Ser. C-Life Sci.*, **51**（7）, 620-629（2008）
12） L. Zhong *et al.*, *Carbohyd. Res.*, **344**, 1984-1992（2009）
13） C. Boisset *et al.*, "Carbohydrases from *Trichoderma reesei* and other microorganisms", p.124-132, The Royal Society of Chemistry（1998）
14） D. Wilson *et al.*, *ibid.*, p.133-138
15） K. Igarashi *et al.*, *J. Biol. Chem.*, **284**（52）, 36186-36190（2009）
16） V. Arantes *et al.*, *Biotechnol. for Biofuels*, **4**（3）,（2011）
17） http://genome.jgi-psf.org/Trire2/Trire2.home.html
18） H. Nakazawa *et al.*, *Biotechnol. Bioeng.*,（in press）,（2011）
19） 内田基春ほか, JP3538641（2004）

第4章　ペクチンの構造と分解酵素

阪本龍司*

1　はじめに

植物細胞壁多糖はセルロース，ヘミセルロース，ペクチンから構成されている。その中でペクチンは一次細胞壁の構成成分であり，また細胞間を埋める中葉組織の主成分として細胞間粘着剤の役割を果たしている（図1）。食品分野においてはジャムやマーマレードなどのゲル化剤として，また増粘剤や保護コロイドおよび安定化剤として広く利用される有用糖質である。一方，ペクチナーゼは主に果汁の清澄化に使用され，食品用酵素市場の25％を占める重要な酵素製剤である[1)]。

これまでにペクチンに関してまとめられた書物が出版されているが，その多くは下記のホモガラクチュロナン領域およびその分解酵素を主眼にしたものであった[2～4)]。近年，分析技術の進歩によりペクチンの構造解析が進み，またそれに伴う酵素学的研究から多くの新規ペクチン分解酵素が発見されている。本章ではペクチンの構造と分解酵素を整理し，ペクチナーゼ利用の現状と今後の展望を概説する。

2　ペクチンの構造

ペクチンは自然界において最も複雑な構造を有する生体高分子多糖の1つであり，ホモガラクチュロナン（HG）やキシロガラクチュロナン（XGA），ラムノガラクチュロナンI（RG-I），ラムノガラクチュロナンII（RG-II），アラビナン（ABN），アラビノガラクタンI（AG-I），アラ

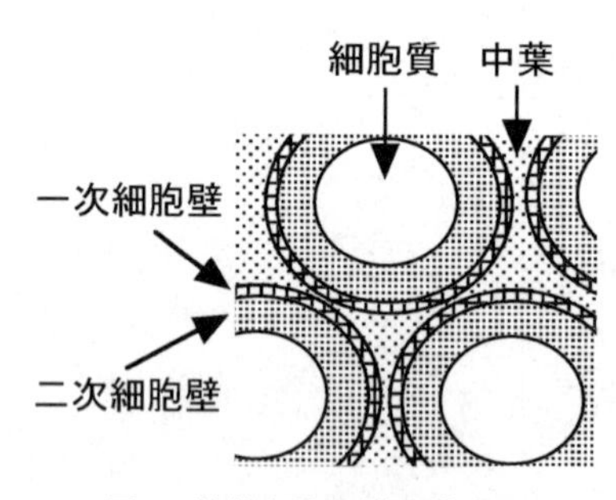

図1　植物細胞の構造模式図

＊　Tatsuji Sakamoto　大阪府立大学大学院　生命環境科学研究科　准教授

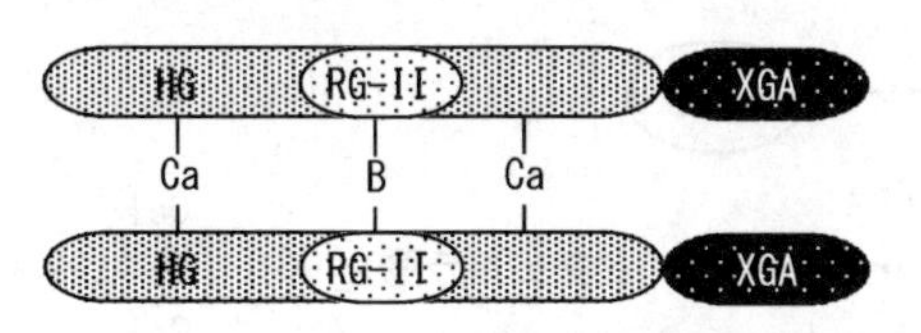

図2　HG，RG-II，XGAの構造模式図

ビノガラクタンII（AG-II）などの異なる構造をもつ糖鎖領域から構成されている。ここでは各領域の糖鎖構造および巨大分子としてのペクチンのモデル構造を解説する。

2.1　ホモガラクチュロナン（HG）

ペクチン中に最も多く含まれる領域で（～65％），α-1,4結合ガラクチュロン酸（GalA）重合体を基本骨格とし，約100個のGalA残基で構成されている。GalA残基の6位のカルボキシル基は部分的にメトキシ化され，2位および3位の水酸基は部分的にアセチル化されている。メトキシ化度（degree of methylation；DM）が50％以上のものは高メトキシペクチン，それ以下のものは低メトキシペクチンと呼ばれ，前者は酸性下で糖の添加によりゲル化し，後者はCa^{2+}やMg^{2+}の存在下でゲル化する特徴をもつ。植物組織中では低DM部分がCa^{2+}などにより分子間架橋され，ペクチンの高分子化（強度）に寄与している。HGを主鎖にもつ糖鎖領域として，キシロース（Xyl）で修飾されたXGAや希少糖などで修飾されたRG-IIも存在する（下記参照）。これらの領域間の結合様式や分布は不明であるが，図2に構造模式図を示す。

2.2　キシロガラクチュロナン（XGA）[5, 6]

HG主鎖がβ-1,3-Xylで高頻度（25～75％）に修飾された構造を有する。XGA中のGalA残基も部分的にメトキシ化されている。一般的には微量ペクチン成分であるが，大豆ペクチン中には約20％含まれている。XGAはRG-I（下記参照）近傍に存在すると推定されている。

2.3　ラムノガラクチュロナンII（RG-II）[7, 8]

短いHG主鎖（少なくとも8残基）に，12種の糖［アラビノース（Ara），ガラクトース（Gal），ラムノース（Rha），フコース，GalA，グルクロン酸，アピオース，2-*O*-メチル-フコース，2-*O*-メチル-Xyl，アセリン酸，2-ケト-3-デオキシ-D-マンノ-2-オクチュロン酸，3-デオキシ-D-リクソ-2-ヘプチュロン酸］から構成される側鎖が結合した複雑な構造を有し，本領域中のGalA残基も部分的にメトキシ化されている。RG-IIはHGの一部として存在すると推定されおり，ペクチン中には10％以下の割合で存在している。また側鎖中のアピオースはホウ酸とのエステル結合を介して分子間架橋を形成し，一次細胞壁中のペクチンの高分子化に寄与している（図2）。

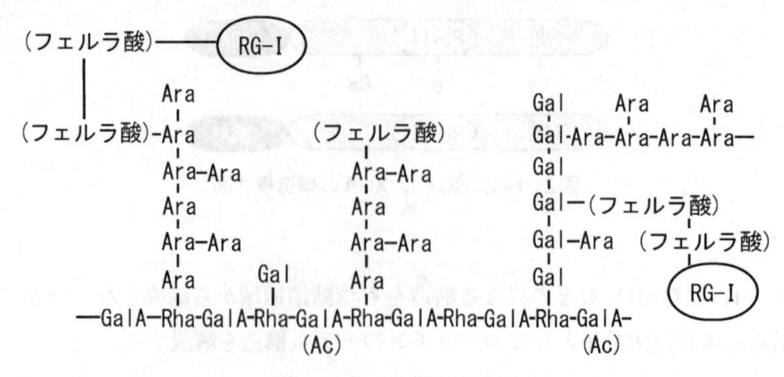

図3 RG-Iの構造模式図

2.4 ラムノガラクチュロナンI (RG-I)[9]

α-1,4/α-1,2結合したGalAとRhaの繰り返し構造(-4-α-GalA->2-α-Rha-)を主鎖にもち，20～80％のRha残基の4位には下記の中性多糖側鎖(ABN，AG-I)およびモノマーGalが結合している。また，RG-I中のGalA残基の2位および3位の水酸基は部分的にアセチル化されている(図3)。多くの植物において，ペクチン中のアセチル基はHGよりもRG-Iに多く存在すると考えられている。

2.5 アラビナン (ABN)

α-1,5結合Ara重合体を主鎖にもち，Araが高頻度でα-1,2あるいはα-1,3結合で側鎖として結合している[10]。Ara残基の2位の水酸基は部分的にフェルラ酸とエステル結合を形成し，さらにその一部のフェルラ酸が二量体化することでRG-I分子間を架橋している(図3)[11,12]。

2.6 アラビノガラクタンI (AG-I)

β-1,4結合Gal重合体を主鎖にもち，α-1,5-アラビノオリゴ糖が主鎖の3位に側鎖として結合している[13]。Gal残基の6位の水酸基も部分的にフェルラ酸とエステル結合を形成し，ABNと同様に一部が二量体化している(図3)[11,12]。下記のAG-IIと区別するため，AG-Iは，"Pectic arabinogalactan"とも称される。

2.7 アラビノガラクタンII (AG-II)[14]

β-1,3結合Gal重合体を主鎖にもち，Galおよびβ-1,6-ガラクトオリゴ糖が主鎖の6位に側鎖として結合している。さらに側鎖の末端にはAraフラノース，Araピラノース，フコース，Rha，(4-*O*-メチル-)グルクロン酸などが存在する。通常，本多糖はタンパク質と共有結合し，AGプロテインとして存在している。AG-IIがペクチン成分であるかどうかは未だ不明であるが，ニンジン[15]やナイモウオウギ(マメ科，*Astragalus mongholics Bunge*)[16]において，AG-IIがペクチンに結合することが報告されている。

2.8　同一糖鎖間の架橋構造[17]

上記のように，同一糖鎖間で架橋構造を形成することでペクチンは高分子化している。その様式としては，Ca^{2+}などを介したHGの結合，ホウ素を介したRG-IIの結合，フェルラ酸を介したRG-Iの結合が知られている。また，HG中のGalA間（カルボキシル基と水酸基）でのエステル結合形成により，分子間を架橋していることも示唆されている。

2.9　ペクチンの構造モデル

これまでに各糖鎖領域の構造解析は進んでいるが，巨大なペクチン分子として各領域間の結合様式については不明な点が多い。ここでは現在提唱されている2つのペクチンモデル（HG/RG-IリピートモデルとRG-Iコアモデル）を紹介する。HG/RG-Iリピートモデルでは，HGとRG-Iが繰り返し結合した構造をもつ（図4）。このモデルにおいて，HGは“Smooth region”，RG-I近傍は“Hairy region”と呼ばれる。Hairy regionには多量の中性糖側鎖が結合する[18]。一方，RG-Iコアモデルは2003年にVinckenらにより提唱された新たなペクチンモデルであり，RG-Iのみを主鎖として，HGや種々の中性糖鎖が側鎖として結合する（図5）[19]。

このようにペクチンは様々な糖鎖の集合体として巨大分子を形成するが，植物起源により分子量やDMおよびアセチル化度（degree of acetylation；DAc）は大きく異なる（表1，表2）[20, 21]。

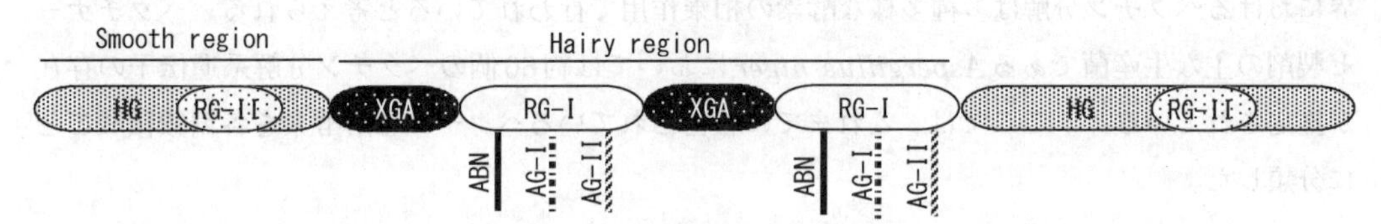

図4　ペクチンの構造模式図（HG/RG-Iリピートモデル）

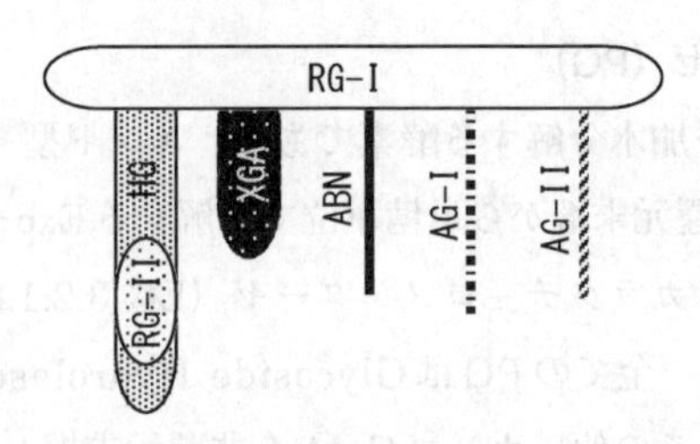

図5　ペクチンの構造模式図（RG-Iコアモデル）

表1　異なる植物起源のペクチンの分子量

植物	分子量
リンゴ，レモン	200,000～360,000
甜菜，オレンジ	40,000～ 50,000
梨，プルーン	25,000～ 35,000

表2　異なる植物起源のペクチン中のメトキシ化度（DM）とアセチル化度（DAc）

植物	DM(%)	DAc(%)
リンゴ	71	4
ジャガイモ	31	14
甜菜	55	20
梨	13	14
マンゴー	68	4
柑橘	64	3
ヒマワリ	17	3

また，各糖鎖成分の存在比も植物により異なり，大豆のようにHGが存在せず，XGAが約20％も含まれる顕著な場合もある[17]。

3　ペクチン分解酵素の分類

ペクチンは巨大なヘテロ多糖であるが，一般にHGを分解する酵素群がペクチナーゼと称されてきた。近年，ペクチンの糖鎖構造が明らかになりつつある。また多くのゲノム解析結果から，微生物は予想をはるかに上回る数のペクチン分解系遺伝子を保持することが明らかになり，自然界におけるペクチン分解は多種多様な酵素の相乗作用で行われていると考えられる。ペクチナーゼ製剤の主な生産菌である*Aspergillus niger*においては約60個のペクチン分解系遺伝子の存在が推定されている[22]。ここでは，これまでに報告されているペクチン分解酵素を各糖鎖領域ごとに分類した。

3.1　HG分解酵素[23]

(1)　ポリガラクチュロナーゼ（PG）

GalA間のα-1,4結合を加水分解する酵素であり，エンド型（EC 3.2.1.15）とエキソ型がある。後者については非還元末端から単糖単位で分解するExo-PG（EC 3.2.1.67）と二糖単位で分解するエキソ-ポリガラクチュロノシダーゼ（EC 3.2.1.82）が知られている。アミノ酸配列に基づく分類では，全てのPGはGlycoside Hydrolase family（GH）28に属する(http://www.cazy.org/)。その他にオリゴGalAを非還元末端から分解するオリゴガラクチュロナーゼ（EC 3.2.1.-）もある。

(2)　ポリメチルガラクチュロナーゼ（PMG；EC 3.2.1.-）

HG中のDM値に比例して活性が増加するエンド型の加水分解酵素で，報告例は非常に少ない[24]。メトキシ化GalA間を分解できるかどうかは不明である。

(3)　ペクテートリアーゼ（PEL）

GalA間のα-1,4結合をβ脱離反応により切断する酵素であり，エンド型（EC 4.2.2.2）

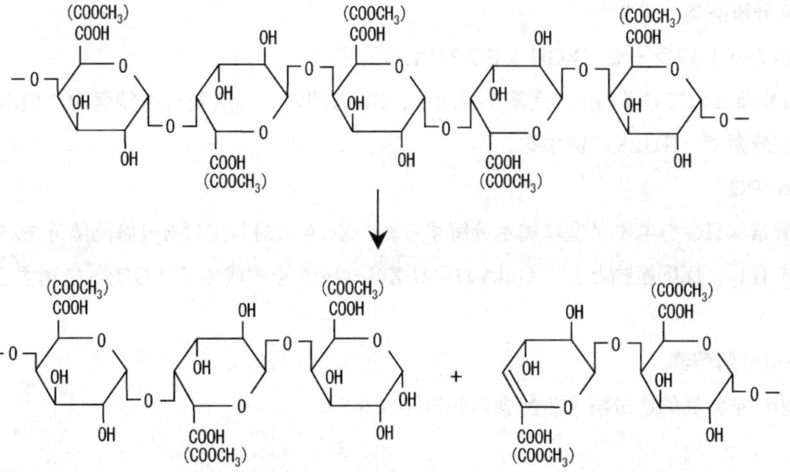

図6　ペクテートリアーゼおよびペクチンリアーゼの分解様式

とエキソ型（EC 4.2.2.9）がある。反応生成物の非還元末端は4,5-不飽和GalAとなる（図6）。Endo-PELは活性発現にCa^{2+}を要求し，Polysaccharide Lyase family（PL）1，2，3，9，10に分類される。一方，Exo-PELは還元末端より二糖単位で分解し，PL1，2，9に属する。その他にオリゴGalAを還元末端から分解するオリゴガラクチュロン酸リアーゼ（EC 4.2.2.6）もある。

(4) ペクチンリアーゼ（PNL；EC 4.2.2.10）

メトキシ化GalA間のα-1,4結合をβ脱離反応により切断するエンド型酵素で（図6），PL1に属する。Endo-PELとは異なり，活性発現にCa^{2+}を要求しない。

(5) 不飽和グルクロニル（ガラクチュロニル）ハイドロラーゼ（UGH；EC 3.2.1.-）

HGの非還元末端の不飽和GalA（Endo-PELによるHG分解産物）を遊離させるエキソ型加水分解酵素で，GH88に属する。

(6) ペクチンメチルエステラーゼ（PME；EC 3.1.1.11）

GalA残基に結合しているメトキシ基を加水分解する酵素であり，HG分解においてはPGやPELと相乗的に作用する。一般に，カビ由来PMEはランダムに，植物由来PMEはプロセッシブに作用する。植物組織中では本酵素がHG内に脱メトキシ化されたGalAブロックを生成させ，Ca^{2+}架橋によるペクチンの強化に寄与している。*Arabidopsis*のゲノム中には約60種もの推定PME遺伝子が存在することが明らかとなり，これらが細胞壁構造の制御に大きく関与する可能性が示唆されている。Carbohydrate Esterase family（CE）8に属する。

(7) ペクチンアセチルエステラーゼ（PAE；EC 3.1.1.-）

GalA残基に結合しているアセチル基を加水分解する酵素である。CE12および13に属する。

3.2 XGA分解酵素[17, 25]

(1) XGAハイドロラーゼ（XGH；EC 3.2.1.-）

Xyl修飾されているGalA残基を認識し，GalA間のα-1,4結合を特異的に加水分解するエンド型酵素で，GH28に属する。

(2) Exo-PG

本酵素はHGをエキソ型に加水分解するが，XGAに対してはXyl修飾部分をバイパスする活性を有し，反応産物としてGalAおよびXyl-GalAを生成する。GH28に属する。

3.3 RG-II分解酵素

本糖鎖領域を特異的に分解する酵素の報告例はない。

3.4 RG-I分解酵素[17, 25]

(1) RGハイドロラーゼ（RGH；EC 3.2.1.171）

GalAとRha間のα-1,2結合を加水分解するエンド型酵素で，GH28に属する。一般にRGHはRG-I中のGalAがアセチル化されていると，活性は阻害されるが，アセチル基に耐性のある酵素も発見されている[26]。

(2) RGリアーゼ（RGL；EC 4.2.2.23）

ラムノースとGalA間のα-1,4結合をβ脱離反応により切断するエンド型酵素であり，反応生成物の非還元末端は不飽和GalAとなる。RGLは基質中のアセチル基およびアラビナン側鎖により活性は阻害されることがある。一方，ガラクタン側鎖の除去は酵素活性を低下させることが多い。PL4と11に属する。

(3) RGガラクチュロノハイドロラーゼ（RGGH；EC 3.2.1.173）

RG-Iの非還元末端のGalAを遊離させるエキソ型加水分解酵素で，現在はGHファミリーに分類されていない。

(4) RGラムノハイドロラーゼ（RGRH；EC 3.2.1.174）

RG-Iの非還元末端のラムノースを遊離させるエキソ型加水分解酵素で，GH28に属する。

(5) 不飽和RGハイドロラーゼ（URGH；EC 3.2.1.172）

RG-Iの非還元末端の不飽和GalA（RGLによるRG-I分解産物）を遊離させるエキソ型加水分解酵素で，GH105に属する。

(6) エキソ-不飽和RGリアーゼ（Exo-URGL；EC 4.2.2.24）[27]

RG-Iの非還元末端の不飽和GalAを認識し，末端より二糖単位（不飽和GalA-Rha）でβ脱離反応により分解するエキソ型酵素である。PL11に属する。

(7) RGアセチルエステラーゼ（RGAE；EC 3.1.1.-）

RG-I中のGalA残基に結合しているアセチル基を加水分解する酵素で，CE12に属する。RG-Iの分解において，本酵素はRGHやRGLと相乗的に作用する。

3. 5　ABN分解酵素[28]

(1) エンド-アラビナナーゼ（Endo-ABN；EC 3.2.1.99）

α-1,5-アラビナンをエンド型に加水分解し，一般にAra側鎖が存在するとその活性は著しく低下する。GH43に属する。

(2) エキソ-アラビナナーゼ（Exo-ABN；EC 3.2.1.-）

α-1,5-アラビナンを非還元末端からエキソ型に加水分解する。単糖単位で分解する酵素[29]はGH43，二糖単位で分解する酵素[30]はGH93に属する。

(3) α-L-アラビノフラノシダーゼ（ABF；EC 3.2.1.55）

基質特異性の異なる2種のタイプが知られている。Aタイプはアラビノオリゴ糖を分解する糖化活性を有し，Bタイプは糖化活性および枝切り活性（ABN中のAra側鎖を切断する）を有する。GH3，43，51，54，62に属する。GH62に分類される酵素はアラビノキシラン特異的であり，ABN分解活性がほとんど無い。

(4) フェルラ酸エステラーゼ（FAE；EC 3.1.1.73）

RG-I側鎖中のAraあるいはGalにエステル結合しているフェルラ酸を遊離させる酵素で，CE1に属する。ペクチンに結合するフェルラ酸には作用せず，単子葉植物のアラビノキシランに結合するフェルラ酸を特異的に分解するFAEの存在も知られている。

3. 6　AG-I（β-1,4-ガラクタン）分解酵素

(1) エンド-β-1,4-ガラクタナーゼ（Endo-1,4-GAL；EC 3.2.1.89）

β-1,4-ガラクタンをエンド型に加水分解し，GH53に属する。

(2) エキソ-β-1,4-ガラクタナーゼ（Exo-1,4-GAL；EC 3.2.1.-）

β-1,4-ガラクタンを非還元末端からエキソ型に加水分解する。GHファミリーには分類されていない。

(3) β-ガラクトシダーゼ（BGAL；EC 3.2.1.23）

非還元末端のβ-ガラクトシル結合を加水分解する酵素で，GH1，2，35，42に属する。RG-I側鎖のモノマーGal残基を切断できる酵素もある。

3. 7　AG-II（β-1,3/6-ガラクタン）分解酵素

本糖鎖領域は多様な構造をもち，様々な分解酵素が存在するが，ここではガラクタン分解系酵素のみを示す。

(1) エンド-β-1,3-ガラクタナーゼ（Endo-1,3-GAL；EC 3.2.1.-）

主鎖のβ-1,3-ガラクタンをエンド型に切断する酵素で，GH16に属する。長年にわたりその存在は不明であったが，本年度にマッシュルーム由来の酵素および遺伝子が初めて単離された[31]。

(2) エキソ-β-1,3-ガラクタナーゼ（Exo-1,3-GAL；EC 3.2.1.145）

主鎖をエキソ型に加水分解するが，本酵素は側鎖のβ-1,6-ガラクトオリゴ糖をバイパスすることもできる。GH43に属する。

(3) (エンド-) β-1,6-ガラクタナーゼ（Endo-1,6-GAL；EC 3.2.1.164）

AG-Ⅱ側鎖のβ-1,6-ガラクタンを加水分解する。エンド型であることが証明されていないものも含めて，GH5と30に属する。

(4) β-ガラクトシダーゼ（BGAL；EC 3.2.1.23）

β-1,3/6-ガラクタンに特異的な酵素がダイコンから発見されている[32]。

その他にβ-L-アラビノピラノシダーゼ（EC 3.2.1.88），α-L-アラビノフラノシダーゼ（EC 3.2.1.55），α-L-ラムノシダーゼ（EC 3.2.1.40），β-D-グルクロニダーゼ（EC 3.2.1.31）などもAG-Ⅱの側鎖末端に存在する糖残基を遊離させることができる。

以上のように数多くのペクチン分解酵素が存在するが，微生物種によりペクチン分解戦略は異なるため，一種の微生物がこれら一連の酵素群を生産することは考えにくい。従って，異種微生物から調製したペクチン分解酵素をカクテル化することで，より強力な力価を示す酵素製剤が得られる可能性がある。

4 ペクチナーゼの利用

4.1 ジュース製造

未熟果実ではペクチンは不溶性のプロトペクチンとして存在するが，成熟に伴い植物自身の酵素により水溶性ペクチンへと分解される。圧搾後の果汁にはこのペクチンが多量に移行し，粘度や濁度は高くなる。一方，原料果実をペクチナーゼで処理すると，ペクチンが低分子化し，果汁の濾過性の向上および清澄化の効果が得られる[33]。さらに，ペクチナーゼとともにセルラーゼやヘミセルラーゼを併用すると，細胞壁は効果的に分解され，圧搾率が向上する。また，リンゴやナシなどのABNが多く含まれるジュース製造の場合には，Endo-ABN活性が高いペクチナーゼ製剤が使用される。ペクチン中のABNは分岐構造をもつ水溶性多糖であるが，ペクチナーゼ製剤中に混在するABFにより側鎖のAra残基が除去されると，不溶性の直鎖アラビナンが生成し，おりとなる[34]。直鎖アラビナンはEndo-ABNの最適の基質であり，本活性が高い場合には速やかに分解され，おりの発生が解消される[35]。

オレンジジュースやネクターなどの混濁果汁では，濁りの安定化にペクチンが関与している。濁りを形成するコロイドは，正に荷電したタンパク質コアをもち，その周りを酸性多糖であるペクチンが覆うことで安定化している。しかし，原料由来のPMEの作用により脱メトキシ化GalA残基が増加すると，Ca^{2+}によるゲル化が生じて安定な混濁状態が失われる。このPME誘導性のゲル化を防ぐためにPGやPELが使用されているが，この処理は急激な果汁の粘度低下を招く。

この問題を克服する目的で，Hairy region分解酵素によるペクチン分解が試みられている[36]。

通常のペクチナーゼ製剤はRG-IIを分解できないため，ワインや果物ジュースには高濃度（50～400mg/L）のRG-IIが含まれている。本多糖は酸性であるため，ワイン中では他の成分と電気的相互作用により結合し，ハゼ形成を促進することが知られている[37]。現在までにRG-II分解酵素の報告例はないが，本酵素の発見は果汁清澄化用の新しいペクチナーゼ製剤の開発に繋がるであろう。

4.2　食品加工

単細胞化食品は植物本来の有効成分を安定に保持させた状態で，ペースト状に加工したものであり，ネクターやベビーフードなどに利用されている[38]。一般的に，単細胞化は物理的に破砕した植物組織にペクチナーゼを作用させ，細胞壁の中葉組織中のペクチンを限定分解することにより行われる。このとき，一次細胞壁の分解は少ないため，細胞は強度を保っており，細胞内成分の保存性を保つことができる。一方，最近では植物食品素材を凍結，解凍後に減圧下で酵素を組織内に導入させ，酵素反応を行うことにより，元の形状や風味を維持したまま食材の軟化や単細胞化を行う技術も開発され（凍結含浸法），介護食などの製造に応用されている[39]。

果物や野菜の加工食品において，テクスチャーは製品の重要な要素であり，その加工技術についても酵素的な改良が試みられている。食材にPMEとCa^{2+}を浸透させて酵素反応を行うと，HG領域で低メトシキペクチンが生成するとともに，Ca^{2+}による架橋形成が促進され，イチゴやモモなどの加工食品のテクスチャーを改善できることが報告されている[40]。また，ペルオキシダーゼやラッカーゼによりペクチン中のフェルラ酸を酸化的に架橋させることによってもペクチンは高分子化し，食材テクスチャーの改善が期待できる[40]。

植物油の抽出は一般にヘキサンにより行われているが，酵素的抽出法も開発されている。破砕したオリーブにペクチナーゼを作用させると，油脂の抽出効率が向上し，さらに油脂中のポリフェノールやビタミンE含量が増加することが報告されている[38]。

コーヒーの果実から豆を取り出す精製工程においてもペクチナーゼが利用されている。コーヒー豆はペクチン層で覆われているが，その分解にペクチナーゼを使用することで処理時間を短縮することができる[38]。

4.3　ペクチンの物性改変

現在のペクチン製造は酸抽出法により行われており，本条件ではほとんどの中性糖は分解し，HGを主成分としたペクチンが得られる。ペクチンの物性は主に分子量やDM値により異なるため，物性改変を目的とした研究はDM値を変化させることに重点が置かれている。しかし，分子量とDM値が同じでもメトキシ基の分布によっても性質は異なる[41, 42]。すなわち，脱メトキシ化GalAが連続して存在する領域（degree of blockiness：DB）が多く存在するペクチンでは，ランダムに存在するするペクチンと比べて，Ca^{2+}に対する感受性が高く，ゲル化に要する時間は短い。しかし，Ca^{2+}を介した架橋部分が局所的であるため，ゲル強度は劣る。この特性を利用して，異なる分解様式をもつPME（ランダム型とプロセッシブ型）でペクチンを処理することにより，ゲル化能の異なるペクチンが調製できると考えられる。

ペクチン製造の原料としては主に柑橘果皮やリンゴ搾汁粕が使用されている。甜菜はペクチン含有量が高いものの，甜菜ペクチンはDAc値が高く，分子量が小さいためにゲル形成能が低いことから食品としてあまり利用されていない。一方で，甜菜ペクチンはフェルラ酸含量が比較的高いことを利用して，ラッカーゼなどによりフェルラ酸架橋を形成させ，ゲル強度を高めることができる。酵素反応時にABFを添加するとフェルラ酸付近の立体障害がなくなり，ゲル強度をさらに高めることも可能である[43]。

上記のように酸抽出により得られるペクチンはHGを主成分とするが，切断領域の異なる酵素を用いて植物組織を限定分解することにより，物性の異なるペクチンの調製が可能かもしれない。これを実現させるためにも，ペクチンの詳細構造を明らかにし，またその構造と物性の関係を解析することが今後の課題である。

4.4 その他

繊維加工においては，綿繊維の精錬処理[44]および麻や亜麻などの篩部繊維からの脱ガム処理[45]にペクチナーゼを用いた方法が開発されている。畜産業では家畜飼料の消化率の改善を目的に，プロテアーゼ，アミラーゼ，セルラーゼ，ヘミセルラーゼとともにペクチナーゼが使用されている[46]。柑橘加工後に発生するペクチンを含む排水の処理にもペクチナーゼ処理が有効であることが報告されている[46]。基礎分野においてはペクチンの糖鎖構造解析の強力なツールとして使用されている。例えば，RG-ⅠやXGA分解酵素の発見は，現在提唱されているペクチンモデルの構築に大いに貢献した。現在ではゲノム情報を利用して，生産量の極めて少ないタンパク質を異種発現させ，その機能解析が行われている。今後さらなる新規酵素が発見され，構造解析ツールが増えることを期待している。

5 おわりに

本稿ではペクチンの構造と分解酵素およびその応用例を中心に解説したが，最後にペクチンの機能性と未利用バイオマス分解について言及する。

医薬分野ではペクチンは整腸作用や解毒作用，抗腫瘍活性，がん転移抑制，抗潰瘍活性，抗アレルギー作用，腸管免疫調節，コレステロール低下作用，血糖値上昇抑制作用など多岐にわたる機能を有することが報告されている[17, 25, 41]。これらの生理活性発現にペクチン中のどの糖鎖構造が関わっているかは現在のところ不明であるが，特異性の異なる酵素で処理したペクチンの構造機能相関を解析することにより活性発現に関わる糖鎖構造の特定が可能となり，生理活性を高めたペクチンの開発が期待できる。

一方，ペクチン由来オリゴ糖の機能性については，抗菌作用や血圧降下作用などの報告はあるものの[3]，研究例は少ない。現在，抗う蝕性やビフィズス菌選択増殖活性などの機能性をもつ様々なオリゴ糖が特定保健用食品として開発されているが，ヘテロ多糖であるペクチンを原料として，種々の酵素で限定分解することにより，新規オリゴ糖（オリゴRG-Iやオリゴ XGAなど）が創製される可能性がある。

また，バイオマスを原料としたバイオエタノールなどへのバイオコンバージョンを達成するためには，細胞壁多糖の完全分解が不可欠であるが，この分野においても一連のペクチナーゼ群は重要である。ペクチンを完全分解することはもちろん重要であるが，マトリックス多糖であるペクチンはセルロースやヘミセルロースとも結合していることから，ペクチン分解は他の細胞壁多糖の分解性にも影響を与えると思われる。今後，リグノセルロース分解においてはペクチナーゼ研究とセルラーゼおよびヘミセルラーゼ研究をリンクさせる必要があると考えられる。

文　献

1) R. S. Jayani *et al.*, *Process Biochem.*, **40**, 2931-2944 (2005)
2) 真部孝明, ペクチン, 幸書房 (2001)
3) 澤田雅彦, フードプロテオミクス―食品酵素の応用利用技術―, pp.48-59, シーエムシー出版 (2004)
4) 岡戸信夫, 酵素利用技術大系―基礎・解析から改変・高機能化・産業利用まで―, pp.792-796, エヌ・ティー・エス (2010)
5) H. A Schols *et al.*, *Carbohydr. Res.*, **279**, 265-279 (1995)
6) A. Le Goff *et al.*, *Carbohydr. Polym.*, **45**, 325-334 (2001)
7) T. Ishii, T. Matsunaga, *Phytochemistry*, **57**, 969-974 (2001)
8) M. A. O'Neill *et al.*, *Annu. Rev. Plant Biol.*, **55**, 109-139 (2004)
9) I. J. Colquhoun *et al.*, *Carbohydr. Res.*, **206**, 131-144 (1990)
10) K. Tagawa, A. Kaji, *Methods Enzymol.*, **160**, 542-545 (1988)
11) I. J. Colquhoun *et al.*, *Carbohydr. Res.*, **263**, 243-256 (1994)
12) V. Micard *et al.*, *Phytochemistry*, **44**, 1365-1368 (1997)
13) M. Morita, *Agric. Biol. Chem.*, **29**, 564-573 (1965)
14) G. R. Ponder, G. N. Richards, *Carbohydr. Polym.*, **34**, 251-261 (1997)
15) P. Immerzeel *et al.*, *Physiol. Plant.*, **128**, 18-28 (2006)
16) H. Kiyohara *et al.*, *Phytochemistry*, **71**, 280-293 (2010)
17) A. G. J. Voragen *et al.*, *Struct. Chem.*, **20**, 263-275 (2009)
18) H. A. Schols, A. G. J. Voragen, "Progress in Biotechnology 14", pp.3-19, Elsevier (1996)
19) J. P. Vincken *et al.*, "Advances in Pectin and Pectinase Research", pp.47-59, Kluwer Academic Publishers (2003)

20) M. W. Fogarty, C. T. Kelly, "Microbial Enzymes and Biotechnology", pp.131-182, Applied Science Publishers (1983)
21) A. G. J. Voragen *et al.*, *Food Hydrocolloids*, **1**, 65-70 (1986)
22) E. S. Martens-Uzunova, P. J. Schaap, *Fungal Genet. Biol.*, **46**, S170-S179 (2009)
23) T. Sakai *et al.*, *Adv. Appl. Microbiol.*, **39**, 213-294 (1993)
24) T. Sakai *et al.*, *FEBS Lett.*, **414**, 439-443 (1997)
25) D. Wong, *Protein J.*, **27**, 30-42 (2008)
26) J. Normand *et al.*, *Appl. Microbiol. Biotechnol.*, **86**, 577-588 (2010)
27) A. Ochiai *et al.*, *Appl. Environ. Microbiol.*, **73**, 3803-3813 (2007)
28) G. Beldman *et al.*, *Adv. Macromol. Carbohydr. Res.*, **1**, 1-64 (1997)
29) H. Ichinose *et al.*, *Appl. Microbiol. Biotechnol.*, **80**, 399-408 (2008)
30) T. Sakamoto *et al.*, *FEBS Lett.*, **560**, 199-204 (2004)
31) T. Kotake *et al.*, *J. Biol. Chem.*, **DOI**, 10.1074/jbc. M111. 251736 jbc (2011)
32) T. Kotake *et al.*, *Plant physiol.*, **138**, 1563-1576 (2005)
33) W. Pilnik, F. M. Rombouts, *Carbohydr. Res.*, **142**, 93-105 (1985)
34) J. R. Whitaker, *Enzyme Microb. Technol.*, **6**, 341-349 (1984)
35) S. Karimi, O. P. Ward, *J. Ind. Microbiol.*, **4**, 173-180 (1989)
36) D. N. Sila *et al.*, *Compr. Rev. Food Sci. Food Saf.*, **8**, 86-104 (2009)
37) S. Pérez *et al.*, *Biochimie*, **85**, 109-121 (2003)
38) D. R. Kashyap *et al.*, *Bioresour Technol.*, **77**, 215-227 (2001)
39) 坂本宏司ほか, 特許公報　第3686912号
40) S. Van Buggenhout *et al.*, *Compr. Rev. Food Sci. Food Saf.*, **8**, 105-117 (2009)
41) S. E. Guillotin *et al.*, *Carbohydr. Res.*, **60**, 391-398 (2005)
42) H. Winning *et al.*, *Food Hydrocolloids*, **21**, 256-266 (2007)
43) V. Micard, J. F. Thibault, *Carbohydr. Polym.*, **39**, 265-273 (1999)
44) 山本良平, *Bio Industry*, **17**, 32-36 (2000)
45) M. Kapoor *et al.*, *Process Biochem.*, **36**, 803-807 (2001)
46) G. S. Hoondal *et al.*, *Appl. Microbiol. Biotechnol.*, **59**, 409-418 (2002)

第5章　キシラナーゼ

澤田雅彦*

1　はじめに

植物組織を分解する酵素としてはセルラーゼが着目されがちであり，またキシランやその分解物に有用な利用性が見出せなかったことからキシラナーゼはセルラーゼのマイナーコンポーネント的な扱いをされてきた。1990年代に入り，パルプの漂白を始めキシラナーゼは食品業界でも応用されるようになり研究も飛躍的に進んできた。ヘミセルラーゼの代表格であるキシラナーゼとその利用について解説したい。

2　キシラン

2.1　キシランとヘミセルロース

植物の組織はほとんどが細胞壁であり，細胞壁はセルロース，ヘミセルロースおよびリグニンなどで構成されている。植物細胞壁は外側から細胞間層，一次壁，二次壁（二次壁はさらに外層，中層，内層に分けられる）から構成されているが，外層側は大半がリグニンが占めており，内層側に行くに従いセルロース，ヘミセルロース含量が高くなる[1)]。

また植物繊維中の成分構成比は植物の品種によって異なる。すなわち，綿では約9割がセルロースであるのに対し，多くの植物のセルロース含量は5割前後であり，稲わらでは1/3に過ぎない。一方ヘミセルロース成分は綿を除き3割前後の含量が認められる（表1）。

ヘミセルロースは細胞壁成分のうち，硫酸またはアルカリに浸漬することで容易に溶出される成分であり，セルロースと複雑に絡み合って存在している。近年では植物の細胞壁を構成する，

表1　細胞壁成分の組成比

起源	セルロース	ヘミセルロース	リグニン	その他
綿	89	5	0	6
トウヒ	46	25	26	3
カバ	45	33	19	3
竹	52	20	24	4
バガス	41	24	18	12
稲わら	35	35	6	24

文献 1）より引用。

* Masahiko Sawada　合同酒精㈱　酵素医薬品研究所　グループマネージャー

セルロースとペクチン以外の多糖をヘミセルロースと定義しているとのことである。

2.2 キシランの構造[2)]

キシランの基本構造はエスパルト・グラス（espart grass；アフリカ・ハネガヤ）のキシランで研究されているように，キシロピラノースがβ-1,4結合した直鎖構造を有している（図1a）。それに反し，紅藻の一種である*Rhodymenia palmata*ではβ-1,3結合の存在が認められている。

一方大半の植物中のキシランは短い側鎖を有しており，かつ側鎖にはキシロピラノース以外の残基が含まれていることが多い。イネ科植物，例えば大麦，小麦等，麦類の穀粉由来キシランは約7%のアラビノースが含まれており，キシランのβ-1,4結合主鎖に，1残基のフラノース型L-アラビノース残基が部分的に1,3結合しているアラビノキシランである（図1b）。

稲わら等イネ科植物の葉茎由来キシランは側鎖にアラビノースのほかグルクロン酸ないし4-メチル-グルクロン酸が主として1,2結合しているアラビノ（4-*O*-メチルグルクロノ）キシランである。またキシロース残基が一部分アセチル化されている。

トウモロコシの外皮（corn hull）または穂軸（corn cob）のキシランは，アラビノ（4-*O*-メチルグルクロノ）キシランを基本にグルクロン酸，アラビノース，キシロースからなる側鎖が複雑に分岐した構造となっており，側鎖の末端にはD-またはL-ガラクトースも含まれているという。

次に木材では広葉樹のヘミセルロースの大半はキシランであり，大部分が直鎖構造からなるキシロース鎖主鎖に，周期的に4-メチル-グルクロン酸の1残基が1,2結合している4-*O*-メチルグルクロノキシラン（図1c）であり，またキシロース残基が部分的に*o*-アセチル化されている。

一方，針葉樹ヘミセルロースはキシラン含量が5～7%と少ないが，アラビノ（4-*O*-メチルグルクロノ）キシラン構造を有する（図1d）。

以上のように，キシランの構造は植物体や存在部位によって非常に構造が多岐に渡っており，狭義では複雑なヘテロ多糖であることが分かる。

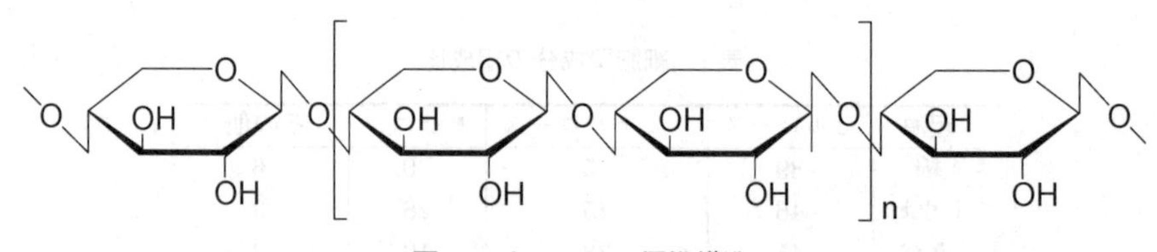

図1a　キシランの標準構造

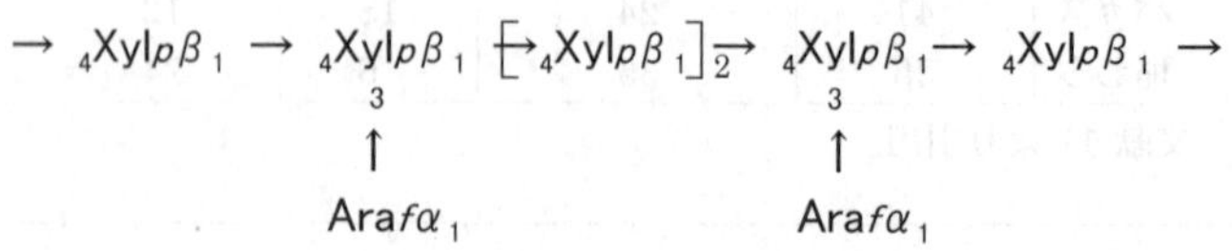

$$\rightarrow {}_4\mathrm{Xyl}p\beta_1 \rightarrow {}_4\mathrm{Xyl}p\beta_1 \left[\rightarrow {}_4\mathrm{Xyl}p\beta_1\right]_2 \rightarrow {}_4\mathrm{Xyl}p\beta_1 \rightarrow {}_4\mathrm{Xyl}p\beta_1 \rightarrow$$

（第2および第4の $\mathrm{Xyl}p\beta$ の3位に ↑ $\mathrm{Ara}f\alpha_1$）

図1b　穀類キシラン（アラビノキシラン）

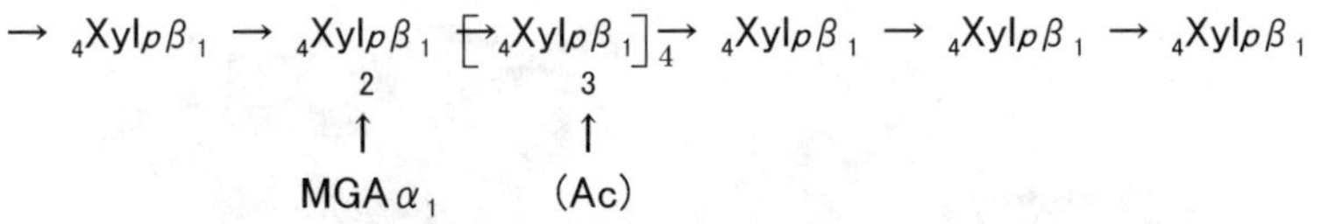

$$\rightarrow {}_4\text{Xyl}p\beta_1 \rightarrow {}_4\text{Xyl}p\beta_1 \left[\rightarrow {}_4\text{Xyl}p\beta_1\right]_4 \rightarrow {}_4\text{Xyl}p\beta_1 \rightarrow {}_4\text{Xyl}p\beta_1 \rightarrow {}_4\text{Xyl}p\beta_1$$

(2位 ← MGAα_1、3位 ← (Ac))

図1c　広葉樹キシラン（4-*O*-メチルグルクロノキシラン）
MGA：4-O-メチルグルクロン酸

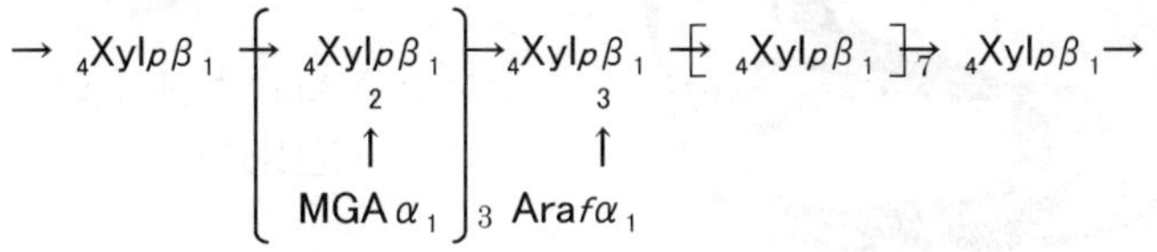

$$\rightarrow {}_4\text{Xyl}p\beta_1 \left[\rightarrow {}_4\text{Xyl}p\beta_1 \atop {2 \atop \uparrow \atop \text{MGA}\alpha_1}\right]_3 \rightarrow {}_4\text{Xyl}p\beta_1 \left[\rightarrow {}_4\text{Xyl}p\beta_1\right]_7 \rightarrow {}_4\text{Xyl}p\beta_1 \rightarrow$$

(3位 ← Ara$f\alpha_1$)

図1d　針葉樹キシラン（アラビノ（4-*O*-メチルグルクロノ）キシラン）

3　キシラナーゼの分類と構造[3)]

3.1　キシラナーゼの分類

糖質関連の加水分解酵素は触媒ドメインのアミノ酸配列の近似性により現在120種を超えるGHファミリーに分類されている[4)]。このうち，キシラナーゼは7つのファミリーに分布しているが，ほとんどがファミリー10（旧セルラーゼファミリーF）もしくはファミリー11(G)の何れかに属する。両ファミリー間の配列上の相同性は低い。ファミリー10に属するキシラナーゼの触媒ドメインはファミリー11のものより分子量が大きく，等電点は酸性側である。一方，ファミリー11は等電点が酸性か塩基性かにより，さらにサブファミリーに分類されている。

3.2　立体構造

ファミリー10キシラナーゼは（β/α)$_8$バレル基本構造を有し，二次構造の約40％をαヘリックスが占めている。一方，ファミリー11キシラナーゼはβシート構造に富み，2枚のβシートが重なり合ってクレフトを形成する，いわゆるβ-ジェリーロール構造（ロールケーキ状）を保存している。

好アルカリ性*Bacillus*属細菌の生産するアルカリキシラナーゼJの立体構造は良く研究されており，触媒ドメインは典型的なβ-ジェリーロール構造を有していることが認められた。一方，触媒ドメインのC末端側に約100残基の役割不明のポリペプチドが見出されていたが，近年の解析によりキシラン結合ドメイン（XBD）であることが認められた。面白いことにXBDもβ-ジェリーロール構造を有している（図2）[3)]。

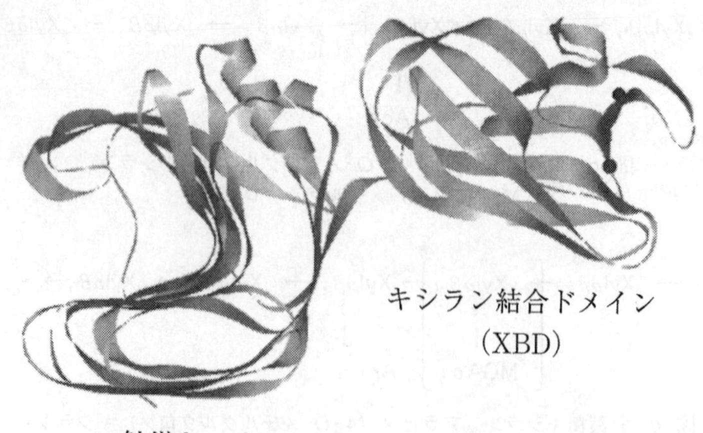

図2　キシラナーゼJの立体構造
黒丸はXBD上のCa^{2+}原子を示す。文献3）より引用。

4　キシラナーゼの酵素学的性質

キシランがヘテロ多糖であることから，キシラン分解には複数の酵素群の関与が認められる。すなわち側鎖を分解するα-L-アラビノフラノシダーゼ，アセチルキシランエステラーゼ，β-グルクロニダーゼなどがキシラン分解に関与すると考えられるが，ここでは基本骨格であるキシロースポリマー分解に携わる酵素のみ取り上げたい。

キシロースポリマーに作用する酵素としてはキシラン鎖をエンド型に水解するendo-β-1,4-D-キシラナーゼ（E.C. 3.2.1.8）と，非還元末端から単糖単位で水解するexo-β-1,4-D-キシラナーゼ（E.C. 3.2.1.27；キシロシダーゼ）の2種類である。

4.1　エンドキシラナーゼ[5, 6)]

エンド型キシラナーゼについての報告を表2にまとめた。これらの報告は別個の研究者によりなされているため重複等があるものと思われるが同一菌株で多種類の酵素が認められており，特に*Bacillus*属の生産する酵素では分子量は15～130KDa，至適pHは4～10，至適温度は40～80℃と，極めて広範なレンジの特性を有する複数の酵素の存在を示唆している。このことはキシラナーゼ生産の生理学的意味付けも含めて興味深い。キシラナーゼ酵素群については今後の研究により，*Trichoderma reesei*のセルラーゼ群解析でなされたような体系的分類が進捗することを望みたい。

またエンドキシラナーゼの作用面から，側鎖分岐部位への作用性，最終生成物，オリゴ糖分解能などで分類することも可能である。

表2　キシラナーゼ生産菌の起源と酵素的性質

起　源	分子量 (KDa)	至適pH	至適温度 (℃)	pI	Km (mg/ml)
Acidobacterium capsulatum	41	5	65	7.3	3.5
Aeromonas sp.	23	5-7	60	-	-
Aeromonas sp.	37	6-8	50	-	-
Aeromonas sp.	145	7-8	50	-	-
Bacillus circulans WL-12	15	5.5-7	-	9.1	4
Bacillus polymyxa CECT 153	61	6.5	50	4.7	17.1
Bacillus pumilus	65×2	6.5	40	-	-
Bacillus stearothermophilus T-6	43	6.5	55	7.9	1.63
Bacillus sp.	16	6-7	70	-	-
Bacillus sp.	21.5	6	65	8.5	-
Bacillus sp.	43	6-10	70	-	-
Bacillus sp.	49.5	7-9	70	3.6	-
Bacillus sp.	56	4	80	-	-
Bacillus sp. AR-009	23, 48	9-10	60-75	-	-
Bacillus sp. BP-23	32	5.5	50	9.3	-
Bacillus sp. BP-7	22-120	6	55	7-9	-
Bacillus sp. K-1	23	5.5	60	-	-
Bacillus sp. NCIM 59	15.9, 35	6	50-60	4,8	1.58, 3.5
Bacillus sp. NG-27	-	7, 8.4	70	-	
Bacillus sp. SPS-0	-	6	75	-	-
Bacillus sp. W-1	21.5	6	65	8.5	4.5
Cellulomonas fimi	14-150	5-6.5	40-45	4.5-8.5	1.25-1.72
Cellulomonas sp. NCIM2353	22, 33, 53	6.5	55	8	1.7, 1.5
Chlostridium sterocorarium	44, 62, 72	5.5-7	75	4.39-4.53	-
Microrococcus sp. AR-135	56	7.5-9	55	-	-
Staphylococcus sp. SG-13	60	7.5, 9.2	50	-	4
Thermoanaerobacterium sp.	24-180	6.2	80	4.37	3
Thermotoga maritima MSB8	40, 120	5.4, 6.2	92-105	5.6	1.1, 0.29
Acrophialophora nainiana	17	6	50	-	0.731, 0.343
Aspergillus aculeatus	20, 34, 56	5	50, 50, 75	5.7, 8.8, 4.1	-
Aspergillus fischeri Fxu1	31	6	60	-	4.88
Aspergillus kawachii IFO4308	26-35	2.0-5.5	50-60	3.5-6.7	
Aspergillus nidulans	22-34	5.4	55	-	-
Aspergillus niger	13.5-14.0	5.5	45	9	-
Aspergillus niger	15.5	3.5	-	3.82	-
Aspergillus niger	17	5	-	4.14	-
Aspergillus niger	24	4	50	5.73	-
Aspergillus niger	31	4	-	-	-
Aspergillus niger	31	6-6.5	-	-	-
Aspergillus niger	31	5.5	-	6.9	-
Aspergillus niger	50	4-4.5, 5.5-6	65-80	-	-
Aspergillus soyae	32.7, 35.5	5, 5.5	60, 50	3.5, 3.75	-
Aspergillus sydowii MG49	30	5.5	60	-	-

表2　キシラナーゼ生産菌の起源と酵素的性質（続き）

起　源	分子量 (KDa)	至適pH	至適温度 (℃)	pI	Km (mg/ml)
Cephalosporium sp.	9.5	6.5	37	6	-
Cephalosporium sp.	10.7	-	-	9.4	-
Cephalosporium sp.	30, 70	8	40	-	0.15
Fusarium oxysporum	20.8, 23.5	6	60, 55	-	9.5；8.45, 8.7
Geotrichum candidum	60-67	4	50	3.4	-
Irpex lacteus	-	4-5	40	-	-
Paecilomyces varioti	20	4	50	5.2	49.5
Penicillum janthinellum	-	4.7	4-9	-	-
Penicillum janthinellum	-	5.3	5-8	-	-
Penicillum purpurogenum	33, 23	7, 3.5	60, 50	8.6, 5.9	-
Shizophyllum commune	33	5	55	-	-
Talaromyces byssochlamydoides YH-50	45, 54	5, 4.5	70	4, 3.8	-
Thermomyces lanuginosus DSM5826	25.5	7	60-70	4.1	7.3
Thermomyces lanuginosus SSBP	23.6	6.5	70-75	3.8	3.26
Trametes sp.	22-24	5-5.5	-	-	-
Trichoderma harzianum	20	5	50	-	0.58
Trichoderma pseudokoningii	15	5	-	9.6	-
Trichoderma reesei	20, 19	5-5.5, 4-4.5	45, 40	9,5.5	3-6.8, 14.8-22.3
Trichoderma viride	-	3.5	50	-	-
Aureobasidium pullulans Y2311-1	25	4.4	54	9.4	7.6
Cryptococcus albidus	48	5	25	-	5.7, 5.3
Trichosporon cutaneum SL409	-	6.5	50	-	-
Streptomyces chattanoogenisis CECT3336	48	6	50	9	4, 0.3
Streptomyces thermoviolaceus OPC520	33, 54	7	60-70	4.2, 8	-
Streptomyces viridisporus T7A	59	7-8	65-70	10.2-10.5	-
Streptomyces xylophagus	-	6.2	55-60		-
Streptomyces sp.	40	6	60	7.3	-
Streptomyces sp. B12-2	23.8-40.5	6-7	55-60	4.8-8.3	0.8-5.8
Streptomyces sp. EC10	32	7-8	60	6.8	3
Streptomyces sp. QG11-3	-	8.6	60	-	1.2
Streptomyces sp. T7	20	4.5-5.5	60	7.8	10
Thermomonospora curvata	15-36	6.8-7.8	75	4.2-8.4	1.4-2.5

文献5，6）より引用。一部編集ならびに加筆

4.2　キシロシダーゼ[5)]

キシロシダーゼに関する報告を表3に示した。キシロシダーゼは分子量が比較的大きく，至適pHはカビ類酵素では大半が酸性であり，多くのキシロシダーゼは低分子基質に対する作用が中心で，キシランに対する作用は微弱である。また，糖転移作用を有するものも含まれている。

一方，高温性のカビ*Malbranchea pulchella*や細菌類の酵素では反応至適域が中性域にある。

表3　キシロシダーゼ生産菌の起源と酵素的性質

起　　源	分子量 (KDa)	至適pH	至適温度 (℃)	pI	相対活性*（%）						
					X2	X3	X4	X5	Xn	PX	PNPX
Bacillus pumilus	60×2	7-7.3	-	4.4	-	-	-	-	-	-	-
Bacillus circulans	85	5.5-7	-	4.7	-	-	-	-	-	-	-
Aspergillus aculeatus	84	5	65	4.18	100	157	125	50	39	142	89
Aspergillus niger	＞200	3	-	4.5-5	-	-	-	-	-	-	-
Aspergillus niger	30	3	-	4.6	-	-	-	-	-	-	-
Aspergillus niger	-	3-4	-	4.3	100	94	83	78	0	98	-
Chaetomium trilateuale	118×2	4.5	55	4.86	-	-	-	-	-	-	-
Malbranchea pulchella	26	6.2-6.8	50	-	100	129	100	83	31	53	163
Penicillum wortmanni	102	3-4	-	5	-	-	-	-	-	-	-

文献5）より引用。
*　X2に対する作用を100として表記。PX：phenyl-β-xyloside，PNPX：*p*-nitrophenyl-β-xyloside。

さらに*M. pulchella*，*Bacillus pumilus*の酵素はキシランから直接キシロースを生成する能力を有していること，糖転移能力を有さないなど，産業的な応用性が高い酵素である。

4.3　還元末端作用型エキソオリゴキシラナーゼ

エキソ型の糖質分解酵素は，一般的に非還元末端側から作用することが知られている。北岡らは*Bacillus halodurans*の菌体内にキシロオリゴ糖の還元末端から単糖を遊離する新規なエキソ型酵素を発見し，REX（Reducing-end xylose releasing exo-oligoxylanase）と命名した。還元末端側から作用するエキソ型酵素としてはセルロースをセロビオース単位で水解するセロビオヒドロラーゼ（CBH）などが知られているが，単糖単位で遊離させる酵素としては世界で初めての発見である。

本酵素はセルラーゼ，キトサナーゼ，キシラナーゼ等が含まれる糖加水分解酵素ファミリー8（GH8）に属するが，既存キシラナーゼとの相同性は30％以下であった。3つのサブサイトを有し，3糖以上のオリゴキシロシドに作用する。本菌は7種類以上のヘミセルロース分解酵素を生産することが知られており，その中でREXが果たす役割については興味深い[7, 8]。

5　キシラナーゼの産業利用

5.1　製パン産業

海外では日持ち向上などの目的で製パン用酵素の需要が大きいが，国内では流通システムの完備により要望が少なかった。しかし穀物価格の上昇や，賞味期限の延長による廃棄ロスの減少，さらに近年着目されている米粉並びに国産小麦粉の利用などの目的により製パン用酵素の採用が広がってきた。また店頭で簡単に焼き立てパンを提供できる二次発酵後の冷凍パン生地は利便性が高いものの，冷凍生地は膨らみが弱くまた生地の弾力が落ち食感が損なわれる等の問題があったが，酵素配合剤の利用でこれらの問題が解消され，冷凍生地はコンビニエンスストアやファミリー・レストラン店舗での焼きたてパン等に広く利用されるようになってきた。

製パン用酵素としてはキシラナーゼのほか，老化防止用のα-アミラーゼ，国産小麦粉や米粉のグルテン強化のためのグルコースオキシダーゼ，乳化剤添加量削減に効果のあるリパーゼなどがあるが，単独使用では生地がダレる等の悪影響が見られるので，これら酵素を組み合わせた上，その他成分との配合剤として市販されていることが多い。

製パン時にキシラナーゼを添加するとパンのボリューム感が出る，パイル（釜延び，膨らみ）が大きいと言われている。特に食パン類の良質な焼き上がりにはグルテンが充分に伸張することが重要であるが，グルテンはキシランを中心としたヘミセルロース鎖が絡まった状態になっており，そのまま焼成すると充分に伸張できない。キシラナーゼ処理によりヘミセルロース鎖が分解されグルテンが伸張し，パンのボリューム感や生地の柔らかさをアップさせると考えられている。またキシランは水分保持能力が高いため，キシラン分解により保持水がグルテンネットワークに連続的に供給されることで，安定なネットワークが形成されるとの説もある。

天野エンザイム社はヘミセルラーゼ「アマノ」90を小麦粉に対し50ppm添加し冷凍生地を作製すると無添加に比して容積が8％増しになり，パイルが大きく，かつ老化速度が遅いことが認められたと報告している[9]。

ノボザイムズ ジャパン社はヘミセルラーゼ製剤「ペントパン」を販売している。焼き上がりのボリューム感が増すが，この効果は冷凍生地でも認められ，利用されている。また「ペントパンMono」は純度の高いキシラナーゼ製剤であるとのことである[10]。

ダニスコジャパン社は冷凍生地市場の増加を見越し，専用の酵素複合製剤として「GRINDAMYL FD」シリーズと「GRINSTED POWERFreeze」シリーズを上市している[11]。

DSMジャパン社は製菓・製パン用酵素として「Bakezyme」シリーズを販売しているが，主力の「Bakezyme Real-X」に続いて新たにヘミセルラーゼ剤「同BXP」を販売開始した。ヘミセルラーゼやキシラナーゼ製剤はカビ起源の酵素が一般的であるのに対し，本品はバクテリア起源であり，作用pH域が広く従来のヘミセルラーゼが作用困難であったアラビノキシランに作用する性質を持っており，かつその分解は限定的であるため取り扱いが容易であるとの評価を得ている。また糖質・脂質の存在下でも作用するため，製菓用途での利用が増えてきた[12]。

三菱化学フーズ社では新製品ヘミセルラーゼ製剤「スクラーゼX」を販売開始した。本酵素は他のヘミセルラーゼ剤に比して生地がベタつかない特徴がある。ケリー・ジャパン社では製菓用酵素として「バイオベイク」シリーズ3品を上市しており，うちキシラナーゼ剤は「同CHW」であり，歩留まり向上などに効果があるとしている[13]。

5.2　キシロオリゴ糖[14～16]

キシロオリゴ糖はキシロースがβ-1,4結合したオリゴマーで，天然ではタケノコに少量含まれている。一般にはコーンコブ，バガス，綿実粕などの植物原料から抽出後，キシラナーゼ処理により得られるが，由来する原料により一部にアラビノース，グルクロン酸などの側鎖を有する。

キシロオリゴ糖はpH2.5，100℃，1時間加熱でも安定で高温や低pH条件に強く，各種の調理環境でも分解を受け難いことから広い用途に使用することが可能である。

ショ糖の40～50％の甘味度を有し，甘味質はさわやかであり，後味の切れも良い。また2～3糖は2kcal/g，4糖以上は難消化性であることから0kcal/gとされており，低カロリーな甘味料である。

キシロオリゴ糖の最大の特徴は唾液，胃液，膵液などで分解を受けず，消化・吸収されることなく大腸まで届き，かつビフィズス菌により選択的に利用され，腸内でのビフィズス菌比率を増加させることにある。その選択性は高く，現在市販されているオリゴ糖の中で最も少量でビフィズス活性があると言われている。

キシロオリゴ糖を1日に0.4g以上摂取することでビフィズス菌が増加することはヒトによる治験によっても確認されており，また排便回数，排便量，便性状改善，腸内腐敗物質低減などの効果が認められている。また血中コレステロール低下効果も報告されているほか，ラットにおける試験ではカルシウムを始めとして，リン，マグネシウム，鉄などのイオンの吸収率・体内保留率を高めることが認められている。

現在，キシロオリゴ糖を製造販売しているのはサントリーウェルネス社と王子製紙社の2社である。サントリーウェルネス社はコーンコブを原料としたキシロオリゴ糖「キシロオリゴ」を年間700t程度製造しており，自社商品としても消費・展開している。商品形態は主力の70％シロップ品を始め，35％並びに90％粉末品の3タイプがあり，飲料など食品用途のほか，保湿剤として化粧品分野にも展開を始めている。

王子製紙社はユーカリを原料としたオリゴ糖「ifiosN」「ifiosU」を製造し市場展開を開始している。ifiosNは2～10個のガラクトオリゴ糖であるが，ifiosUは2～20個のガラクトース鎖に，1残基以上のグルクロン酸が結合した酸性オリゴ糖であり，酸性側に強い緩衝能を有するのが特徴で，アトピー性皮膚炎ならびに潰瘍性大腸炎の改善効果を認めたとのこと。現在臨床データを蓄積中で，ヒトおよび動物用の機能性食品基材としての展開を目指している。

現在，キシロオリゴ糖の特徴を生かした特定保健用食品が6品目，認可を受けている。キシロオリゴ糖は他のオリゴ糖に比して非常に高価であり，オリゴ糖需要量（約2万トン）の3％程度の生産量であるが，ビフィズス菌選択性が高く少量で効果があり，かつ調理作業中の安定性が高いことから実使用濃度で考慮するとコスト的にも充分訴求力があると思われる。今後技術革新が進み，さらに安価になれば市場が大幅に拡大するものと思われる。

5.3　エタノール発酵

オイルショックが発生した1970年代に，木質系バイオマスからのエタノール発酵が盛んに研究されるようになった。また近年エネルギー不足が叫ばれエタノール発酵が盛んに行なわれているが，可食性の澱粉類を利用することが食糧供給バランスとの問題となっており，非食性バイオマスからのエタノール発酵が再び着目されている。

非食性バイオマスからのエタノール発酵を高効率化するためにはセルロースに次いで含有量が高いヘミセルロース，特にキシランの分解が必須といわれ，セルラーゼとキシラナーゼの並行作用が研究された。またエタノール生産菌*Saccharomyces cerevisiae*はキシロースを代謝できないため，グルコース（キシロース）イソメラーゼにより代謝可能なキシルロースに変換する，もしくはキシロース発酵能がある*Pichia*酵母の利用が必要となる。

5.4 製紙産業

キシラナーゼの産業利用は1990年代に紙パルプ産業で始まった。パルプ製造の最初の工程で木材チップをクラフト蒸解すると，暗褐色のパルプが生じる。変色の大きな原因はリグニンであり，漂白が必要となる。パルプの漂白は多段階で行なわれるが，最も効果的なのは塩素ならびに塩素化合物による漂白である。近年，多大なエネルギー消費並びに高アルカリ廃液が発生する問題がクローズアップされ，さらにはダイオキシンを始めとする有機塩素化合物の環境への影響が取りざたされるようになり，製紙業界では塩素を極力使わない漂白法への切り替えを余儀なくされた。

1986年にフィンランドにおいてキシラナーゼを中心としたヘミセルラーゼ剤による酵素漂白法が提唱された。キシラナーゼによる漂白のメカニズムは充分には解明されていないが，3つの説が考えられている。すなわち，キシラナーゼによりヘミセルロース鎖が部分的に切断され，セルロースフィブリル構造が緩むためにリグニンの脱離が容易となる説，ヘミセルロース鎖分断により，同鎖に結合しているリグニンの溶解を容易とする説，リグニンの可溶化を阻害している再沈殿キシラン（高アルカリにより溶解したキシランが工程進行によりセルロース表面に結晶状で再吸着する）の除去に効果があるとの説である。何れにしても，木材中のマイナー成分であるキシラナーゼ処理により，塩素処理には及ばないものの精白度が向上するのは紛れもない事実である[17]。

海外では既に塩素ガス使用を削減したECF（Elementally Chlorine-Free），酸素，オゾンや過酸化水素の利用で完全に塩素を使用しないTCF（Totally Chlorine-Free）漂白採用の動きがドイツを中心に盛んである。日本でも王子製紙を中心として研究・実用化がなされており，同社の米子工場では酵素を自製した酵素漂白紙を日産1,500トン生産している[18]。日本国内では漂白薬品使用量が元より欧米より少ないこと，塩素漂白に比べてコストが高く，精白度が充分でないことなどから酵素処理の採用度はまだ高くはないが，製紙会社各社において研究・実用化が進められており，今後進展してゆくものと推察される。

5.5 その他

アルキル化配糖体は新規界面活性剤の開発に期待される原料のひとつであるが，それらの効率的生産のため酵素を用いた合成法が試みられている。これらについてはグルコシダーゼを中心とした研究が主であったが，アルキルキシロビオシド類が優れた界面活性特性を有することが見出され，昨今キシラナーゼを用いることで新たな界面活性剤が提案できるようになった。松村らは *Aureobasidium pullulans* のキシラナーゼを用い，1-octanalと2-ethyl hexanolからoctyl-β-xylobiosideおよび-xyloside，並びに2-ethyl hexyl-β-xylobiosideの合成を報告している。精製したキシロシダーゼ活性を有さないエンド型キシラナーゼを用いキシランから直接，キシラン分解並びに糖転移作用により1ステップで配糖体を合成しているのは興味深い[19]。

表4　市販キシラナーゼ／ヘミセルラーゼ製剤

酵素メーカー名	商品名	起　源	用　途
◎キシラナーゼ剤			
ジェネンコア協和㈱	オプチマーゼCX	*Bacillus alcalophilus*	紙パルプ漂白
三菱化学フーズ㈱	スクラーゼX	*Trichoderma longibrachiatum*	野菜・果実の液状化，エキス・フレーバー抽出
新日本化学工業㈱	スミチームX	*Trichoderma* sp.	野菜・果実類の加工処理 製パン・オリゴ糖製造
ノボザイムズジャパン	ペントパン	*Humicola insolens*	製菓・製パン
	ペントパンモノ		
	シーアザイム	*Aspergillus* sp.	澱粉
エイチビィアイ㈱	セルロシンHC	*Aspergillus niger*	小麦パン質の改良，発酵利用率向上 オリゴ糖の製造
	セルロシンHC100	*Aspergillus niger*	
	セルロシンTP25	*Trichoderma viride*	
㈱樋口商会	VERON 191	*Aspergillus niger*	製パン
	VERON 393	*Aspergillus niger*	
	Xylanase Conc	*Trichoderma reesei*	
ダニスコジャパン	グリンドアミルH	*Aspergillus niger*	製パン
ディー・エス・エムジャパン	バリダーゼX	*Trichoderma* sp.	製パン，果実処理
◎ヘミセルラーゼ剤**			
天野エンザイム㈱	ヘミセルラーゼ「アマノ」90	*Aspergillus niger*	製パン
DKSHジャパン㈱	ベイクザイムHS2000	*Aspergillus niger*	製パン
	ベイクザイムI Conc	*Trichoderma viride*	
ディー・エス・エムジャパン	ベイクザイムコンクリートetc	*Trichoderma reesei*	製菓・製パン
	ベイクザイムHS2000	*Aspergillus niger*	製粉・製パン 非還元末端のアラビノースを遊離
	ベイクザイムARA 10000		
	ベイクザイムReal-X	*Trichoderma viride*	冷凍生地
	ベイクザイムBXP	*Bacillus subtilis*	多目的用途中性ヘミセルラーゼ コーヒー・お茶・野菜エキス抽出
洛東化成工業㈱	エンチロンLQ	*Aspergillus niger*	捺染糊落し

*　食品総合研究所ホームページhttp://nfri.naro.affrc.go.jp/yakudachi/koso/1_toushitsu1_4%20.index.html より引用。

**　キシラナーゼ非含有の可能性あり。

また*Asp. niger*由来のβ-キシロシダーゼを用い，糖タンパク質の生合成に重要な物質であるアミノ酸との配糖体キシロシルセリンを合成した報告[20]，界面活性作用を有する甘味剤であるアリールアルキル配糖体の合成[21]などの報告がある。

6　市販キシラナーゼ剤

報告されている市販キシラナーゼ／ヘミセルラーゼ製剤を表4に示した。市販されているものは*Trichoderma*，*Aspergillus*属を始めとするカビ起源のものが大半であるが，一部*Bacillus*属細菌のものも上市されている。製パン用として利用されるケースがほとんどで，一部は野菜・果実の処理，焼酎を中心とした醸造時の歩留まり向上などにも利用されている。

なお日本国内で食品加工に酵素を利用する場合，食品添加物の指定を受け，厚生労働省の既存添加物名簿に収載される必要がある。それによると現在指定を受けている生産菌は何れも糸状菌（*Aspergillus aculeatus*，*Aspergillus niger*，*Trichoderma koningii*，*Trichoderma longibrachiatum*（*reesei*），*Trichoderma viride*）の培養液より，分離して得られたものとされている[22]。

文　献

1）村尾沢夫, 荒井基夫, 阪本禮一郎,「セルラーゼ」, pp.1-22, 講談社（1987）
2）江上不二夫編,「多糖生化学」, pp.269-275, 共立出版（1969）
3）梅本博仁, 中村 聡, *BIO INDUSTRY*, **25**（**7**）, pp.59-69（2008）
4）Carbohydrate Active Enzymes Homepage, http://www.cazy.org/Home.html
5）村尾沢夫, 荒井基夫, 阪本禮一郎,「セルラーゼ」, pp.108-116, 講談社（1987）
6）Q. K. Beg, M. Kapoor *et al.*, *Appl. Microbiol. Biotechnol.*, **56**, pp.326-338（2001）
7）Yuji Honda, Motomitsu Kitaoka, *J. Biol. Chem.*, **279**, pp.55097-55103（2004）
8）Shinya Fushinobu *et al.*, *J. Biol. Chem.*, **280**, pp.17180-17186（2005）
9）森 茂治, フードケミカル, **174/15**（**10**）, pp.29-33（1999）
10）黒坂玲子, 食品と開発, **32**（**12**）, pp.17-19（1997）
11）土屋大輔, 食品と開発, **42**（**2**）, pp.88-89（2007）
12）食品と開発, **45**（**2**）, pp.67-71（2010）
13）食品と開発, **46**（**2**）, pp.62-67（2011）
14）小林昭一監修,「オリゴ糖の新知識」, pp.261-271, 食品化学新聞社（1998）
15）食品と開発, **45**（**12**）, pp.51-59（2010）
16）*BIO INDUSTRY*, **16**（**7**）, pp.69-70（1999）
17）P. Bajpai, 紙パルプ技術タイムス, 1998年10月号, pp.21-29（1998）

18） 杉浦純, 福永信幸, *BIO INDUSTRY*, **16**（7）, pp.40-47（1999）
19） Matsumura S. *et al.*, *Biotechnol. lett.*, **21**, pp.17-22（1999）
20） 神山由, 佐藤道太, 特開平8-228792
21） 神田鷹久, 特開平6-172403
22） 厚生労働省行政情報　既存添加物名簿収載品目リスト,
http://www.ffcr.or.jp/zaidan/MHWinfo.nsf/0/c3f4c591005986d949256fa900252700?OpenDocument

第6章　キトサナーゼの加水分解機構と基質認識機構

深溝　慶*1，新家粧子*2

1　はじめに

キトサンは，キチンを濃アルカリ溶液中で脱アセチル化することによって得られ，この操作を通してキチンのもつ結晶性は大きく減少し，多様な立体配座をもつ直鎖状多糖へと変換される[1]。このような多糖キトサンは，図1に示すように，エンド型キトサナーゼとエキソ型キトサナーゼによって単糖グルコサミンへと変換され，再利用されたりあるいはデアミナーゼ経路を経て解糖系へとつながる[2]。よって，いくつかの微生物においてキトサン分解酵素系は，その微生物の生存において重要な働きを担っている。にもかかわらず，キトサン分解系に関わる酵素に関して理解が進められたのはごく最近であり，現在でも新たなデータが加えられている。

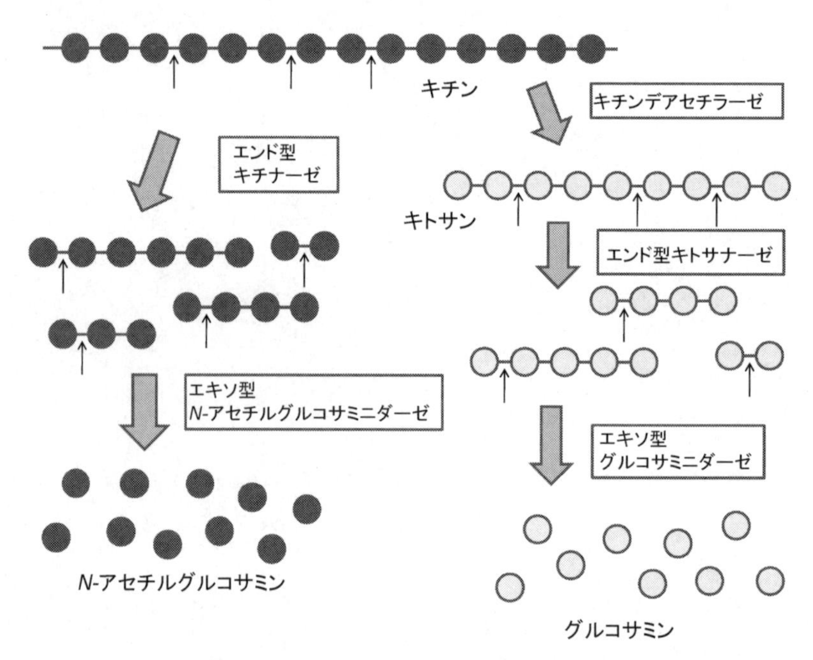

図1　キチン・キトサンの酵素分解システム
●，*N*-アセチルグルコサミン；○，グルコサミン。矢印はグリコシド結合開裂部位を示す。

＊1　Tamo Fukamizo　近畿大学大学院　農学研究科　バイオサイエンス専攻　教授
＊2　Shoko Shinya　近畿大学大学院　農学研究科　バイオサイエンス専攻

そもそも自然界に完全にアセチル基がなくなったキトサンは存在せず，キトサンと言えども，いくらかのアセチル基をもつ。真菌類では，キチンシンターゼ（キチン合成酵素）とキチンデアセチラーゼ（キチン脱アセチル化酵素）の作用によってキトサンが生合成されることが知られており[3]，生成されたキトサンがどの程度アセチル化されているかは，生物種によってあるいはそれらの成長段階によっても異なる。また，キチンを化学的に処理することによって得られるキトサンも完全に脱アセチル化されたものを得るのは難しい[1]。高濃度のアルカリ処理をより徹底的に施すことによって脱アセチル化はそれだけ進むが，重合度の減少を避けることはできない。

このようにキトサンそのものの化学的な定義が非常に曖昧であることは，キトサナーゼという酵素の理解を進めるのを大きく妨げることになったものと思われる。しかし最近では，化学構造がより明確に定義できるオリゴ糖を基質としたキトサナーゼ反応の解析が精力的に行われ，その結果，より詳細なキトサナーゼの酵素反応メカニズムが明らかになりつつある。本章では，最近の研究で明らかになったキトサナーゼの触媒機構および基質認識機構について詳述する。

2　キトサナーゼの立体構造

2. 1　Family GH46キトサナーゼ

キトサナーゼの立体構造として最初に報告されたものは，CAZyによる分類ではGH46に属する放線菌*Streptomyces* sp. N174由来のキトサナーゼである[4]。本酵素は，図2左に示すように，

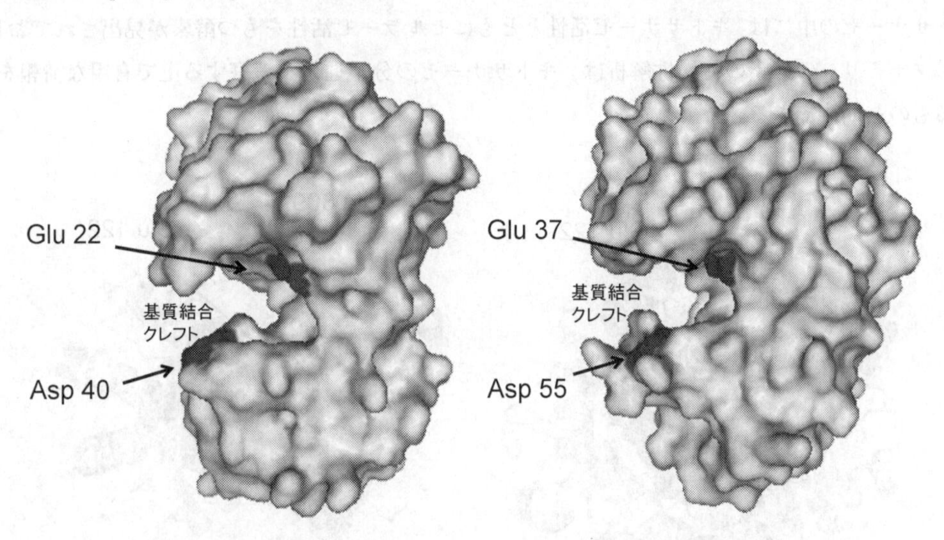

図2　Family GH46キトサナーゼの結晶構造
左図，*Streptomyces* sp. N174由来。右図，*Bacillus circulans* MH－K1由来。Glu22およびGlu37はプロトン・ドナー。Asp40およびAsp55は触媒塩基。

α-ヘリックスに富む二つのドメインからなるタンパク質であり，二つのドメイン間に基質結合クレフトが存在する。Glu22はプロトンドナーであり，Asp40は触媒塩基として働いているものと考えられている。2例目となったキトサナーゼの結晶構造は，やはりGH46に属する*Bacillus circulans* MH-K1由来のものである（図2右）[5]。この場合，Glu37がプロトンドナーであり，Asp55は触媒塩基である。これらのキトサナーゼの立体構造を比較すると，両者ともグルコサミンからなる糖鎖を受容しうる両側に大きく開いたクレフトをもつ。しかし，基質結合クレフトの微細構造には相違がみられる。*Streptomyces*の酵素の場合，クレフトの上部ドメインの表面が*Bacillus*の酵素に比べるといくらかスペースがあるように思われる。また，二つのドメイン間のヒンジにあたる部分は，*Streptomyces*酵素では明確な"くびれ"がみられるが，*Bacillus*酵素の場合は"くびれ"が明確ではない。このような構造上の相違は，それぞれの反応特異性に反映されてくるものと思われる。実際，*Streptomyces*の酵素はGlcN-GlcNAc間のグリコシド結合を切断できないが，*Bacillus*酵素はGlcN-GlcNAc間を切断する[5]。

2.2 Family GH8キトサナーゼ

結晶解析が行われた3例目のキトサナーゼは，*Bacillus* sp. K17株由来のFamily GH8エンド型酵素である[6]。図3に示すように，Family GH46酵素とは異なり，$(\alpha/\alpha)_6$バレルのフォールドを主構造部分にもつ。構造についてはFamily GH46と大きく異なるが，この*Bacillus*のGH8酵素は，GH46の酵素と同様にアノマー反転型の酵素であると考えられている[6]。GH8に属するキトサナーゼの中には，キトサナーゼ活性とともにセルラーゼ活性をもつ酵素が見出されており，このファミリーの酵素の特異性解析は，キトサナーゼの分子進化を考察する上で有用な情報を与えるものと期待できる。

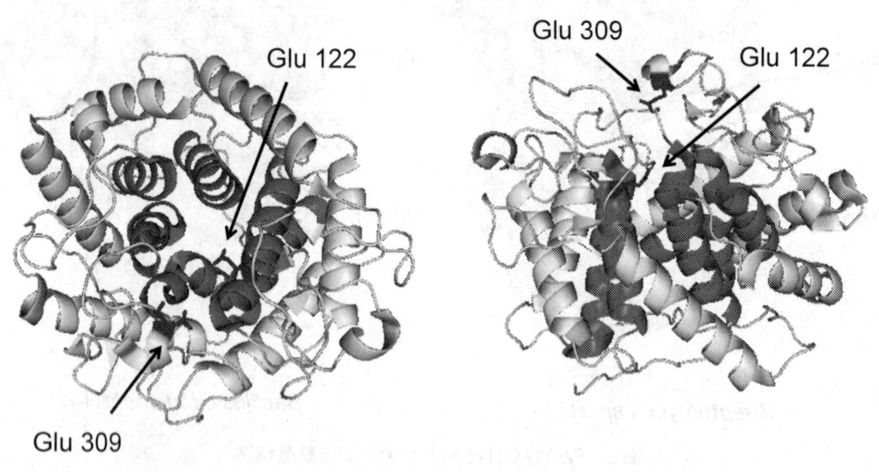

図3　*Bacillus* sp. K17由来Family GH8キトサナーゼの結晶構造
左図，上から見た$(\alpha/\alpha)_6$バレル。右図，横から見た$(\alpha/\alpha)_6$バレル。Glu122はプロトン・ドナー。Glu309は触媒塩基。

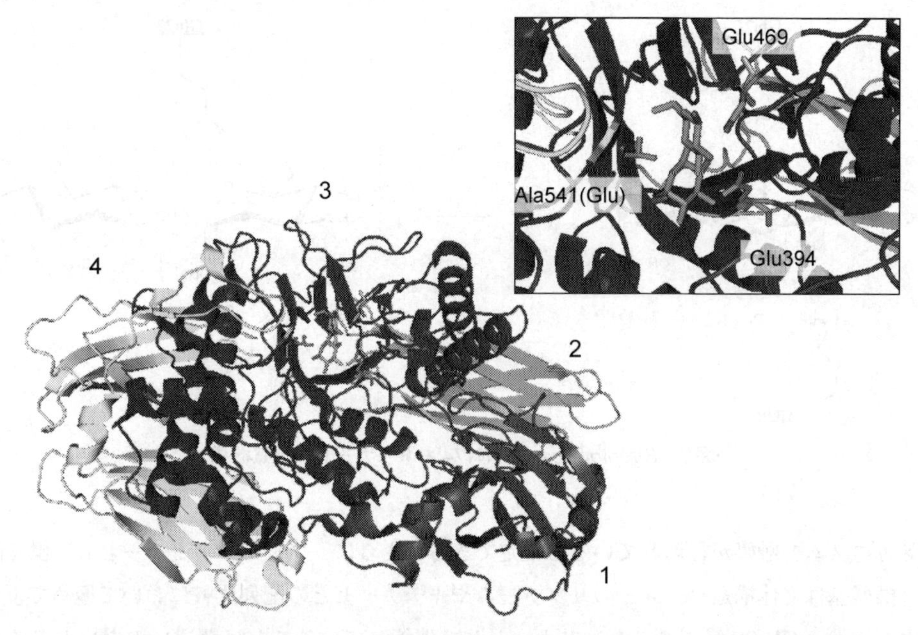

図4　*Amycolatopsis orientalis*由来Family GH2エキソ型キトサナーゼの結晶構造
インセット，活性中心部分の拡大図。Glu469はプロトン・ドナー。Glu541が触媒塩基。Glu394とGlu469との相互作用により，Glu469のpK_aは適正な値に保たれている。

2.3　Family GH2エキソ型キトサナーゼ

最近，*Amycolatopsis orientalis*由来のFamily GH2エキソ型キトサナーゼの結晶構造が明らかにされた[7)]。本酵素はGH2酵素に共通にみられる$(\alpha/\beta)_8$バレルを主構造部分にもち，エンド型キトサナーゼとは異なり，四つのドメインからなっている（図4）。その触媒部位には，負に荷電した結合ポケットが存在し，正電荷をもつ非還元末端のグルコサミン残基を認識できるようになっている。エンド型の場合の基質結合部位は両側が大きく開いているのに対して，エキソ型酵素の基質結合部位は明確にグリコン結合部位が閉じた構造をもつ。このような構造上の特性が，両者の反応特異性をもたらしているものと思われる。

3　触媒反応機構

3.1　プロトン・ドナー

触媒機構については，*Streptomyces* sp. N174由来Family GH46エンド型キトサナーゼは最もよく理解が進んでいる。アノマー反転型酵素であるファージT4リゾチームやFamily GH19キチナーゼと触媒クレフトの立体配置が類似していること[8)]，またオリゴ糖加水分解によって得られる生成物のアノマー型がα型であること[9)]から考えて，本酵素も図5に示すようなアノマー反転

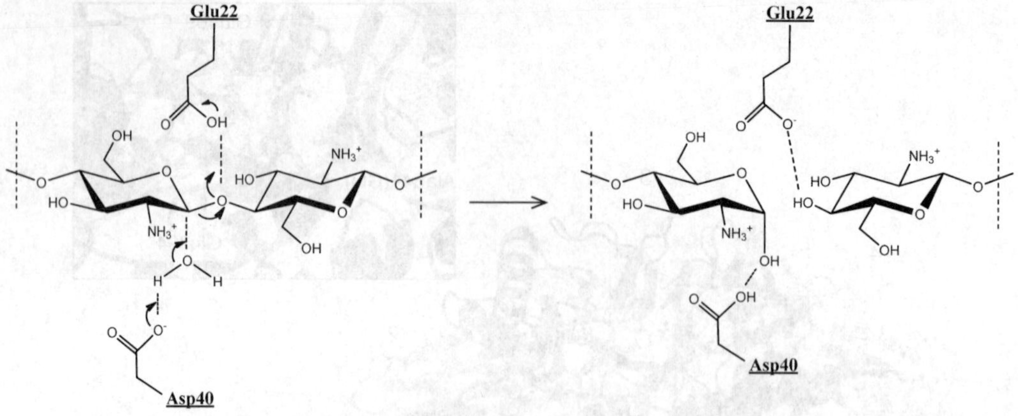

図5　*Streptomyces* sp. N174キトサナーゼの触媒機構

型のメカニズムで触媒が行われていると推定できる。さらに，プロトン・ドナーとして働く酸性アミノ酸残基は立体構造ベースでのリゾチームやキチナーゼとの配列比較において極めてよく保存されており，Glu22がプロトン・ドナーとして機能していることは間違いのないところである[8]。実際に，いくつかの酸性アミノ酸残基に部位特異的変異を施すことによって酵素活性に対する影響を調べてみたところ，Glu22の変異の効果は他のものと比べ活性に対する効果は最大であり，ほぼゼロにまで活性は減少してしまう[10]。このようにして，Glu22がプロトン・ドナーとして働いているということが結論づけられた。

3.2　触媒塩基

一方，アノマー反転型の触媒機構において，触媒塩基として働くカルボキシル基は，水分子の求核性を高め，－1サイトに存在する糖残基のC1炭素への水分子の攻撃を助けるものと考えられている。よって，基質結合クレフトを挟んでGlu22とは逆の位置に存在するカルボキシル側鎖がその役割を担うと考えられる。そのような位置に存在する酸性アミノ酸残基は，Asp40とGlu36である（図6）。まず，Asp40に変異導入を施し，触媒塩基としてどれほど触媒反応に関わっているかを調べた。D40N，D40Eが野生型に比べ0.2～0.9％の活性を示したのであるが，D40G変異体の場合1.6％という触媒基の変異体としては比較的大きな活性が得られた[11]。D40Gにアジ化ナトリウムを加えてオリゴ糖基質と反応させたところ，レスキューが起こり酵素活性の回復がみられた。よって，Asp40は確かに触媒塩基として働いているものと思われる[11]。しかし，D40G変異体における1.6％という高い活性には何らかの説明が必要となるところである。そこで，Glu36の変異も同時に行って酵素活性を調べた。その結果，D40G/E36Aはほぼゼロにまで活性が低下し，このことよりAsp40は確かに触媒塩基として働くが，Asp40が変異された場合は，Glu36がその代わりとして触媒塩基として働き，1.6％の活性をもたらしたものと考えられた[11]。実際に結晶構造をみてみると（図6），Glu22からのAsp40までの距離は，Glu36

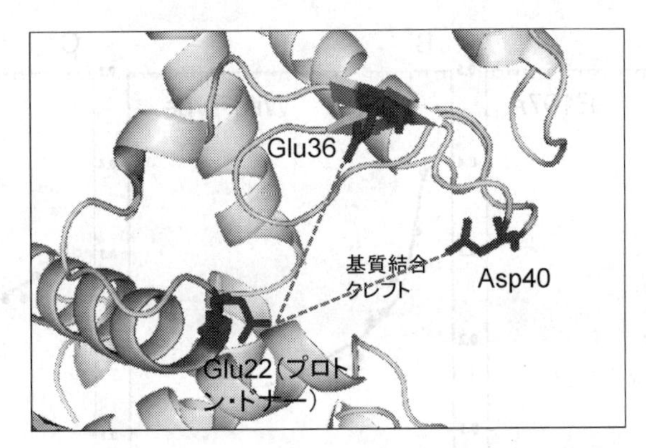

図6　*Streptomyces* sp. N174キトサナーゼの触媒中心近傍におけるカルボキシル基の配置
Glu22－Asp40間の距離とGlu22－Glu36間の距離はほぼ同じであり，Glu36はAsp40のスペアとして働きうる

までの距離とほぼ同じであり，この構造上の特徴はGlu36がスペアの触媒塩基として働きうるという説明を支持するものと思われる。

4　基質認識機構

4.1　蛍光測定による解析

糖質加水分解酵素の多くは，その基質結合部位周辺に芳香族アミノ酸残基をもち，基質のピラノース環とスタッキング相互作用を行っていることが知られている。しかし，キトサナーゼの場合にそのような相互作用が起こるかどうかは不明である。*Streptomyces* sp. N174キトサナーゼにおいては，基質結合クレフト中の芳香族アミノ酸残基はそれほど多いわけではない。この事実は，キトサナーゼの基質認識機構は，他の糖質加水分解酵素のものと異なることを示唆する。

一方，トリプトファン残基は強い蛍光を発し，その蛍光強度変化によって基質結合に伴うタンパク質の構造変化をとらえることができ，ひいては基質の結合力を測定することができる。Katsumiらは*Streptomyces* sp. N174キトサナーゼに対する$(GlcN)_2$，$(GlcN)_3$の結合をトリプトファン由来の蛍光強度の変化から調べた[12]。蛍光強度変化に基づくスキャッチャード・プロットは二相性を示し，加えたオリゴ糖の低濃度側と高濃度側では，異なる傾きをもつ直線が得られた（図7B）。これら二つの直線の傾きに基づいて結合エネルギーを求めると，$(GlcN)_3$において－7.4と－5.7kcal/molの2通りの値が得られた。以上より，*Streptomyces* sp. N174キトサナーゼは低分子量オリゴ糖に対して高親和性部位と低親和性部位の二通りの結合部位をもつものと考えられた。さらに，これら結合部位の位置を特定するため，糖結合に関与していると考えられる酸性アミノ酸残基，Asp57，Glu197とAsp201それぞれのAlaへの変異体を作製した。これら変異体を用いて上と同様の方法により$(GlcN)_3$の結合実験を行った。その結果，Asp57の変異

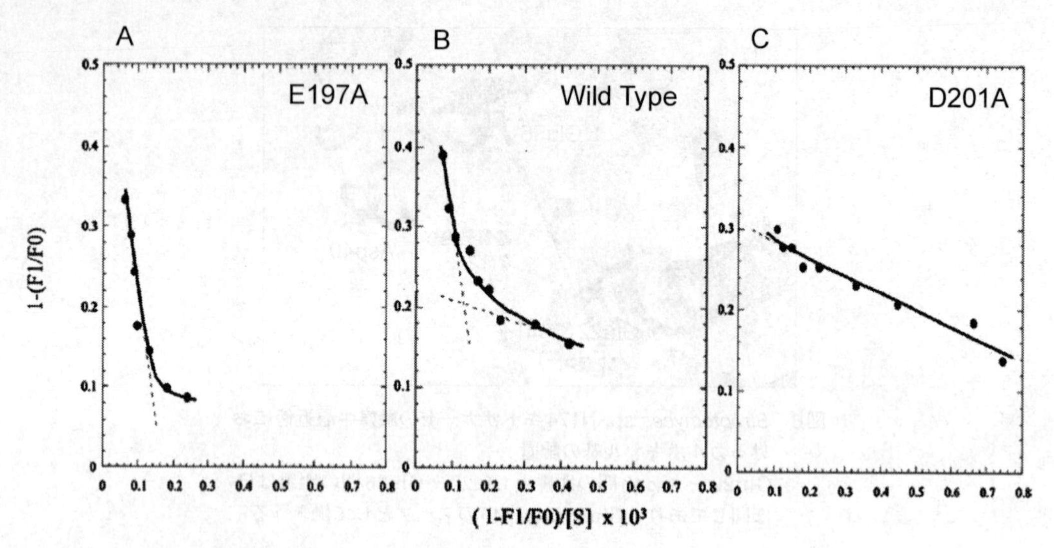

図7 トリプトファン蛍光強度の変化に基づいて測定された*Streptomyces* sp. N174キトサナーゼに対する（GlcN)₃結合のスキャッチャード・プロット
野生型（B）では二相性を示すが，変異酵素（A，C）では二相性が崩れる。

によって全く蛍光強度変化が検出されなくなり，Asp57は（GlcN)₃の結合において中心的な役割を果たす重要なアミノ酸であることが示唆された[13]。一方，図7Aおよび7Cに示すように，E197Aでは低親和性部位の直線だけが得られ，D201Aでは高親和性部位の直線だけが得られた。これより，Glu197は高親和性部位において，Asp201は低親和性部位において（GlcN)₃との結合に関与していることが明らかとなった[12]。

4.2 NMR法による滴定実験

NMRを用いてタンパク質と基質との相互作用を解析する方法として，化学シフト摂動法がよく用いられる。研究対象であるタンパク質中の窒素原子および炭素原子を，NMR観測核である安定同位体^{15}Nおよび^{13}Cでそれぞれ標識する。標識タンパク質中のN-Hの相関を検出する^{1}H-^{15}N HSQCスペクトルを測定し，基質滴定に伴うシグナルの化学シフト変化を観測する。さらに^{15}N/^{13}Cで二重標識したタンパク質について，3次元NMRスペクトルに基づく連鎖帰属法により^{1}H-^{15}N HSQCスペクトルの各シグナルの帰属を行う。このような方法により，タンパク質の分子表面のどの領域で基質が相互作用するのかを知ることができる。図8は*Streptomyces* sp. N174キトサナーゼの^{1}H-^{15}N HSQCスペクトルである。執筆している時点で帰属が完了している主鎖のシグナルについて，図中に残基番号を付している。(GlcN)₃による滴定を行ったところ，多くのシグナルに化学シフトの変化がみられたが，中でも図8のインセットに示すように，Asn23，Trp28，His150，Gly153，またHis200の主鎖シグナルにおいて，滴定した糖濃度の上昇に伴う化学シフトの変化がみられた[14]。

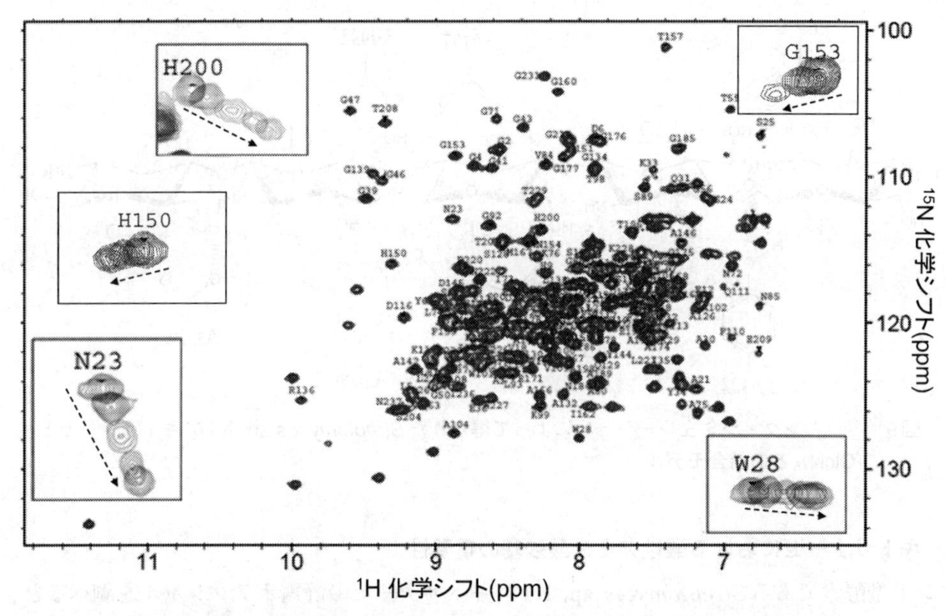

図8　*Streptomyces* sp. N174キトサナーゼの^{1}H-^{15}N HSQCスペクトル
インセットは（GlcN）$_3$の滴定実験で得られた各シグナルの化学シフト変化。それぞれのシグナルにおける，酵素とリガンドのモル濃度比は，1：0，1.5，1：10，1：20，および1：30。

4.3　NMRデータの結晶構造に基づく考察

Streptomyces sp. N174キトサナーゼと基質アナログとの複合体結晶が得られていないために，その詳細な基質結合様式は不明である。そこで，遊離酵素の結晶構造に基づくドッキング・シミュレーションおよびNMR滴定実験より，相互作用部位に関する考察を試みた。図9にドッキング・シミュレーションによって得られた複合体モデルを示す[4)]。触媒残基であるGlu22，Asp40の部分でグリコシド結合が開裂すると考えると，その部位から非還元末端方向に−3，−2，−1サイト，還元末端方向に+1，+2サイトが存在する。NMR滴定実験において，−3サイトで糖残基との結合に関わると予想されるアミノ酸残基Pro152近傍に位置するHis150やGly153に変化がみられた。また，+2サイトで糖残基との結合に関与するAsp201近傍のHis200にも変化がみられた[14)]。これらの結果は，ドッキングによって予想された複合体モデルの妥当性を示唆していると思われる。一方，Trp28は基質結合クレフトではなく，二つのドメイン間のヒンジ領域に存在する。この領域でシグナルのシフトが観測されること自体，非常に興味深い結果である。基質結合に伴い，二つのドメインはクランプのように動き，糖鎖を基質結合クレフト中に確保しようとする。その際，ヒンジ領域には比較的大きなコンフォメーション変化が起きるはずであり，その部分に存在するアミノ酸残基に由来するシグナルは何らかの影響を受けるものと推定できる。このようにNMRによる滴定実験は，基質結合に伴うコンフォメーション変化に関する情報をも与えてくれる。

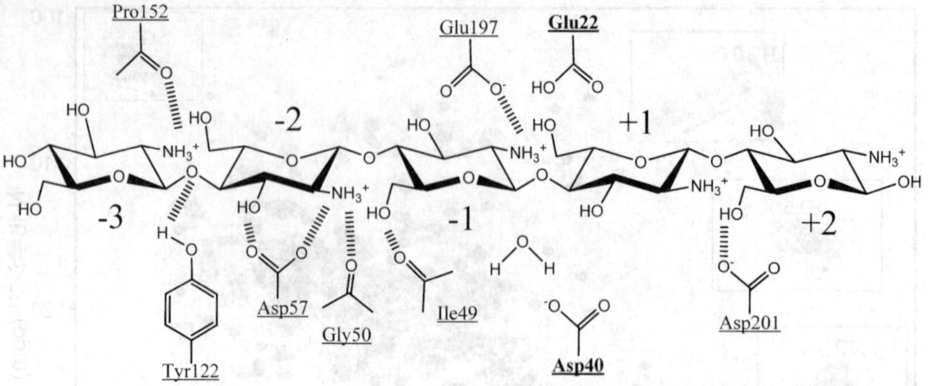

図9　ドッキング・シミュレーションによって得られた*Streptomyces* sp. N174キトサナーゼと $(GlcN)_5$ との結合モデル

4.4　キトサナーゼにおける酸性アミノ酸残基の重要性

エンド型酵素である*Streptomyces* sp. N174キトサナーゼの静電ポテンシャルを調べると，基質結合クレフトは大部分が負の電荷をもっている[13]。基質はポリカチオンであるため，基質結合において負の電荷をもつ酸性アミノ酸残基が重要であると容易に想像できる。実際に，酸性アミノ酸残基であるAsp57，Glu197，Asp201の基質結合における重要性は，すでに上で述べた通りである。

一方，*Amycolatopsis orientalis*エキソ型キトサナーゼはpH5.4で最大の活性があり，このpHではプロトンドナーであるAsp469近傍に位置する酸性アミノ酸残基Glu394と触媒塩基であるGlu541のカルボキシル基は負に荷電されている（図4）[7]。プロトン・ドナーであるAsp469は，Glu394との相互作用によりプロトン化された状態に保たれており，pK_aは高められている。しかし，GlcNが結合し，正に荷電したGlcNの NH_3^+ によってGlu394の負電荷が中和されると，Asp469の pK_a の低下が引き起こされ，ひいてはグリコシド酸素原子へのプロトンの供与がなされるはずである。このように，GlcNの正電荷とエキソ型キトサナーゼの触媒中心の負電荷との相互作用は，触媒反応に必須である触媒酸の pK_a のサイクリングに重要な寄与を行っているようである。

5　キトサナーゼの応用

5.1　真菌類細胞壁の加水分解

天然に存在するキチン質は，通常，強アルカリによるタンパク質成分の除去および強酸による加水分解処理などを経て，有用糖質であるオリゴ糖や単糖へと変換される。このような操作は通常多大の環境負荷を伴うため，天然キチン質の直接的な酵素処理が望まれている。一方，*Rhyzopus oryzae*の細胞壁のキチン質含量は他の真菌類細胞壁に比べ高く，キチナーゼやキトサナーゼによって効果的に加水分解される。我々の研究室では，放線菌キトサナーゼによって，*Rhyzopus oryzae*の細胞壁を加水分解し，その加水分解物をイオン交換クロマトグラフィー（CM-Sephadex C-25）およびゲル濾過によって精製し，その生成物の構造をNMRおよびMALDI-TOF-MSで解析した。その結果，放線菌キトサナーゼによる*Rhyzopus oryzae*細胞壁の加水分解によって，GlcN-GlcNAc，GlcN-GlcN-GlcNAc，またGlcN-GlcNを直接的に生産することができた（深溝ら，未発表データ）。放線菌キトサナーゼによる*Rhyzopus oryzae*細胞壁の加水分解は環境負荷を伴わないキチン質オリゴ糖供給系として有用であると思われる。

5.2　糖転移反応

これまで多くの糖質加水分解酵素において，それらの逆反応である糖転移反応を利用し，有用オリゴ糖の合成が行われてきた。糖転移反応を触媒しうる糖質加水分解酵素はすべてアノマー保持型酵素であり，有用オリゴ糖の合成に用いられた酵素もすべてアノマー保持型酵素であった。一方，これまで単離されてきたエンド型キトサナーゼはその多くがアノマー反転型酵素であり，糖転移反応活性はもたない。そのような中にあって，Tanabeら[15]は，*Streptomyces griseus* HUT6037よりFamily GH5に属するアノマー保持型のエンド型キトサナーゼを単離した。さらに，本酵素を$(GlcNAc)_3$存在下で$(GlcN)_5$と反応させると，$(GlcN)_2$-$(GlcNAc)_3$や$(GlcN)_3$-$(GlcNAc)_3$のオリゴ糖が生成されることを報告した[15]。これらが本酵素の糖転移反応によって生成されたことは明らかであり，このFamily GH5キトサナーゼは有用オリゴ糖生産のために有用であると思われた。

先に言及している*Amycolatopsis orientalis*由来エキソ型キトサナーゼもアノマー保持型酵素であり，高能率に糖転移反応を触媒する[16]。この場合，非還元末端の1個のグルコサミン残基がグリコシル・ドナーとなるので，*Streptomyces griseus* HUT6037由来エンド型キトサナーゼとは異なるヘテロオリゴ糖の生産が可能になると思われる。

6　おわりに

キチンは結晶性が高く，構造的には酵素分解を受けにくい不利な面があると思われる。一方，キトサンの立体配座は多様であり，結晶性は低いので，酵素による分解性はキチンと比較すると高いはずである。このことから考えると，キチン系バイオマスの有効利用を行う場合，キチナーゼとともにキトサナーゼの有効性を無視するべきではない。最初に述べたように，キチンデアセチラーゼも併用することによって（図1），より効果的な加水分解が可能となると思われる。これまで述べてきたように，キトサナーゼに関する知見はかなり集積されており，目的に応じてこれらの酵素を使い分けることもできるようになりつつある。しかし，現時点において，それぞれの酵素の機能が十分に活用されているわけではない。今後，さらに幅広くキトサナーゼが利用されるためには，部位特異的変異による特異性改変や熱安定性の増大など，タンパク質工学的に新たな機能性や安定性をこれらの酵素に付与していくことが望まれる。

文　献

1) 島原健三, 滝口泰之, 資源としてのバイオポリマー：キチン, キトサン（第1章), 最後のバイオマス, キチン, キトサン, pp.1-20, キチン・キトサン研究会編, 技報堂出版, 東京（1988）
2) Tanaka, T., Takahashi, F., Fukui, T., Fujiwara, S., Atomi, H., and Imanaka, T., Characterization of a novel glucosamine-6-phosphate deaminase from a hyperthermophilic archaeon., *J. Bacteriol.*, **187**, 7038-7044（2005）
3) Davis, LL., and Bartnicki-Garcia, S., Chitosan synthesis by the tandem action of chitin synthase and chitin deacetylase from *Mucor rouxii.*, *Biochemistry,* **23**, 1065-1073（1984）
4) Marcotte, E. M., Monzingo, A. F., Ernst, S. R., Brzezinski, R., and Robertus, J. D., X-ray structure of an anti-fungal chitosanase from *Streptomyces* N174., *Nature Struct. Biol.*, **3**, 155-162（1996）
5) Saito, J., Kita, A., Higuchi, Y., Nagata, Y., Ando, A., and Miki, K., Crystal structure of chitosanase from *Bacillus circulans* MH-K1 at 1.6-A resolution and its substrate recognition mechanism., *J. Biol. Chem.*, **274**, 30818-30825（1999）
6) Adachi, W., Sakihama, Y., Shimizu, S., Sunami, T., Fukazawa, T., Suzuki, M., Yatsunami, R., Nakamura, S., and Takénaka, A., Crystal structure of family GH-8 chitosanase with subclass II specificity from *Bacillus* sp. K17., *J. Mol. Biol.*, **343**, 785-795（2004）
7) Lammerts, van, Bueren, A., Ghinet, M. G., Gregg, K., Fleury, A., Brzezinski, R., and Boraston, A. B, The structural basis of substrate recognition in an *exo*-β-D-glucosaminidase involved in chitosan hydrolysis., *J. Mol. Biol.*, **385**, 131-139（2009）
8) Monzingo, AF., Marcotte, EM., Hart, PJ., and Robertus, JD., Chitinases, chitosanases, and lysozymes can be divided into procaryotic and eucaryotic families sharing a conserved core., *Nat. Struct. Biol.*, **3**, 133-140（1996）
9) Fukamizo, T., Honda, Y., Goto, S., Boucher, I., and Brzezinski, R., Reaction mechanism of chitosanase from *Streptomyces* sp. N174., *Biochem. J.*, **311**, 377-383（1995）
10) Boucher, I., Fukamizo, T., Honda, Y., Willick, GE., Neugebauer, WA., and Brzezinski, R., Site-directed mutagenesis of evolutionary conserved carboxylic amino acids in the chitosanase from *Streptomyces* sp. N174 reveals two residues essential for catalysis., *J. Biol. Chem.*, **270**, 31077-31082（1995）
11) Lacombe-Harvey, ME., Fukamizo, T., Gagnon, J., Ghinet, MG., Dennhart, N., Letzel, T., and Brzezinski, R., Accessory active site residues of *Streptomyces* sp. N174 chitosanase: variations on a common theme in the lysozyme superfamily., *FEBS J.*, **276**, 857-869（2009）

12) Katsumi, T., Lacombe-Harvey, M., Tremblay, H., Brzezinski, R., and Fukamizo, T., Role of acidic amino acid residues in chitooligosaccharide-binding to *Streptomyces* sp. N 174 chitosanase., *Biochem. Biophys. Res. Commun.*, **338**, 1839-1844 (2005)
13) Tremblay, H., Yamaguchi, T., Fukamizo, T., and Brzezinski, R., Mechanism of chitosanase and the role of Asp 57 carboxylate., *J. Biochem.*, **130**, 679-686 (2001)
14) 新家粧子，岡崎蓉子，大沼貴之，西村重徳，R. Brzezinski，深溝慶，NMR法による FamilyGH46キトサナーゼとFamilyGH19キチナーゼの基質結合解析，日本応用糖質科学会平成23年度大会（第60回，北海道大学）講演要旨集，p.45
15) Tanabe, T., Morinaga, K., Fukamizo, T., and Mitsutomi, M., Novel chitosanase from *Streptomyces griseus* HUT 6037 with transglycosylation activity., *Biosci. Biotechnol. Biochem.*, **67**, 354-364 (2003)
16) Fukamizo, T., Fleury, A., Côté, N., Mitsutomi, M., and Brzezinski, R., Exo-β-D-glucosaminidase from *Amycolatopsis orientalis*: catalytic residues, sugar recognition specificity, kinetics, and synergism., *Glycobiology.*, **16**, 1064-1072 (2006)

第7章　キチナーゼ

渡邉剛志[*1]，鈴木一史[*2]

1　キチナーゼの多様性

キチナーゼ（EC 3.2.1.14）は，*N*-アセチルグルコサミンがβ-1,4結合で連結したホモポリマーであるキチンを分解する酵素である。キチンはカニやエビなどの甲殻類の甲殻の成分としてもっともよく知られているが，真菌類，藻類，原生動物，軟体動物，節足動物，有鬚動物，刺胞動物，袋形動物などを始めとして，非常に幅広い多様な生物に分布している強固な結晶性の構造多糖である。キチンには，隣り合うキチン鎖が互いに逆方向に配向しているα-キチンと，同方向に配向しているβ-キチンの2つの結晶形が知られている[1,2]。α-キチンの方がβ-キチンよりエネルギー的により安定で，自然界に存在する量も圧倒的に多い。地球上でのキチンの年間生産量は～10^{11}トン／年（～1,000億トン／年）と見積もられており，セルロースに次ぐバイオマス資源と言われている。しかし，キチンの利用は1万トン／年程度で[3]，膨大な年間生産量にくらべるとほとんど利用されていないに等しい。それは，キチンが地球上に薄く広く分布していることや，他の成分と複合体を形成している場合が多いことに加え，キチンそのものが強固な結晶構造をとり，難溶解性であるなどの性質による。このようなキチンの自然界での分解には，キチン分解酵素であるキチナーゼが重要な役割を果たしている。

キチナーゼはその分解活性を通じて，キチンの分解資化・形態形成・生体防御・感染・消化など多様な役割を果たしているが，そのほとんどが，125に分類される糖質加水分解酵素（Glycoside hydrolases，GH）ファミリー（2011年7月現在）のうち，たった2つのGHファミリー（18と19）に分類されている（CAZyデータベース，http://www.cazy.org/）。GHファミリー18と19に属するキチナーゼの間には，立体構造・触媒反応機構・生物界における分布にいたるまで様々な特徴的な違いがある。GHファミリー18キチナーゼの触媒ドメインの立体構造は$(\beta/\alpha)_8$-TIMバレルであるのに対し，GHファミリー19キチナーゼの触媒ドメインはαへリックスに富む全く異なる立体構造である（図1）[4,5]。GHファミリー18キチナーゼは*N*-アセチルグルコサミンのアセチル基が触媒反応を補助する基質補助触媒（Substrate assisted catalysis）と呼ばれるユニークな反応機構によって[6]，一方のGHファミリー19に属するキチナーゼは一般酸塩基触媒によってβ-1,4結合を切断する[7]。GHファミリー18キチナーゼはリテイニング酵素，GHファミリー19キチナーゼはインバーティング酵素である。

＊1　Takeshi Watanabe　新潟大学　大学院自然科学研究科　生命・食料科学専攻　教授
＊2　Kazushi Suzuki　新潟大学　大学院自然科学研究科　生命・食料科学専攻　准教授

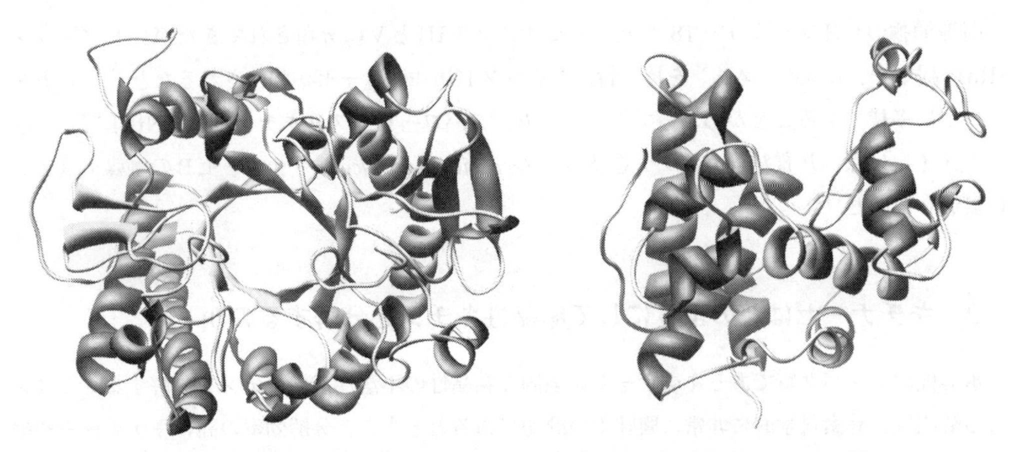

図1　GHファミリー18とGHファミリー19のキチナーゼの触媒ドメインの例
左が*Bacillus circulans* WL-12キチナーゼA1の触媒ドメイン，右が*Streptomyces griseus* HUT6037キチナーゼCの触媒ドメインの立体構造のリボンモデル

CAZyデータベースに登録されているGHファミリー18キチナーゼの58％は真正細菌，38％が多様な真核生物由来で，生物種に広く分布している。一方，GHファミリー19キチナーゼの登録数はGHファミリー18キチナーゼの約1/3であり，主に植物（54％）と真正細菌（38％）に分布している。当初，GHファミリー19キチナーゼは高等植物のみにその存在が認められていたが，筆者らが放線菌*Streptomyces griseus* HUT6037のキチナーゼCがGHファミリー19キチナーゼであることを見いだして以来，Actinobacteria綱の細菌に広く分布していることがわかり[8, 9]，さらに緑膿菌やコレラ菌などにまで存在することが明らかとなってきた。

高等植物のキチナーゼは，GHファミリー分類とは別に，伝統的にクラスIからクラスVに分類されており，クラスI，II，IVはGHファミリー19に，クラスIIIとVはGHファミリー18に属する。クラスIIキチナーゼは触媒ドメインのみからなり，クラスI，IVキチナーゼは触媒ドメインのN末端側にシステインに富む糖質結合モジュール（Carbohydrate Binding Module，CBM）ファミリー18に属するキチン結合ドメインが連結している。一方，*S. griseus* HUT6037のキチナーゼCのキチン結合ドメインはCBMファミリー5に属する。高等植物のキチナーゼは病原菌性真菌類に対する防御に働いており，特にGHファミリー19に属するクラスI，IVのキチナーゼは，*in vitro*で顕著な抗真菌活性を示す。キチナーゼCも顕著な抗真菌活性を持つことが示されており，抗真菌活性はGHファミリー19キチナーゼに普遍的な性質と考えられる。また，キチン結合ドメインはこれらのキチナーゼの抗真菌活性発現に重要な役割を果たしている。

クラスI，IIキチナーゼの触媒ドメインのアミノ酸配列と比較すると，クラスIVキチナーゼやキチナーゼCにはいくつかの特徴的な欠失が見られる。これらの欠失の一部は，クラスIキチナーゼの基質結合部位にサブサイトを追加しているループ構造に対応する[10]。植物クラスIキチナーゼは，このループ構造によってより長鎖のキチンオリゴ糖を生じ，植物の防御システムに寄与している可能性が考えられる。

高等植物のGHファミリー18キチナーゼはクラスIIIとVに分類されてきたが，サブクラスIIIbの提案や，LysMドメインを持つ新たなクラスIIIbキチナーゼが報告されるなど[11]，これまで以上に多様であることがわかってきた。一方，タバコ・クラスVキチナーゼ（NtChiV）の触媒ドメインは深い基質結合クレフトを持ち，*Serratia marcescens*キチナーゼBの触媒ドメインに類似していた[12]。

2　キチナーゼはどのようにして結晶性キチンを分解するのか

水溶性のタンパク質であるキチナーゼが強固な結晶性の不溶性多糖キチンを分解するメカニズムの解明は，酵素科学的に非常に興味深い課題であるとともに，分解効率の高いキチナーゼや酵素系開発の鍵となる。結晶性キチンを効率よく分解できるキチナーゼはGHファミリー18キチナーゼの一部である。その中でも，*Bacillus circulans*のキチナーゼA1と*S. marcescens*のキチナーゼAは立体構造も明らかにされ，結晶性キチン分解のメカニズムが詳細に調べられている[13,14]。この2つのキチナーゼは非常に良く似た触媒ドメインを持っているが，触媒ドメイン以外のドメインは全く異なっている。

結晶性キチンは水溶液中を拡散しないため，キチナーゼがキチンを効率的に分解するためには，キチン表面あるいはその近くに局在化する必要がある。そのため，高い結晶性キチン分解活性を持つキチナーゼは，一般にキチン結合ドメインを持つ。キチナーゼの多くは複数のドメインで構成されており，それらのドメイン間にはリンカー領域が存在したり，フィブロネクチンタイプIIIドメインが存在する。細菌キチナーゼのキチン結合ドメインの多くはCBMファミリー2，5，12に含まれており，*B. circulans*のキチナーゼA1のそれはCBMファミリー12に属する。一方，*S. marcescens*のキチナーゼAの場合，キチン結合に重要な役割を果たすドメインが，触媒ドメインとある程度一体化しており，キチナーゼ分子として結晶性キチン結合活性を有する。これらのキチナーゼからキチン結合ドメインを除去すると結晶性キチン分解活性は顕著に低下する。ただし，キチン結合ドメインそれ自体が結晶性キチン分解を可能にしているわけではなく，触媒ドメインが持っている結晶性キチン分解活性を飛躍的に高める役割を果たしている。また，キチン結合ドメインを持つキチナーゼのすべてが高い結晶性キチン分解活性を有しているわけではない。

結晶性キチンを効率的に分解する*B. circulans*のキチナーゼA1や*S. marcescens*のキチナーゼAの触媒ドメインには，$(\beta/\alpha)_8$-バレルの基本構造の上に深い基質結合クレフトがある（図2）。このクレフトは，2つの挿入ドメインによって形成されている。これは，結晶性キチン分解活性が高いキチナーゼに見られる特徴である。この深いクレフトは結晶性キチンから導かれたキチン鎖のプロセッシブな分解（基質に結合した状態のまま連続的に分解すること）に重要であると考えられる。さらに，触媒ドメインの表面と基質結合クレフト内部には特徴的な芳香族アミノ酸残基が認められ，その多くが結晶性キチン分解に必要である。キチナーゼA1やキチナーゼAの触媒ドメイン表面には，基質結合クレフトの延長線上に並んだ2つのトリプトファン残基があり，これらの残基は結晶性キチンからのキチン鎖を基質結合クレフトに導く役割を果たしている[13, 14]。

筆者らは触媒ドメインのアミノ酸配列の類似性から，細菌のGHファミリー18キチナーゼを3つのサブファミリー（A，B，C）に分類した[15]。サブファミリーAには*B. circulans*のキチナーゼA1や*S. marcescens*のキチナーゼAやBなどが分類され，挿入ドメインによる深い基質結合クレフトが予測されることから，プロセッシブな分解を示すキチナーゼの一群であると考えられる。一方，サブファミリーBやCに属するキチナーゼには挿入ドメインが存在せず，比較的浅い基質結合クレフトを持つエンド型のキチナーゼと予想される。*S. marcescens*の場合，3つのキチナーゼ（A，B，C1）を生産するが（図3）[16]，サブファミリーAに属するキチナーゼAおよびBは結晶性キチンに対する分解活性が強く，キチナーゼAはキチン鎖の還元末端から，キチナー

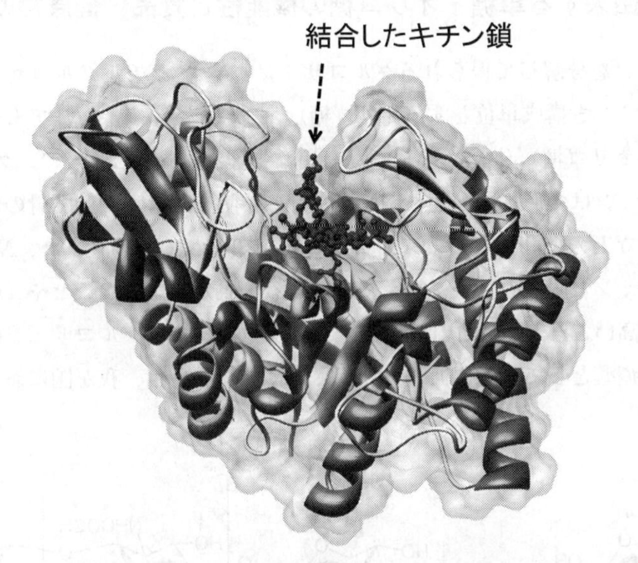

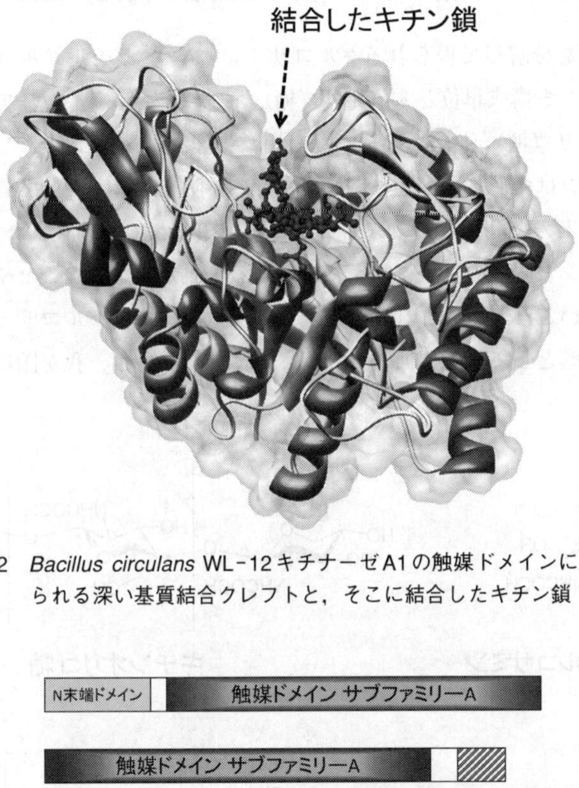

図2　*Bacillus circulans* WL-12キチナーゼA1の触媒ドメインに見られる深い基質結合クレフトと，そこに結合したキチン鎖

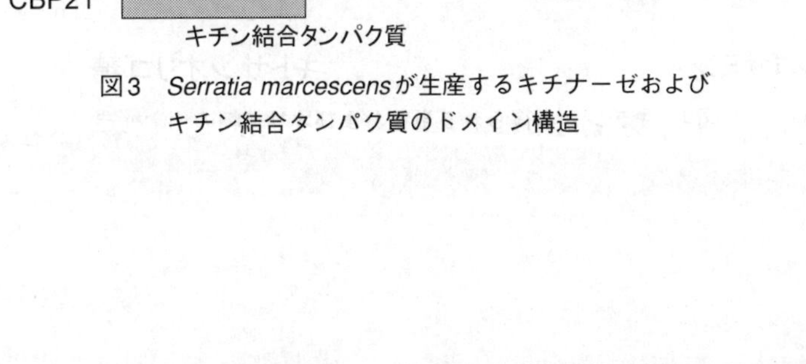

ChiA　N末端ドメイン　触媒ドメイン サブファミリーA

ChiB　触媒ドメイン サブファミリーA　キチン結合ドメイン

ChiC1　触媒ドメイン サブファミリーB　FN III　キチン結合ドメイン

CBP21　キチン結合タンパク質

図3　*Serratia marcescens*が生産するキチナーゼおよびキチン結合タンパク質のドメイン構造

ゼBは非還元末端からプロセッシブに2糖単位で分解する。一方，キチナーゼC1はサブファミリーBに属するエンド型のキチナーゼであり，水溶性キチンに対して高い活性を示す[14, 17~19]。これら3つのキチナーゼによって結晶性キチンを分解した場合，劇的な相乗効果が得られる[20]。相乗効果は，それぞれのキチナーゼがキチン質の構造上の異なる部位に作用する結果だと考えられる。このことは，性質の異なる複数のキチナーゼを組み合わせることによって，結晶性キチンの効率的な分解を達成できる可能性を示している。また，キチナーゼ生産菌の多くが，キチン結合タンパク質を生産していることがわかってきた。最近，*S. marcescens*のキチン結合タンパク質（CBP21）（図3）[21]がキチンのβ-1,4結合を切断し，その末端を酸化する活性を示すことが報告され，キチン分解におけるキチン結合タンパク質の関与が注目されている[22]。

3　キチンに由来する単糖・オリゴ糖の機能性と食品・健康補助食品への利用

キチンやキトサンを分解して得られるグルコサミン，*N*-アセチルグルコサミン，キトサンオリゴ糖（グルコサミンを構成単位とするオリゴ糖），キチンオリゴ糖（*N*-アセチルグルコサミンを構成単位とするオリゴ糖）（図4）は様々な有用な生理活性を持つ[23~25]。グルコサミン，*N*-アセチルグルコサミンは変形性関節症や関節炎などの予防や改善，関節軟骨の保護，加齢によるひざの痛みや腰痛などの緩和などの効果があることが知られている。また，*N*-アセチルグルコサミンはグルコサミンと同様の効果に加えていわゆる美肌効果を持つことや，グルコサミンよりも吸収率定着率が高いことが報告されている[26]。ヨーロッパではグルコサミン硫酸塩が抗リウマチ，抗関節炎の治療薬として長年に渡って利用されてきた。近年，我が国においても健康補助食

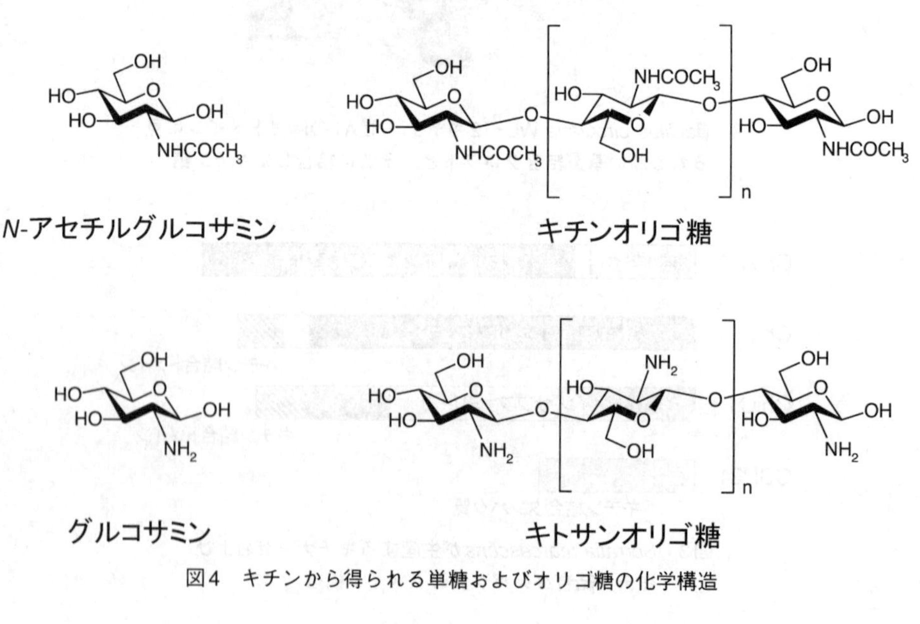

N-アセチルグルコサミン　　キチンオリゴ糖

グルコサミン　　キトサンオリゴ糖

図4　キチンから得られる単糖およびオリゴ糖の化学構造

品としてグルコサミン類の需要の拡大は著しく，国内市場規模は年間1,000トンを超え，約180万人が利用していると推計されている。また，最近では，植物原料から発酵法で得られたグルコサミンも市販されており，甲殻類アレルギーが気になる人も摂取可能なグルコサミンとして注目されている。また，グルコサミンを含む乳飲料・乳酸菌飲料なども多数市販されている。

一方，キチンオリゴ糖，キトサンオリゴ糖はいずれも免疫増強作用を持つことは良く知られているが，それ以外にも，それぞれのオリゴ糖には特徴的な機能性がある。キトサンオリゴ糖は抗菌性や肝機能改善作用，ビフィズス菌増殖促進（整腸機能）作用があることが知られている[23]。また，キチンオリゴ糖が顕著な抗腫瘍性を示すことがマウスを使った実験で明らかにされており，特に注目される[27, 28]。このような人や動物への有用な生理作用の他に，キチンオリゴ糖は広範な植物に防御反応を引き起こすいわゆるエリシター活性を示す。特に4糖以上のキチンオリゴ糖が有効であり，その受容体タンパク質についてもイネなどを用いた研究で明らかにされている[29]。キチンオリゴ糖の食品分野への利用は，今のところグルコサミンや*N*-アセチルグルコサミンに比べて圧倒的に少ないが，今後の応用開発によって，食品分野だけでなく，農業分野などへのさらなる利用の拡大が望まれる。

4　単糖・オリゴ糖生産へのキチナーゼおよび関連酵素の利用

このように様々な生理活性を示すキチン由来の単糖・オリゴ糖は，基本的にカニ殻などの甲殻類由来のキチンを塩酸で加水分解することにより，あるいは塩酸による加水分解と酵素処理を組み合わせて製造されている。キチンを塩酸で完全に加水分解するとグルコサミン塩酸塩が得られる（図5）。*N*-アセチルグルコサミンはこれを化学合成的にアセチル化すると得られるが，化学合成的に作られた*N*-アセチルグルコサミンは食品分野への直接的な利用はできない。そこで，キチンを部分的に酸加水分解して得られたキチンオリゴ糖を，キチナーゼや*N*-アセチルグルコサミニダーゼを作用させて生産する方法が用いられている。一方，キトサンオリゴ糖は，キトサンの塩酸加水分解，またはキトサンをキトサナーゼで処理することにより生産されている。*N*-アセチルグルコサミンやキチンオリゴ糖はさわやかな甘味を有するため食品への利用に適しており，今後の用途拡大が期待されている。

このような優れた機能性を持つキチン由来の単糖・オリゴ糖の利用を拡大し，キチンの有効利用を推進していくためにも，より安価で環境への負荷の少ない製造法に利用可能なキチン関連酵素の開発が重要である。既に述べたように，キチンは結晶性の強固な構造多糖であるために，水溶性のタンパク質であるキチン分解酵素は固体と液体の界面で特殊な機構によって分解を行わなければならないという本質的な困難をともなう。そのため，直接的な酵素分解によって単糖・オリゴ糖を生産することは容易ではなく，基質であるキチンを酵素分解を受けやすくする前処理技術もまた重要である。最近，コンバージミルを用いたメカノケミカル粉砕によって，精製キチンやカニ殻・エビ殻を，キチナーゼの作用を受けやすいアモルファスな微粒子に変換できることが

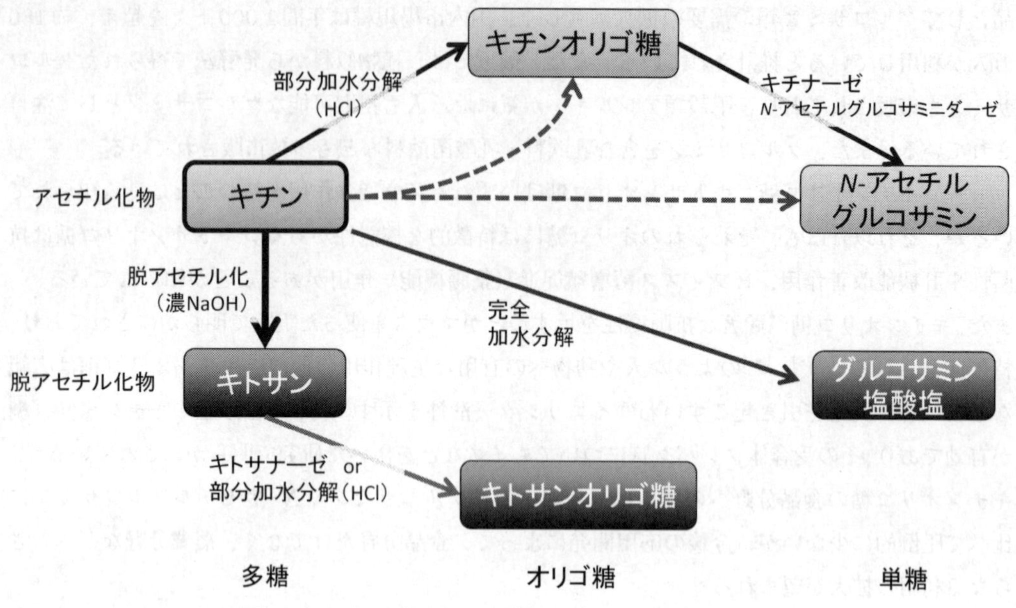

図5　キチンから得られる単糖およびオリゴ糖の製造工程
点線の矢印は酵素を用いる直接的な製造方法

報告された。粉砕条件の最適化により，キチナーゼやキトビアーゼでの処理により単糖や二糖への糖化を100％に近い効率で行うことに成功した[30]。このような技術と，優れたキチナーゼあるいはキチン分解酵素系との併用によって，キチナーゼの応用分野がさらに拡がることが期待される。

キチナーゼとその関連酵素の食品分野への利用は現在のところ比較的限られているのが現状で，キチン由来の単糖・オリゴ糖の生産の一部に利用されているにすぎない。しかしながら，グルコサミン類の健康補助食品や飲料・食品への添加物としての利用の拡大は著しく，単糖・オリゴ糖の新たな付加価値を追求する中でキチナーゼとその関連酵素の活用が必要となるであろう。また，食品自身に含まれるキチンを*N*-アセチルグルコサミンやキチンオリゴ糖に転換することを目的としたキチナーゼの開発など，すこし異なる角度からの応用も検討されている。食品分野ばかりでなく，食品原料の生産の場においても，最大の未利用バイオマスであるキチンおよびその分解酵素のよりいっそうの活用を期待したい。

文　献

1) R. Minke, and J. Blackwell, *J. Mol. Biol.*, **120**, 167 (1978)
2) K. H. Gardner, and J. Blackwell, *Biopolymers*, **14**, 1581 (1975)
3) K. Kurita, *Mar. Biotechnol.*, **8**, 203 (2006)
4) A. C. Terwisscha van Scheltinga, M. Hennig, and B. W. Dijkstra, *J. Mol. Biol.*, **262**, 243 (1996)
5) P. J. Hart, H. D. Pfluger, A. F. Monzingo, T. Hollis, and J. D. Robertus, *J. Mol. Biol.*, **248**, 402 (1995)
6) I. Tews, A. C. Terwisscha van Scheltinga, A. Perrakis, K. S. Wilson, and B. W. Didijkstra, *J. Am. Chem. Soc.*, **119**, 7954 (1997)
7) K. A. Brameld, and W. A. Goddard III, *Proc. Natl. Acad. Sci. USA*, **95**, 4276 (1998)
8) T. Ohno, S. Armand, T. Hata, N. Nikaidou, B. Henrissat, M. Mitsutomi, and T. Watanabe, *J. Bacteriol.*, **178**, 5065 (1996)
9) T. Kawase, A. Saito, T. Sato, R. Kanai, T. Fujii, N. Nikaidou, K. Miyashita, and T. Watanabe, *Appl. Environ. Microbiol.*, **70**, 1135 (2004)
10) R. Mizuno, T. Fukamizo, S. Sugiyama, Y. Nishizawa, Y. Kezuka, T. Nonaka, K. Suzuki, and T. Watanabe, *J. Biochem.*, **143**, 487 (2008)
11) S. Onaga, and T. Taira, *Glycobiology*, **18**, 414 (2008)
12) T. Ohnuma, T. Numata, T. Osawa, M. Mizuhara, K. M. Vårum, and T. Fukamizo, *Plant Mol. Biol.*, **75**, 291 (2011)
13) T. Watanabe, A. Ishibashi, Y. Ariga, M. Hashimoto, N. Nikaidou, J. Sugiyama, T. Matsumoto, and T. Nonaka, *FEBS Lett.*, **494**, 74 (2001)
14) T. Uchiyama, F. Katouno, N. Nikaidou, T. Nonaka, J. Sugiyama, and T. Watanabe, *J. Biol. Chem.*, **276**, 41343 (2001)
15) K. Suzuki, M. Taiyoji, N. Sugawara, N. Nikaidou, B. Henrissat, and T. Watanabe, *Biochem. J.*, **343**, 587 (1999)
16) T. Watanabe, K. Kimura, T. Sumiya, N. Nikaidou, K. Suzuki, M. Suzuki, M. Taiyoji, S. Ferrer, and M. Regue, *J. Bacteriol.*, **179**, 7111 (1997)
17) S. J. Horn, A. Sørbotten, B. Synstad, P. Sikorski, M. Sørlie, K. M. Vårum, and V. G. Eijsink, *FEBS J.*, **273**, 491 (2006)
18) E. L. Hult, F. Katouno, T. Uchiyama, T. Watanabe, and J. Sugiyama, *Biochem. J.*, **388**, 851 (2005)
19) F. Katouno, M. Taguchi, K. Sakurai, T. Uchiyama, N. Nikaidou, T. Nonaka, J. Sugiyama, and T. Watanabe, *J. Biochem.*, **136**, 163 (2004)
20) K. Suzuki, N. Sugawara, M. Suzuki, T. Uchiyama, F. Katouno, N. Nikaidou, and T. Watanabe, *Biosci. Biotechnol. Biochem.*, **66**, 1075 (2002)
21) K. Suzuki, M. Suzuki, M. Taiyoji, N. Nikaidou, and T. Watanabe, *Biosci. Biotechnol. Biochem.*, **62**, 128 (1998)
22) G. Vaaje-Kolstad, B. Westereng, S. J. Horn, Z. Liu, H. Zhai, M. Sørlie, and V. G. Eijsink, *Science*, **330**, 219 (2010)

23) 坂井和男, Creabeaux No.12, p.36 (1997)
24) 又平芳春, 食品工業, 6 (30), 38 (2006)
25) 平野茂博, キチン・キトサンハンドブック, p.383, 技報堂出版 (1995)
26) 梶本修身, 大礒直毅, 又平芳春ほか, 新薬と臨床, **49** (5), 71 (2000)
27) 鈴木茂生, キチン・キトサンの応用 (キチン・キトサン研究会編), p.175, 技報堂出版 (1990)
28) 渡部俊彦, 日野綾子, 小野幸栄, 三上健, 松本達二, 鈴木茂生, 鈴木益子, 又平芳春, 坂井和男, キチン・キトサン研究, 3 (1), 11 (1997)
29) M. Okada, M. Matsumura, Y. Ito, and N. Shibuya, *Plant Cell Physiol.*, **43**, 505 (2002)
30) 戸谷一英, 二階堂満, 丹野浩一, 猪股尚治, 増井彩乃, 岡田守, 川口光朗, 又平芳春, 碓氷泰市, キチン・キトサン研究, **14** (2), 182 (2008)

第8章　枝切り酵素

岩本博行*

1　はじめに

枝切り酵素（debranching enzyme）は，アミロペクチンやグリコーゲンの分岐を形成するα-1,6-グルコシド結合を特異的に加水分解する酵素で，微生物と植物に分布する。その生理的役割は，微生物ではα-ポリグルカンの分解であり，植物では発芽時における種子胚乳デンプンや葉の同化デンプンの分解に加え，アミロペクチンの生合成にも重要な役割を果たしている。一方，動物には枝切り酵素は存在せず，グリコーゲンの分岐鎖はグリコーゲン脱分岐酵素により分解される。

枝切り酵素はその基質特異性の違いにより，大きくプルラナーゼとイソアミラーゼに分類される[1]。両酵素はいずれもアミロペクチンの枝切りを行うが，イソアミラーゼがグリコーゲンによく作用するのに対して，プルラナーゼはグリコーゲンを極めてゆっくりとしか加水分解しない。一方，デンプンやグリコーゲンと同じα-ポリグルカンであるプルランは，イソアミラーゼがほとんど作用できないのに対して，プルラナーゼにとっては文字通りよい基質となる。プルランとは黒色酵母*Pullularia pullulans*（*Aureobasidium pullulans*）が生産する水溶性の粘性多糖であり，マルトトリオース（G3）がα-1,6-グルコシド結合で鎖状に連結したフレキシブルな構造を持つ[2]。プルラナーゼにとってプルランは生理的な基質ではないため，プルラナーゼという名称が適切かどうか議論があるが，イソアミラーゼとの基質特異性の違いを明瞭に表すことも事実であり，微生物，植物由来のいずれの酵素に対してもプルラナーゼという名称が一般的に用いられる。

2　プルラナーゼ

プルラナーゼ（pullulanase，pullulan 6-α-glucanohydrolase，EC 3.2.1.41）は1961年BenderとWallenfelsにより*Aerobacter aerogenes*（*Klebsiella pneumoniae*）[3]から発見され，その後様々な起源の微生物プルラナーゼが報告されている[4]。一方，植物にもプルラナーゼが存在することが報告され，R-酵素またはリミットデキストリナーゼとも呼ばれる[5]。微生物由来プルラナーゼには，α-1,6結合に加えてα-1,4結合も加水分解するものがあり，α-1,6結合のみを切断する酵素をType Iプルラナーゼ，α-1,4結合とα-1,6結合の両方を加水分解する酵素を

*　Hiroyuki Iwamoto　福山大学　生命工学部　生命栄養科学科　教授

Type Ⅱプルラナーゼ（またはアミロプルラナーゼ）と呼ぶ[6]。特に*Archaea*（古細菌，始原菌）が持つプルラナーゼは，ほとんどがType Ⅱプルラナーゼであると言われる。Type Ⅱプルラナーゼは Type Ⅰプルラナーゼと異なるファミリーに属する酵素であり，同一の活性中心でα-1,4，α-1,6結合の両方を加水分解するもの[7]と，1本のポリペプチド鎖中にα-1,4結合とα-1,6結合を加水分解する2つの酵素が連結したものがある[8]。

プルラナーゼをプルランに作用させると，α-1,6結合のみを切断してほぼ完全にマルトトリオースにまで分解する。本酵素は分岐部分から2残基のグルコースを持つマルトシル側鎖をよく加水分解し，アミロペクチンをβ-アミラーゼで消化した生成物であるβ-リミットデキストリンの分岐鎖を完全に枝切りする。一方，グルコース1残基からなるグルコシル側鎖は切断できない。

*Bacillus*および*Klebsiella*由来のプルラナーゼは，サイクロデキストリンやマルトオリゴ糖に

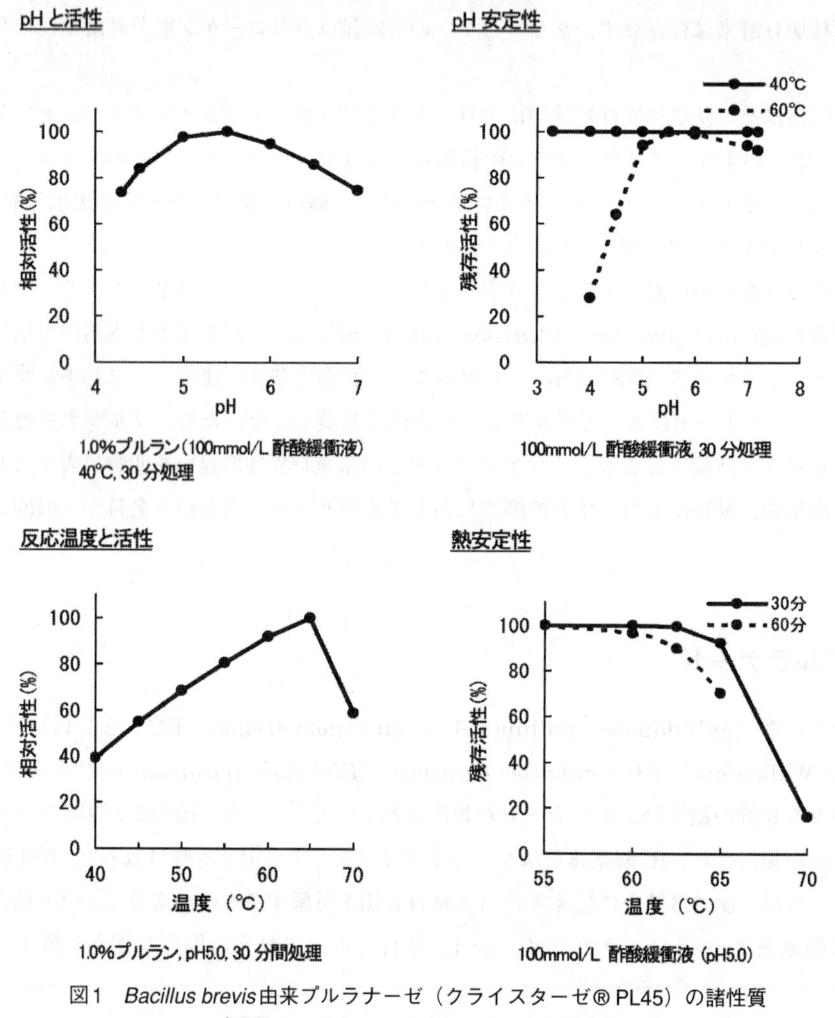

図1　*Bacillus brevis*由来プルラナーゼ（クライスターゼ® PL45）の諸性質
（天野エンザイムのパンフレットより引用）

より強く阻害され，その阻害様式は拮抗型である[9]。阻害の強さは，α-およびγ-サイクロデキストリンの阻害物質定数（K_i）が100μM程度であるのに対して，β-サイクロデキストリンの阻害物質定数（K_i）は1μM以下と，100倍程度阻害が強い。*Klebsiella*由来プルラナーゼとマルトオリゴ糖との複合体[10]，および*Bacillus*由来プルラナーゼとα-サイクロデキストリンとの複合体のX線結晶構造解析[11]はすでに報告され，これら基質アナログは酵素の活性中心に結合することにより酵素活性を拮抗的に阻害する（第5節の「枝切り酵素の構造と機能」参照）。

工業的に利用される微生物由来プルラナーゼの例として，図1および図2にそれぞれ天野エンザイムから市販されている*Bacillus brevis*由来プルラナーゼ（クライスターゼ®PL45）と*Klebsiella pneumoniae*由来プルラナーゼ（プルラナーゼ「アマノ」3）の諸性質を示す。両酵素とも至適pHはpH5～6付近であるが，*Bacillus*由来プルラナーゼの方が*Klebsiella*由来酵素に比べてpHプロファイルがやや酸性側に偏っている。至適温度は*Klebsiella*由来酵素が55℃であ

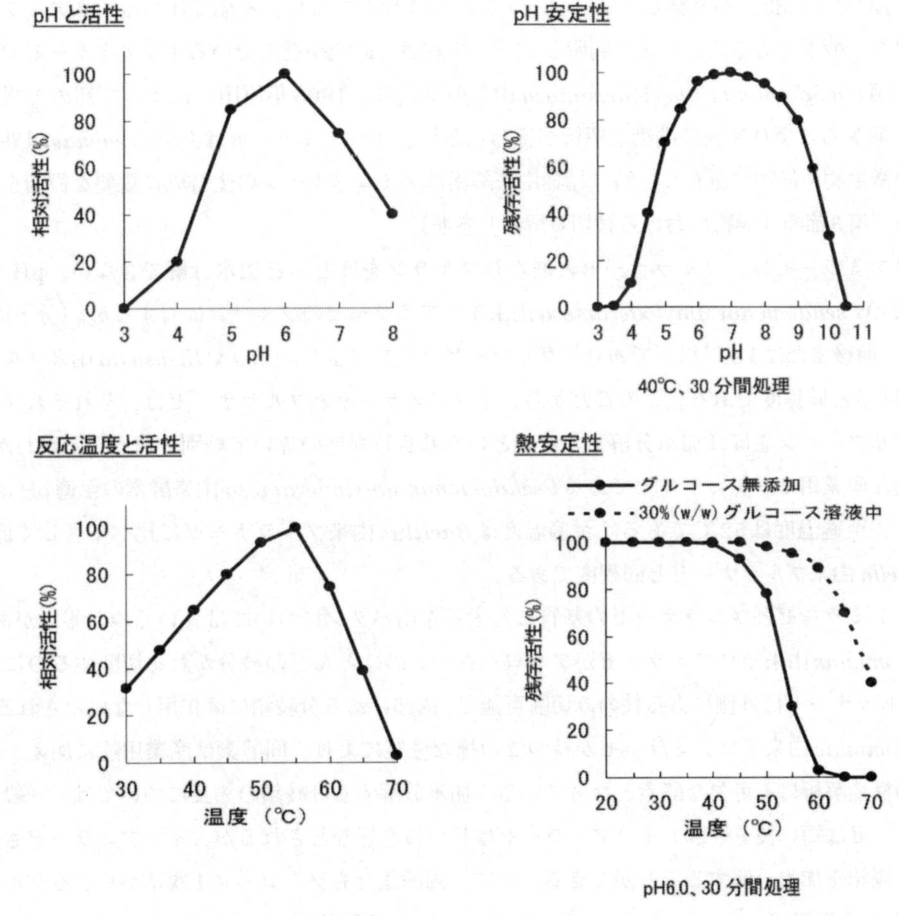

図2　*Klebsiella pneumoniae*由来プルラナーゼ（プルラナーゼ「アマノ」3）の諸性質
（天野エンザイムのパンフレットより引用）

るのに対して，*Bacillus*由来酵素は65℃と顕著に高く，耐熱性，pH安定性ともに優れているため，工業的なデンプンの糖化行程には主として熱安定な*Bacillus*由来プルラナーゼが用いられる。一方，*Klebsiella*由来プルラナーゼも特定の食品の製造・加工に用いられる。

3 イソアミラーゼ

イソアミラーゼ（isoamylase，glycogen α-1,6-glucanohydrolase，EC 3.2.1.68）は，アミロペクチンの分岐鎖を分解する酵素として酵母抽出液中に見いだされ，イソアミラーゼと命名された。本酵素は当初，アミロペクチンに作用させると青色のヨウ素デンプン反応を呈するためアミロース合成酵素だと考えられたが，後に青色の呈色はアミロペクチンの分岐鎖が除去されるためであることが明らかになった。また酵母*Saccharomyces*由来の酵素は，1本のポリペプチド鎖中にオリゴ-1,4→1,4-グルカノトランスフェラーゼ（EC 2.4.1.25）とアミロ-1,6-グルコシダーゼ（EC 3.2.1.33）が連結したグリコーゲン枝切り酵素であり，本稿で述べるイソアミラーゼとは異なる酵素であることが後に判明した[12)]。現在最も研究が進んでいるイソアミラーゼである土壌細菌*Pseudomonas amyloderamosa*由来の酵素は，1968年原田らによって初めて報告され[13)]，勝矢らによりX線結晶構造解析が行われた[14)]。イソアミラーゼは*Pseudomonas*以外にも多くの微生物や植物に分布し，特に植物由来酵素はアミロペクチンの生合成に重要な役割を担っている（第6節の「植物における枝切り酵素」参照）。

イソアミラーゼは，プルラナーゼと異なりプルランをほとんど加水分解できない。pH 3.5，25℃での*Pseudomonas amyloderamosa*由来イソアミラーゼのプルランに対するk_{cat}（分子活性）は$1\,s^{-1}$前後または$1\,s^{-1}$以下であり，グリコーゲンに対する*Bacillus*や*Klebsiella*由来プルラナーゼのk_{cat}と同程度である。このことから，イソアミラーゼとプルラナーゼは，それぞれプルランとグリコーゲンをほぼ加水分解できないという基質特異性の違いで峻別されることがわかる。代表的な産業用イソアミラーゼである*Pseudomonas amyloderamosa*由来酵素の至適pHは3.5と低く，至適温度は52℃である。至適温度は*Bacillus*由来プルラナーゼに比べて著しく低く，*Klebsiella*由来プルラナーゼと同程度である。

イソアミラーゼとプルラナーゼの基質に対する作用パタンについては，いくつか報告がある。*Pseudomonas*由来イソアミラーゼがアミロペクチンのほとんどの枝分かれを切断するのに対して，プルラナーゼは外側にある枝のみ切断可能で，内部にある分岐鎖には作用しないとされる[15)]。*Pseudomonas*由来イソアミラーゼが持つこの様な性質により，同酵素は産業用途に加え，デンプンの構造解析に不可欠な酵素となっている。加水分解する分岐鎖の鎖長については，一般にプルラナーゼは短い枝を好み，イソアミラーゼは長い枝を好むとされるが，イソアミラーゼもマルトシル側鎖を加水分解することができる。一方，両酵素ともグルコース1残基からなるグルコシル側鎖には作用できない。シクロデキストリンによる阻害については，*Klebsiella*および*Bacillus*由来プルラナーゼに対するシクロデキストリンの阻害物質定数（K_i）がμMオーダーであるのに対して（β-シクロデキストリンではサブμMオーダー），*Pseudomonas*由来イソアミラーゼに対してはmMオーダーであり，シクロデキストリンによる阻害はプルラナーゼに比べて著しく弱い。またプルラナーゼと異なり，α-，β-，γ-シクロデキストリン間で阻害の強さに顕著な差はない。

4　枝切り酵素の産業利用

産業用酵素としてのデンプン枝切り酵素は，そのほとんどすべてが食品加工用途である。食品化学新聞（平成23年1月13日）によると，2010年の食品加工用酵素市場の総額は189億4千万円であり，その中でグルコアミラーゼ／プルラナーゼ混液は13億2千万円と全体の約7％を占める。枝切り酵素は主にデンプン糖化工程に用いられ，グルコアミラーゼやβ-アミラーゼと併用することにより，グルコースシラップやハイマルトースシラップの収率を向上させる。

一般的なブドウ糖（グルコース）および麦芽糖（マルトース）の製造工程は，まずpH6付近に調整した約35％のデンプン乳液に耐熱性α-アミラーゼを加え，ジェットクッカーを用いて5～10分程度105℃に保持して糊化した後，95℃付近で約2時間酵素反応を行い液化デンプンを得る[16]。その後，ブドウ糖の製造ではpHを4.5付近に調整してグルコアミラーゼ／プルラナーゼを加え，60℃付近で約2日間反応を行う。一方麦芽糖の製造では，液化デンプンのpHを5.5付近に調整してβ-アミラーゼとプルラナーゼを加え，60℃付近で約2日間酵素反応を行う。ブドウ糖の製造工程では，グルコアミラーゼがα-1,6結合を切る反応速度がα-1,4結合を切る速度に比べて遅いので，これを補う目的で枝切り酵素が用いられる。一方麦芽糖の製造では，β-アミラーゼはアミロペクチンの非還元末端からマルトース単位でα-1,4結合を加水分解するが，α-1,6結合の手前で反応が停止しβ-リミットデキストリンが残る。プルラナーゼはこのβ-リミットデキストリンを効率よく枝切りすることにより，マルトースの収率を飛躍的に高める。

次に，産業用枝切り酵素開発の歴史について，「日本酵素産業小史」（日本酵素協会，p.79，2009）から抜粋して紹介する。まず1973年，A.E.ステイレー社がグルコアミラーゼとα-1,6グルコシダーゼを併用してデンプン液化液の糖化を行うと，ブドウ糖の収率が上がることを報告した。日本では1978年に天野製薬（現 天野エンザイム）が*Bacillus sectramas*由来のプルラナーゼを開発し，1979年には通産省工業技術院発酵研究所（現 ㈱産業技術総合研究所）の高橋義幸が，グルコアミラーゼと*Bacillus cereus*由来α-1,6グルコシダーゼを併用することによりブドウ糖の収率を上げた。1981年林原は，*Pseudomonas amyloderamosa*由来のイソアミラーゼを開発し，グルコアミラーゼと併用することによりブドウ糖の収率を上げた。続いて1981年にはノボ・インダストリーが，工業用途で使いやすいpH4.5，60℃で高い活性を持つ*Bacillus acidopullulíticus*由来のプルラナーゼを開発し，「プロモザイム」の商品名で商品化した。その後1992年に天野エンザイムは，より耐熱性の高い*Bacillus*由来のプルラナーゼを，ナガセ生化学工業（現 ナガセケムテックス）は同年*Bacillus circulans*由来のプルラナーゼを，また大和化成は1995年に*Bacillus brevis*由来のプルラナーゼ「クライスターゼPLF」を市場に出した。この様に，現在も産業用枝切り酵素の弛まぬ開発が続けられている。

5 枝切り酵素の構造と機能

枝切り酵素（イソアミラーゼおよびType Iプルラナーゼ）はα-アミラーゼファミリーに属し，CAZy（Carbohydrate Active Enzymes，http://www.cazy.org）のデータベース[17]ではGH（Glycoside Hydrolase）ファミリー13に分類される。このファミリーには，枝切り酵素以外にα-アミラーゼ（EC 3.2.1.1），サイクロデキストリングルカノトランスフェラーゼ（EC 2.4.1.19），ネオプルラナーゼ（EC 3.2.1.135），α-グルコシダーゼ（EC 3.2.1.20）など多くの酵素が含まれ，$(\beta/\alpha)_8$バレル構造からなる共通の活性ドメイン（Aドメイン）を持つ。α-アミラーゼファミリーに属する酵素のAドメインには，活性中心を形成する4つの保存領域I～IVが見られ，枝切り酵素にもこれら保存領域が含まれる。Jaspersenらは様々なデンプン加水分解酵素のアミノ酸配列を比較し，ドメイン構造を系統的に分類した[18,19]。α-アミラーゼファミリーにおける枝切り酵素の構造的な特徴の1つは，Aドメイン中に独立したBドメインが存在せず，Aドメインよりもさらに N末端側に追加のドメイン（Nドメイン）が存在することである。これまでに結晶構造が明らかにされた枝切り酵素としては，*Pseudomona amyloderamosa*由来イソアミラーゼ[14]，*Kebsiella pneumoniae*由来プルラナーゼ[10]，*Bacillus subtilis* sp.由来プルラナーゼ[11]などのほか，最近になって大腸菌由来のグリコーゲン枝切り酵素（GlgX）[20]や，植物由来の枝切り酵素としては初めて大麦由来リミットデキストリナーゼ[21]の結晶構造が報告された。本稿では，この中で代表的な枝切り酵素である*Pseudomonas amyloderamosa*由来イソアミラーゼと，*Klebsiella pneumoniae*由来プルラナーゼを取り上げ，その構造と機能について述べる。

5.1 イソアミラーゼ[14]

*Pseudomonas amyloderamosa*由来のイソアミラーゼは，最初に結晶構造が明らかにされた枝切り酵素である。本酵素は750残基よりなる分子量約80kDaの単量体酵素で，N，A，Cという3つのドメインからなる（図3）。活性中心があるAドメインは468残基のアミノ酸からなり，そのN末端側には160残基よりなるNドメインが，C末端側には122残基からなるCドメインが存在する。Nドメインの最初の半分は，6本のβ-ストランドと1本の短いα-ヘリックスがβ-サンドイッチ構造を形成し，本酵素の立体構造解析により初めてその構造が明らかになったモチーフである。一方，Cドメインはα-アミラーゼのCドメインと類似しており，A，Cドメイン間には主鎖間に1本も水素結合がなく，主に疎水性相互作用のみで接している。Aドメインはα-アミラーゼファミリー酵素に共通する（β/α）$_8$バレル構造を持つが，Aβ5とAβ6の2つのβ-ストランド間のα-ヘリックスが欠損しており，一部崩れたバレル構造をとっている。また，Aβ7ストランドとAα7ヘリックスの間に長いループ（520-554）と一巻きの短いα-ヘリックスAα7a

(514-519) が挿入されており，この部分がAβ7ストランドの上に積み上がることにより基質結合クレフトをより深くしている。この構造はイソアミラーゼに特徴的であり，α-アミラーゼやプルラナーゼでは見られない。一方，本酵素には3つジスルフィド（SS）結合（389：396，520：590，712：740）と1つのCa^{2+}が存在し，酵素の安定性を高めていると考えられる。Ca^{2+}はAドメインとNドメインの間にあり，α-アミラーゼ間で保存されているCa^{2+}結合位置（AドメインとBドメインの間）とは異なる。本酵素の触媒残基は，α-アミラーゼとのアミノ酸配列および立体配置の相同性からAsp375，Glu435，Asp510と推定される。

5.2　プルラナーゼ[10]

三上らは，*Klebsiella pneumoniae*由来プルラナーゼとそのグルコース（G1），マルトース（G2），イソマルトース（isoG2），マルトトリオース（G3）およびマルトテトラオース（G4）複合体の結晶構造を分解能1.7～1.9Åで解析した。精密化されたモデル中には，全構成アミノ酸残基1150残基のうちの920～1052アミノ酸残基，952～1212の水分子，4または5個のCa^{2+}，および酵素に結合した糖分子が含まれる。本酵素は分子量約120kDaの1本のポリペプチド鎖からなり，全体はN1（39-172），N2（32-38および173-287），N3（288-395），A（396-966），

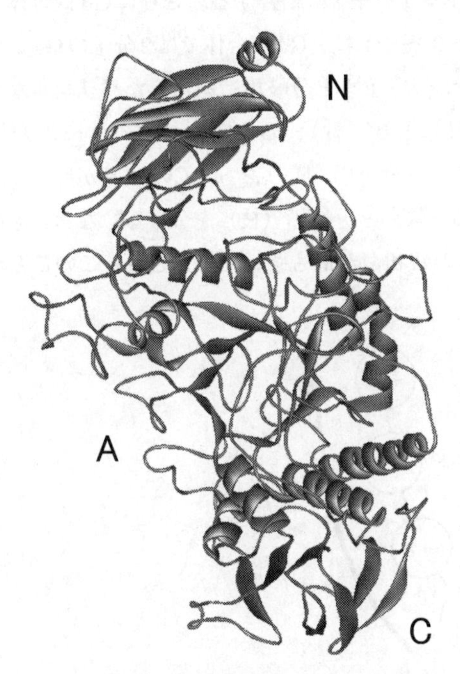

図3　*Pseudomonas amyloderamosa*由来イソアミラーゼの結晶構造[14]
N，A，CはそれぞれN，A，Cドメインを示す。

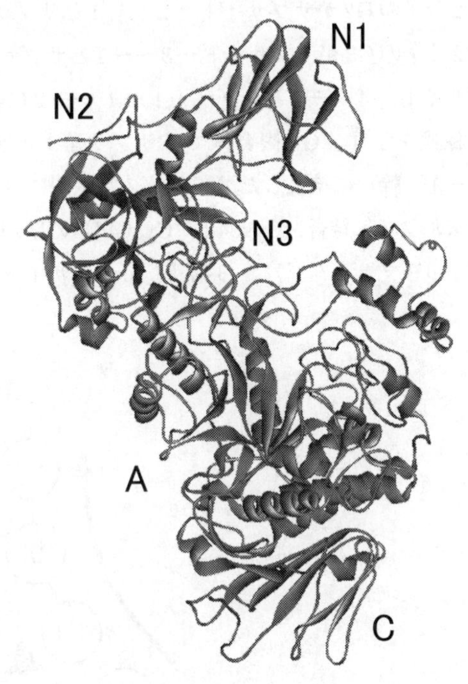

図4　*Klebsiella pneumoniae*由来プルラナーゼの結晶構造[10]
N1，N2，N3，A，CはそれぞれN1，N2，N3，A，Cドメインを示す。

C（967-1083）という5つのドメインからなる（図4）。このうちN3，A，Cの3つのドメインは*Pseudomonas*由来イソアミラーゼのN，A，Cドメインと相同性があり，N1およびN2ドメインはプルラナーゼに独自のドメインである。N1，N2，N3およびCドメインは2枚のβ-シートからなるβ-サンドイッチ構造を取り，活性中心を含むAドメインはα-アミラーゼやイソアミラーゼ同様（β/α）$_8$バレル構造を持つ。酵素分子にはN1ドメインに1つ，Aドメインに3つ，Cドメインに1つ，合計5個のCa^{2+}結合サイトが存在する。N1ドメインは新規のデンプン結合ドメイン（CBM41）であり，G3およびG4複合体でのみ明瞭な電子密度が観察される。これは，N2，N3，A，Cドメインがお互いに水素結合やファンデルワールス相互作用により強固に結びついているのに対して，N1ドメインは他のドメインと水素結合を持たず孤立して存在し，G3，G4複合体以外の結晶中では位置が固定されていないためだと推定される。なおG3およびG4複合体には，N1ドメイン中の一方のβ-シート表面にマルトースが結合しており，マルトースの2つのグルコース環はTrp80とTrp95とスタッキング相互作用している。

*Klebsiella*由来プルラナーゼでは，酵素と鎖長の異なるマルトオリゴ糖との複合体の立体構造が明らかにされたため，*Pseudomonas*由来イソアミラーゼではよくわからなかった枝切り酵素のサブサイト構造や，分岐構造の認識機構に関する多くの情報が得られた。図5は，活性中心のサブサイト構造を模式的に示したものである。まずG1はサブサイト－2に結合し，G2複合体では2分子のG2がサブサイト－2～－1とサブサイト＋1～＋2に結合する。さらにG3複合体では2分子のG3がサブサイト－3～－1とサブサイト0′～＋2に，G4複合体では2分子のG4がサブサイト－4～－1とサブサイト－1′～＋2に結合し，ちょうど分岐構造を模したパラレルな結合様式を示す。G4複合体ではサブサイト－2（枝）と0′（幹），およびサブサイト－3（枝）と－1′（幹）に結合したグルコース残基間に水素結合がかかり，隣りあったCys残基が形成するジスルフィド結合（Cys643：Cys644）の壁が主鎖（幹）と分岐鎖（枝）を分ける。なお，温度因子（Bファクター）から判断してサブサイト－2の親和力が最も強いと推定され，このことが

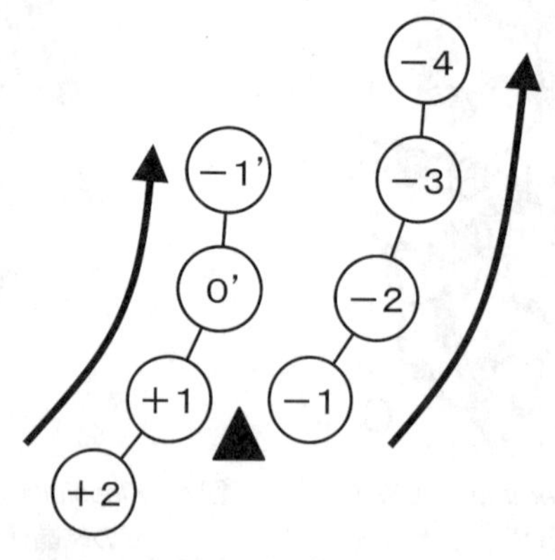

図5　*Klebsiella pneumoniae*由来プルラナーゼのサブサイト構造の模式図[10)]
数字はサブサイト番号，▲は加水分解位置（α-1,6結合）を示す。

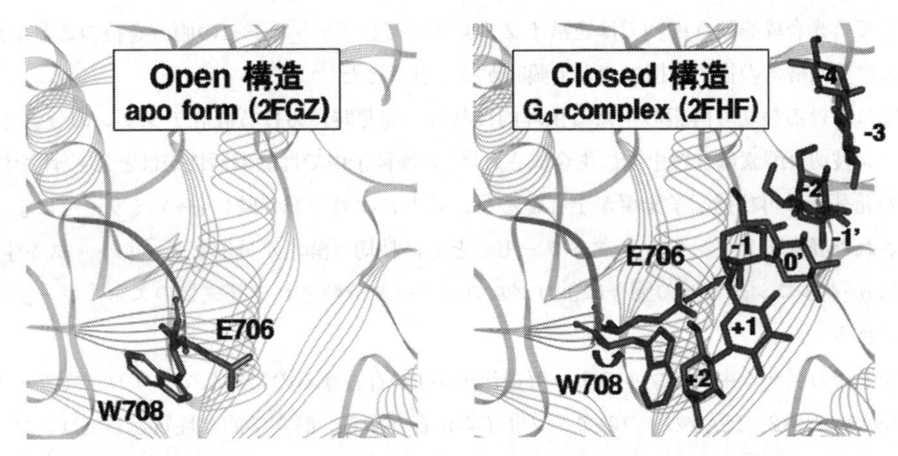

図6　*Klebsiella pneumoniae* 由来プルラナーゼの保存領域Ⅲを含むループ（706-710）のオープン構造（アポ型，2FGZ）からクローズド構造（G4複合体，2FHF）へのコンホメーション変化[10)]

プルラナーゼが短い枝を効率よく加水分解できる理由の1つだと考えられる。本酵素の触媒残基はGlu706とAsp677であり，反応機構はα-アミラーゼと相同だと考えられる。

本酵素で興味深いのは，保存領域Ⅲを含む706～710のループが，基質や基質アナログが結合することによってアポ型（オープン構造）から活性型（クローズド構造）へと主鎖のコンホメーションを変え，induced-fit motionを生じることである（図6)。この際Gly707とTrp708の二面角が大きく変化し，Trp708の側鎖が約90°回転してサブサイト＋2に結合したグルコース残基とスタッキング相互作用する。同時に，酸塩基触媒残基であるGlu706が約4.4Å押し出され，触媒に適した位置へと移動する。この様なinduced-fit motionは*Pseudomonas*由来イソアミラーゼでは見られない。なお，この仕組みが枝切り酵素の基質特異性と何らかの関わりがあるかどうかは不明である。

最後に，本酵素の基質結合部位の構造を膵臓α-アミラーゼと比較すると，分岐鎖を認識するサブサイト－1，－2，－3の構造はよく保存されているのに対して，主鎖を認識するサブサイトの構造は全く異なる。このことから，α-1,6結合を加水分解するという基質特異性は，主鎖側を認識する部位の構造が決めていると考えられる。一方プルラナーゼとイソアミラーゼの活性中心を比較すると，プルラナーゼの基質結合クレフトはイソアミラーゼより浅く，幅広い。また，プルラナーゼではPhe746の側鎖が基質結合クレフトに突き出しているなどの差異が見られるが，両酵素の基質特異性の違いを生み出す構造的背景についてはよくわかっていない。

6　植物における枝切り酵素

枝切り酵素を持つ微生物は，イソアミラーゼかプルラナーゼのどちらか一方のみを発現するのに対して，光合成を行う植物では通常イソアミラーゼとプルラナーゼの両方を持つことから，植物における両酵素の役割分担について興味が持たれてきた[12]。

植物における枝切り酵素の主たる生理的役割は，発芽時における胚乳デンプンの分解である。デンプン枝切り酵素は登熟中期に生合成され[22]，乾燥種子中では酵素活性がほとんど消失するが，種子の発芽時に再び遺伝子発現が上昇する[23]。これにより，発芽時にα-アミラーゼによって可溶化された胚乳デンプンを，β-アミラーゼとともに枝切り酵素が分解してマルトースを生成し，さらにα-グルコシダーゼの働きによりグルコースへと分解されて胚成長のエネルギー源として利用される。

高等植物のゲノム中にはプルラナーゼ遺伝子が1つ存在するのに対して，イソアミラーゼには通常ISA1，ISA2，ISA3の3つのアイソザイムが存在する。酵素学的な性質としては，プルラナーゼとISA3は水溶性で安定な単量体構造をとるのに対して，ISA1はホモ複合体を形成する。一方，ISA2は活性発現に関与する触媒アミノ酸残基が置換されているため活性を持たず，ISA1とヘテロ複合体を形成する[24, 25]。また，ISA1は幅広い鎖長の分岐鎖を加水分解するのに対して，ISA3はアミロペクチンよりもグリコーゲンやβ-リミットデキストリンのような短い分岐鎖を持つ基質をよく切断する[26]。

トウモロコシやイネの*sugary*変異体（*ISA1*変異体）の解析により，植物由来枝切り酵素は，アミロペクチンの生合成にも重要な役割を持つことが明らかになった。*sugary*変異体とは，アミロペクチンの一部またはすべてがグリコーゲンに類似したフィトグリコーゲン（植物グリコーゲン）に置きかわったものである。*sugary*変異体では，穀粒中のプルラナーゼ活性が野生型に比べて顕著に低下することから，当初プルラナーゼがアミロペクチンの生合成に深く関わっているのではないかと考えられたが，Jamesらの遺伝子解析により*sugary*変異体ではISA1が欠損していることが明らかになり[27]，イソアミラーゼがアミロペクチンの生合成に不可欠な酵素であることが証明された[28〜30]。アミロペクチンとグリコーゲンは，いずれもα-1,4結合で連結したポリグルカン鎖にα-1,6結合で分岐鎖が付加した構造を持ち，グリコーゲンでは短い枝がランダムかつ密に形成される。これに対してアミロペクチンでは，分岐が集中する非晶質の部分と，分岐がほとんどない結晶性部分に明確に分かれており，全体にクラスター（房）状の構造をとる。つまりアミロペクチン分子には枝分かれに適切な部位と不適切な部位があり，イソアミラーゼは不適切な位置に付加された分岐鎖をトリミングすることにより，クラスター構造を整形する役割を持つと推定される[31, 32]。

活性を持たないISA2については，双子葉植物（ジャガイモ，シロイヌナズナ）がISA1/ISA2ヘテロ複合体のみを持つのに対して，単子葉植物（トウモロコシ，イネ）ではISA1ホモ複合体とISA1/ISA2ヘテロ複合体の両方を持ち，植物種間で複合体の構成が異なる[24, 25, 33]。内海らは，デンプン生合成における両複合体の役割についてISA2の遺伝子制御解析を行って調べた結果，イネアミロペクチンの生合成にはISA1ホモ複合体が重要であり，ISA1/ISA2ヘテロ複合体だけでは正常なアミロペクチン合成が行われないことを示した[34]。なお，ISA1，ISA2複合体がどのように不適切な枝分かれを認識し切断しているのか，そのメカニズムについてはまだ明らかにされていない。

アミロペクチン生合成におよぼすプルラナーゼの関与については，藤田らがイネの3種類のプルラナーゼ欠損変異体を用いた解析を行ったが，アミロペクチンの構造に顕著な差異は見られなかった[35]。一方Wattebledらは，シロイヌナズナのISA2／プルラナーゼ二重変異系統でデンプン含量が92％減少することを見いだし，プルラナーゼがアミロペクチンの生合成においてISA1の機能を部分的に補うと報告した[36]。一方，同化デンプンの分解に関してはISA3の機能を部分的に補うことから，プルラナーゼはデンプン合成と分解の双方に補助的に関与していると推察される[37]。

7　最後に

枝切り酵素は，産業的には主にデンプン糖化工業においてブドウ糖や麦芽糖の収率向上目的に使用され，この用途には*Bacillus*由来のプルラナーゼが多く用いられる。しかしながら本酵素は耐熱性などの点で十分な性能を持つとは言えず，さらに有用な酵素を開発する余地がある。一方日本では，*Pseudomonas*由来イソアミラーゼや*Klebsiella*由来プルラナーゼも食品加工用途に使用され，酵素の性質の違いを利用した使い分けが行われる。特に前者はデンプンなどの構造解析に不可欠な研究用酵素でもある。このような状況を踏まえ，今後様々な特徴を持つ枝切り酵素の開発が望まれる。

文　献

1) D. J. Manners, *Nat. New Biol.*, **234**, 150（1971）
2) H. Bender *et al.*, *Biochim. Biophys. Acta.*, **36**, 309（1959）
3) H. Bender and K. Wallenfels, *Biochem. Z.*, **334**, 79（1961）
4) M. Doman-Pytka and J. Bardowski, *Crit. Rev. Microbiol.*, **30**, 107（2004）
5) E. Y. Lee and W. J. Whelan, *Methods Enzymol.*, **5**, 191（1971）
6) C. Bertoldo and G. Antranikian, *Curr. Opin. Chem. Biol.*, **6**, 151（2002）
7) S. P. Mathupala *et al.*, *J. Biol. Chem.*, **268**, 16332（1993）
8) Y. Hatada *et al.*, *J. Biol. Chem.*, **271**, 24075（1996）
9) H. Iwamoto *et al.*, *J. Biochem.*, **113**, 93（1993）
10) B. Mikami *et al.*, *J. Mol. Biol.*, **359**, 690（2006）
11) B. Mikami *et al.*, *Acta Crystal.*, **A62**, s153（2006）
12) E. Y. C. Lee and W. J. Whelan, “The Enzymes（P. D. Boyer ed.）3rd ed.”, Vol.5, p.191, Academic Press, New York（1971）

13） T. Harada *et al.*, *Appl. Microbiol.*, **16**, 1439（1968）
14） Y. Katsuya *et al.*, *J. Mol. Biol.*, **281**, 885（1998）
15） T. Harada *et al.*, *Biochim. Biophys. Acta.*, **268**, 497（1972）
16） T. Komaki *et al.*, "Handbook of Amylase and Related Enzymes（The Amylase Research Society of Japan ed.)", p. 195, Pergamon Press（1988）
17） B. Henrissat and G. Davies, *Curr. Opin. Struct. Biol.*, **7**, 637（1997）http://www.cazy.org/
18） H. M. Jespersen *et al.*, *Biochem. J.*, **280**, 51（1991）
19） H. M. Jespersen *et al.*, *J. Protein Chem.*, **12**, 791（1993）
20） H. N. Song *et al.*, *Proteins*, **78**, 1847（2010）
21） M. B. Vester-Christensen *et al.*, *J. Mol. Biol.*, **403**, 739（2010）
22） L. Guglielminetti *et al.*, *Plant Physiol.*, **109**, 1069（1995）
23） R. A. Burton *et al.*, *Plant Physiol.*, **119**, 859（1999）
24） H. Hussain *et al.*, *Plant Cell*, **15**, 133（2003）
25） Y. Utsumi and Y. Nakamura, *Planta*, **225**, 75（2006）
26） Y. Takashima *et al.*, *Biosci. Biotechnol. Biochem.*, **71**, 2308（2007）
27） M. G. James *et al.*, *Plant Cell*, **7**, 417（1995）
28） Y. Nakamura *et al.*, *Physiol. Plant*, **97**, 491（1996）
29） A. Kubo *et al.*, *Plant Physiol.*, **121**, 399（1999）
30） R. A. Burton *et al.*, *Plant J.*, **31**, 97（2002）
31） Y. Nakamura, *Plant Cell Physiol.*, **43**, 718（2002）
32） M. G. James *et al.*, *Curr. Opin. Plant Biol.*, **6**, 215（2003）
33） A. Kubo *et al.*, *Plant Physiol.*, **153**, 956（2010）
34） Y. Utsumi *et al.*, *Plant Physiol.*, **156**, 61（2011）
35） N. Fujita, *et al.*, *J. Exp. Botany*, **60**, 1009（2009）
36） F. Wattebled *et al.*, *Plant Physiol.*, **138**, 184（2005）
37） F. Wattebled *et al.*, *Plant Physiol.*, **148**, 1309（2008）

第9章　麹菌グルタミナーゼ

半谷吉識[*1]，伊藤考太郎[*2]

1　はじめに

グルタミン酸は各種食品に含まれる呈味成分であり，そのナトリウム塩は強いうまみをもつ重要な成分である。しょうゆのうまみ成分の主体もグルタミン酸である。しょうゆ中のグルタミン酸は原料である大豆，小麦のタンパク質が麹菌の産生する多種類のプロテアーゼ・ペプチダーゼにより分解することで直接生成するグルタミン酸と，同様に生成したグルタミンが麹菌のグルタミナーゼによりグルタミン酸により変換されることで生じる。グルタミンはそのままにしておくと非酵素的な反応によりピロ化し，うまみのないピログルタミン酸になる。一方，グルタミン酸はしょうゆ中ではグルタミンに比べ安定で，非酵素的にピロ化する割合は少ない。そのため，グルタミンをグルタミン酸に変換するグルタミナーゼはしょうゆ醸造にとって非常に重要な酵素である（図1）。本章ではこの麹菌グルタミナーゼについて最近の知見を交えながら述べることとする。

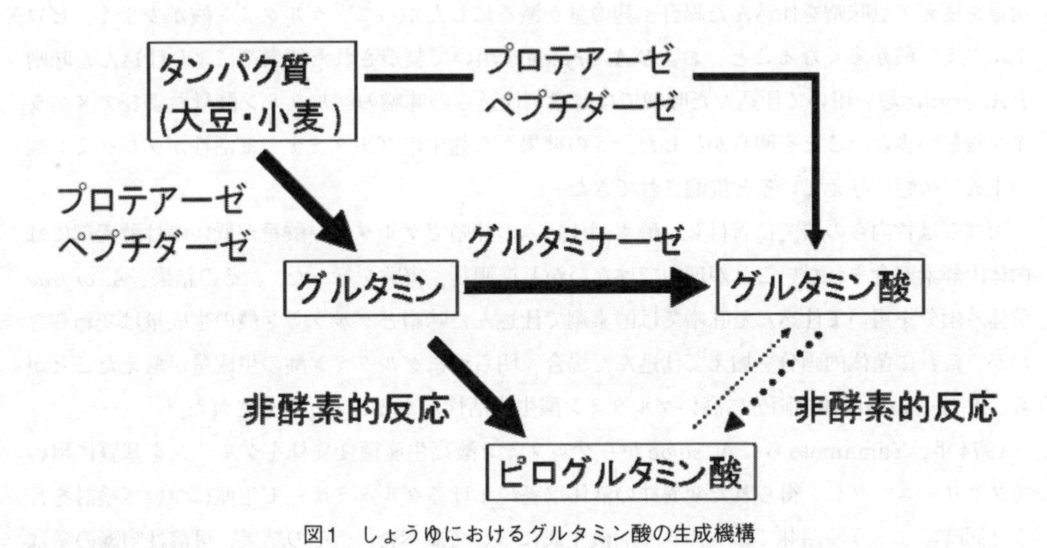

図1　しょうゆにおけるグルタミン酸の生成機構

＊1　Yoshiki Hanya　キッコーマン㈱　研究開発本部　環境・安全分析センター　センター長代理

＊2　Kotaro Ito　公益財団法人　野田産業科学研究所　研究員

2　麹菌の定義

麹菌とは*Aspergillus oryzae*, *Aspergillus sojae*, *Aspergillus awamori*, *Aspergillus kawachii*のことを指すが，しょうゆ醸造に用いられているものは*A. oryzae*と*A. sojae*である。ここではこの2種類の菌についてのグルタミナーゼについて述べる。

3　麹菌グルタミナーゼ研究の歴史

3.1　酵素学的研究

1972年，Nakadaiらは*A. oryzae*, *A. sojae*から各種プロテアーゼ，ペプチダーゼを精製し，これを用いて大豆タンパクを分解したときのアミノ酸化について検討を行っている[1, 2]。その結果，*A. oryzae*の場合，しょうゆ中のグルタミン酸生成には麹菌の生産するロイシンアミノペプチダーゼⅡの寄与が非常に高く，*A. sojae*ではロイシンアミノペプチダーゼⅡおよび酸性カルボキシペプチダーゼⅣの寄与が非常に高いことを報告している。これらの実験は大豆タンパク質を分解することで生じるグルタミン酸について検討を行ったものであり，グルタミンからグルタミナーゼによって産生されるグルタミン酸についてまでは検討していない。グルタミナーゼの重要性については竹内らが豆味噌のタンパク質分解の研究において言及している[3]。竹内らは麹の使用量を変えて豆味噌を仕込んだ場合，麹の量が減るにしたがって，グルタミン酸が少なく，ピログルタミン酸が多くなること，および*A. oryzae*を用いて製造された酵素剤により仕込んだ味噌と*A. oryzae*麹を用いて仕込んだ味噌では酵素剤仕込みの味噌のグルタミン酸量およびアスパラギン酸量が少ないことを明らかにした。この結果から麹中のグルタミナーゼ活性がグルタミン酸の生成に影響を与えていると推測されてきた。

大高らは竹内らの研究に着目し，酵素剤仕込みの味噌でグルタミン酸量が低いのは酵素剤には菌体内酵素が含まれないことが理由ではないかと推測し，実験を行った[4]。その結果，*A. oryzae*菌体外画分を用いて仕込んだ味噌では酵素剤で仕込んだ味噌とグルタミン酸の生成量は変わらないが，これに菌体内画分を加えて仕込んだ場合，明らかにグルタミン酸の生成量が増えたことから，*A. oryzae*の菌体内画分に高いグルタミン酸生成活性があることが予想された。

1974年，Yamamotoらは*A. sojae*からグルタミン酸高生産菌変異株をグルテンを基質に用いてスクリーニングし，得られた変異株の液体培養におけるグルタミナーゼ生産について検討を行うと同時にしょうゆ諸味でのグルタミン酸生成について調べた[5]。その結果，可溶性窒素の量は両者とも差がなかったが，変異株では親株に比べグルタミン酸が増えることを明らかにし，しょうゆ諸味中におけるグルタミン酸の生成に麹菌グルタミナーゼが関与していることを示した。Yamamotoらはこの変異株から菌体内グルタミナーゼを精製し，その性質を報告し，分子量はゲルろ過で約123,000，至適pH8.0であり，このpH領域で安定であることを示した[6]。

四方らはしょうゆ麹のグルタミナーゼを可溶性グルタミナーゼと不溶性グルタミナーゼに分画

し，それぞれの酵素の性質を調べたところ，不溶性グルタミナーゼはpH安定性，耐熱性，食塩耐性，プロテアーゼ耐性が高いことを明らかにした[7]。この知見に基づき，それぞれのグルタミナーゼとグルタミン酸の溶出の関係を見たところ，可溶性グルタミナーゼ活性はグルタミン酸の溶出と相関を示さなかったが，不溶性グルタミナーゼは相関を示すことが明らかになった[8]。さらに安井らは高グルタミナーゼ活性の麹菌を突然変異により育種し，それを用いてしょうゆを仕込んだところ，グルタミン酸量の増加に効果があったことを報告している[9]。

これらの結果から，麹菌のグルタミナーゼは不溶性画分にその多くが存在することが示唆されたが，その局在は明らかでなかった。そこで，1985年，古屋ら[10]，寺本ら[11]は*A. oryzae*のグルタミナーゼの細胞内分布をホモジナイズ法とプロトプラスト法の両方を用いて，詳細に調べた。ホモジナイズ法の結果，麹菌グルタミナーゼは菌体内遊離型が約27％，菌体内結合型が約73％であることを示し，細胞内遊離型のうちプロトプラスト画分（細胞質と細胞膜）に存在せず，ほとんどが細胞壁画分（ペリプラズムと細胞壁）に局在することを明らかにした。さらに菌体内遊離画分，菌体内結合画分のうちの可溶型，不溶型に分け，それぞれの性質を確認したところ，菌体内遊離型はフッ化ナトリウムにより10％程度しか阻害されないが，菌体内結合画分は可溶型，不溶型ともに約40％の阻害を受けることを示し，菌体内遊離型と菌体内結合型のグルタミナーゼは別のものである可能性を示した。

1988年Yanoらは*A. oryzae*の菌体内および菌体外のグルタミナーゼをそれぞれ精製し，両者の酵素学的性質を決めた[12]。その結果，分子量，pHや温度に対する性質，金属塩の活性に対する影響，食塩耐性，基質特異性が両者ともほぼ同じであることを認めた。このことから，菌体内と菌体外のグルタミナーゼは同一であると結論付けている。なお，このグルタミナーゼはγ-グルタミルトランスペプチダーゼ活性をもつがアスパラギナーゼ活性はもっておらず，D-グルタミンに作用しないことが示された。

3.2　遺伝子からの検討

1999年から2000年にかけて，グルタミナーゼ遺伝子に関する報告が鯉渕らにより初めてなされた[13, 14]。鯉渕らはYanoらの結果から，菌体内グルタミナーゼは培養後期になるとself-digestionにより細胞壁から切り離され培養液に遊離してくると考えた。すなわち，菌体内グルタミナーゼと菌体外グルタミナーゼは同一のものであると考え，菌体外グルタミナーゼを精製し性質を決めた。その結果，分子量が約82kDa（Yanoらの報告では分子量約113kDa）で，L-グルタミンだけでなくD-グルタミンにも作用することから先にYanoらが精製した酵素とは異なることが明らかになった。さらに鯉渕らはアミノ酸配列を決め，それをもとにグルタミナーゼ遺伝子をクローニングした（*gtaA*）。この遺伝子は上流に3つの*creA*タンパク結合サイトと1つの*areA*タンパク結合サイトをもつことが明らかになり，この遺伝子は炭素源，窒素源による発現制御を受けていることが示唆された。これについては岡村ら[15]，湯浅ら[16]が液体培養によりそれぞれ検証しており，炭素源にグルコース，スクロースなどを用いた場合ではグルタミナーゼの活性が低く，ラクトース，マンニトール，ソルボースでは高活性を示すことを，窒素源にグルタミンを用いた場合は活性が低下し，アンモニウム抑制を受けていることを確認し，*creA* や *areA* が機能していることを示した。しかし，アンモニウム抑制を受けるグルタミンやアンモニアのような窒素源でも培養中期からフィードすることで活性を向上させられることも見出している。この遺伝子を親株に形質転換し，発現させたところ，グルタミナーゼ活性は親株の1.8mU/g麹から4.7mU/g麹に向上したと報告している[14]。その後，北本ら[17,18]，Thammarongtham ら[19]，伊藤ら[20]，町田ら[21,22]，Masuo ら[23]により次々とグルタミナーゼの精製，遺伝子のクローニングが報告されている。

これまでに報告されたグルタミナーゼの酵素学的性質を表1に，基質特異性を表2に，活性に対する金属塩の影響を表3にまとめた。麹菌グルタミナーゼに共通して言えることは至適pHが8.0～9.0であり，温度安定性が45℃以下，耐塩性が低いということである。最も一般的なこい

表1　これまでに報告されたグルタミナーゼの酵素学的性質

	Yamamoto[6]	四方[7]		古屋[10]		
由来	*A. sojae* 262	しょうゆ麹		*A. oryzae* NO.27		
局在	菌体内	麹ホモジネート上澄	麹ホモジネート洗浄残渣	菌体内遊離型	可溶型菌体内結合	不溶型菌体内結合
分子量	123,000	—	—	—	—	—
至適pH	8.0	8.0	8.0	8.0	8.0	8.0
pH安定性（80％）	8.0	—	—	—	—	—
至適温度	—	—	—	40	40	40
温度安定性（80％）	40℃以下 （pH8.0, 10min）	50℃以下 （pH7.0, 20min）	60℃以下 （pH7.0, 20min）	—	—	—
食塩耐性	—	10％（10％ NaCl） 5％（20％ NaCl）	10％（10％ NaCl） 5％（20％ NaCl）	5％（10％ NaCl）	5％（10％ NaCl）	10％（10％ NaCl）
*K*m値	3.3×10^{-4}M	—	—	—	—	—

	Yano[12]		Koibuchi[14]	特開2000-166547（北本ら）[17]	特開2002-218986（北本ら）[18]
由来	*A. oryzae* MA-27-IM		*A. oryzae* AJ117281	*A. sojae* BA-104	*A. sojae* BA-104
局在	菌体内	菌体外	菌体外	菌体外	菌体外
分子量	113,000	113,000	82,091	83,000（SDS-PAGE） 73,000（ゲルろ過）	71,000（ゲルろ過）
至適pH	9.0	9.0	9.0	8.5	8.0
pH安定性（80％）	9.0	9.0	7.0	3-11（4℃）	5-10（4℃）
至適温度	45	45	37-45	50	45
温度安定性（80％）	37℃以下 （pH7.2, 10min）	37℃以下 （pH7.2, 10min）	45℃以下 （10min）	45℃以下 （pH8, 30min）	40℃以下 （pH8, 30min）
食塩耐性	50％（5％ NaCl） 10％（18％ NaCl）	50％（5％ NaCl） 10％（18％ NaCl）	50％（5％ NaCl） 18％（20％ NaCl）	—	—
*K*m値	9.1×10^{-5}M	9.6×10^{-5}M	1.2×10^{-3}M	—	—

表2　基質特異性

基質特異性	Yano[12]		特開2000-166547（北本ら）[17]	特開2002-218986（北本ら）[18]
微生物	*A. oryzae* MA-27-IM		*A. sojae* BA-104	*A. sojae* BA-104
局在	菌体内	菌体外	菌体外	菌体外
L-Glutamine	100	100	100	100
D-Glutamine	3	2	0	7.5
L-Asparagine	0	0	0	0
D-Asparagine	0	0	0	0
DL-theanine	88	87	59.5	64.2
Glutathione	105	109	97.6	68.3
L-γ-Glutamyl-p-nitroanilide	126	131	72.0	150
Glu-Glu	—	—	0	0
Glu-Asp	—	—	0	0
γ-Glu-e Lys	—	—	—	23

表3　活性に対する金属塩の影響

	金属塩	Yamamoto[6]（pH8, 1mM）	古屋[10]（2mM）			Yano[12]（pH7.2, 2mM）		Koibuchi[14]（pH7.2, 2mM）	特開2000-166547（北本ら）[17]（1mM）
			菌体内遊離型	可溶型菌体内結合	不溶型菌体内結合	菌体内	菌体外		
Zn	$ZnSO_4$	97.0	99.6	83.2	95.3	88	90	73	77.3
		63.3(10mM)	—	—	—	—	—	—	—
	$ZnCl_2$	—	—	—	—	—	—	74	—
Cu	$CuSO_4$	105.3	99.4	79.2	93.1	—	—	—	26.2
	$CuCl_2$	—	—	—	—	102	98	—	—
Ca	$CaCl_2$	96.2	—	—	—	105	100	73	105.8
Fe	$FeSO_4$	98.5	—	—	—	60	52	72	—
	$FeCl_3$	—	—	—	—	48	45	76	—
Mg	$MgSO_4$	107.5	—	—	—	—	—	74	103.5
	$MgCl_2$	—	—	—	—	98	102	—	—
Pb	$Pb(CH_3COO)_2$	94.0	100.2	96.0	103.5	75	68	—	—
		56.7(10mM)	—	—	—	—	—	—	—
Mn	$MnCl_2$	113.5	—	—	—	94	89	—	105.8
	$MnSO_4$	—	100.1	94.7	103.5	—	—	73	—
Co	$CoCl_2$	100	—	—	—	102	—	—	—
	$CoSO_4$	—	99.9	89.2	98.8	—	—	—	95.9
Hg	HgCl	99.2	—	—	—	—	—	—	—
		93.4(10mM)	—	—	—	—	—	—	—
	$HgCl_2$	54.9	—	—	—	43	38	—	82.6
		0(10mM)	—	—	—	—	—	—	—
Na	NaF	—	90.4	57.2	65.3	—	—	—	—
	NaCl	—	—	—	—	—	—	—	101.7
Br	KBr	—	100	92.1	103.4	—	—	—	—
Sn	$SnCl_2$	—	99.7	83.2	98.8	—	—	—	—
Ni	$NiSO_4$	—	—	—	—	98	98	—	—
Cr	$CrCl_2$	—	—	—	—	48	43	—	—

くちしょうゆの製造を考えると，製麹中および仕込み初期のpHは一般に7以下であり，食塩濃度が16％前後であることから，麹菌グルタミナーゼは十分に効果を発揮できる条件ではないことが推測される。金属塩の影響については，酵素により$CuSO_4$，$FeCl_3$，$HgCl_2$，$CrCl_2$により阻害を受けるものが見られるが，一定の傾向はないようである。基質特異性については，北本らが報告している特開2000-166547に記載の酵素はγ-Glutamyl-*p*-nitroanilide加水分解活性が低いことが特徴的であるが，それ以外は目立った違いはない。

これまでにクローニングされた遺伝子に関する情報を表4に示す。遺伝子のタイプとしてはglutaminase-asparaginase活性をもつ*gah*，γ-glutamyl transpeptidaseに分類される*ggt*，麹菌由来の可溶性グルタミナーゼである*gta*，*A. oryzae*独自のグルタミナーゼと考えられる*gls*の4つに分類される。ここではγ-glutamyl transpeptidaseに分類されるものを*ggt*，glutaminase-asparaginase活性をもつものを*gah*と命名した。それぞれの遺伝子にコードされている酵素の性質を表5に示した（*gah*は配列の報告のみで酵素の性質には触れられていないので，表5には掲載していない）。この中で特徴的な性質を示すものはGlsである。従来見つかっているグルタミナーゼはすべて耐塩性が低いものであった。しかし，Glsは18％食塩存在下でも約54％の活性を保持し，しょうゆ諸味中でも高い活性をもつことが期待された[24]。このGlsは吉宗らが研究

表4　これまでにクローニングされた麹菌グルタミナーゼ遺伝子

報告年	報告者	菌種	遺伝子名
1998	北本ら[17]	*A. sojae* BA-104 *A. oryzae* KBM616	*gtaA*
1999	鯉渕ら[13]	*A. oryzae*	*gtaA*
2001	Thammarongtham *et al.*[19]	*A. oryzae*	*gtaA*
2001	北本ら[18]	*A. sojae* BA-104 *A. oryzae* KBM616	*ggt*
2001	伊藤ら[20]	*A. sojae*	*gah*
2001	町田ら[21]	*A. oryzae* RIB40	—
2001	町田ら[22]	*A. oryzae* RIB40	*gls*

表5　クローニングされた遺伝子に由来する酵素の性質

	GlsA[24]	GtaA[14]	Ggt[18]
起源	*A. oryzae*	*A. oryzae*	*A. sojae*
分子量（kDa）	100	82	71
至適pH	8.0-9.0	9	8.5
安定pH	7.5-8.0	6.5-8.0	5.0-10.0
至適温度	40℃	37-45℃	45℃
耐熱性*	35℃以下	45℃以下	40℃以下
耐塩性（18％NaCl）**	54％	20％	—

*耐熱性：各温度で30分処理した後の残存活性が80％以上の条件

**耐塩性：18％NaCl存在下での活性

表6　*A. oryzae*のゲノム情報から見出された
グルタミナーゼ，アスパラギナーゼ

BLAST Searchに利用した遺伝子	Gene ID (*A. oryzae* RIB40)	EST
Glutaminase-asparaginase (*Cryptococcus nodaensis*)	AO090003001406	＋
	AO090011000310	－
	AO090011000138	－
	AO090701000634	－
γ-Glutamyltranspeptidase (*Bacillus subtilis*)	AO090005000169	－
	AO090023000537	－
	AO090113000029	－
	AO090009000211	－
Glutaminase (*Aspergillus oryzae*)	AO090020000289	＋
	AO090003000638	＋
	AO090001000625	－
Glutaminase (*Micrococcus luteus*)	AO090010000571	－
Asparaginase	AO090010002214	－
	AO090003000216	－
	AO090005000816	－

対象としていた*Micrococcus luteus*の耐塩性グルタミナーゼ[25]と相同性をもつ遺伝子として，*A. oryzae* RIB40のゲノム情報から発見された。この遺伝子はアミノ酸レベルで*M. luteus*のグルタミナーゼと約40％の相同性をもつものであった。Masuo[23]らはさらにこの遺伝子を大腸菌に導入し生産させた酵素の性質を調べ，この酵素が耐塩性であることを確認している。

麹菌グルタミナーゼの数については，古屋らが2つ[10]，Yanoらが3つ[26]，Koibuchiらが4つ[14]，それぞれ少なくとも存在しているのでは，と言及しているが，正確には把握できていなかった。そこで，吉宗らは*A. oryzae*のゲノム情報を元に，*Cryptococcus nodaensis*，*Bacillus subtilis*，*M. luteus*のグルタミナーゼ遺伝子，および既にクローニングされた*A. oryzae gtaA*遺伝子と相同性をもつものを探索したところ，12個のグルタミナーゼ遺伝子および3つのアスパラギナーゼを見出した[27]。アスパラギナーゼを含めると，5つのグループ，15個の遺伝子がグルタミナーゼ活性をもつものとして予測されている（表6）。しかし，*A. oryzae* RIB40のExpressed Sequence Tag（EST）Data Base[28]にはDOGAN（独立行政法人　製品評価技術基盤機構のデータベース）のGene ID AO090003001406，AO090011000138，AO090003000638の3種類だけしか存在せず，その他の遺伝子はEST解析に用いた9条件（Liquid culture with glucose，Liquid culture without carbon source，Liquid culture with glucose，37℃，Liquid culture with maltose，Liquid culture alkaline pH，Germination，Solid culture soy bean，Solid culture wheat，Solid culture rice）では発現していないことが推測された。

長年の研究により麹菌グルタミナーゼの性質の解明や遺伝子のクローニングは一定の成果が上がっている。しかし，これらの麹菌グルタミナーゼが醸造においてどのような寄与をもっているのかは明らかにされていない。今後はこれらのグルタミナーゼとグルタミン酸生成量の関係を明らかにし，醸造に有用なグルタミナーゼを高生産する麹菌の育種が求められる。また，麹菌グルタミナーゼは耐塩性，耐熱性に欠けるので，これらの改良も課題のひとつであろう。

文　献

1) T. Nakadai, *et al.*, *Agr. Biol. Chem.*, **36** (2), 261-268 (1972)
2) 中台ほか, 調味科学, **19** (9), 31-40 (1972)
3) 竹内ほか, *J. Ferment. Technol.*, **50** (1), 21-29 (1972)
4) 大高, 中井, 日本発酵工学会24回大会講演要旨集, 39 (1972)
5) S. Yamamoto, H. Hirooka, *J. Ferment. Technol.*, **52** (8), 564-569 (1974)
6) S. Yamamoto, H. Hirooka, *J. Ferment. Technol.*, **52** (8), 570-576 (1974)
7) 四方ほか, 醤研, **4** (2), 48-52 (1978)
8) 四方ほか, 醤研, **5** (1), 21-25 (1979)
9) 安井ほか, 醤研, **8** (3), 117-122 (1982)
10) 古屋ほか, 醤研, **11** (3), 109-114 (1985)
11) 寺本ほか, 日本農芸化学会誌, **59** (3), 245-251 (1985)
12) T. Yano. *et al.*, *J. Ferment. Technol.*, **66** (2), 137-143 (1988)
13) 鯉渕ほか, 日本農芸化学会1999年度大会, 大会講演要旨集, 212
14) K. Koibuchi *et al.*, *Appl. Microbiol. Biotechnol.*, **54**, 59-68 (2000)
15) 岡村ほか, 日本農芸化学会2000年度大会, 大会講演要旨集, 142
16) 湯浅ほか, 日本農芸化学会2000年度大会, 大会講演要旨集, 142
17) 北本ほか, 特開2000-166547
18) 北本ほか, 特開2002-218986
19) Thammarongtham *et al.*, *J. Mol. Microbiol. Biotechnol.*, **3** (4), 611-617 (2001)
20) 伊藤ほか, 特開2003-33183
21) 町田ほか, 特開2003-250585
22) 町田ほか, 特開2003-250587
23) N. Masuo *et al.*, *Prot. Express. Purifi.*, **38**, 272-278 (2004)
24) N. Masuo *et al.*, *J. Biosci. Bioeng.*, **100**, 576-578 2005
25) 吉宗, 森口, 醸協, **100** (1), 9-16 (2005)
26) T. Yano *et al.*, *Agri. Biol. Chem.*, **55** (2), 387-391 (1991)
27) 吉宗, 森口, 醸協, **102** (1), 18-23 (2007)
28) http://nribf2.nrib.go.jp/EST2/index.html

第10章　グルタミナーゼ・アスパラギナーゼ

吉宗一晃[*1]，若山　守[*2]

1　はじめに

グルタミナーゼは昆布の旨味成分グルタミン酸を生成するため食品工業では重要な酵素である[1)]。また，アスパラギナーゼはその生成物アスパラギン酸ではなく基質アスパラギンを分解する酵素として注目されている。アスパラギンを著量含む植物由来の食品を加熱すると，例えばポテトチップスやフレンチフライ等に発がん物質アクリルアミドが検出されるが，アスパラギナーゼはその生成を抑制できる[2)]。これらの酵素については安全性が高い非病原菌で食品に応用できる麹菌や枯草菌由来酵素の研究も進められている。

この様な食品分野だけでなく医療分野でも利用され，アスパラギナーゼはアスパラギンを高度に要求する特定のがん細胞の増殖の抑制に古くから応用されている[3)]。また，グルタミナーゼも喘息時に人の気道上皮が酸性になると誘導されその生成物アンモニアによって中和されていることが示唆されているため，医療への応用が検討されている[4)]。

グルタミナーゼ及びアスパラギナーゼ遺伝子は多くの生物から見つかっているが，それらの反応を触媒する酵素は多様でそれぞれの反応機構も異なる。この多様性は基質だけでなく生成物であるグルタミン酸やアスパラギン酸が生理的に重要な種々の反応に関与していることが一因である。グルタミン酸は大腸菌体内で最も多く存在する代謝産物であり，モル比で40％近くを占める[5)]。動物細胞においてグルタミン酸は神経伝達物質としても知られている。アミノ酸でグルタミン酸の次に多いのがアスパラギン酸（全代謝産物の約1％）である。アスパラギン酸もまたアミノ基の供与体として用いられるし，アスパラギン酸を出発物質としたアスパラギン酸経路はリジン，スレオニン及びメチオニン合成に必要である。

図1にこの章で紹介する酵素が触媒する反応を示す。グルタミナーゼとアスパラギナーゼはどちらもアミノ酸側鎖のアミド結合を加水分解する酵素であるため，相対活性は異なるもののどちらの活性も有する酵素が多い。このためグルタミンとアスパラギンに対する活性に基づいた酵素番号では厳密に分類できないことがある。本稿では酵素番号による分類だけでなくアミノ酸配列による分類も重視して記載した。

＊1　Kazuaki Yoshimune　日本大学　生産工学部　応用分子化学科　助教
＊2　Mamoru Wakayama　立命館大学　生命科学部　生物工学科　教授

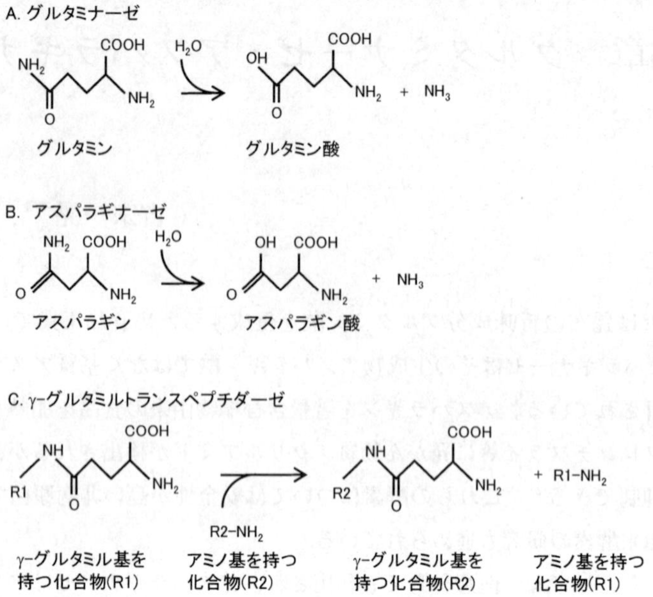

A. グルタミナーゼ

グルタミン → グルタミン酸 + NH_3

B. アスパラギナーゼ

アスパラギン → アスパラギン酸 + NH_3

C. γ-グルタミルトランスペプチダーゼ

γ-グルタミル基を持つ化合物(R1) + アミノ基を持つ化合物(R2) → γ-グルタミル基を持つ化合物(R2) + アミノ基を持つ化合物(R1)

図1　酵素反応

(A) グルタミナーゼ及び (B) アスパラギナーゼはアミノ酸側鎖アミドを加水分解する。(C) γ-グルタミルトランスペプチダーゼ (GGT) はグルタミル基を他のアミノ化合物のアミノ基に転移するが，水に転移した場合はグルタミナーゼと同じ反応となる。

2　グルタミナーゼ (EC 3.5.1.2)

グルタミンに特異性の高いグルタミナーゼとしてGls型グルタミナーゼがある。この型の酵素はL-グルタミンに比較的特異性が高くD-グルタミンやアスパラギンにはほとんど作用しない。この酵素遺伝子は中温細菌，真核微生物及びほ乳類から見出され，これらの中には2種類のGls型グルタミナーゼ遺伝子を持つものも多い。一方で，この遺伝子は植物，古細菌及び好熱性細菌からは見つかっていない。この酵素はアミノ酸レベルでβ-ラクタム系抗生物質を分解するβ-ラクタマーゼ (EC 3.5.2.6) と相同性を有し，β-ラクタマーゼスーパーファミリーに含められている。β-ラクタマーゼはその基質特異性から4つのクラスに分類され，クラスA，C及びDは触媒残基として求核攻撃を行うセリン残基を持つ。グルタミナーゼとβ-ラクタマーゼはともに触媒残基と予想されるセリン残基を持つこと及び，その活性中心を含めた立体構造が類似していることから同様な反応機構を持つと予想される。比較的研究が進められている*Escherichia coli*, *Micrococcus luteus*, *Aspergillus oryzae*, *Bacillus subtilis*及び，*Rhizobium etli*由来のグルタミナーゼについてはそれぞれ特徴的な性質が報告されているので以下に示す。

2.1　*E. coli*由来酵素

*E. coli*由来グルタミナーゼの研究は長く[6]，至適pH5のglutaminase A[7,8]と至適pH7の

表1　予想される活性中心残基

酵素	求核残基	一般塩基	モデル酵素	文献
グルタミナーゼ（Gls型）	セリン	リジン	β-ラクタマーゼ	13，18
グルタミナーゼ・アスパラギナーゼ（Gah型）	セリン	セリン	アミダーゼ	50，51
アスパラギナーゼ（細菌型）	スレオニン	チロシン	アスパラギナーゼ	52，53
アスパラギナーゼ（植物型）	スレオニン	スレオニン	Ntn-ヒドロラーゼ	54，55
GGT	スレオニン	スレオニン	Ntn-ヒドロラーゼ	56，57，58

glutaminase B[9,10]の2種類のアイソザイムが知られている。相対的に生産量の多いglutaminase Aはアンモニアで誘導されcAMPで生産が抑制される。一方，glutaminase Bの生産量は少なくその生産は生育条件に左右されないが[11]，活性はATPやADPで阻害される[12]。*E. coli*のゲノム解析によってYbaSとYneHの2種類のグルタミナーゼ遺伝子が見出され，至適pH等のそれまでに報告されていた性質からそれぞれglutaminase Aとglutaminase Bであると考えられている。YbaSとYneHはともに四量体で正の協同性を示し，L-グルタミンに対するK_mがそれぞれ7.3mM及び31mM[13]である。大腸菌内のグルタミン濃度は3.8mM[5]であるから，これらの相対的に高いK_m値は菌体内グルタミン濃度を適切に維持するために必要だと予想される。YbaSはグルタミナーゼ活性の他にもβ-ラクタム環を持った抗生物質（アンピシリン及びペニシリン）のアミド結合を分解する活性も持つ[13]。YbaSは立体構造解析がなされ，活性中心残基の配置がβ-ラクタマーゼのものと良く似ていることが分かっている[13]。

*E. coli*由来酵素については生理的役割についても検討されている[13]。グルタミンを唯一の炭素源及び窒素源とした生育条件では，YneH遺伝子欠損株の生育速度は半減することからYneHはグルタミン代謝に関与している。さらにYneH及びYbaS両遺伝子欠損株をpH5の酸性条件下，0.4％グルコース及び20mMグルタミンを添加したM9最小培地で培養すると野生株のものと比較して生育が遅くなることから，両酵素は酸性条件下での生育にも関係している様である。

2.2　*Micrococcus luteus*由来酵素

高濃度食塩はしばしば加工食品に含まれるため，高濃度食塩存在下でも機能できる耐塩性は食品加工酵素に求められる性質の1つである。このためその耐塩性の付与を目的として耐塩化機構の解明も進められている。海洋性細菌*Micrococcus luteus*は2種類のグルタミナーゼを生産するが，どちらも2.7M食塩存在下でも失活しない耐塩性酵素である[14]。2つの酵素はどちらも二量体で分子質量86kDaであり，このうちの1種類はクローニングされた[15]。この酵素は予想されるアミノ酸配列（48kDa）からN末端側にGls型のグルタミナーゼ配列（約30kDa）を持ちC末端側に機能未知の配列（約15kDa）を持つことが分かった。*E. coli*や*B. subtilis*由来のグルタミナーゼの分子質量が約35kDaであることを考慮すると*M. luteus*由来酵素はC末端に10kDa程度の特別な配列を持っていることになる。この酵素の立体構造解析の結果，N末端（32kDa）及び

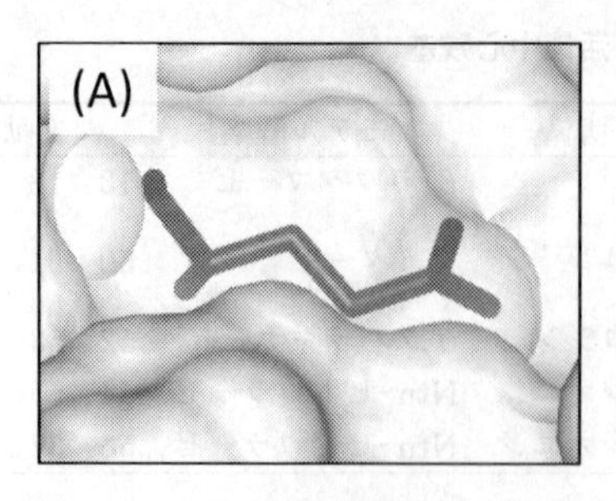

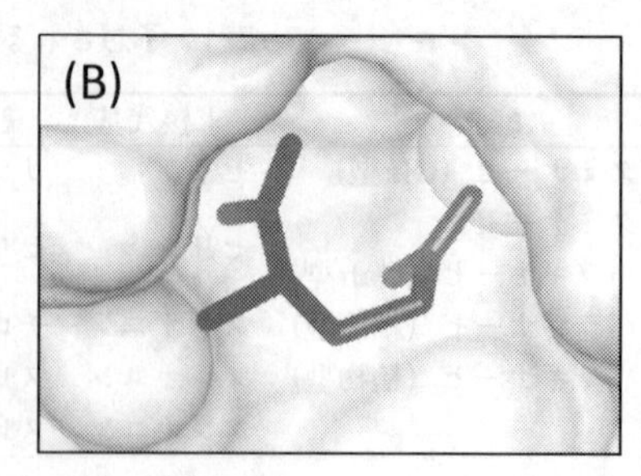

図2　グルタミン酸が結合したグルタミナーゼとアスパラギナーゼの活性中心構造
（A）*M. luteus*由来グルタミナーゼ（PDB 3IHA）及び，（B）*Erwinia carotovora*由来アスパラギナーゼ（PDB 2HLN）のL-グルタミン酸との複合体構造の活性中心を比較した。グルタミナーゼは活性中心ポケットが大きいため伸びたグルタミン酸と結合しており，グルタミンよりも小さいアスパラギンと結合しにくいことが予想できる。一方，アスパラギナーゼの活性中心ポケットは小さいため曲がったグルタミン酸と結合し，より小さなアスパラギンとも結合できる。

C末端側（13kDa）の2つのサブドメインを形成していることが分かった[16]。C末端ドメインの機能についてはまだ良く分かっていないが，このドメインをセリンプロテアーゼで限定分解することにより酵素の耐塩性が向上することから耐塩性にも関与しているかもしれない[17]。生成物グルタミン酸との複合体の立体構造解析が行われ，グルタミナーゼ活性を有する*Pseudomonas 7A*のアスパラギナーゼのものと比較した[18]。図2に示す様にアスパラギンに作用しないのは，グルタミナーゼの基質ポケットが大きく，より小さな基質であるアスパラギンに結合できないことが1つの原因であると予想された。

2. 3　*Aspergillus oryzae*由来酵素

麹菌*A. oryzae* RIB40のゲノム解析によって遺伝子が見出された[19]。この遺伝子産物は50kDaの分子質量を持ち[20]，*M. luteus*の酵素と同様に耐塩性を有していた[21]。様々な条件で培養した*A. oryzae* RIB40のcDNAをクローン化してその配列をデータベース化したESTデータベース[22]からこの酵素遺伝子配列は見つかっていないため，通常の条件では発現していない酵素であると考えられる。

2. 4　*Bacillus subtilis*由来酵素

枯草菌*B. subtilis*も2種類のグルタミナーゼ（YbgJとYlaM）を持っている[13]。YbgJ遺伝子はグルタミン輸送タンパクとオペロンを組んでおり，この2つの遺伝子産物はグルタミンの培地への添加で誘導される[23]。YbgJは立体構造解析がなされ，代表的なグルタミナーゼ阻害剤である6-ジアゾ-5-オキソ-L-ノルロイシン（DON）で修飾した酵素の構造も明らかになっている[13]。

2.5 *Rhizobium etli*由来酵素

*R. etli*はインゲンに共生する根粒菌でその窒素固定に関係する酵素としてそのグルタミナーゼが注目されてきた[24]。この菌はグルタミンで誘導される熱感受性酵素（glutaminase A）と生産量が低い構成酵素（glutaminase B）の2種類を持つ[25]。このglutaminase Aは2-オキソグルタル酸やピルビン酸で阻害を受ける。組換え体を用いてglutaminase Aを約6倍過剰生産させると*R. etli*の生育は半減する[26]。

3　グルタミナーゼ-アスパラギナーゼ（EC 3.5.1.38）

グルタミナーゼ-アスパラギナーゼはグルタミン及びアスパラギンに同等の活性を示す酵素で，D体にもL体と同等の活性を示すものが多い。

酵母*Cryptococcus nodaensis*と*Cryptococcus albidus*は耐熱性で耐塩性の酵素を持つ。これら酵素はそのアミダーゼモチーフを持つアミノ酸配列から新しいファミリーであるGah型グルタミナーゼとして分類されている[27]。*C. nodaensis*由来酵素は細胞壁表面に存在し，D-グルタミン，L-アスパラギン及びD-アスパラギンに対してL-グルタミンの活性のそれぞれ96，45，23％の活性を示す[28]。

Pseudomonas 7A由来グルタミナーゼ-アスパラギナーゼはL-グルタミンとL-アスパラギンに対する活性が同程度だが，アミノ酸配列による分類では後述する細菌型アスパラギナーゼのII型に分類できる。この酵素はD-グルタミン及びD-アスパラギンに対してもそれぞれのL-体のものの87及び69％の活性を示す[29]。

4　アスパラギナーゼ

アスパラギナーゼはアスパラギンを大量に必要とするがん細胞の増殖を抑制して急性リンパ性白血病の進行を遅らせる薬として応用されてきた[30]。その後，アスパラギンとグルコースを多く含む作物を高温加工した食品，例えばポテトチップス，シリアル，トースト及びローストコーヒー等に発がん物質アクリルアミドが多く含まれることが報告され[31]，国際がん研究機関（International Agency for Research on Cancer）でも人に対しておそらく発がん性がある物質と分類している。このため食品中のアスパラギンの分解を目的とした応用研究も進められている[32]。図3に食品中のアスパラギンが加熱によりアクリルアミドとなる際の予想される反応を示す。麹菌*A. oryzae*由来のアスパラギナーゼで原料を処理することによるアクリルアミド生成の抑制効果が報告されている[33, 34]。また同じ目的で枯草菌*B. subtilis*由来アスパラギナーゼの研究も進められている[35, 36]。アスパラギナーゼはアミノ酸レベルで異なる細菌型と植物型の2種類に分けられてきた。細菌型酵素はさらに2つの型に分けられ，二量体で相対的に基質親和性が低く菌体内酵素であるI型と，四量体で相対的に高基質親和性で菌体外酵素であるII型が知られ

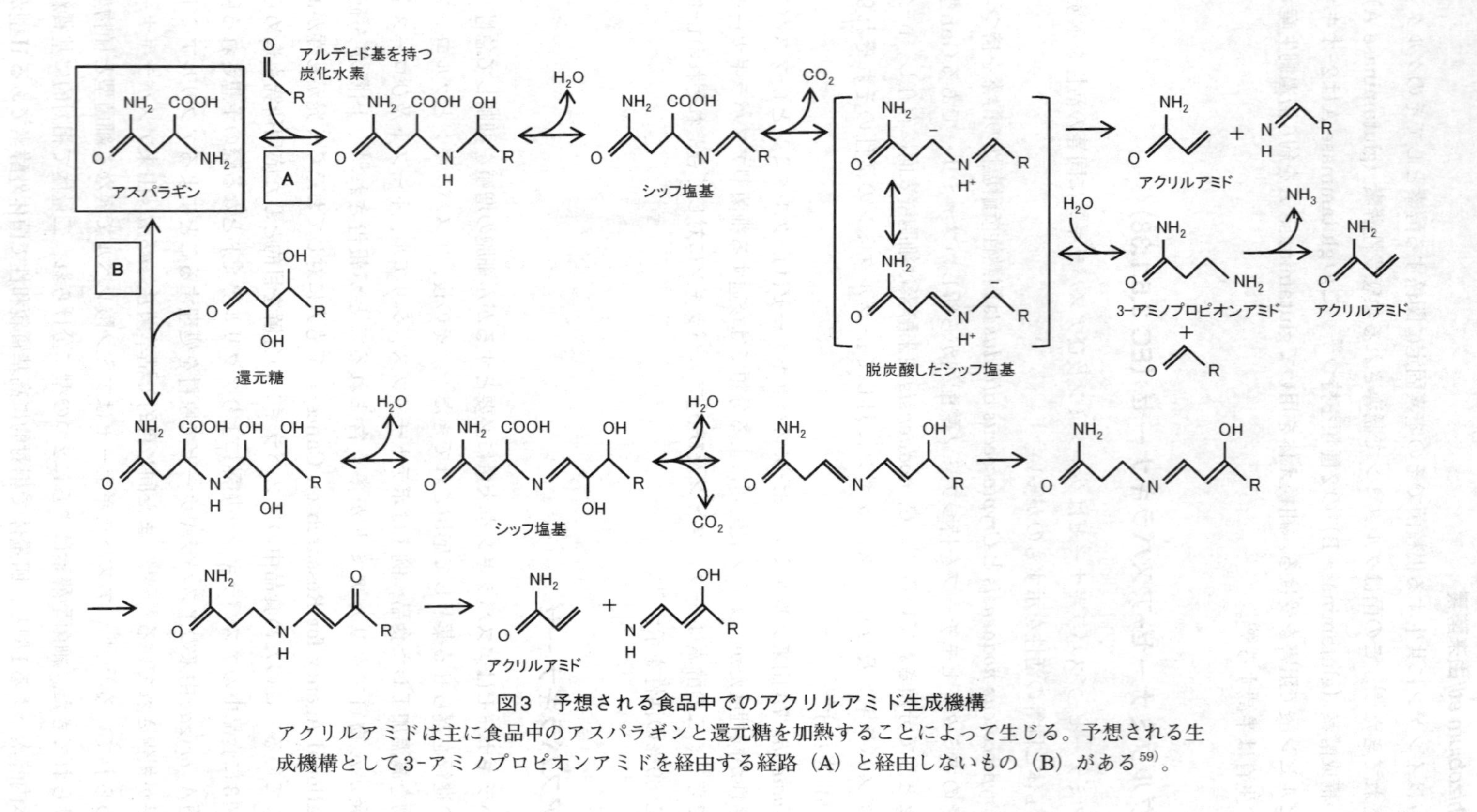

図3 予想される食品中でのアクリルアミド生成機構

アクリルアミドは主に食品中のアスパラギンと還元糖を加熱することによって生じる。予想される生成機構として3-アミノプロピオンアミドを経由する経路（A）と経由しないもの（B）がある[59]。

ている。細菌型酵素は植物からは見つかっていないものの古細菌や真核生物にも存在する。植物型酵素は相対的にアスパラギンのβ位にペプチドのN末端が結合したβ-アスパルチルペプチドを加水分解するβ-アスパルチルペプチダーゼ（EC 3.4.19.5）活性が高い。β-アスパルチルペプチドは有害であり時間とともに非酵素的に増加するため，長期間休眠状態にある植物の種子では特に必要だと考えられている[37]。その後の研究で植物型酵素は細菌からも見つかっている。ほとんどのアスパラギナーゼは相対活性の差はあるがグルタミンに対する活性を持つ。前述した *Pseudomonas* 7A由来グルタミナーゼ-アスパラギナーゼ及び，L-グルタミンに対する相対活性が低い *Wolinella succinogenes* のアスパラギナーゼ[38]は，ともに細菌のII型酵素に分類されることからも分かる様に，アミノ酸配列による分類と酵素番号による分類は一致しない。ここでは基質特異性ではなくアミノ酸配列によって3つの型に分類する。

4.1　細菌I型アスパラギナーゼ

この酵素はL-アスパラギンへの親和性が低く，例えば *E. coli* のEcAIの K_m は3.5 mMである[39]。この K_m は *E. coli* 内のアスパラギン濃度が0.5mMである[5]ことを考えると非常に高い値である。これはEcAIが菌体内酵素であるため菌体内のアスパラギンを適切な濃度に維持するためだと考えられる。この低い基質親和性のためI型アスパラギナーゼは抗がん効果が低いことが指摘されている[40]。枯草菌 *B. subtilis* のI型アスパラギナーゼは K_m が6.7mMで，2.6M食塩存在下で残存活性が8％まで低下するが，エタノールに耐性が高く15％エタノール存在下でも38％の活性を示す[35]。

4.2　細菌II型アスパラギナーゼ

このII型酵素はI型よりも高い基質親和性を持つため抗がん剤への応用が検討され，報告例も多い。例えば *E. coli* 由来のII型アスパラギナーゼであるEcAIIの K_m はI型酵素（EcAI）のものの50倍程度低い0.012mMである。これはEcAIIが菌体外に存在するペリプラズム酵素であるためだと思われる。基質に対する親和性の高さから食品加工に用いる酵素もI型よりはII型が適していると予想できる。さらに食品工業で求められる耐塩性の高い酵素が *B. subtilis*[36]や *Stenotrophomonas maltophilia*[41]から見出され，ともに3M食塩存在下でもほとんど阻害を受けない。抗がん剤としては *E. coli* 及び *E. chrysanthemi* 由来酵素が主に用いられている。これらの酵素はグルタミナーゼ活性も有するため血中のグルタミンレベルを異常に下げてしまう副作用がある。このためグルタミナーゼ活性を低下させた *E. coli* 由来の変異型酵素も報告されている[40]。

4.3　植物型アスパラギナーゼ

植物型アスパラギナーゼは *E. coli* にも存在しEcAIIIと名付けられている[42]。アスパラギナーゼ活性も有する細菌及び人由来のアスパルチルグルコシルアミナーゼ（AGA）とアミノ酸レベルで相同性を示す。AGAは*N*-terminal nucleophile（Ntn）hydrolaseファミリーに属することから，この酵素も同様の反応機構を持つことが予想される。活性にカリウムイオンを必要とするものとしないものが知られているが，その理由は分子レベルで解明されていない[43]。

5　γ-グルタミルトランスペプチダーゼ（EC 2.3.2.2，GGT）

γ-グルタミル化合物から生成するグルタミル基を他のアミノ化合物のアミノ基もしくは水など別の基質に転移する酵素で，グルタチオンの代謝に関係し微生物だけでなくほ乳類や植物にも存在する。受容体として水にグルタミル基を転移し，グルタミン酸を生成する活性が強い酵素は主としてグルタミナーゼとして機能すると考えられる。本酵素もAGAと同様，Ntn hydrolaseファミリーに属し，大腸菌由来の酵素が詳細に研究されている[44]。*B. subtilis*由来酵素は菌体外酵素であり生産が容易なだけでなく，約3M食塩存在下で75％の残存活性を持つ高い耐塩性を持つ酵素で食品加工への応用に適している[45]。この酵素によって少量生成するγ-グルタミルアミノ酸は醤油の複雑味に大きく寄与している[46]。部位特異的変異によりこの酵素の転移活性を削減し，グルタミナーゼとした報告もある[45]。また，*Pseudomonas nitroreducens*由来γ-グルタミルトランスペプチダーゼもグルタミンに対する高い加水分解活性を有しているが，高pH，高受容体濃度という条件下では，優れた転移活性を示すことが知られており，グルタミンとエチルアミンからのテアニン合成に用いられている[44, 47, 48]。なお，テアニンはグルタミン酸とエチルアミンからテアニンシンターゼ（EC 6.3.1.6）を用いた合成方法でも合成できる[1, 49]。

6　おわりに

グルタミナーゼ・アスパラギナーゼは食品の付加価値を高める酵素として今後ますます重要性が高まると予想される。これらの酵素は窒素循環という生物の生存にも重要な反応を触媒する酵素であるため，多様に進化した酵素が多くの生物に存在する。このため比較検討による研究も進めやすく，今後も自然界から新規機能を持った酵素が報告されるだけでなく，基質特異性や耐熱性及び耐塩性等を向上させた組換え酵素が開発されると期待される。

文　　献

1） R. Nandakumar *et al*., *J. Mol. Catal. B: Enzym*., **23**, 87（2003）
2） M. Friedman, *J. Agric. Food Chem*., **51**, 4504（2003）
3） S. Kumar *et al*., *Bioresour. Technol*., **102**, 2077（2010）

4) J. F. Hunt *et al.*, *Am. J. Respir. Crit. Care Med.*, **165**, 101 (2002)
5) B. D. Bennett *et al.*, *Nat. Chem. Biol.*, **5**, 593 (2009)
6) A. Meister *et al.*, *J. Biol. Chem.*, **215**, 441 (1955)
7) S. C. Hartman, *J. Biol. Chem.*, **243**, 853 (1968)
8) R. A. Hammer *et al.*, *J. Biol. Chem.*, **243**, 864 (1968)
9) S. Prusiner *et al.*, *Proc. Nat. Acad. Sci.*, **69**, 2922 (1972)
10) S. D. Prusiner *et al.*, *J. Biol. Chem.*, **251**, 3447 (1976)
11) S. Prusiner, *J. Bacteriol.*, **123**, 992 (1975)
12) S. Prusiner *et al.*, *J. Biol. Chem.*, **251**, 3463 (1976)
13) G. Brown *et al.*, *Biochemistry*, **47**, 5724 (2008)
14) M. Moriguchi *et al.*, *J. Ferment. Bioeng.*, **77**, 621 (1994)
15) R. Nandakumar *et al.*, *Protein Expr. Purif.*, **15**, 155 (1999)
16) K. Yoshimune *et al.*, *Biochem. Biophys. Res.* Commun., **346**, 1118 (2006)
17) K. Yoshimune *et al.*, *Extremophiles*, **8**, 441 (2004)
18) K. Yoshimune *et al.*, *FEBS J.*, **277**, 738 (2010)
19) M. Machida *et al.*, *Nature*, **438**, 1157 (2005)
20) N. Masuo *et al.*, *Protein Expr. Purif.*, **38**, 272 (2004)
21) N. Masuo *et al.*, *J. Biosci. Bioeng.*, **100**, 576 (2005)
22) T. Akao *et al.*, *DNA Res.*, **14**, 47 (2007)
23) T. Satomura *et al.*, *J. Bacteriol.*, **187**, 4813 (2005)
24) S. Duran *et al.*, *Microbiology*, **141**, 2883 (1995)
25) S. Duran *et al.*, *Biochem. Genet.*, **34**, 453 (1996)
26) A. Huerta-Saquero *et al.*, *Biochim. Biophys. Acta*, **1673**, 201 (2004)
27) K. Ito *et al.*, *Biosci. Biotechnol. Biochem.*, **75**, 1317 (2011)
28) I. Sato *et al.*, *J. Ind. Microbiol.*, **22**, 127 (1999)
29) J. Roberts, *J. Biol. Chem.*, **251**, 2119 (1976)
30) B. Clarkson *et al.*, *Cancer*, **25**, 279 (1970)
31) A. Becalski *et al.*, *J. Agric. Food Chem.*, **51**, 802 (2003)
32) R. J. Foot *et al.*, *Food Addit. Contam.*, **24**, 37 (2007)
33) H. V. Hendriksen *et al.*, *J. Agric. Food Chem.*, **57**, 4168 (2009)
34) H. V. Hendriksen *et al.*, *J. Agric. Food Chem.*, **57**, 4168 (2009)
35) S. Yano *et al.*, *Ann. Microbiol.*, **58**, 1 (2008)
36) Y. Onishi *et al.*, *Ann. Microbiol.*, in press
37) K. Michalska *et al.*, *Acta Biochim. Pol.*, **53**, 627 (2006)
38) J. Lubkowski *et al.*, *Eur. J. Biochem.*, **241**, 201 (1996)
39) R. C. Willis *et al.*, *J. Bacteriol.*, **118**, 231 (1974)
40) C. Derst *et al.*, *Protein Sci.*, **9**, 2009 (2000)
41) M. Wakayama *et al.*, *J. Ind. Microbiol. Biotechnol.*, **32**, 383 (2005)
42) D. Borek *et al.*, *Acta Crystallogr.*, **D56**, 1505 (2000)
43) L. Sodek, *Plant Physiol.*, **65**, 22 (1980)
44) H. Suzuki *et al.*, *J. Bacteriology*, **168**, 1325 (1986)

45) H. Minami *et al.*, *FEMS Microbiol. Lett.*, **224**, 169 (2003)
46) H. Suzuki *et al.*, *J. Agric. Food Chem.*, **50**, 313 (2002)
47) T. Tachiki *et al.*, *Biosci. Biotechnol. Biochem.*, **60**, 1160 (1996)
48) M. Imaoka *et al.*, *Biosci. Biotechnol. Biochem.*, **74**, 1936 (2010)
49) S. Wakisaka *et al.*, *Appl. Environ. Microbiol.*, **64**, 2952 (1998)
50) S. Shin *et al.*, *J. Biol. Chem.*, **278**, 24937 (2003)
51) K. Ito *et al.*, *Biosci. Biotechnol. Biochem.*, **75**, 1317 (2011)
52) P. Dhavala *et al.*, *Acta Crystallogr. D Biol. Crystallogr.*, **65**, 1253 (2009)
53) A. C. Papageorgiou *et al.*, *FEBS J.*, **275**, 4306 (2008)
54) K. Michalska *et al.*, *J. Biol. Chem.*, **283**, 13388 (2008)
55) A. Prahl *et al.*, *Acta Crystallogr. D Biol. Crystallogr.*, **60**, 1173 (2004)
56) K. Wada *et al.*, *FEBS J.*, **277**, 1000 (2010)
57) T. Okada *et al.*, *Proc. Natl. Acad. Sci. USA*, **103**, 6471 (2006)
58) G. Boanca *et al.*, *J. Biol. Chem.*, **282**, 534 (2007)
59) M. Friedman *et al.*, *J. Agric. Food Chem.*, **56**, 6113 (2008)

第11章　コムギ由来プロテインジスルフィドイソメラーゼ

野口治子*

1　はじめに

生体内で合成されるタンパク質が正常に機能するためには，遺伝情報が翻訳された後，タンパク質が正しく折りたたまれた高次構造を形成する必要があり，その高次構造を安定化させる上でジスルフィド結合の形成は重要である。真核生物の小胞体内腔にはジスルフィド結合形成を触媒するタンパク質であるプロテインジスルフィドイソメラーゼ（Protein Disulfide Isomerase, PDI）が存在しており，真核生物の新生タンパク質の高次構造形成に重要な役割を果たしている。また，生体内におけるもう1つの役割として翻訳後のフォールディングが正常に行われなかった（ミスフォールディングした）タンパク質の修復に関するものがある。ミスフォールドタンパク質は細胞内に蓄積すると細胞異常の原因となることから，速やかな分解あるいはフォールディングのやり直しが必要となり，PDI関連タンパク質は間違ったジスルフィド結合を掛け直す反応を触媒すると考えられている。

2　プロテインジスルフィドイソメラーゼ

PDI（EC5.3.4.1）は，タンパク質分子内のジスルフィド結合形成を触媒する酵素である。PDIの活性部位モチーフであるCys-x-x-Cys（CxxC）は，酸化状態にあると基質タンパク質の2つのシステイン残基に作用してジスルフィド結合の形成を触媒し，還元状態では基質のジスルフィド結合を還元する[1]。また，ジスルフィド結合を架け替える異性化反応も触媒する（図1）。ジスルフィド結合形成反応を触媒したPDIの活性中心は還元型となるが，Ero1（Endoplasmic Reticulum Oxidoreductase1）と呼ばれるタンパク質により酸化されることで活性中心は再び酸化型となる。PDIより受容した電子は，Ero1からFADを介して最終電子受容体である水分子へと伝達され，過酸化水素が生成される（図2）[2]。PDI-Ero1システムによる酸化的なジスルフィド結合形成の機構は，酵母やヒト，イネにおいてその存在が確認されており，原核生物におけるDsbA-DsbBシステムと同様の働きをするものと考えられている。

PDIの構造は，チオレドキシン様の4つのドメイン，a-b-b'-a'により構成されている（図3）[3]。各ドメインのうち，a, a'ドメインには活性中心モチーフのCGHCが保存されており，活性中心を

* Haruko Noguchi　東京農業大学　応用生物科学部　生物応用化学科　嘱託准教授

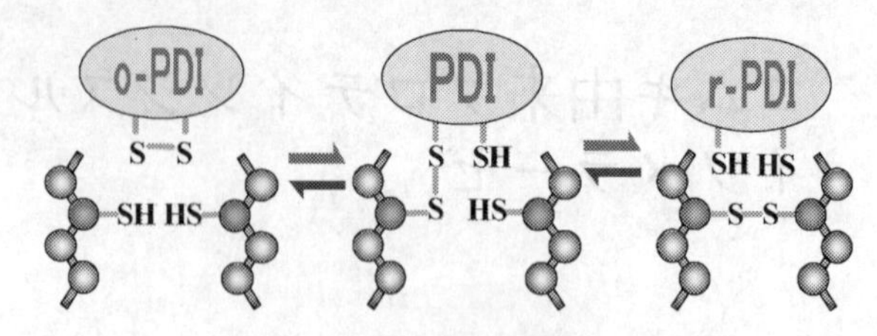

図1　PDIの酸化還元反応
活性中心が酸化型（o-PDI）のとき基質SH基を酸化し，ジスルフィド結合形成を触媒する。還元型（r-PDI）では基質のジスルフィド結合を還元する。

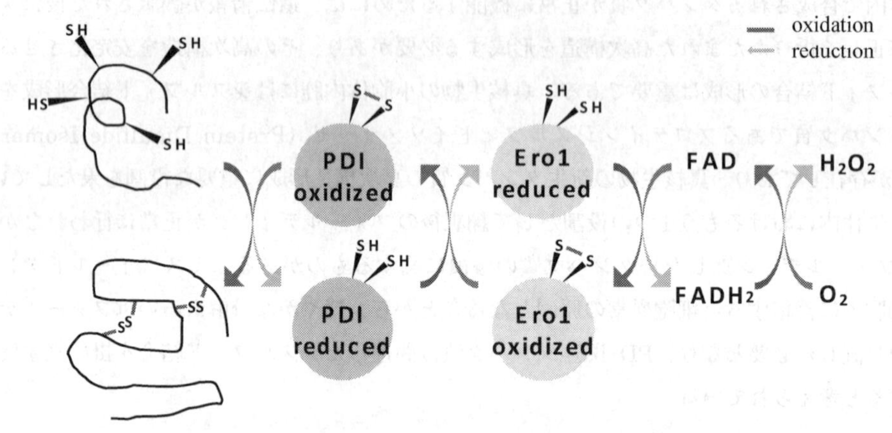

図2　PDI-Ero1システム
酸化型PDIが基質より受容した電子は，Ero1の活性中心，FADを介して酸素へと受け渡され，過酸化水素が生成する。

含まないb, b’ドメインでは，b’ドメインにある疎水性に富む領域に基質タンパク質やレドックスパートナーが結合することが示唆されている。また，ヒトや酵母の研究において活性中心の酸化状態により，b’, a’ドメインのコンフォメーションが変化するモデルが提唱されている[4, 5)]。

3　コムギ由来PDI

様々な生物種にてPDI活性が報告されているが，その酵素学的性状については報告例が少ない。コムギ（*Triticum aestivum* cv Haruyutaka，北海道産）種子より抽出したPDIの場合，SDS-PAGEによる見かけの分子量が63kDa，活性はpH8.5，35℃で最大値を示し，pH7～9，>30℃の範囲で安定であった[6)]。同コムギ種子を発根させDNAを抽出しPDI遺伝子をクローニングし，大腸菌で発現させたリコンビンビナントPDIを精製し酵素学的性状を調べたところ，抽出したPDIと類似した傾向を示していた。また，その一次構造は*T. aestivum* cv Chinese SpringのPDI（TaPDIL1-1）と99％以上の高い相同性を有していた[6, 7)]。

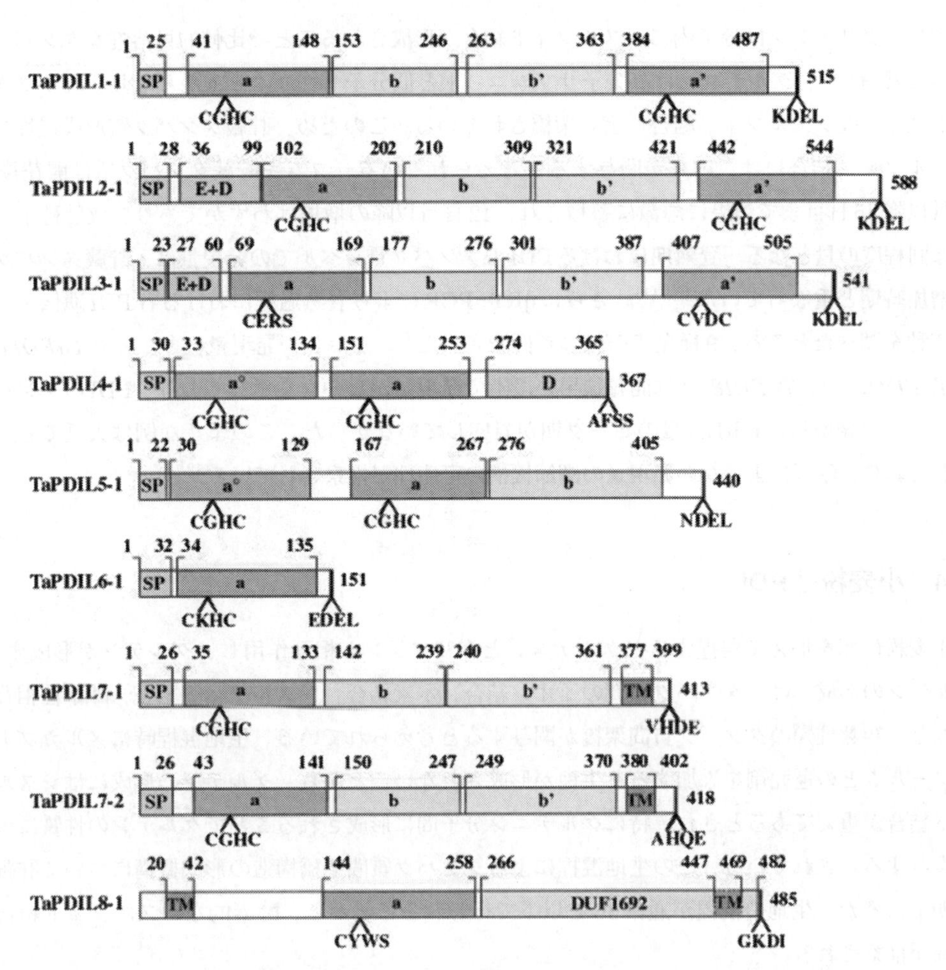

図3　小麦PDIファミリー（文献7）より一部改変して引用）
PDIのアミノ酸配列より推定したドメイン構造に基づく分類。a-b-b'-a'ドメインのチオレドキシン様ドメイン，N末端側にはシグナルペプチド（SP），C末端側にはKDELが基本的な構成となり，ドメインの欠失や，重複により多様化した。

コムギPDIはドメイン構造により9種類に分類されており，全てのグループにおいてCxxCモチーフが保存されている（図3）。主要なPDIはTaPDIL1-1とされており，コムギの第4番染色体（4Al，4BS，4DS）にコードされている[7, 8]。TaPDIL1-1のaとa'にはCys-Gly-His-Cysの活性中心と，ヒトのPDIにおいて活性中心近傍に存在し活性に重要とされているグルタミン残基およびリジン残基（E62-K96，E406-K439），アルギニン残基（R136，R475）が保存されている。TaPDIL1-1のN末端領域には小胞体移行シグナル，C末端領域には小胞体残留シグナル（KDEL）が存在している。

植物種子の貯蔵タンパク質は小胞体で合成されたのちタンパク質蓄積型液胞へ移行し，種子が登熟するとプロテインボディーとなる。コムギの貯蔵タンパク質は主にグリアジンとグルテニンであり，グリアジンは分子内にジスルフィド結合が形成されることで比較的可溶性なタンパク質として蓄積し[9]，グルテニンは高分子サブユニットと低分子サブユニットからなり，両サブユニットは分子間ジスルフィド結合により架橋されている。このため，貯蔵タンパク質形成過程でのジスルフィド結合には，PDIが関与すると考えられている。コムギ貯蔵タンパク質は開花後12日目以降35日目まで穀果に急激に蓄積され，42日目以降の増加はわずかであり，成熟種子とのほぼ同程度の量となる。登熟期におけるPDIのタンパク質レベルでの発現量は，貯蔵タンパク質の増加時期と重なっていた[10, 11]。さらにqRT-PCRにより登熟過程における各PDI遺伝子の発現変動を調べたところ，9種全ての転写が確認された[7]。しかし，発現量の多かった*TaPDI1-1*と*TaPDIL2-1*，*TaPDI8-1*は開花後早い段階で発現量がピークを示しており，PDIのタンパク質レベルの発現量とmRNA量のピーク期が対応していなかった。このような例は大豆でも報告されており，転写によらない発現量の調節機構の可能性が推察されている[12]。

4　小麦粉とPDI

小麦粉に水を加えて混捏するとグルテニンとグリアジンが相互作用し，グルテンが形成する。グルテンの形成には，タンパク質間のイオン結合，水素結合，ジスルフィド結合，疎水性相互作用など，複数種類のタンパク質間架橋が関与すると考えられている。生地混捏時にメルカプトエタノールなどの還元剤を添加すると生地が形成されないことから，グルテンの形成にはジスルフィド結合が重要であるとされ，特にグルテニン分子間に形成されることでグルテンの性質に大きく関与するとされている。この生地混捏によるタンパク質間架橋構造の形成機構について詳細は不明であるが，生地の混捏が通常30℃以下で行われることから，酵素的なジスルフィド結合の形成が推察される。

コムギを製粉した小麦粉は，タンパク質含量により強力粉，中力粉，薄力粉として区分され，製パン，製麺，製菓と用途が使い分けられている。タンパク質含量の異なる小麦種子のPDI活性を比較したところ，タンパク質含量の高い強力粉（1CW）のPDI活性は薄力粉（WW）よりも高く，PDI活性はタンパク質含量と相関があることが報告されている[13]。製粉された小麦粉からもPDI活性が確認されており[6]，小麦粉の活性もコムギ種子同様，強力粉＞薄力粉の傾向を示していた。コムギ内生PDIの生地混捏時のジスルフィド結合形成への関与について，製パン性の改良を目的に様々な検討がなされている。Everyら[14]は，薄力粉と強力粉にアスコルビン酸を添加し，内在の酸化還元酵素6種の活性を測定したところ，PDI活性の増加と製パン特性の向上が観察された。アスコルビン酸添加により小麦粉中のPDI活性も増加し，アスコルビン酸添加とPDI活性には正の相関があることを報告した。従来，アスコルビン酸添加による製パン性の向上は，生地中のGSHがグルテンのジスルフィド結合を還元し生地物性を低下させる働きをアスコルビン酸が阻害することであるとされてきた。アスコルビン酸存在下における製パン性の向上は，PDIが関与することも示唆された[14]。また，生地にPDIを添加した場合も，製パン性が向上することが報告されている[15]。一方，超強力粉にPDIの阻害剤であるバシトラシンを添加するとパンの容積が増加し，よく膨らむことが報告され[16]，PDI活性を抑制すると，重合度の高いグルテニン（特に重合度の高いグルテニンマクロポリマー）が生地形成中に減少することから，生地の伸長性が増加したと考えられた。コムギは小麦粉として様々な二次加工品が製造されており，小麦加工食品の多くはグルテンの特性を利用したものである。このため小麦加工品の製品改良や新たな製造技術を開発するうえで，グルテン形成時におけるPDIの役割については非常に興味が持たれる。

5　PDIファミリー

近年，ヒトや酵母のPDI-Ero1システムでは各タンパク質の立体構造が決定されている。立体情報は遺伝学的，生化学的解析の情報とあわせて考察され，ジスルフィド結合形成メカニズムが明らかにされつつある。ヒトのPDIファミリーでは，CxxCモチーフが3つ以上あるERp72や活性中心の2つのシステイン残基がセリンに置き換わったERp44（活性中心はCRFS）など多様なPDIが約20種報告されている[3]。植物でもシロイヌナズナにおいて網羅的な解析が行われ，22の*PDI*様遺伝子が見出されており，イネでは19，トウモロコシでは22の*PDI*様遺伝子が見出されている[17]。イネ，トウモロコシ，コムギ，シロイヌナズナ，大豆などのPDIファミリーについてアミノ酸配列を基に系統解析を行ったところ，8つのグループに分けられ，グループ内ではイネ科の単子葉植物と双子葉植物でそれぞれクラスターを形成していた[7]。これは，イネのPDI（OsPDIL1-1）とコムギ（TaPDIL1-1）の相同性が99％と高く，その遺伝子構造が類似していることからも[18]，共通の祖先から進化したことを示している。植物のPDIのなかでも，イネやコムギ，トウモロコシ，大豆など貯蔵タンパク質を食用として利用している植物については，PDIによるジスルフィド結合形成が貯蔵タンパク質の品質に影響を与える重要な要因として考えられている。例えば，コメの*OsPDI1-1*が欠損した変異体esp2では，グルテリンの前駆体であるプログルテリンがジスルフィド結合を形成できないため，前駆体として蓄積することが報告されている[19]。このように育種や新たな作物の開発へつながるものとして，PDIが種子の成熟期間における貯蔵タンパク質形成にどのような役割を果たしているのか，そのメカニズムの解明が注目されている。

6　今後の展望

現在使用されている産業用酵素のうち食品用は全体の約63％であり[20]，タンパク質関連酵素の多くは基質を分解する加水分解酵素である。これに対して，タンパク質を架橋する‘のり’として働く酵素の利用例は少なく，主にトランスグルタミナーゼ（TG）が利用されている。TGはリジン残基とグルタミン残基に作用してタンパク質分子を結着させる酵素であり，タンパク質食品の物性改善（例　水産練り製品）や食品の結着（サイコロステーキ）に広く利用されている。PDIは分子間でジスルフィド結合を形成することから，新たなタンパク質架橋酵素として食品用酵素製剤としての利用も期待される。しかし，このようなPDIを食品製造へ利用するためには，PDIがどのようなタンパク質を基質として認識し，酸化，還元，異性化反応はどのような要因により制御されるのかといった，基質特異性や認識機構の解明は必須であると考えられる。これらの解明には，PDIの立体構造情報は有意義であり，欠かすことのできない情報であると考える。

ヒトや酵母ではジスルフィド結合の形成は，PDI-Ero1システムの働きによるものとして，Ero1タンパク質に関する報告が多数なされている。PDIが新生タンパク質にジスルフィド結合を形成するためには，PDIに酸化力を供給するEro1の存在が必要となる。しかし，植物由来のEro1に関する情報は非常に少ないのが現状である。また，多様性に富むPDIファミリーの生体内における役割や各PDIのレドックスパートナーとの関係なども興味深い点である。最近5年間でのPDIに関する研究成果は，どれもジスルフィド結合形成機構の一端を明らかにするものである。今後はさらなるジスルフィド結合形成機構の解明のみならず，応用へと繋げられることを期待する。

文　献

1） B. Wilkinson, *et al.*, *Biochim Biophys Acta.*, **1699**, 35（2004）
2） A. R. Frand, *et al.*, *Trend Cell Biol.*, **10**, 203（2000）
3） G. Kozloc, *et al.*, *FEBS J.*, **277**, 3924（2010）
4） O. Serve, *et al.*, *J. Mol. Biol.*, **396**, 361（2010）
5） K. Araki, *et al.*, *J. Bio. Chem.*,（2010）doi: 10.1074/jbc.M111.227181
6） S. Arai, *et al.*, *Food Preservation Sci.*, **37**, 173（2011）
7） E. d'Aloisio, *et al.*, *BMC Plant Biology*, **10**, 101（2010）
8） M. Ciaffi, *et al.*, *Gene*, **366**, 209（2006）
9） Y. Shimoni, *et al.*, *J. Biol. Chem.*, **271**, 18869（1996）
10） P. R. Shewry, *et al.*, *J, Cereal Sci.* **50**, 106（2009）
11） F. M. DuPont, *et al.*, *Physiol. Plant*, **103**, 70（1998）
12） 裏出令子, 大豆タンパク質研究, **9**, 36（2006）
13） K. Kainuma, *et al.*, *Biosci. Biotechnol. Biochem.*, **62**, 369（1998）
14） D. Every, *et al.*, *Cereal Chemistry*, **83**, 62（2006）
15） E. Watanabe, *et al.*, *Food Chem.*, **61**, 481（1998）
16） A. Koh, *et al.*, *J. Agric. Food Chem.*, **58**, 12970（2010）
17） N. L. Houston, *et al.*, *Plant Phyisiol.*, **137**, 762（2005）
18） J. C. Johnson, *et al.*, *Funct. Integr. Genomics*, **6**, 104（2006）
19） Y. Onda, *et al.*, *Proc. Natl. Acad. Sci. U.S.A.*, **106**, 14156（2009）
20） 酵素応用の技術と市場, シーエムシー出版（2009）

第12章　セリンペプチダーゼ
—ペプチド合成への利用展開—

有馬二朗*

1　はじめに

ペプチダーゼはタンパク質，オリゴペプチド，ペニシリンなどのペプチド系化合物の加水分解を触媒する酵素の総称であり，ペプチドやタンパク質内部を切断するエンド型のペプチダーゼと，ペプチドの先端（N末端及びC末端）からアミノ酸もしくは2～3残基のペプチドを遊離させるエキソ型のペプチダーゼに大別される。食品加工や洗剤などで頻繁に利用されているプロテアーゼとは，タンパク質の内部を切断するエンド型のペプチダーゼ群の総称である。中でも洗剤に含まれているアルカリプロテアーゼは本章で述べるセリンペプチダーゼに属する酵素であり，その生産量も数千トンにまで及ぶという。そのようなプロテアーゼによる加水分解活性の利用技術と応用は，よく知られている。

一方で産業の酵素利用は多岐にわたり，現在では酵素本来の機能からはみ出した新機能も開拓されている。この新機能は具体的には，加水分解反応の逆反応や副反応であり，中でもリパーゼによるエステル合成反応やエステル交換反応は盛んに研究が行われ，ホスホリパーゼDのように化粧品や医薬品の合成に利用されているものも存在する。ペプチダーゼでも，金属型のエンドペプチダーゼであるサーモライシンの逆反応を利用したペプチド合成研究は有名である。本章では，こういったペプチダーゼの中でも，セリンペプチダーゼと呼ばれる酵素群を対象に，酵素本来の機能から外れた「裏の機能」に焦点を当てた特異な酵素化学的性質とその利用可能性について紹介したい。

2　セリンペプチダーゼに分類される酵素の反応機構

ペプチダーゼは，触媒部位の構造によっていくつかの分類があり，触媒活性に重要な金属を活性中心に有する金属ペプチダーゼ，触媒残基としてセリンを有するセリンペプチダーゼ，システインを有するシステインペプチダーゼ，そしてアスパラギン酸を有するアスパラギン酸ペプチダーゼに分類される。また，近年では触媒残基としてグルタミン酸[1]やトレオニン[2, 3]をもつペプチダーゼや，ウイルスのコートタンパクの一部を構成し，触媒残基としてアスパラギンをもつペプチダーゼ[4, 5]なども新たに発見されつつあり，その多様な構造と機能からなる分類は，今後

---

*　Jiro Arima　鳥取大学　農学部　生物資源環境学科　准教授

さらに細分化されていくことであろう。これら全てのペプチダーゼは，分類とともにMEROPS —the peptidase Database—（http://merops.sanger.ac.uk/index.shtml）によくまとめられており，その機能についての概要と発見に係る歴史をたどることは筆者のお気に入りである。

中でもセリンペプチダーゼに分類される酵素の反応機構は，キモトリプシンやサチライシンを対象に深く研究されてきた。その反応過程を端的（少々難解ではあるが）に述べると，隣接する残基により求核性が高められたセリン残基側鎖の水酸基が，基質のカルボニル炭素に求核攻撃してアシル酵素中間体を形成する。次に，水分子からの求核攻撃を受けることによって加水分解が終了する。通常，タンパク質内に存在するセリン残基側鎖の水酸基は求核性を示さない。しかし，セリンペプチダーゼの活性中心に存在するセリン残基の周囲には，その水酸基の求核性を高めるためのシステムが存在しており，よく知られているものでは，隣接するヒスチジン残基のイミダゾール基がセリンの側鎖の水酸基と水素結合を形成し，セリンの水酸基の求核性を上昇させるという仕組みをもつ（図1）。またヒスチジン残基と隣接するアスパラギン酸残基（もしくはグルタミン酸残基）もイオンペア形成に関わり，カタリティックトライアドを形成している。これらの残基は，一次構造上では離れて存在しているが，空間的にはセリン，ヒスチジン，アスパラギン酸残基の順に配置されており，水素結合を形成することでセリン残基側鎖に存在する水酸基の求核性が高められているという図式が成り立つ（図1）。しかしセリンペプチダーゼ全てにヒスチジン及びアスパラギン酸（グルタミン酸）残基が存在しているわけではなく，中にはリジン残基とセリン残基とのカタリティックダイアドを形成しているものや，セリン残基の求核性を高める残基が同定されていないものも存在する。MEROPS —the peptidase Database—上では，セリンペプチダーゼは活性中心の構造や一次構造の特徴をもとにS1，S2，S3……といった形でファミリーに分類され，その数は現時点でS75までに及ぶ。

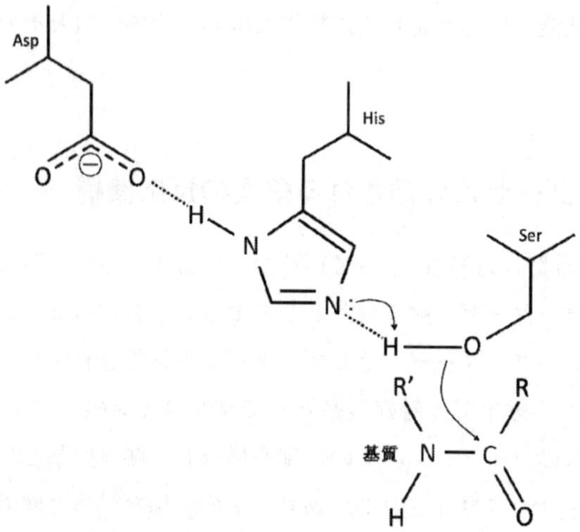

図1　セリンペプチダーゼのカタリティックトライアドの形成と，基質への求核攻撃

3　加水分解と拮抗して起こる副反応「アミノリシス」

生体内において，酵素は本来の機能を発揮するのは当たり前の話である。しかしその反応条件から少し外れた場合，ときに本来の機能から外れた特異な触媒能を発揮することがある。その反応条件とはpH，基質濃度，塩濃度，有機溶媒の存在など様々であるが，その特質を熟知していれば触媒能を調節することは可能である。セリンペプチダーゼもときとして加水分解と拮抗して起こる副反応「アミノリシス反応」を触媒する。アミノリシス反応とは，酵素反応過程において形成されたアシル酵素中間体を求核攻撃する際，水分子のかわりに反応液中に存在するアミノ基が代わって求核攻撃し，結果的にペプチド結合が形成される反応である。特に，基質としてアミノ酸エステルを利用した場合，エステル結合からペプチド結合への変換反応が可能である（図2）。この加水分解反応とアミノリシス反応は拮抗して起こるものであるが，酵素によっては反応条件を調節することで，稀に水溶液中にもかかわらず加水分解よりも優先的にアミノリシス反応を触媒することがある。水溶液中での反応の場合，水分子の濃度はおおよそ55Mである。アミノリシス反応を優先的に触媒する酵素は，基質を10mM仕込んだ場合，水濃度の5,500分の1の濃度のアミノ基を認識し，反応を触媒することになり，その効率は非常に高いものであることがわかっていただけるであろう。

ペプチダーゼに属する酵素によるアミノリシス反応触媒の発見は比較的古いものであり，トランスペプチダーゼと呼ばれる酵素も，同様の過程のもとで反応が触媒される。そして，サチライシンなどのようにより扱いやすく安定して供給することが可能なエンド型のセリンペプチダーゼを対象に，ペプチド合成工学への利用展開という観点からの応用研究が1980年代から行われるようになった。先に述べたサーモライシンによる有機溶媒存在下での逆反応を利用したペプチド合成も有名であるが，セリンペプチダーゼのアミノリシス反応触媒能を利用したペプチド合成では，その研究対象の代表格として挙げられる酵素はキモトリプシンとサチライシンである。特にPetkovらが行ったキモトリプシンのアミノリシス反応におけるキネティクス解析[6]や求核剤特異性解析[7]が行われてから，サチライシンをはじめとするいくつかのエンド型のセリンペプチダーゼで，同様の検討がなされてきた。しかしこれらの酵素の場合，基質（ペプチドのエステル体）

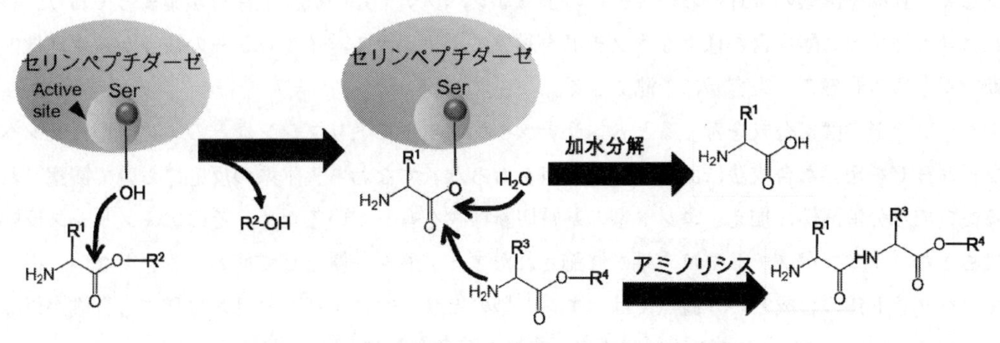

図2　加水分解反応とアミノリシス反応の触媒過程

の加水分解による脱エステル化や，アミノリシスの触媒反応により生成されたペプチドに対する加水分解活性から，ペプチド合成工学への利用にはまだまだ制限があった。

一方で，エンド型のセリンペプチダーゼ以外にもアミノリシス反応の触媒を可能とする酵素が既に1970年代に発見されていた。それは放線菌が生産するDD-カルボキシペプチダーゼと呼ばれる酵素であり，トランスペプチダーゼ活性を有するD体特異的なカルボキシペプチダーゼとして報告されている[8)]。この酵素はペニシリンによって不活性化され，かつD-アミノ酸を有するペプチドに対し特異的に反応することから，細胞壁の構築に関与する酵素と考えられている。もう一つの特徴として，この酵素の活性中心セリンの求核性を高める残基はヒスチジンとアスパラギン酸ではなく，リジン残基がその役割を担っていると考えられている。1980年代の後半になり，別の細菌からも同類の酵素であるD-アミノペプチダーゼがKatoらにより発見され，そのアミノリシス反応の触媒によるペプチド合成について詳しく調べられた。その酵素の特徴は，高い加水分解活性をもつにもかかわらず立体特異的にD-アミノ酸からなるペプチドの合成が可能であり[9)]，特筆すべき点は，アミノ酸ではなくアルキルアミンをアシル受容体（アミノ酸のC側に結合する化合物）として用いた際，驚くほどに効率良くアミノ酸アルキルアミドが合成できるところにある[10)]。

4　エキソ型のセリンペプチダーゼを利用したジペプチド類の合成

ジペプチドとは，アミノ酸2分子が脱水縮合して形成される化合物の一群であり，最も短いペプチドとみなすことができる。これらの化合物群には，構成アミノ酸の機能性，栄養価等とは別に，多様な生理活性が報告されていることから，多様な生理活性化合物群合成のための，シンプルかつ理想的なテンプレートとみなすことができる。このようなジペプチドの中にはD-アミノ酸，β-アミノ酸など，タンパク質性ではない特殊アミノ酸を含み，特異な生理活性を示すものも多い。更には，ジペプチドが環化したジケトピペラジンからも神経細胞保護作用[11)]やホルモン様活性[12)]などの生理活性が近年見出されている。ペプチド有機合成の副産物という認識をもたれていたジケトピペラジンではあったが，現在はその機能と有用性について見直されつつある。従って，食品や医薬の分野において，このようなジペプチド類の機能に注目が集まっており，将来は非天然アミノ酸を含む様々なペプチドを対象に，ケミカルバイオロジーの観点から生理機能研究が進められることも容易に予測できる。

ジペプチドの酵素合成を考えるとき，サチライシンやキモトリプシンなどのエンド型セリンペプチダーゼを用いた合成法には決定的な難点があった。すなわち，水系の反応において観察される高い加水分解活性に加え，エンド型の基質切断様式を有しているため，そのアミノリシス反応でもまた，オリゴペプチドやN末端が修飾されたアミノ酸を基質として使わざるを得ない。従ってジペプチド類の合成という観点では，エンド型のセリンペプチダーゼはお世辞にも合成が得意とは言えない。一方，D-アミノペプチダーゼにおいては，基質としてアミノ基がブロックされていないアミノ酸エステルを使用することが可能であり，ジペプチド合成の観点においては有利であるといえる。このような背景から，D-アミノペプチダーゼを含め，基質特異性が広いエキソ型のセリンペプチダーゼが「ジペプチド類の合成を容易にする酵素」として解析されることとなった。筆者が知る限りのこれまでに研究されてきたエキソ型セリンペプチダーゼと，各々が合成できるペプチド類について，表1にまとめてある。ここで示されているDmpAは，もともとD-アミノ酸をN末にもつペプチドに対し加水分解活性を示す酵素として発見されたものであり[13]，同様に別の菌株由来のS9アミノペプチダーゼはピューロマイシンの分解酵素として既に報告されている[14]。また，*Pleurotus eryngii* 由来のエキソ型セリンペプチダーゼであるEryngaseは，生産生物の和名（エリンギ）をもじり，筆者によりその愛称として命名してしまったものである。

エキソ型のセリンペプチダーゼといえど，水系の反応においてペプチドに対する加水分解活性が高い場合，どうしてもジペプチド類合成の制限が加えられる。しかし中には，ペプチドに対する加水分解活性が非常に低いため，アミノリシス反応の生成物を分解することなく，効率よくペプチドを合成できる酵素も存在する。例えば，放線菌由来のD-アミノペプチダーゼはD-アミノ酸のエステル誘導体に対し比較的高い加水分解活性を示すが，D-アミノ酸をN末にもつペプチドに対してはほとんど加水分解活性を示さない[15]。一方でこの酵素は，様々なアミノ酸をアシル受容体（ジペプチド合成においてはC側にくるアミノ酸）として利用可能であり，D-アミノ酸のエステル誘導体と混合して反応すると，反応生産物としてペプチドが合成される。従って，ペプチドが合成される効率は酵素のアシル供与体（ジペプチド合成においてはN側にくるアミノ酸。ここではD-アミノ酸のエステル誘導体）に対する加水分解活性の大きさに依存することになる

表1　ペプチド合成が可能なエキソ型のセリンペプチダーゼ

酵素	MEROPS Database 上での分類	由来	合成可能なペプチド類	文献
D-アミノペプチダーゼ	S12	*Ochrobactrum anthropi*	D-Alanyl oligopeptide, D-amino acid alkyl amide	9), 10)
D-アミノペプチダーゼ	S12	*Streptomyces* sp. 82F2	D-amino acid containing dipeptide	15)
DmpA	S58	*Ochrobactrum anthropi*	β-Alanyl dipeptide	16)
S9アミノペプチダーゼ	S9C	*Streptomyces thermocyaneoviolaceus*	Prolyl dipeptide, β-Alanyl dipeptide	17), 18)
Eryngase	S9C	*Pleurotus eryngii*（エリンギ）	Tyr-Arg (Kyotorphin), Tyr-D-Arg (D-Kyotorphin)	19)
X-プロリルジペプチジルアミノペプチダーゼ	S9B	*Streptomyces thermocyaneoviolaceus*	Val-Pro-Xaa	20)
プロリルアミノペプチダーゼ	S33	*Streptomyces aureofaciens*	Pro-Hyp	21)
ジペプチダーゼE	S51	*Escherichia coli*	Asp-Phe-OMe, Asp-Phe	22)

が，放線菌由来のD-アミノペプチダーゼは，優先的に水分子よりL-アミノ酸をアシル受容体として認識する傾向があり，反応に仕込んだアシル供与体がペプチドへ変換される割合（変換率）が80％を超える場合もある（図3スキーム1）。加えて，アシル受容体となるアミノ酸のC末端の保護基を工夫することで，ワンポットで単純なジペプチドと環化ジペプチドの作り分け（反応の制御）が可能である事実も確認されている。このような反応を利用し，これまでにシクロ(D-プロリン-L-アルギニン）が合成されている（図3スキーム1)。この環化ジペプチドはキチナーゼ阻害作用を有し，殺虫作用物質としてのリード化合物として位置付けられているジペプチド類である。

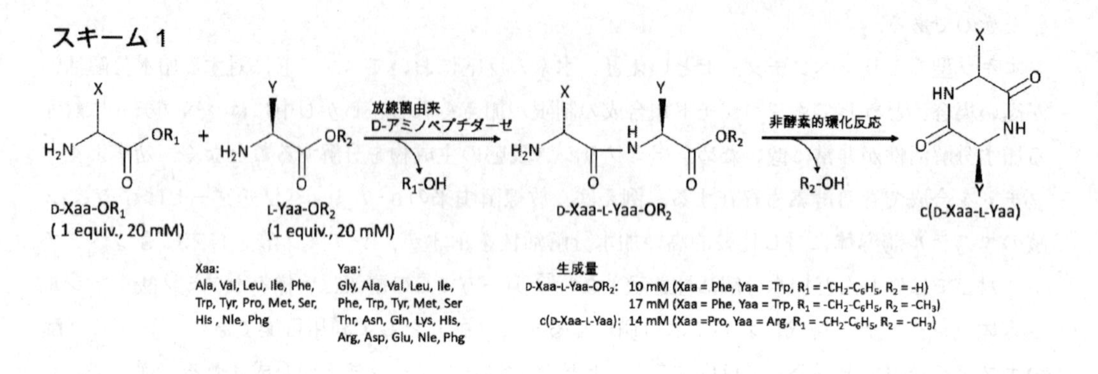

スキーム2

放線菌由来
S9アミノペプチダーゼ
R_1-OH
β-Ala-OR_1
(1 equiv., 20 mM)
Yaa-OR_2
(1 equiv., 20 mM)
β-Ala-Yaa-OR_2
Yaa:
L-Ala, L-Val, D-Val, L-Leu, D-Leu, L-Ile, L-Met, L-Phe, D-Phe, L-Trp, D-Trp, L-Tyr D-Tyr, L-Ser, L-Thr, L-Lys, L-Arg, D-Arg, L-His, L-Asp, L-Glu
生成量
β-Ala-L-His-OR_2: 6.5 mM (Yaa = His, R_1 = -CH_2-C_6H_5, R_2 = -CH_3)

スキーム3

放線菌由来
S9アミノペプチダーゼ
R_1-OH
非酵素的環化反応
R_2-OH
L-Pro-OR_1
(1 equiv., 20 mM)
Yaa-OR_2
(1 equiv., 20 mM)
L-Pro-Yaa-OR_2
c(L-Pro-Yaa)
Yaa:
L-Ala, L-Val, D-Val, L-Leu, D-Leu, L-Ile, L-Met, L-Phe, D-Phe, L-Trp, D-Trp, L-Tyr D-Tyr, L-Ser, L-Thr, L-Lys, L-Arg, D-Arg, L-His, L-Asp, L-Glu
生成量
c(L-Pro-L-His): 8 mM (Yaa = L-His, R_1 = -CH_2-C_6H_5, R_2 = -CH_3)

図3　エキソ型のセリンペプチダーゼによるジペプチド合成例

一方，表1中に示したS9アミノペプチダーゼやEryngaseは，ペプチド合成に応用する上で，ペプチドに対する高い加水分解活性が課題として残されている。しかし，これらの酵素のペプチドに対する加水分解活性の大きさは異なり，あるペプチドについては比較的高い変換率で合成される場合がある。例えば，S9アミノペプチダーゼはカルノシン（β-Ala-His）に対し加水分解活性をほとんど示さない。しかしβ-アラニンのエステルをアシル供与体として，ヒスチジンのエステルをアシル受容体として認識するため，結果的に分解されることなくカルノシンのエステル体を合成することができる（図3スキーム2）[17]。また，プロリンの誘導体をアシル供与体として利用したとき，アシル受容体となるアミノ酸のC末端の保護基を工夫することで，安定な環化ジペプチドの合成も可能であった（図3スキーム3）。この反応を利用し，これまでに甲状腺刺激ホルモン放出ホルモンと同じ活性を示す機能性環化ジペプチド，シクロ（L-プロリン-L-ヒスチジン）が合成された[18]。

5　セリンペプチダーゼのアミノ酸／ペプチド転移酵素への改変

セリンペプチダーゼにおけるアミノリシス反応の触媒活性をペプチド合成に利用する系では，水系で反応が進行する利点を有している。しかし上述したよう，水系の反応において観察される高い加水分解活性のため，ペプチド合成への応用に制限が加えられていることも事実であり，いかにペプチドや基質に対する加水分解活性を抑えるかが課題である。

1987年，Nakatsukaらはサチライシンの活性中心を化学的に修飾することでチオールを導入しその性質を調べた結果，加水分解活性が極端に抑えられ，それに伴いアミノリシス反応の触媒によるペプチド結合形成反応が上昇することが確かめられた[23]。このような活性中心のセリン残基にチオールが導入されたサチライシンは「チオールサチライシン」と命名され，タンパク質の化学合成における半合成ツールとして一躍注目を浴びるようになった。そして遺伝子工学の技術が酵素研究に取り入れられるようになり，自由自在にアミノ酸残基の置換が可能となると同時に，サチライシンを題材に活性中心の構造を変換することによるペプチド結合形成酵素「Subtiligase」の創製が行われるようになる[24, 25]。Subtiligaseは活性中心のセリン残基がシステインに，そして活性中心付近に存在するプロリンをアラニンに置換しただけの変異型サチライシンではあるが，そのアミノリシス反応の触媒活性はチオールサチライシンと比較し，加水分解活性は100分の1となりアミノリシス活性は10倍にも増強されている[24]。ここで，アミノリシス反応の触媒活性が向上した理由として，セリン残基をシステインに置換することにより，反応過程で生じる酵素ー基質間のチオエステルがアミノ基に対し不安定であるため[26]，活性中心水分子よりも優先的にアミン化合物から求核攻撃を受けやすくなったためであると考えられていた。しかしその後の研究から，活性中心のセリン残基をシステイン以外の残基に置換することでも，同様の効果が得られる場合があることがわかり，実際には放線菌由来のキモトリプシン様プロテアーゼの場合では，活性中心のセリン残基をアラニンに置換すると，アミノリシス活性の増強が

表2　ペプチド／アミノ酸転移酵素へと改変されたセリンペプチダーゼ

酵素	MEROPS Database上での分類	由来	改変箇所／命名	文献
サチライシン	S8	*Bacillus amyloliquefaciens*	S221C, P225A／サチリガーゼ M50F, N76D, N109S, K213R, N218S, S221C, P225A／スタビリガーゼ	26)
プロテアーゼB	S1	*Streptomyces griseus*	S195A, T213L, F228H／ストレプトリガーゼ	28)
S9アミノペプチダーゼ	S9C	*Streptomyces thermocyaneoviolaceus*	S502C／アミノライシンS	29)
S9アミノペプチダーゼ	S9C	*Acidothermus cellulolyticus*	S491C／アミノライシンA	30)
プロリルアミノペプチダーゼ	S33	*Streptomyces thermoluteus*	S144C	31)

観察されている[27)]。この結果を受け，セリン残基のとなりにあるヒスチジンがアシル－イミダゾール中間体を形成しているという説も浮上したが，特筆すべきポイントは，活性中心のセリン残基を別の残基に置換すれば「何かが起こる」可能性を有しているところにある。筆者が知る限りの，これまでにタンパク質工学的にアミノリシス活性が増強されたセリンペプチダーゼについて，表2にまとめた。

表2の記載にあるよう，機能改変された酵素はエンド型のセリンペプチダーゼだけにとどまらず，エキソ型のセリンペプチダーゼにおいても同様の検討が行われている。上述のように，エンド型のセリンペプチダーゼではタンパク質工学的・遺伝子工学的手法を駆使した研究結果が蓄積され，ペプチドライゲーションに向けたペプチド転移酵素へと機能改変するためのストラテジーが確立されてきたわけである。そこで近年になり，エキソ型のセリンペプチダーゼでも水系の反応における高い加水分解活性の課題を克服するため，エンド型のセリンペプチダーゼにおけるペプチド転移酵素変換ストラテジーに従ってアミノ酸転移酵素へと機能改変が試みられた。

放線菌由来S9アミノペプチダーゼは，表1で示されるようにプロリンやβ-アラニンを含有するペプチドの合成が可能であったが，活性中心のセリンがシステインに置換された酵素「アミノライシンS」では，上記ペプチドの合成活性が失われた一方で，野生型酵素では合成することができない様々なジペプチドとジケトピペラジンの合成が可能となっている[29)]。同様の結果が*Acidothermus*由来のS9アミノペプチダーゼでも観察されたわけであるが，その傾向として，野生型酵素では分解が得意とされるペプチドを，機能を改変することによって逆に効率的な合成が確認されている。一方で，アミノライシンAの研究では，アミノヌクレオシド系抗生物質（もはやアミノ酸ではない）をアシル受容体基質として使用したところ，アミノ酸との間にペプチド結合を形成したことから，これを応用することで様々なピューロマイシンアナログの合成に成功している[30]。この結果は，野生型のS9アミノペプチダーゼがピューロマイシンを分解する事実との相関関係が合致している。

6　今後の展望

ここまで，セリンペプチダーゼを用いたペプチド結合形成能について述べてきた。今後はこれをツールに様々な生理活性をもつペプチド類の発見と合成に期待が寄せられる。セリンペプチダーゼは，その観点からすればモノ（＝生理活性物質）づくりのための新たな道具（生体触媒）であり，機能改変の作業はモノ（＝生理活性物質）づくりのためのモノ（＝新奇な酵素触媒）づくりが本質となる。セリンペプチダーゼは現時点で「不完全ではあるが，物質生産に有用な基本的性質を有しているモノ（＝生体触媒）」であり，それをうまく使うことでモノ（＝生理活性物質）によっては効率よく有利に働く。遺伝子工学・タンパク質工学的手法を用いた機能改変は，不完全な側面をできる限り除去するものであり，そのような作業を繰り返すことで，究極の触媒「混ぜるだけで多様な生理活性化合物群を合成する」を作り出すことが最終的なゴールとなる。その道のりは長く険しいものではあるが，それだけに夢は大きく，化学合成手法に代わる安全かつ簡単なペプチド類合成手法の確立と，酵素合成ペプチドの利用に向けた機能データのカタログ化への道が開かれるかもしれない。

文　献

1） M. Fujinaga *et al.*, *Proc. Natl. Acad. Sci.* USA, **101**, 3364（2004）
2） J. Lowe *et al.*, *Science*, **268**, 533（1995）
3） J. J. Hsieh *et al.*, *Cell*, **115**, 293（2003）
4） D. J. Taylor and J. E. Johnson, *Protein Sci.*, **14**, 401（2005）
5） A. L. Odegard *et al.*, *J. Virol.*, **78**, 8732（2004）
6） D. D. Petkov, *J. Theor. Biol.*, **98**, 419（1982）
7） D. D. Petkov and Iv. Stoineva, *Biochem. Biophys. Res. Commun.*, **118**, 317（1984）
8） J. J. Pollock *et al.*, *Proc. Nat. Acad. Sci. USA*, **69**, 662（1972）
9） Y. Kato *et al.*, *Biocatalysis*, **3**, 207（1990）
10） Y. Kato *et al.*, *Tetrahedron*, **45**, 5743（1989）
11） J. Guan *et al.*, *Neuropharmacology*, **53**, 749（2007）
12） P. Franger *et al.*, *Am. J. Physiol. Endocrimol. Metab.*, **273**, 1127（1997）
13） L. Fanuel *et al.*, *Cell. Mol. Life Sci.*, **55**, 812（1999）
14） M. Nishimura *et al.*, *J. Biosci. Bioeng.*, **101**, 63（2006）
15） J. Arima *et al.*, *Biochimie* in press（2011）

16) T. Heck *et al.*, *Chem. Biodivers.*, **4**, 2016 (2007)
17) J. Arima *et al.*, *J. Biotechnol.*, **147**, 52 (2010)
18) J. Arima *et al.*, *Appl. Environ. Microbiol.*, **76**, 4109 (2010)
19) J. Arima *et al.*, *Appl. Microbiol. Biotechnol.*, **87**, 1791 (2010)
20) T. Hatanaka *et al.*, *Appl. Biochem. Biotechnol.*, **164**, 475 (2011)
21) I. Kira *et al.*, *J. Biosci. Bioeng.*, **108**, 190 (2009)
22) Y. Yamamoto *et al.*, *Process Biochem.*, **46**, 1560 (2011)
23) T. Nakatsuka *et al.*, *J. Am. Chem. Soc.*, **109**, 3808 (1987)
24) L. Abrahmsin *et al.*, *Biochemistry*, **30**, 4151 (1991)
25) T. K. Chang *et al.*, *Proc. Natl. Acad. Sci.* USA, **91**, 12544 (1994)
26) S. H. Chu *et al.*, *J. Org. Chem.*, **31**, 308 (1966)
27) R. J. Elliott *et al.*, *Chem. Biol.*, **7**, 163 (2000)
28) K. Joe *et al.*, *Biochemistry*, **43**, 7672 (2004)
29) H. Usuki *et al.*, *Chem. Commun.(Camb)*, **46**, 580 (2010)
30) H. Usuki *et al.*, *Org. Biomol. Chem.*, **9**, 2327 (2011)
31) Y. Yamamoto *et al.*, *Appl. Environ. Microbiol.*, **76**, 6180 (2010)

第13章　コラーゲン分解酵素

森本康一*

1　はじめに

コラーゲン分解酵素は，コラーゲンの3本鎖ヘリックス（三重らせん構造）を特異的に切断するプロテアーゼの総称である。混同されやすいが，コラゲナーゼという単語は細菌由来のコラーゲン分解酵素として初めて使われ定着した名称である。本章では区別して用いる。GrossとLapièreは1962年にオタマジャクシの尾から精製した酵素がコラーゲン分解活性をもっていることを見いだした[1)]。生体内にコラーゲンを分解する酵素が存在することを証明した報告である。ヒトなどの哺乳類では，体の全タンパク質の1/3～1/4がコラーゲンであることから，体の恒常性を維持するためにはコラーゲンの代謝速度が遅いことが重要だと考えられる。そのため，コラーゲンの三重らせん構造はプロテアーゼ耐性があり，他の球状タンパク質よりプロテアーゼに対して安定とされる。しかし，数種のコラーゲン分解酵素は三重らせん構造を切断し，コラーゲンを含む結合組織の修復・再生を担っている。

一方，コラーゲン分解酵素を用いて得られたコラーゲン分解ペプチドは食品添加物や化粧品の有効成分などとして広く利用されている。酵素分解産物であるコラーゲン分解ペプチドの生理機能については不明な点も多いが，何らかの生理活性があると考えられている。今日，多種多様な食品にコラーゲン分解ペプチドが用いられていることから，本章では食品科学の視点も加え，「コラーゲン分解酵素」を捉えることとする。よって，基質となるコラーゲンの構造とその特徴，コラーゲン分解酵素の種類，構造と機能，コラーゲン分解ペプチドの特徴などに焦点を絞って概説する。なお，本章では型の記載ないコラーゲンはI型コラーゲンとする。

2　基質となるコラーゲン分子の三重らせん構造の特徴

コラーゲン分子の3本のポリペプチド鎖（α鎖）はGly-Xaa-Yaaの繰り返し配列から成り，それぞれ左巻きに回転して互いに右巻きに三重らせん構造（コイルドコイル）を形成する（図1）。GlyのC末端側のXaaにはプロリン（Pro）が，Yaaにはヒドロキシプロリン（HyPro）が高い頻度で存在する。プロリンのピロリジン環（5員環）内にN（窒素）があることから，特徴的な三重らせん構造が生まれたと考えられている。コラーゲンのモデルペプチドから，GlyのNHと隣接する他のα鎖のXaa位のC＝Oの間での水素結合と，GlyのC＝Oと同一α鎖のYaa位の

＊　Koichi Morimoto　近畿大学　生物理工学部　准教授

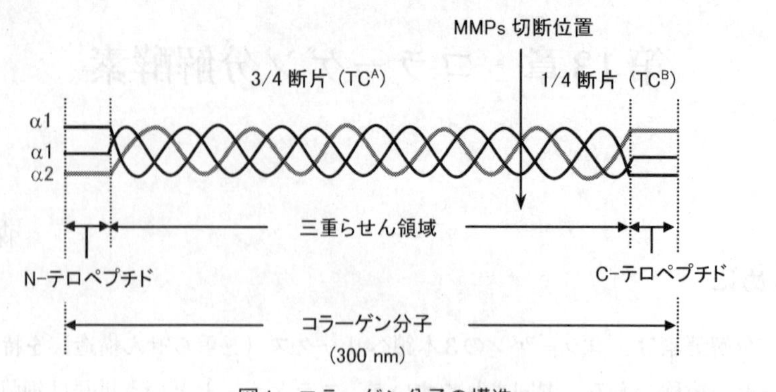

図1　コラーゲン分子の構造
2本のα1鎖と1本のα2鎖が鎖間の水素結合により三重らせん構造を形成する。

HyProのOH，さらに隣接する他のα鎖のXaa位のNHとの間で水分子を介して水素結合することが報告されている[2, 3]。つまり，三重らせん構造を強く保持する力は水素結合である。

コラーゲンのモデルペプチドの三重らせん構造のピッチは一残基あたり2.9×10^{-10} m 程度であり，1,000残基からなるコラーゲンに当てはめると，らせんの長さは2.9×10^{-7} mと計算される。XaaやYaaのアミノ酸の側鎖は，らせん軸に対して直角方向に位置する。全長300 nmの三重らせん構造を形成する力は，均一で等しいだろうか。実際にはProとHyProの割合によってその安定性が異なることが指摘され，三重らせん構造ドメインはH1からH7までのサブドメイン構造に分けられている[4]。つまり，プロテアーゼによって切断され易い部位とされにくい部位が混在している。一般的なプロテアーゼに対して耐性を示すのは，ポリペプチド主鎖が安定な三重らせん構造を形成することとアミノ酸側鎖の空間的な柔軟性が制限されるためだと考えられる。よって，熱変性したコラーゲン（ゼラチン）は，コラーゲン分解酵素以外の多くのプロテアーゼの良い基質となりうる。

3　コラーゲン分子とコラーゲン線維

生体内では，コラーゲン分子は自発的に会合し，周期性をもつ特徴的な線維を形成する。コラーゲン線維は，コラーゲン分子の長さを4.4D（295 nm）とすると1分子がD（67 nm）の長さずれて結合することが電子顕微鏡で観察される（図2）。Fraserらは，一つのコラーゲン分子を中心に6つの他の分子がそれぞれ三重らせん構造ドメインをすり合わせる会合体モデルがコラーゲン線維の最小単位であると報告した[5]。これら最小単位同士がさらに会合するヘキサゴナルパッキングモデルは，三重らせん構造の長軸方向が線維の長軸方向にほぼ重なる。その後，ヘキサゴナル構造の会合体がさらに結合して線維の短軸方向に厚みを増して太くなるとされる。このように会合して巨大化したコラーゲン線維は不溶性となり，熱安定性が上昇することが報告されて

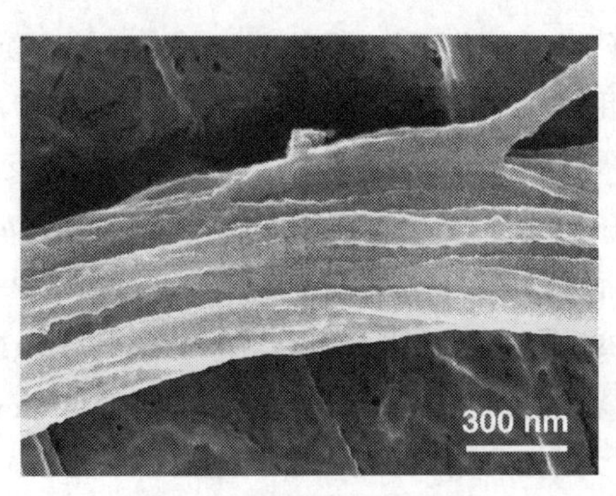

図2　コラーゲン線維の走査型電子顕微鏡像
コラーゲン分子を生理的条件下で自発的に再会合させた線維。
67nmの横紋模様が確認できる（森本研究室で撮影）。

いる[6)]。また生体内では，コラーゲン線維の長さと直径はI型とV型コラーゲンの存在比率により変化することが知られる[7)]。最近，我々はコラーゲン分子が会合して線維を形成する上で，$\alpha 1$鎖のC-テロペプチドのGFD配列が特に重要であることを証明した[8)]。しかし，これらコラーゲン分子のpackingの分子機構などについては未解明な点が多く，今後実証を待たねばならない。

*In vitro*でも，コラーゲン分子は自己会合して線維を形成するため，コラーゲン分解酵素を反応させる条件（pH，温度，塩濃度，緩衝液の種類と濃度など）を決定するときには十分注意する必要がある。なぜなら，線維形成することにより，溶解度や熱安定性，粘性などの物性が大きく変化するからである。特に中性pHでは，コラーゲン分子の線維化を阻害することが重要である。

4　コラーゲン分解酵素の種類

皮膚の真皮や骨などを構成するコラーゲンは分解・再生が繰り返えされ，体を健常に保っている。コラーゲン分解酵素により切断されたコラーゲン断片の熱安定性は低下して三重らせん構造が不安定となり，多様な酵素によってさらに分解が加速されて線維会合体から脱落する。結合組織を分解するマトリックスメタロプロテアーゼ（Matrix Metalloproteinase，以後MMPと略）は特に極初期のコラーゲン分解を担うことから，新陳代謝に必要不可欠な酵素である（表1）。MMPsは金属プロテアーゼの総称であり，その活性化にはZn^{2+}とCa^{2+}が必要である。コラーゲン分解酵素として分類されているMMPやシステイン型プロテアーゼなどを以下に列挙する[9〜11)]。

一般名称として用いられるコラゲナーゼは細菌由来のコラゲナーゼ（EC 3.4.24.3）（clan: MA(E)，family: M9）である。よって，動物由来コラゲナーゼは細菌由来コラゲナーゼと明確に区別するためにマトリックスメタロプロテアーゼ-1（MMP-1，EC 3.4.24.7）（clan: MA(M)， family: M10）と呼ぶ方が好ましい。分類上，両者はclanとfamilyが異なるプロテアーゼである。動物細胞の分散液などに汎用されているのは細菌由来コラゲナーゼである。

その他の動物由来の間質コラゲナーゼとして，好中球が炎症反応時に分泌する型としてMMP-8（コラゲナーゼ-2，好中球コラゲナーゼ，EC 3.4.24.34）が，齧歯類型としてMMP-13（コラゲナーゼ-3，EC番号未登録）が報告されている[12]。MMP-13はMMP-1と混同されていた時期があり，特に1996年以前に報告されたマウスとラットのMMP-1に関するもののほとんどはMMP-13であるので注意しなければならない。近年，Stolowらはヒトのストロムライシン-1のcDNAをプローブとして用い，オタマジャクシのcDNAライブラリーを探索してMMP-18（コラゲナーゼ-4，EC番号未登録）を見つけた[13]。カエルのコラゲナーゼ-4のアミノ酸配列は，ヒトのMMP-1と54％の相同性が確認されており，切断部位も同じである。前駆体から成熟体への活性化には$HgCl_2$が必要である。

また，Ⅰ型コラーゲンを分解するMMP-2（ゼラチナーゼA，EC 3.4.24.24）やMMP-9（ゼラチナーゼB，EC 3.4.24.35），Ⅲ型やⅣ型のコラーゲンを分解するMMP-3（ストロムライシン-1，EC 3.4.24.17）やMMP-10（ストロムライシン-2，EC 3.4.24.22），Ⅳ型のコラーゲンを分解するMMP-7（マトリライシン-1，EC 3.4.24.23）などが知られる。*Psudomonas aeruginosa*が分泌するシュードライシン（EC 3.4.24.26）は，Ⅲ型とⅣ型コラーゲンを分解することが報告されている。その他にMMP-28までが報告され，登録されている（2003年現在）。また，細胞膜結合型のMembrane-type（MT）-MMPも1～6まで知られているが，本章では述べない。興味のある方は，文献10）を参照いただきたい。

活性化に金属イオンを必要とするMMP以外に，マクロファージなどが分泌するカテプシンS（EC 3.4.22.27）や破骨細胞が分泌するカテプシンK（EC 3.4.22.38）などがコラーゲンを分解する。両者ともシステイン型プロテアーゼに属する。そのほとんどが中性pHから弱酸性pHで

表1　コラーゲン分解酵素の種類

酵素名	MMP	至適pH	分子量（$\times 10^3$）
細菌由来コラゲナーゼ	—	7～8	68～130
コラゲナーゼ-1	MMP-1	7.6	43
コラゲナーゼ-2	MMP-8	7	64
コラゲナーゼ-3	MMP-13	7.5	48
コラゲナーゼ-4	MMP-18	中性	42
ゼラチナーゼA	MMP-2	8.5	62
ゼラチナーゼB	MMP-9	中性	84
ストロムライシン-1	MMP-3	5.5～6.0	28
ストロムライシン-2	MMP-10	7.5	44
マトリライシン	MMP-7	7	19
シュードライシン	—	7～8	33
カテプシンS	—	6.5	24
カテプシンK	—	6.0～6.5	29

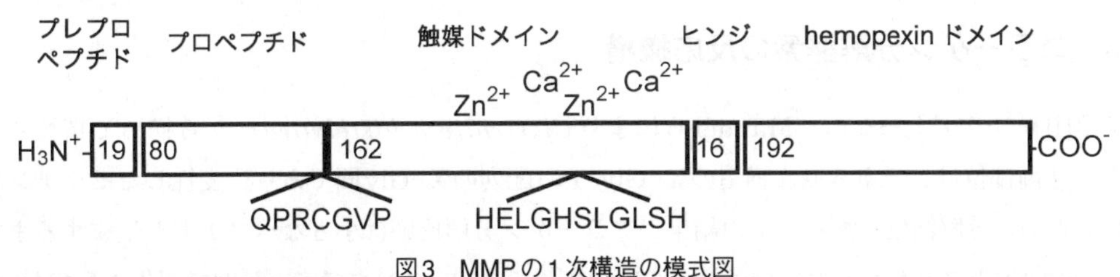

図3　MMPの1次構造の模式図
MMPは5つのドメインから構成される。hemopexinドメインがコラーゲンとの結合に必要である。

機能する（表1）。

細菌由来コラゲナーゼは，比較的安価に入手することができる（新田ゼラチン㈱やフナコシ㈱など）が，その性状は菌株（*Clostridium*や*Streptomyces*）によって多少異なる。一方，線維芽細胞の培養液から精製されるMMP-1や好中球から精製されるMMP-8は，高価である（㈲ライフ研究所やフナコシ㈱などで入手可能）。また，MMP-9やMMP-10，MMP-13などは触媒ドメインが組換え体（10 μgで数万円）として購入できる。その他に活性型のMMP-2，MMP-3，MMP-7は㈲ライフ研究所で市販されている。

5　コラーゲン分解酵素の構造

MMP-1は，プロドメイン，触媒活性ドメイン，Proリッチドメイン，ヘモペキシン(hemopexin）ドメインからなる前駆体として分泌される[14]（図3）。MMP-1の前駆体から活性型への転換にはプロペプチド領域のPRCGXPD配列が，コラーゲン分解活性には触媒ドメインのHEXGHXXGXXH配列が関与する。HEXGH配列は亜鉛イオンとの結合部位で，活性中心のアミノ酸残基はGluである。また近傍に，カルシウムイオンと結合するGluとAsp残基が存在する。活性発現にはC端にある約200個のアミノ酸からなるhemopexinドメインがコラーゲンの三重らせん構造と結合する必要があり，触媒ドメインだけでは働かない[15]。

MMP-2，MMP-3，MMP-8，MMP-9，MMP-10，MMP-13とMMP-18も三重らせん構造と結合するhemopexinドメイン構造と触媒ドメインをもつ。しかし，MMP-7は，唯一hemopexinドメイン構造をもたないので三重らせん構造をもつコラーゲンを切断することができないが，IV型コラーゲンを切断することができる。ゼラチナーゼAとBの分子サイズの違いは，主にヒンジの長さに起因する。

2011年7月現在，Protein Data Bankに“collagenase”で登録されている3次構造は，ヒト由来の活性型MMP-1（PDB ID：2CLT）やマウス由来MMP-13の触媒ドメイン（PDB ID：1CXV）など103ケにのぼる。

6　コラーゲン分解酵素の反応機構

細菌由来コラゲナーゼは，Mandelらにより*Clostridium histolyticum*から初めて精製された[16]。切断部位は，三重らせん構造のX-Gly-Pro配列のX-Gly間であり，変性したゼラチンに対しても強い分解活性がある。その結果，コラーゲン分解反応は小さなペプチドが生成するまで進む。細菌由来コラゲナーゼは分子量が68×10^3から130×10^3まで広い範囲で報告されており，相対活性の違いなどからクラス1（α，β，γとη）とクラス2（δ，εとζ）の7つに分類される。また一般に，細菌由来コラゲナーゼの比活性は動物由来MMP-1のそれより高いとされる。

一方，動物由来のMMP-1の反応は，hemopexinドメインがコラーゲンの三重らせん構造に結合し，“triple helicase”のように三重らせん構造をα2鎖から緩め，触媒部位が1本のα鎖に近接できるようにI型コラーゲンの局所構造を変化させる。次にコラーゲンのα1鎖のGly-Pro-Gln-Gly775↓Ile-Ala-Gly-Glnとα2鎖のGly775↓Ileの矢印の位置を切断する。MMP-1がコラーゲン分子を切断すると，3/4の大断片（本来のN末端側断片）と1/4の小断片（本来のC末端側断片）に分かれる。一般に，3/4断片をTC^A，1/4断片をTC^Bと呼ぶ（TCはtropocollagenの略称，図1）。動物由来MMP-1の切断はこれ以上進まず，細菌由来コラゲナーゼと異なる分解ペプチドを示す。この反応機序はMMP-8やMMP-13などでも同様とされる。切断された断片は，ゼラチナーゼやカテプシンなどのプロテアーゼにより分解される。MMP-1の基質となるI型とIII型コラーゲンの分解速度は同程度とされる。

MMP-8（コラゲナーゼ-2）の切断部位はMMP-1と同じで，α1鎖のGly775-Ile間とα2鎖のGly775-Ile間と報告されている。MMP-1と異なり，I型コラーゲンへの特異性がIII型コラーゲンに対するより高い。

MMP-13（コラゲナーゼ-3）は，MMP-1よりII型コラーゲンを分解し易い。変性I型コラーゲン（ゼラチン）分解活性は，MMP-13がMMP-1の44倍，MMP-8の3～8倍速いことが報告されている[17]。興味深いことに，MMP-13はI型とII型コラーゲンのN-テロペプチド領域の切断活性があり（MMP-1や-8になく，MMP-3,-7,-9と-14にある），三重らせん構造を切断する前に架橋リシン残基を遊離させる[18]。

コラゲナーゼ-4はMMP-1の一次構造と相同性が高く（54％），同じ作用機序でコラーゲンの三重らせん構造を切断すると考えられている。しかし，他のコラゲナーゼと異なり，両生類の変態などの器官形成時に働くとされる[19]。

仮に，新種のプロテアーゼを見いだしたとき，本章で説明したとおり，ゼラチン分解活性とコラーゲン分解活性を区別して調べなければならない。コラーゲン分解酵素と呼ぶには，コラーゲン線維を分解することを確認する必要がある。

表2　コラーゲン分解酵素と合成基質

酵素名	合成基質名
細菌性コラゲナーゼ	Pz-Pro-Leu-Gly-Pro-D-Arg（Pz＝4-phenylazobenzyloxycarboxyl） 2-furanacryoyl-Leu-Gly-Pro-Ala
MMP-1	Dnp-Pro-Leu-Ala-Leu-Trp-Ala-Arg MOCAc-Pro-Leu-Gly-Leu-Dpa-Ala-Arg-NH_2
MMP-2，9	4-methylcoumaryl-7-amidyl-Pro-Leu-Gly-Leu-Dpa-Ala-Arg-NH_2
MMP-3	MOCAc-Pro-Leu-Gly-Leu-Dpa-Ala-Arg-NH_2 MOCAc-Arg-Pro-Lys-Pro-Val-Glu-norvalyl-Trp-Arg-Lys（Dnp）-NH_2
MMP-7	MOCAc-Pro-Leu-Gly-Leu-Dpa-Ala-Arg-NH_2
MMP-8	Dnp-Pro-Gln-Gly-Ile-Ala-Gly-Gln-D-Arg Dnp-Pro-Leu-Gly-Leu-Trp-Ala-D-Arg-NH_2 MOCAc-Pro-Leu-Gly-Leu-Dpa-Ala-Arg-NH_2
MMP-10	MOCAc-Pro-Leu-Gly-Leu-Dpa-Ala-Arg-NH_2
MMPs	MOCAc-Arg-Pro-Lys-Pro-Tyr-Ala-norvalyl-Trp-Met-Lys（Dnp）-NH_2 MOCAc-Lys-Pro-Leu-Gly-Leu-Dnp-Ala-Arg-NH_2 Dnp-Pro-Leu-Gly-Ile-Ala-Gly-Arg-NH_2 Suc-Gly-Pro-Leu-Gly-Pro-MCA
シュードライシン	2-aminobenzoyl-Ala-Gly-Leu-Ala-4-nitrobenzylamide（I）
カテプシンS	Bz-Phe-Val-Arg-MCA，Cbz-Val-Val-Arg-MCA，Cbz-Leu-Arg-MCA
カテプシンK	Cbz-Gly-Pro-Arg-MCA，Cbz-Leu-Arg-MCA

7　合成基質

コラーゲン分解酵素の合成基質を表2にまとめて示す。加水分解反応により生じる生成物の比色や蛍光を測定することで，定量的に酵素活性などを解析することができる[20)]。その内の数種は，㈱ペプチド研究所から入手できる。しかし，これら合成基質は三重らせん構造を形成しないため，本来のコラーゲン分解活性を単純に反映しない可能性が残るので注意したい。

8　阻害物質

MMPは金属プロテアーゼであり，Zn^{2+}とCa^{2+}がないと活性化されない。よって，金属イオンのキレート試薬であるEDTAやEGTA，1,10-フェナントロリンなどはMMP活性を強く阻害する。細菌性コラゲナーゼやMMP-3，MMP-7の活性はシステインやDTTなどでも阻害される。合成阻害剤として，㈱ペプチド研究所からTAPI-0，TAPI-1，TAPI-2が市販されている。タンパク質の阻害物質としては，TIMPs（tissue inhibitor of metalloproteinases）やα_2-マクログロブリン，オボスタチンなどが知られる。これら生体内に存在する阻害タンパク質は，MMPsの活性を制御している。

9　細菌性コラゲナーゼとMMP-1を用いたコラーゲン分解の実験例

キハダマグロとニワトリの2 mg/mLのI型コラーゲン[8, 21]を基質として，*Clostridium histolyticum*（ナカライテスク㈱）と*Streptomyces*（ヤクルト薬品工業㈱）由来コラゲナーゼ（10 μU/mL）に反応させた分解物を7.5％ SDS-PAGEで解析した（図4Aと図4Bに示す，当研究室での実験結果）。反応溶液は4 mM $CaCl_2$を含む20mM HEPES（pH 7.5）で，30℃で反応させた。キハダマグロのコラーゲン（図4A）に*Streptomyces*由来コラゲナーゼを反応させると数時間でほとんど分解されるが，ニワトリのI型コラーゲン（図4B）では分子量3万以上の分解物が多数確認された。これは基質の違いを反映している。*Clostridium*由来コラゲナーゼでも同様な結果であった。

ニワトリのI型コラーゲンを基質として，ヒト線維芽細胞由来MMP-1（㈲ライフ研究所）を反応させた分解物をSDS-PAGEで解析した例を図4Cに示す（酵素活性：0.2 U/mL，反応温度：37℃，反応時間：10日間）。反応試料をSDS-PAGEで分析した結果，3/4断片（TC^A）と1/4断片（TC^B）に切断されていることが示された。図4に示すように，細菌由来コラゲナーゼやMMP-1による分解産物は一様ではなく，各プロテアーゼの基質特異性の差異を確認できる。

図4Bの*Streptomyces*由来コラゲナーゼで反応5時間後のコラーゲン分解ペプチドを逆相

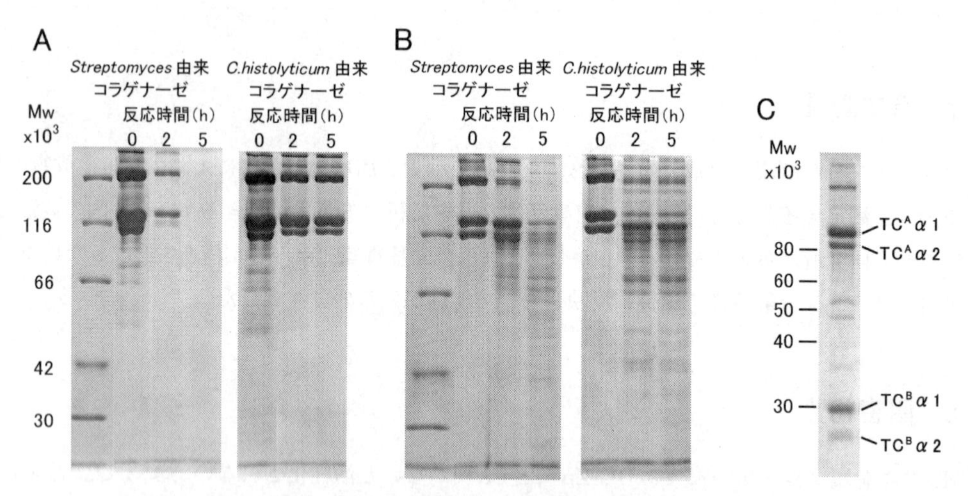

図4　コラーゲン分解酵素による分解速度と生成物の違い

A：キハダマグロのI型コラーゲン分解物（7.5％ SDS-PAGE）。

B：ニワトリのI型コラーゲン分解物（7.5％ SDS-PAGE）。

C：線維芽細胞由来MMP-1を反応させたニワトリI型コラーゲンの分解物（11％ SDS-PAGE）。α1鎖の分解物を$TC^A\alpha1$と$TC^B\alpha1$，α2鎖の分解物を$TC^A\alpha2$と$TC^B\alpha2$と示す。

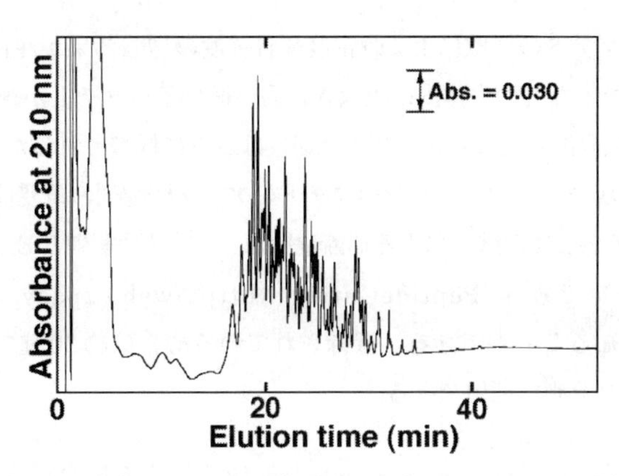

図5　*Streptomyces*由来コラゲナーゼ処理により生じたコラーゲン分解断片の分析
図4Bの分解物をTSKgel ODS-100V（4.6 mm I.D. ×15 cm，東ソー㈱）を用いて分離した。流速：0.5 mL/min，移動相：0.1％TFAを含む水ーアセトニトリル0％（0～10分）から40％（40～50分）までの直線濃度勾配（30分間），温度：30℃。

HPLCにて分離した例を図5に示す。コラーゲンは，コラゲナーゼにより多数の親水性の異なるペプチドにまで分解されることが示された。逆相HPLCにてコラーゲン分解物を分析することにより，全体のピーク形状などを指標にして分解反応が再現性よく起こっているかを知ることができる。

10　コラーゲン分解ペプチド

コラーゲンはGly-Xaa-Yaaの特徴的な繰り返し構造をもつことから，機能性食品や機能性化粧品原材料としてこれまでに広く用いられている。特にプロリン残基が水酸化したヒドロキシプロリンはコラーゲン特有のアミノ酸であり，細胞機能の亢進など他のタンパク質にない効果が期待されている。しかし，コラーゲンやゼラチンは分子量が数十万であり，そのままで組織中に浸透することは考えにくい。そのため，数社からコラーゲンあるいはゼラチンをプロテアーゼ処理または酸処理したペプチド混合物が販売されている。ペプチドの分子量は2,000～5,000程度（実測値）であり，栄養補助食品や流動食，あるいは安定剤などにすでに利用されている。最近の風潮として，ウシやニワトリ由来のコラーゲンは敬遠されている。それは，狂牛病（牛海綿状脳症）や高原性鳥インフルエンザ・ウイルスの感染の危険性を減らすためである。そのため，ブタや魚類のコラーゲンが注目されている。ブタ・コラーゲンの安全性は，毒性試験[22]や米国FDAのGRANS（Substances Generally Recognized as Safe，GRN000021）[23]で確認されており，他種のものより扱い易いなどの利点がある。魚類のコラーゲンはブタに比べて，ヒドロキシプロリン含量が少なく，変性温度が低いなどの特徴をもつ。よって，動物種によりコラーゲン分解産物のペプチド配列や種類も多様になることが予想される。

最近，コラーゲンペプチドの摂取による骨密度や骨強度の増強効果が注目されている[24]。特にジペプチドやトリペプチドなどの生体内に吸収され易い低分子ペプチドが鋭意開発されている[25]。低分子ペプチドは生体吸収能が高まり，アレルゲン性はさらに低減されるため，有用性が高まると期待されている。機能の点では，コラーゲンペプチドのアミノ酸配列の重要性が再認識されている。アミノ酸配列を決定する各α鎖の酵素による切断位置は，アミノ酸配列とExPASyの“Proteomics”で公開されているツールである“PeptideCutter”（http://web.expasy.org/peptide_cutter/）を組み合せてある程度知ることができる。登録されている酵素は約30種類である（2011年7月現在）ので，切断部位の予測に利用できる。

11　おわりに

結合組織においてコラーゲン線維の分解は組織再生と連動しており，非常に重要な生命現象である。しかし，多様な結合組織で起こる多種類の酵素の連携などの分子機構の詳細は分かっておらず，コラーゲン代謝は未だ類推の域を脱しない場面も多い。よって今後は，これまで以上にコラーゲンの代謝と組織再生に関する研究が蓄積されるだろう。一方，食品や化粧品の関連分野では，コラーゲン分解ペプチドのさらなる需要拡大が予想される。消費者にその有用性を説明するため，特定のコラーゲン分解ペプチドの特別な生理機能を科学的に検証することが益々必要である。

謝辞
本章で用いた図表の作成にご協力いただきました國井沙織博士に感謝いたします。

文　　献

1） Gross, J. & Lapière, C. M., *Proc. Natl. Acad. Sco. USA*, **48**, 1014-1022（1962）
2） Emsley, J., Knight, C. G., Farndale, R. W., & Barnes, M. J., *J. Mol. Biol.*, **335**, 1019-1028（2004）
3） Kramer, R. Z., Venugopal, M. G., Bella, J., Mayville, P., Brodsky, B., & Berman, H. M., *J. Mol. Biol.*, **301**, 1191-1205（2000）
4） Veis, A., In “Self Assembling Architecture”（J. E. Varner, Ed.）, pp129-141. A. R. Liss, New York, (1988)
5） Fraser, R. D. B., MacRac, T. P., Miller, A., & Suzuki, E., *J. Mol. Biol.*, **167**, 497-521（1983）
6） Tiktopulo, E. I. & Kajava, A. V., *Biochemistry*, **37**, 8147-8152（1998）
7） Birk, D. E., Fitch, J. M., Babiarz, J. P., Doane, K. J., & Linsenmayer, T. F., *J. Cell Sci.*,

95, 649-657 (1990)
8) Kunii, S., Morimoto, K., Nagai, K., Saito, T. Sato, K., & Tnonomura, B., *J. Biol. Chem.*, **285**, 17465-17470 (2010)
9) Ugalde, A. P., Ordóñez, G. R., Quirós, P. M., Puente, X. S., & López-Otín, C., Metalloproteases and the degradome, In "*Matrix Metalloproteinase Protocols, 2nd Edition* (Clark, I. M., Ed.)", Chapter 1, pp.3-29, Humana Press, New York, USA (2000)
10) Barrett, A. Rawlings, N. D., & Woessner, J. F. (Eds.), In "*Handbook of Proteolytic Enzymes, 2nd Edition*", Vol.1, No.102, 106, 107, 125 126, 127, 128, 129, 130, 131, 132, 134, Elsevier Academic Press, San Diego, USA (2004)
11) 八木達彦, 福井俊郎, 一島英治, 鏡山博行, 虎谷哲夫編集, 酵素ハンドブック第3版, 朝倉書店 (2008)
12) Botos, I., Meyer, E., Swanson, S. M., Lemaitre, V., Eeckhout, Y., & Meyer, E. F., *J. Mol. Biol.*, **292**, 837-844 (1999)
13) Stolow, M. A., Bauzon, D. D., Li, J., Sedgwick, T., Liang, V. C.-T., Sang, Q. A., & Shi, Y.-B., *Mol. Biol. Cell*, **7**, 1471-148 (1996)
14) Iyer, S., Visse, R., Nagase, H., & Acharya, K. R., *J. Mol. Biol.*, **362**, 78 (2006)
15) Chung, L., Dinakarpandian, D., Yoshida, N., Lauer-Fields, J., Fields, G. B., Visse, R., & Nagase, H., *EMBO J.*, **23**, 3020-3030 (2004)
16) Mandel, I., MacLennon, J. D., & Howes, E. L., *J. Clin. inverst.*, **32**, 1323-1329 (1953)
17) Knäuper, V., López-otín, C., Smith, B., Knight, G., & Murphy, G., *J. Biol. Chem.*, **271**, 1544-1550 (1996)
18) Knäuper, V., Cowell, S., Smith, B., López-otín, C., O'Shea, M., Morris, H., Zardi, L., & Murphy, G., *J. Biol. Chem.*, **272**, 7608-7616 (1997)
19) Atolow, M. A., Bauzon, D. D., Li, J., Sedgwick, T., Liang, V. C.-T., Sang, Q. A., & Shi, Y.-B., *Mol. Biol. Cell*, **7**, 1471-1483 (1996)
20) Fields, G. B., Using fluorogenic peptide substrates to assay matrix metalloproteinases, In "*Matrix Metalloproteinase Protocols, 2nd Edition* (Clark, I. M., Ed.)", Chapter 24, pp.393-433, Humana Press, New York, USA (2000)
21) Morimoto, K., Kunii, S., Hamano, K., & Tonomura, B., *Biosci. Biotechnol. Biochem.*, **68**, 861-867 (2004)
22) Takada, U., *J. Toxicol. Sci.* Supple., **2**, 53-91 (1982)
23) Agency response letter GRANS notice No. GRN00021 (July 29, 1999)
24) Nomura, Y., Oohashi, K., Watanabe, M., & Kasugai, S., *Nutrition*, **21**, 1120-1126 (2005)
25) Hata, S., Hayakawa, T., Okada, H., Hayashi, K., Akimoto, Y., & Yamamoto, H., *J. Hard Tissue Biology*, **17**, 17-22 (2008)

第14章　サーモライシンの活性化と安定化

井上國世*

1　はじめに

プロテアーゼはペプチド結合を切断する酵素であり，産業酵素として広く利用されている。プロテアーゼはタンパク質内部のペプチド結合を切断し複数のペプチドを生成するエンドペプチダーゼ（プロテイナーゼとも言われる）と，末端から順に切断しアミノ酸を遊離させるエキソペプチダーゼに分類される。プロテアーゼは食品分野では味噌や醤油など日本古来の食品の製造をはじめ，調味料の製造（動物・植物タンパク質を原料としたアミノ酸や低級ペプチドの製造），肉の軟化，チーズ製造に，また洗剤成分として利用されている。

また，プロテアーゼは生体内でタンパク質の代謝分解や量的および質的管理，前駆体酵素の活性化，さらに細胞分化，組織構築，血液凝固，補体系，ペプチドホルモンの生産，ガン転移，受精ウイルスや微生物の感染など広範囲の生理作用に関与している。さらに，病気の治療に用いられる医薬品にはプロテアーゼ（例えば，アンジオテンシン変換酵素，トロンビン，HIVアスパルティックプロテアーゼなど）を標的とする阻害剤が多い。

サーモライシン（thermolysin；以下TLNと略す）は1962年，遠藤滋俊博士（大和化成）により有馬温泉の熱水中より分離された中等度好熱菌*Bacillus thermoproteolyticus*が菌体外に産生する好熱性の中性亜鉛プロテイナーゼである[1, 2]。TLNは既存のプロテアーゼに比べて，優れて高い活性と熱安定性ならびに広い基質特異性を示し，産業酵素として優れた特徴を有している。したがって，調味料の製造だけでなく，加水分解の逆反応を利用したペプチド結合の形成にも広く応用されている。その代表的な応用例は，人工甘味料アスパルテーム（化学名：L-aspartyl-L-phenylalanine methyl ester；L-Asp-L-Phe-OMe）（図1）の前駆体である*N*-carbobenzoxy-L-Asp-L-Phe methyl ester（ZDFM）の*N*-carbobenzoxy-L-Asp（以下Z-L-AspあるいはZDと略す）とL-Phe methyl ester（以下L-Phe-OMeあるいはFM）からの合成

$$\mathrm{NH_2{-}CH(CH_2COOH){-}CO{-}NH{-}CH(CH_2C_6H_5){-}CO{-}OCH_3}$$

図1　アスパルテームの構造

*　Kuniyo Inouye　京都大学　大学院農学研究科　食品生物科学専攻　教授

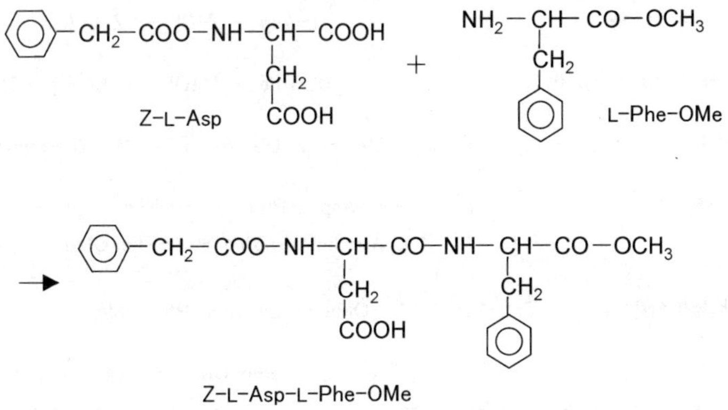

図2　TLNによるZ-L-Asp（ZD）とL-Phe-OMe（FM）からのZ-L-Asp-L-Phe-Ome（ZDFM）の合成

である（図2）[3～6]。

アスパルテームは米国の化学企業サールで開発された人工甘味料であり，砂糖の200倍の甘さを示す[7]。アスパルテームは，非糖質系の甘味料である点でユニークなものである。また，今日広く利用されている高度甘味度甘味料（砂糖に比べ数百倍の甘味度をもつスクラロース，アセスルファムなど）の先駆けである。1981年に米国で，1983年に日本で食品添加物として認可され，1984年には味の素により化学合成法による製造が，1987年には東ソーによりTLNを用いた酵素合成法による工業的製造がそれぞれ開始された。プロテアーゼ反応の加水分解の逆反応や転移反応を用いて，タンパク質を合成する方法（プラスティン合成法）が1960年代以前には盛んに行われた歴史がある（Frutonらの研究など）。一方，Isowaら（相模中研）はプロテアーゼによる加水分解の逆反応を用いるペプチドの合成を報告した（1979年）。この方法をもとに，アスパルテームの酵素合成法が確立された（図2）。

アスパルテームの酵素合成法では，L-Aspのα-アミノ基をカルボベンゾキシル基（Z基）でブロックしたZ-L-Aspのα-カルボキシル基とL-Pheのα-カルボキシル基をメチルエステル化したL-Phe-OMeのα-アミノ基がTLNの作用により脱水縮合され，アスパルテームの前駆体ZDFMが生成する。まず，L-Aspのα-アミノ基をZ基で保護し，DL-Pheのα-カルボキシル基をメチルエステル化する。ここにTLNを作用させると，その基質特異性に従い，DL-Phe-OMe中のL-Phe-OMeからZDFMが合成される。ここで酵素の代わりに化学合成法を用いると，D-Phe-OMeとL-Phe-OMeのα-アミノ基は，Z-L-Aspのα-カルボキシル基だけでなくβ-カルボキシル基ともペプチド結合を形成し，ZDFM以外に多くの副産物が生成することになる。メチルエステルが中性・アルカリ性で分解されやすいため，ZDFM合成反応はpH 6付近で行われる。ZDFMは，D-Phe-OMeと付加化合物を形成し沈殿するため，生成されるにつれて反応系から除外される。すなわち合成反応は平衡には達することなく，際限なく進行する（もしZDFMが反応系から除外されなければ，等量のZ-L-AspとL-Phe-OMeの混合物を基質として反応を

1. N末端の修飾　L-Asp ＋ Z-Cl → Z-L-Asp

2. C末端のエステル化　DL-Phe ＋ MeOH → DL-Phe-OMe

3. 脱水縮合　Z-L-Asp + DL-Phe-OMe → Z-L-Asp-L-Phe-OMe・D-Phe-OMe

4. 分離　Z-L-Asp-L-Phe-OMe・D-Phe-OMe →
Z-L-Asp-L-Phe-OMe ＋ D-Phe-OMe

5. 水素化分解　Z-L-Asp-L-Phe-OMe → L-Asp-L-Phe-OMe

6. ラセミ化　D-Phe-OMe → DL-Phe

図3　酵素法によるアスパルテーム（L-Asp-L-Phe-OMe）の合成[8)]

開始させると約3％がZDFMに変換したところで平衡に達する)。上述の付加化合物は酸によりZDFMとD-Phe-OMeに分離され，さらに水素化分解によりZ基が除去され，アルパルテームが生成する。一方，D-Phe-OMeはアルカリでラセミ化されDL-Pheとなり再利用される。L-Pheに比べて安価なラセミ体DL-Pheを原料にでき，L-Aspのβ-カルボキシル基の保護が不要であることが酵素合成法の特長である（図3）[8)]。

われわれはこれまでに，反応系に添加した塩，有機溶媒，糖類，金属がTLNの活性や安定性にどのような影響を与えるかを溶媒工学（solvent engineering）の観点から解析してきた[4～6)]。さらに，部位特異的変異導入や化学修飾法を用いるタンパク質工学（protein engineering）による活性化や安定化にも取り組んでいる。

タンパク質工学は部位特異的変異導入法や進化工学的手法を用いて人為的に設計したタンパク質を合成する技術であり，1983年，Ulmerによって提唱されたとされている[9)]。その論文には，高機能な組換えタンパク質が今後，次々と創製されていくであろうと述べられており，その期待を担うX線回折装置とDNA合成機の写真が添えられている。今日では，タンパク質工学は研究手法として日常的に用いられている。それのみならず，洗剤で使用されているプロテアーゼやリパーゼを筆頭に，商業的にも多くの成功を収めた。しかし，タンパク質工学はまだまだ不確実な技術であり，発展途上にあると思われる。一方，わが国を含め多くの国で，遺伝子組換え技術を用いて改変した酵素を食品加工に利用することが許可されていない。このことにより，食品へ利用する酵素のタンパク質工学が基礎的・学術的興味に止まってきたという側面がある。しかし，上述の洗剤用プロテアーゼを始め，化学物質の製造や加工，廃液処理，環境浄化，食品分析や化学分析，バイオ燃料の製造への利用など食品への利用以外の利用が増大しており，これらの分野では，遺伝子組換えにより改変した酵素の利用が許可される可能性が高い。

タンパク質工学の具体的な目的として，酵素の活性増大や安定性増大，さらに基質特性の改変や最適温度や最適pHの改変がある。酵素化学の理論的理解からは，活性と安定性は二律背反の関係にあるようにみえる（Stability-activity trade-off説）。実際，多くの酵素を比較すると，高活性の酵素は熱安定性が低い傾向が見られるのに対し，熱安定性が高い酵素は低活性である傾向がある。酵素利用において熱安定性に優れた酵素を選別することが求められる。酵素反応といえども化学反応であり，酵素反応速度（すなわち酵素活性）は，アレニウスの原理に従い，高温ほど高くなる。一方，酵素はタンパク質であり，熱変性を回避できないため，熱変性温度を高くすることができれば，高温で酵素反応を操作することが可能になり，高活性が期待できる。しかし，酵素活性と安定性の関係についての系統的かつ網羅的研究は（かろうじて，ズブチリシンやリゾチームに見られるもの以外）ほとんど見られず，この関係はいまだ明確ではない。

本稿ではまず，タンパク質工学による酵素の機能改変の現状について取り上げる。次に，タンパク質工学によるTLNの活性化と安定化について，われわれの研究成果を概説する。

2　TLNの構造と反応機構

TLNは316アミノ酸残基からなる1本のポリペプチドからなり，1分子あたり活性に必須の亜鉛（Zn）1個と安定性に必要なカルシウム（Ca）4個を含有する（図4）[10]。TLNは，中性pHで作用する中性亜鉛プロテイナーゼである。その立体構造はほぼ等しい大きさの2個のドメインより構成されている。N末端側ドメイン（残基番号1-136）は主にβシートから，C末端側ドメイン（153-316）は主にαヘリックスから構成されている典型的な$\alpha+\beta$タンパク質である。両ドメイン間に明瞭な活性部位が形成されており，両ドメインをつなぐαヘリックス（137-152）は活性部位の底を構成している。Glu143とHis231が活性発現に必須である。

亜鉛プロテイナーゼの活性部位のZnの触媒反応における役割は基質ペプチド結合のカルボニ

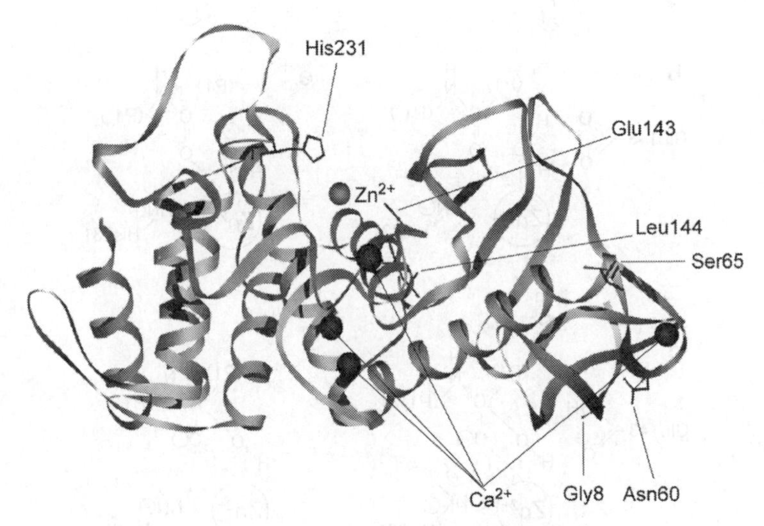

図4　サーモライシン（TLN）の立体構造[10]

主鎖はリボンモデルで表した。さらに，活性発現に重要な残基であるGlu143とHis231，および文献30）において変異を導入したGly8，Asn60，Ser65，Leu144を示した。

ル基の活性化と水分子の活性化である。TLNの活性は最適pHが7付近で，酸性側と塩基性側のpK_aがそれぞれ5.3と8.0であるベル型のpH依存性を示す。TLNの反応機構において酸性側活性解離基が，Glu143であるかZnに結合した水分子のいずれであるかは未だに明確になっていない。前者は結晶構造解析結果をもとに主張されている（図5，反応機構1）。一方，後者は詳細に反応機構が研究されている亜鉛ペプチダーゼであるカルボキシペプチダーゼAとの類推から主張されている（図5，反応機構2）。筆者らは，Zn結合水が関与することと矛盾しない結果も得ている（Inouye，Kuzuya and Hashida：未発表）。活性解離基がGlu143と考える場合，その側鎖カルボキシル基は基質がTLNに結合する前には解離している。Znに結合した水分子は，基質のカルボニル基の酸素原子がZnに配位するとGlu143によってプロトンを引き抜かれて水酸化イオンとなり基質のカルボニル基の炭素原子を求核攻撃する。一方，活性解離基がZn結合水と考える場合，この水分子は基質がTLNに結合する前には水酸化イオンで存在し，基質カルボニル基の酸素原子がZnに配位すると，基質カルボニル基の炭素原子を求核攻撃する。いずれの場合もHis231が塩基性側活性解離基であり，プロトン化した側鎖イミダゾール基と基質カルボニル基

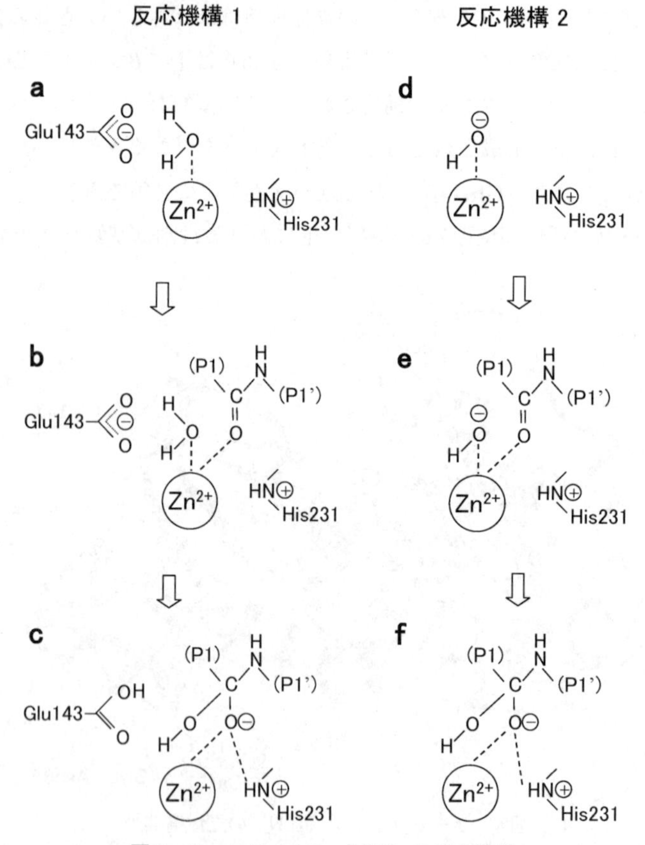

図5　サーモライシン（TLN）の反応機構
酸性側の活性解離基は，反応機構1ではGlu143，反応機構2では亜鉛結合水である。

の酸素原子との間で水素結合を形成し，遷移状態を安定化させると考えられる。一方，Mockらは，His231が酸性側活性解離基であり，そのイミダゾリウムが基質カルボニルへ求核攻撃し，他方，Zn結合水は塩基性側活性解離基となり，TLN・基質複合体の安定化に関与するとする説を提出している。

TLNの基質認識はLeuやPheのような疎水性の側鎖をもつ残基をP1'およびP1位にもつペプチド結合を選択的に切断する。活性部位のシート領域（残基番号112～115）の主鎖と基質の主鎖の間で水素結合が形成され，一方でTLN活性部位にあるサブサイトS1とS1'において基質P1とP1'位の側鎖が認識される。

3　タンパク質工学による酵素の機能改変

産業用酵素は高い活性と安定性が求められるケースが多い。タンパク質工学により活性あるいは安定性を向上させた例が多く報告されている。しかし，活性を向上させる合理的な設計法は知られていない。一方，安定性を向上させる合理的な設計法としては，疎水性コアの充填化，静電結合の導入，ジスルフィド結合の導入，グリシン残基の除去とプロリン残基の導入などが知られている。2010年に報告されたタンパク質工学の文献を調査したところ，部位特異的変異導入により酵素の安定性を上げた論文41編中，疎水性コアの充填化が10編，静電結合の導入が7編，ジスルフィド結合の導入が6編，グリシン残基の除去とプロリン残基の導入が4編であった。これらの設計法は安定性向上に有効であると考えられる。

T4ファージリゾチームでは，全164アミノ酸残基中，N末端のメチオニン以外のすべての残基についてそれぞれ，13個以上の一重変異型酵素が作製された[11]。この広範な研究で明らかになったことは，約2,000個の変異のうち安定性を上げたものはわずか（約80個）であり，しかも，その効果は小さいものであった（T_mの上昇が約2℃）。しかし，それらを組み合わせると，顕著な安定化（T_mの上昇が10℃以上）につながった。好熱菌や超好熱菌の酵素の高い熱安定性も，小さい効果の積み重ねにより獲得されていると考えられている。したがって，タンパク質工学による酵素の高機能化には，多重変異導入が不可欠な要件であると言える。

多重変異導入により酵素の活性と安定性を上げようとする場合，問題となるのはstability-activity trade-offである。これは，酵素の高い活性は安定性の犠牲のもとに得られているため，活性を上げる変異は安定性を下げ，安定性を上げる変異は活性を下げるという法則である。Shoichetらは T4ファージリゾチームの活性部位に変異を導入し，この法則を示した[12]。われわれは，*Bacillus amyloliquefaciens* α-アミラーゼへの変異Asp233→Asnがデンプン加水分解のk_{cat}を少し増加させるが，安定性を大きく下げることを報告した[13]。stability-activity trade-offは，酵素の触媒活性において，活性部位の動力学的性質が重要な役割を果たしていることを示していると言える[14]。多重変異導入の別の問題は，2種類の変異がしばしば予期せぬ影響を互いに及ぼし合うことである。多重変異導入においては，これらの問題にどのように取り組むかが重要である。

酵素の「構造と活性」の関係は一義的に理解されるようになってきた。すなわち，構造が機能を一義的に規定しており，酵素機能は酵素構造の表現型と言ってよい。このことは，とりもなおさず，酵素機能がDNAの最終的な表現型であるということと矛盾しない。しかし，今日，構造情報の多くがX線結晶構造解析からもたらされるものであるが，溶液内で観測された機能を理解する上で問題になることも多い。一例を挙げると，TLNに存在する3個のトリプトファン残基の溶液内存在状態を溶媒効果差スペクトル法（Solvent-perturbation difference spectroscopy）で調べると，結晶構造解析から求められた存在状態（water accessibility）に比べて，水溶媒との接触度すなわち溶媒への露出度が有意に大きい結果が得られた（Murayama and Inouye：2010年度日本農芸化学会大会で発表）。このことが，結晶状態にある構造情報と溶液状態にある機能情報の違いに起因するのか，構造情報と機能情報の測定誤差に起因するのかは不明である。

4　溶媒工学によるTLNの高機能化

工業的に利用される酵素は分子活性k_{cat}が高いだけではなく，反応液中の各成分や生成物により活性や安定性が低下しないことが重要である。われわれはこれまでに塩，有機溶媒，糖類，金属がTLNの活性や安定性にどのような影響を与えるかを溶媒工学的に解析した。

TLNのジペプチド分解活性および合成活性はNaClなどの中性塩を高濃度添加すると，その濃度増大につれて指数関数的に増大する[4, 14]。この活性化はk_{cat}の増大に依存し，ミカエリス定数K_mには依存しない。基質の種類にも依存しない。例えばpH 7.0，25℃において3.8 M NaClを添加すると，非添加時の8～9倍の活性を示す[6, 15]。活性化に対するカチオンの効果は$Na^+ > K^+ > Li^+$であり，ホフマイスター系列（$Li^+ > Na^+ > K^+$）とは異なる[16]。一方，アニオンの効果は$Cl^- > Br^-$である。活性化の程度は低温ほど，また中性pHで顕著である。このことから，TLNのNaClによる活性化にはイオンの物理化学的特性のみならず，TLNとの選択的相互作用の関与が示唆される。この相互作用をより詳細に解明するために，4 M NaCl存在下でのTLNの結晶構造解析を進めている[9]。塩による活性化は他の亜鉛プロテイナーゼでも調べたが，TLNほど顕著な効果は観測されていない。TLNの活性はイオンの大きさのわずかな違いに依存する。TLNの熱安定性と溶解度もNaClの添加により上昇する[17]。以上の性質から，筆者はTLNを好熱性好塩性酵素と呼んだ[18]。

TLN活性はアルコールにより強力にかつ可逆的に阻害される。例えば，TLNに対する2-プロパノールの阻害物質定数K_iは65mMである[19]。一方，アルコールのTLN阻害の強さはアルコールの種類により異なり，主鎖に3個以上の炭素原子を有する一級または二級アルコールは，メタノールやエタノールあるいは三級アルコールよりも強い阻害効果を示す。TLNのアルコールによる阻害には媒質の物理化学的特性のみならず，TLNとアルコールとの相互作用も関与すると考えられる。2-プロパノールがS1'サブサイト（ZDFMのL-Phe結合サイト）に結合することが結晶構造解析で明らかになっている（Englishら，1999）。LeuやIleの側鎖と同程度の大きさをもつ2-プロパノールや2-メチル-1-プロパノールがTLNの活性を強く阻害するという結果は，TLNの基質特異性とも一致する。

各種糖類のTLNの熱安定性と溶解度に対する効果を検討した。TLNを30分間加熱処理したときに50％失活する温度は68℃（註：Eijsinkら（1995）は87℃というエキサイティングな値を報告しており，頻繁に引用もされるが，筆者らにはどうしても再現できない）であるが，1Mトレハロース添加により86℃，2M添加により95℃以上に上昇した。また，TLNの溶解度はpH 7.5，25℃で1.0mg/mLである[17]が，2Mトレハロースを添加すると140mg/mLに達した(Hashida and Inouye：投稿準備中)。各種糖類のTLNに対する熱安定化効果と溶解度上昇効果は相関しており，共通の機構が考えられる。

亜鉛プロテアーゼの活性発現には亜鉛が必須であるが，過剰の亜鉛により活性が阻害される。われわれはTLNの活性に対するコバルト（Co）の効果を調べた[20～22]。TLNの活性はCo濃度を2mMまで上げるとCo非添加時の4倍にまで増大するが，Co濃度を18mMまで上げると活性は最大活性の72％まで低下した。Coによる活性上昇はZnにより競合的に阻害されることから，この活性上昇は活性部位ZnがCoに置換されたことによると考えられる。すなわち，亜鉛型TLNに比べコバルト型TLNは活性が高い。一方，Coによる活性低下は，「活性部位への2個目のCoの結合」と「分子内CaのCoによる置換」の二つの要因に基づくことが示唆された。また，TLNのCoとの結合（解離定数K_d＝24nM）は，Znとの結合（K_d＝37pM）に比べ1000倍ほど弱い。TLN活性部位ZnにはHis142，His146，Glu166が配位しているが，金属の配位はイオン半径のわずかな差（CoとZnのイオン半径はそれぞれ62pmと72pm）に影響されることが分かる。

5　TLNへの多重変異の導入

5.1　変異型酵素の設計

TLNの活性あるいは熱安定性を上げる変異は，われわれ[23～28]や他のグループに[29]より複数見出されている。われわれはそれらの中から活性を上げる変異を3個，安定性を上げる変異を3個選んだ（表1）。多重変異導入による活性や安定性の思わぬ低下は予測できない。そこで，活性を上げる変異だけを組み合わせて二重変異型酵素3種と三重変異型酵素1種を，安定性を上げる変異だけを組み合わせて二重変異型酵素3種と三重変異型酵素1種をそれぞれ作製した。そして，活性と熱安定性をそれぞれ最も上げる変異どうしを組み合わせるという方針をたてた。なお，Gly8→Cys/Asn60→Cys/Ser65→Proは三重変異であるが，ここでは一重変異とみなした。

各変異の特徴は以下の通りである。Leu144は活性部位のヘリックス1（Val139-Thr149）に，Ile168は活性部位のヘリックス2（Ala163-Val176）にそれぞれ存在し，それらの側鎖は亜鉛イオンと反対の方向，すなわち分子内部を向いている。Leu144→Ser（この変異体をA1と呼ぶ）

表1　サーモライシン（TLN）の活性あるいは熱安定性を上げる変異

変異	活性化あるいは安定化のメカニズム
(i) 活性を上げる変異	
Leu144→Ser [25, 29]	分子間隙の密度減少による酵素の自由度の増加
Asp150→Glu [27]	不明
Ile168→Ala [27]	分子間隙の密度減少による酵素の自由度の増加
(ii) 安定性を上げる変異	
Ser53→Asp [26]	静電結合の導入
Leu155→Ala [23, 24]	不明
Gly8→Cys/Asn60→Cys/Ser65→Pro [25]	S-S結合の導入，Pro残基の導入

とIle168→Ala（この変異体をA3と呼ぶ）がそれぞれ単独で活性を向上させる理由は，アミノ酸残基の疎水性側鎖から構成される分子間隙の密度が減少し，酵素の自由度が増すからと考えられる[25, 27]。Asp150は活性部位のC末端ループ1（Ala150-Gly162）に存在する。Asp150→Glu（この変異体をA2と呼ぶ）が活性を向上させる理由は不明である[27]。Gly8，Ser53，Asn60，Ser 65はN末端領域のループに存在する。Gly8→Cys/Asn60→Cysは8位と60位へのジスルフィド結合の導入[25]，Ser 65→Pro[25] はプロリン残基の導入，Ser53→Aspは静電結合の導入[26] によりそれぞれ安定性を向上させる。Leu155は活性部位のC末端ループ1（Asp150-Gly162）に存在する。Gly154-Leu155は自己消化部位であり，L155Aでは自己消化のパターンが変わる[23, 24]。ただし，Leu155→Alaが熱安定性を上げる理由がこのためであるかどうかは不明である。

5.2　変異型酵素の発現

作製した18種の変異型酵素をそれぞれ大腸菌で発現させると，どの変異型酵素も培養上清に分泌された。培養上清のカゼイン加水分解活性を表2に示す。13種は活性を有したが，5種は活性をもたなかった。この結果は，Leu144→Ser（A1）とIle168→Ala（A3）の組み合わせとLeu144→Ser（A1）とLeu155→Alaの組み合わせはともに活性を消失させると解釈された。活性部位のヘリックスを構成する残基への変異を組み合わせると，活性の消失につながりやすいものと思われる。

5.3　変異型酵素の活性と熱安定性

活性を有した13種の変異型酵素を精製し，*N*-Furylacryloyl-Gly-L-Leu amide（FAGLA）加水分解活性，ZDFM加水分解活性，熱安定性を測定した（表3）。活性を上げる変異を組み合わせた酵素の中では，L144S/D150Eが最も高い活性を有した（FAGLA加水分解のk_{cat}/K_mが野性型酵素の7倍，ZDFM加水分解のk_{cat}/K_mが野性型酵素の11倍）。また，安定性を上げる変異を組み合わせた酵素の中では，S53D/L155Aが最も高い安定性を有した（80℃での一次の熱

表2　サーモライシン（TLN）変異酵素によるカゼイン加水分解活性[30)]

TLN	培養上清の活性 (units/ml)		精製酵素の比活性 (units/mg)	
野性型酵素	320	(1.0)	10,800	(1.0)
(i) 活性を上げる変異が導入されたTLN				
L144S	26	(0.1)	3,600	(0.3)
D150E	339	(1.1)	10,500	(1.0)
I168A	249	(0.8)	9,600	(0.9)
L144S/D150E	25	(0.1)	3,500	(0.3)
L144S/I168A	0	(0)		
D150E/I168A	196	(0.6)	7,500	(0.7)
L144S/D150E/I168A	0	(0)		
(ii) 安定性を上げる変異が導入されたTLN				
S53D	338	(1.1)	11,300	(1.0)
L155A	18	(0.1)	6,700	(0.6)
G8C/N60C/S65P	316	(1.0)	10,800	(1.0)
S53D/L155A	15	(0.1)	10,200	(0.9)
S53D/G8C/N60C/S65P	398	(1.2)	11,900	(1.1)
L155A/G8C/N60C/S65P	19	(0.1)	8,100	(0.8)
S53D/L155A/G8C/N60C/S65P	25	(0.1)	7,900	(0.7)
(iii) 活性を上げる変異と安定性を上げる変異がともに導入されたTLN				
L144S/D150E/S53D	12	(0.04)	3,600	(0.3)
L144S/D150E/L155A	0	(0)		
L144S/D150E/S53D/L155A	0	(0)		
L144S/D150E/I168A/S53D/L155A/G8C/N60C/S65P	0	(0)		

カッコ内の値は野性型酵素の値を1.0としたときの相対値である。測定には発現菌の培養上清あるいは精製酵素を用いた。反応は1%（w/v）カゼイン，40 mM Tris-HCl（pH 7.5），25℃で行った。酸可溶性ペプチドを1分間にA_{275}を0.0074（1μgのチロシンに相当）だけ増加させる酵素量を1 unitsとした。

失活速度定数（k）が野性型酵素の10%）。そこで，活性と熱安定性がともに向上した変異型酵素として四重変異型酵素L144S/D150E/S53D/L155Aが期待されたが，活性をもたなかった(表2)。上述したようにLeu144→SerとLeu155→Alaの組み合わせが原因と考えられる。一方，三重変異型酵素L144S/D150E/S53Dは高い活性（FAGLA加水分解のk_{cat}/K_mが野性型酵素の9倍，ZDFM加水分解のk_{cat}/K_mが野性型酵素の10倍）と安定性（kが野生型酵素の60%）を有した。このように，変異を組み合わせることにより，TLNの活性化と安定化が達成された[30)]。

野性型酵素と13種の変異型酵素でstability-activity trade-offが観察されるかどうかを調べた(図6)。その結果，活性と安定性の間には弱いながらも負の相関が見られた（相関係数はFAGLA加水分解のk_{cat}/K_mとkの間では−0.51，ZDFM加水分解のk_{cat}/K_mとkの間では−0.61)。興味深いことに，Leu144への変異を有する酵素3種（L144S，L144S/D150E，

表3　サーモライシン（TLN）変異酵素の活性と安定性[27, 30)]

TLN	FAGLA 加水分解	ZDFM 加水分解			80℃での一次の熱失活速度定数(k)
	k_{cat}/K_m ($mM^{-1}s^{-1}$)	K_m（mM）	k_{cat}（s^{-1}）	k_{cat}/K_m ($mM^{-1}s^{-1}$)	$\times 10^4$ (s^{-1})
野性型酵素	2.9(1.0)	0.63(1.0)	5.9(1.0)	9.4(1.0)	8.4(1.0)
(i) 活性を上げる変異が導入されたTLN					
L144S	18.2(6.3)	0.19(0.3)	9.4(1.6)	49.7(5.3)	8.2(1.0)
D150E	7.9(2.7)	0.50(0.8)	16.5(2.8)	33.1(3.5)	7.8(0.9)
I168A	6.2(2.1)	0.46(0.7)	7.7(1.3)	16.8(1.8)	9.4(1.1)
L144S/D150E	20.4(7.0)	0.17(0.3)	17.0(2.9)	99.0(10.5)	7.7(0.9)
D150E/I168A	14.1(4.9)	0.18(0.3)	15.5(2.6)	83.8(8.9)	14.7(1.8)
(ii) 安定性を上げる変異が導入されたTLN					
S53D	3.2(1.1)	0.77(1.2)	6.9(1.2)	9.0(1.0)	1.9(0.22)
L155A	2.6(0.9)	1.29(2.0)	8.7(1.5)	6.7(0.7)	2.1(0.25)
G8C/N60C/S65P	2.9(1.0)	0.54(0.9)	5.4(0.9)	10.0(1.1)	2.1(0.25)
S53D/L155A	3.3(1.1)	0.69(1.1)	6.4(1.1)	9.2(1.0)	0.9(0.10)
S53D/G8C/N60C/S65P	3.1(1.1)	0.94(1.5)	7.4(1.3)	7.9(0.8)	2.4(0.29)
L155A/G8C/N60C/S65P	3.4(1.2)	0.83(1.3)	6.3(1.1)	7.5(0.8)	1.3(0.15)
S53D/L155A/G8C/N60C/S65P	2.3(0.8)	0.55(0.9)	3.3(0.6)	6.0(0.6)	1.2(0.14)
(iii) 活性を上げる変異と安定性を上げる変異がともに導入されたTLN					
L144S/D150E/S53D	24.9(8.6)	0.16(0.3)	15.6(2.6)	96.2(10.2)	5.1(0.6)

カッコ内の値は野性型酵素の値を1.0としたときの相対値である。測定には精製酵素を用いた。FAGLA加水分解反応は0.16 μM TLN，400 mM FAGLA，40 mM HEPES-NaOH，10 mM $CaCl_2$，pH 7.5，25℃で，ZDFM加水分解反応は，0.16μM TLN，40 mM Tris-HCl（pH℃ 7.5），10 mM $CaCl_2$（以下Buffer A）25℃でそれぞれ行った。一次の熱失活速度定数（k）は，2.0 μM TLNをbuffer A中で，80℃で0～50分間保温した後に，残存するFAGLA分解活性を測定することにより求めた。

L144S/D150E/S53D）を除くと，相関係数はそれぞれ－0.96と－0.84となり，一転して強い相関が見られた。このことは，Leu144→Serによる活性化はstability-activity trade-offの法則にあてはまらないが，他の変異による活性化あるいは安定化はこの法則にあてはまることを意味する[30)]。

Asp150は活性部位のC-terminal loop 1（Ala150-Gly162）に存在する。Asp150→GluはLeu144→Ser（この変異体をA1と呼ぶ），Ile168→Ala，Leu155→Alaのいずれと組み合わせても活性を消失させなかったことから，活性部位においてはループへの変異はαヘリックスへの変異よりも多重化が容易であることが示唆された。定常状態の速度論的解析の結果，Asp150→Gluが導入された変異型酵素（D150E，L144S/D150E，D150E/I168A，L144S/D150E/S53D）はZDFM加水分解において，K_mが減少し，k_{cat}が増加した（表3）。これは150位のアミノ酸残基が酵素・基質複合体と遷移状態の安定化にともに関与することを示唆する。このことは

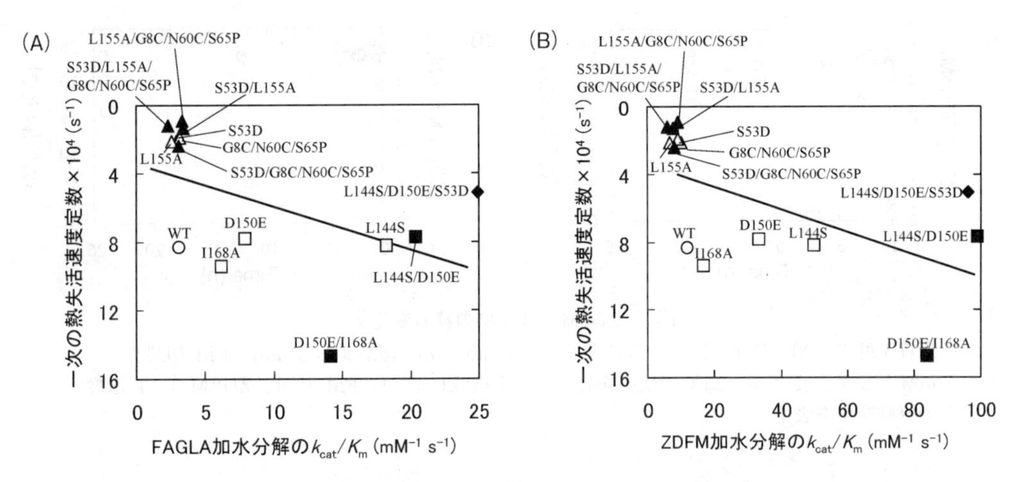

図6 変異型 TLN の活性と安定性の比較[30)]

野性型酵素（○），活性を向上させる変異を 1 個（□）あるいは 2 個（■）導入した変異型酵素，安定性を向上させる変異を1個（△）あるいは 2 個（▲）導入した変異型 酵素，活性を向上させる変異 2 個と安定性を向上させる変異を 1個導入した変異型 酵素（◆）について， FAGLA（A）あるいは ZDFM（B）加水分解の k_{cat}/K_m と一次の熱失活速度定数の相関を表す。

TLNの立体構造（図4）からは予測できない[30)]。

80℃で活性が50％に低下する時間（$t_{1/2}$）で酵素の安定性を比較すると，野生型TLNでは14分であるのに対し，D150Hでは30分，N227A，S234A，N227Hでは38分，I168Hでは42分となり，顕著に安定化することが分かる。興味深いことに，D150とI168は活性化にも安定化にも関与している。一方，$t_{1/2}$はS53D（S1と呼ぶ）では62℃，L155A（S2と呼ぶ）では60℃，G8C/N60C/S65P（S3と呼ぶ）は58℃であった[30)]。先述のとおり，二重変異変異体S53D/L155A（S1/S2と呼ぶ）では120分，L155A/G8C/N60C/S65P（S2/S3）100分，S53D/G8C/N60C/S65P（S1/S3）では60分，S53D/L155A/G8C/N60C/S65P（S1/S2/S3）では100分となった。S1/S2およびS2/S3では野生型TLNに比べて，$t_{1/2}$は7～9倍も増大した[30)]。

活性化と安定化を同時に達成させることを目的として，活性化変異体（A1，A2，A3）と安定化変異体（S1，S2，S3）を組み合わせた多重変異体を調製した。L144S/D150E（A1/A2）では野生型TLNに比べ，活性が11倍増大するが安定性はほとんど変化しない。S53D（S1）では活性は変化しないが安定性が5倍向上する。L155A（S2）では活性は30％減少するが安定性は3倍向上する。これらを組み合わせた例として，L144S/D150E/S53D（A1/A2/S1）では，活性は10倍向上したが，安定性も1.7倍に向上した。活性化変異体どうしを組み合わすことにより，さらに活性が向上する多重変異体が見つかるが，安定性は変化しないかやや低下するものが多い。一方，安定化変異体どうしを組み合わすことにより，さらに安定性が向上する多重変異体が見出されるが，活性は変化しないかやや低下するものが多い。変異を導入することにより，活性と安定性は独立に変動するように見える。活性化変異（A1/A2）と安定化変異（S1）を同時に導入

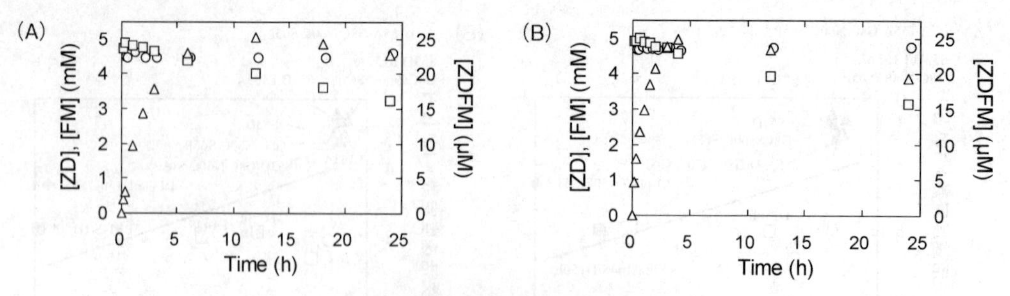

図7　ZDFM合成反応の経時変化[31]

野性型酵素（A），D150E（B）の初濃度を 100 nM，ZD 初濃度を 5 mM，FM 初濃度を 5 mMとして，pH 7.5，25℃で反応を行ったときの ZD（○），FM（□），ZDFM（△）濃度の経時変化を表す。

すると，A1/A2の活性を維持するも，S1の安定性よりもかなり低下した変異体（A1/A2/S1）がとれた。この変異体は，野生型TLNに比べると優れた安定性を有しているが，S1のもっていた安定性よりは低下していた。A1/A2/S1変異TLNは，われわれが知る限り，野生型酵素に比べ，活性と安定性が向上した最初の例である。

5.4　変異型TLNによるZDFM合成

各種の変異型TLNによるZDFM合成反応を解析した（図7）。野生型酵素とD150EによるZDFM合成反応の経時変化を比較すると，野性型酵素による反応は12時間で平衡に達したが，D150Eによる反応は4時間で平衡に達した。定常状態の速度論的解析から，D150Eと別の野生型TLNであるI168Aのk_{cat}はそれぞれ2.5 s^{-1}，4.9 s^{-1}であり，野性型酵素（1.3 s^{-1}）の2倍，3倍であった。一方，D150Eの基質ZDに対するK_m（$K_{m, ZD}$）と基質FMに対するK_m（$K_{m, FM}$）はそれぞれ60mM，5.8mM; I168Aの$K_{m, ZD}$と$K_{m, FM}$はそれぞれ105mM，13mMで野性型酵素（それぞれ62mM，8.7mM）と大きな差はなかった。酵素を工業的に利用する場合は，基質濃度と酵素濃度を限界まで高くすることが要求される。したがって，k_{cat}が向上した変異型酵素は野性型酵素よりもZDFM合成反応を効率的に進めることができると考えられる[31]。今回得られた活性と安定性がともに向上した変異型酵素L144S/D150E/S53DによるZDFM合成反応については今後，解析を進めていく[32]。

5.5　今後の展望

TLNを食品タンパク質（ダイズ，コムギ，ホエイなど）に作用させると苦味ペプチドが生成されるという問題点が指摘されている。これはTLNが疎水性アミノ酸残基のC末端側のペプチド結合に対し高い基質特異性をもつことに起因する。われわれは現在，タンパク質工学によりTLNの基質特異性を変えることにも取り組んでいる。将来的には，活性と安定性が向上し，基質特異性が改変されたTLNを創製したい。

今回得られたL144S/D150E/S53DのZDFM分解のk_{cat}/K_mは9.62×10^4 $M^{-1}s^{-1}$である（表3）。これはアセチルコリンエステラーゼ（$1.6 \times 10^8 M^{-1}s^{-1}$）や炭酸脱水酵素（$8.3 \times 10^7 M^{-1}s^{-1}$）と比べると著しく低い[14)]。また，好熱菌や超好熱菌のタンパク質では100℃以上でも安定なものが知られている。さらなる活性化と安定化の余地があるものと考えられる。酵素化学が教えるところによれば，究極の酵素反応速度は遷移状態へのエネルギー障壁がゼロになった場合すなわち拡散律速反応の場合に実現されるはずである。酵素と基質の衝突には静電的相互作用の効果はないと仮定して，ここに分子サイズや衝突時の配向性などを考慮すると，この値は$10^{12} \sim 10^{15}$ $M^{-1}s^{-1}$程度になると考えられる。まだまだ，酵素活性には向上の余地があることがわかるが，この問題の解決には，「遷移状態とは何か？」という問題を解決する必要があり，遷移状態の活性化エネルギーを如何にして低下させうるかという問題を解かなければならない。遷移状態の理解は，飛行中のジェット機のエンジンの中を地上から観測しようとするがごとき性格のものであり，手法としては，結晶解析に基づく構造的知見に加えて，迅速酵素反応速度論と熱力学の適用，それを可能とする装置開発が必須であろう。

一方，酵素の究極の熱安定性は，ペプチド結合の熱安定性を考慮すると，200ないし250℃程度と考えられる[33)]。水素結合や静電的相互作用と疎水的相互作用の熱安定性は，一般に相反する傾向にある。酵素は一般に分子内部に十分な疎水的相互作用を擁しており，100℃以上の安定性は十分獲得できるものと考えられる。近年，バイオマスの分解や未利用難分解性タンパク質（皮革，鱗など）の有効利用などに関連して，超臨界や亜臨界状態での酵素の利用が注目されている（Murakami and Inouye：未発表データ）。高度に耐熱性の酵素の開発が望まれる。これに関連して，有機溶媒系での酵素反応，極端な酸性あるいはアルカリ性での酵素反応，高塩濃度存在下の酵素反応など極限条件下での酵素反応に利用できる酵素の開発が期待されている[34)]。

6　おわりに

酵素の産業利用において，TLNによるアスパルテーム前駆体合成は特別な意味をもつ。医薬のようなスペシャリティ・ケミカルではなく，アスパルテームのようなコモデティ・ケミカルの合成に酵素触媒を利用することは，酵素のコストや安定性，反応効率などの点で解決されるべき問題が多かった。本技術がわが国で開発されたことは特筆に値する。プロテアーゼ研究の面からは，ペプチド加水分解の逆反応を積極的に利用しようとした点で画期的である。ペプチド加水分解反応の平衡は97～98％分解側に偏っている。収率の点では2～3％程度でしかないにもかかわらず，これを利用し工業プロセスにまで完成させたことには，酵素触媒反応に対する化学工学的技術の貢献が大きいと言ってよい。

大豆や小麦あるいは食用に利用されていない未利用タンパク質などをプロテアーゼ処理により新しい食品素材として利用できれば，食品自給率の向上や食品廃棄物の減少の観点から好ましい。例えば，大豆タンパク質をプロテアーゼで分解し，溶解度や加工特性を向上させる試みがなされているが，問題となるのが分解物の凝集である。TLNは基質特異性が広く活性と熱安定性がともに高い。さらに，腐敗を防ぐために反応は高温かつ高塩濃度で行うことが望ましいとすれば，TLNはこの用途に最適である。われわれは最近，大豆タンパク質をTLNで処理した分解物がズブチリシンカールスベルグで処理した分解物よりも凝集性が低いことを見いだした[35]。最近，プリオンタンパク質の遺伝子型をTLNによる切断パターンから決定する方法が報告された。プロテアーゼによるアレルゲンタンパク質の分解も報告されている。TLNの研究が産業用酵素の新たな展開を切り開き推進することが期待される。

タンパク質工学による研究開発はプロテアーゼだけでなく，α-アミラーゼをはじめとする糖質関連酵素においても盛んに行われている。2005年にはノボザイムジャパンにより開発されたα-アミラーゼの安全性が食品安全委員会により確認された。Watanabeら（京都大学エネルギー理工学研究所）は，*Pichia stipitis*酵母のキシリトール脱水素酵素に四重変異を導入し，NAD^+依存型から$NADP^+$依存型に改変するとともに熱安定性を向上させた[36]。多重変異導入の成功例である。21世紀に入り環境調和型，省エネ型の工業が要求される中，タンパク質工学による酵素の機能改変はますます重要となる[37, 38]。この分野の発展を期待する。

謝辞

本稿で紹介した内容は，保川清博士（京都大学農学研究科・准教授），滝田禎亮博士（京都大学農学研究科・助教），葛谷桂子博士，橋田泰彦博士，牟田祐子博士，草野正雪博士らの協力により実施された研究に基づいている。この場を借りて，御礼申し上げる。

文　　献

1) 遠藤滋俊, 醗酵工学会誌, **40**, 364（1962）
2) K. Inouye, “Handbook of Food Enzymology”, p.1019, Marcel Dekker（2003）
3) 半澤敏, キラルテクノロジーの工業化, p.61, シーエムシー出版（1998）
4) 井上國世, 食品酵素化学の最新技術と応用（井上國世・監修）, p.105, シーエムシー出版（2004）
5) 井上國世, 橋田泰彦, 草野正雪, 保川清, 産業酵素の応用技術と最新動向（井上國世・監修）, p.58, シーエムシー出版（2009）
6) K. Inouye, *J. Biochem*., **112**, 335（1992）
7) R. B. Mazur, J. M. Schlatter, A. H. Goldkamp, *J. Am. Chem. Soc*., **91**, 2684（1969）
8) K. Oyama, S. Irino, N. Hagi, *Method in Enzymol*., **136**, 503（1987）
9) K. M. Ulmer, *Science*, **219**, 666（1983）
10) M. A. Holmes, B. W. Matthews, *J. Mol. Biol*., **1982**, 160, 623
11) W. A. Baase, L. Liu, D. E. Tronrud, B. W. Matthews, *Protein Sci*., **19**, 631（2010）

12） B. K. Shoichet *et al.*, *Proc. Natl. Acad. Sci., USA*, **92**, 452（1995）
13） S. Lee, Y, Mouri, K. Inouye, *J. Biochem.*, **139**, 997（2006）
14） T. D. H. Bugg（井上國世・訳）, 入門酵素と補酵素の化学, p.50, シュプリンガーフェアラーク東京（2006）
15） K. Inouye, S.-B. Lee, B. Tonomura, *Biochem. J.*, **315**, 133（1996）
16） M. Kamo, K. Inouye, K., Nagata, M. Tanokura, *Acta Cryst.*, **D61**, 710（2005）
17） K. Inouye, K., Kuzuya, B. Tonomura, *Biochim. Biophys. Acta*, **1388**, 209（1998）
18） 井上國世, 生化学, **66**, 446（1994）
19） Y. Muta, K. Inouye, *J. Biochem.*, **132**, 945（2002）
20） K. Kuzuya, K. Inouye, *J. Biochem.*, **130**, 783（2001）
21） Y. Hashida, K. Inouye, *J. Biochem.*, **141**, 843（2007）
22） Y. Hashida, K. Inouye, *J. Biochem.*, **141**, 879（2007）
23） Y. Matsumiya, K. Nishikawa, H. Aoshima, K. Inouye, M. Kubo, *J. Biochem.*, **135**, 547（2004）
24） Y. Matsumiya *et al.*, *Lett. Appl. Microbiol.*, **40**, 329（2005）
25） K. Yasukawa, K. Inouye, *Biochim. Biophys. Acta*, **1774**, 1281（2007）
26） T. Takita *et al.*, Biochim. *Biophys. Acta*, **1784**, 481（2008）
27） M. Kusano, K. Yasukawa, K. Inouye, *J. Biochem.*, **145**, 103（2009）
28） E. Menach, K. Yasukawa, K. Inouye, *Biosci. Biotechnol. Biochem.*, **74**, 2457（2010）
29） S. Hanzawa, S. Kidokoro, “Encyclopedia of Bioprocess Technology: Fermentation, Biocatalysis, and Bioseparation”, p.2527, John Wiley & Sons（1999）
30） M. Kusano, K. Yasukawa, K. Inouye, *J. Biotechnol.*, **147**, 7（2010）
31） M. Kusano, K. Yasukawa, K. Inouye, *Enzyme Microb. Technol.*, **46**, 320（2010）
32） K. Inouye, M. Kusano, Y. Hashida, M. Minoda, K. Yasukawa, *Biotechnol. Annu. Rev.*, **13**, 43（2007）
33） 井上國世, 化学と生物, 37, 738（1999）
34） M. Ito, K. Inouye, *J. Biochem.* **138**, 355（2005）
35） K. Asaoka, K. Yasukawa, K. Inouye, *Enz. Microb. Technol.*, **44**, 229（2009）
36） S. Watanabe, T. Kodaki, K. Makino, *J. Biol. Chem.*, **280**, 10340（2005）
37） 井上國世, 化学と教育, 59, 132（2011）
38） 井上國世, 保川清, 酵素利用技術大系（小宮山眞・監修）, p.632, NTS出版（2010）

第15章　ホスホリパーゼDの構造と機能および
その応用

中澤洋三[*1]，髙野克己[*2]

1　はじめに

ホスホリパーゼD（PLD，EC 3.1.4.4）は，ホスファチジルコリン（PC）などのリン脂質を加水分解してホスファチジン酸（PA）を生成する酵素であるが，アルコール（ヒドロキシル基をもつ化合物）存在下では，リン脂質のホスファチジル基をアルコールに転移する反応（ホスファチジル基転移反応）を触媒する（図1）[1)]。PLDの転移触媒能を利用することで，任意の極性基をもつリン脂質を合成することが可能となる。本稿では，PLDの構造と機能の多様性について概説すると共に，ホスファチジル基転移反応を利用した機能性リン脂質の生産とそれらの応用について紹介する。

2　ホスホリパーゼDの構造と機能の多様性

現在までにPLDは，様々な生物から精製されているほか，複数のPLDアイソザイム遺伝子が

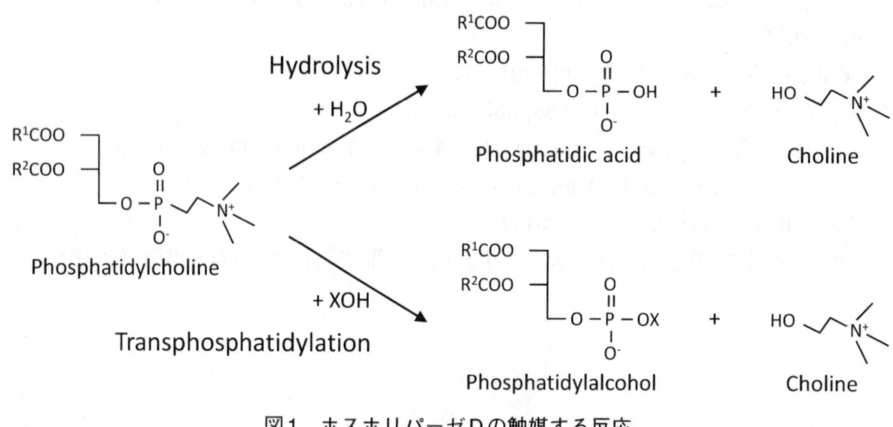

図1　ホスホリパーゼDの触媒する反応
R^1，R^2：アシル基
XOH：アルコールなどのヒドロキシル化合物

＊1　Yozo Nakazawa　東京農業大学　生物産業学部　食品香粧学科　助教
＊2　Katsumi Takano　東京農業大学　応用生物科学部　生物応用化学科　教授

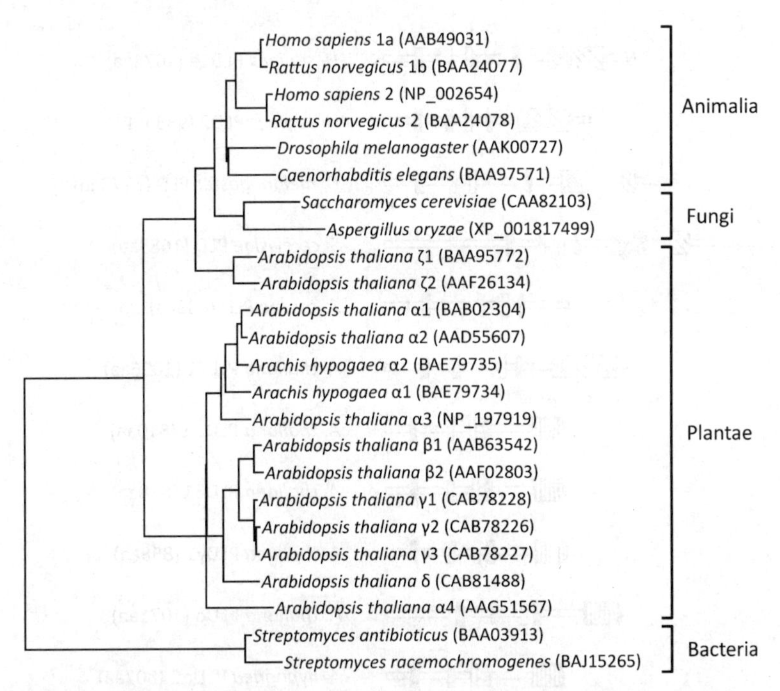

図2　ホスホリパーゼDのアミノ酸配列を基とした近隣結合法による系統樹
( ) 内はGenbank/EMBL/NCBIのタンパク質アクセッション番号

クローニングされている。生物種の異なるPLDや同一種のPLDアイソザイムにおいて，基質特異性や活性化因子，分子量および一次構造に差異がある。代表的な動物，植物および微生物のPLDの一次構造を基に近隣結合法により作成した系統樹を図2に示した。それらPLDに存在する特徴的なドメインや高度に保存された領域（Conserved region）[2] の位置的関係を図式化したものを図3Aに，それら保存領域のアミノ酸配列を図3Bにそれぞれ示した。動物界（Animalia）では，ヒト（*Homo sapiens*），ラット（*Rattus norvegicus*），ショウジョウバエ（*Drosophila melanogaster*）および線虫（*Caenorhabditis elegans*）等で見出され，ヒトやラット等の哺乳類PLDには2つのアイソザイムが存在し，PLD1には1aと1bのオルタネイトスプライシングによるアイソフォームがある[3]。真菌類（Fungi）では出芽酵母（*Saccharomyces cerevisiae*）やコウジカビ（*Aspergillus oryzae*）等で見出されている。植物界（Plantae）では，様々な植物で見出されており，特に研究用モデル植物のシロイヌナズナ（*Arabidopsis thaliana*）には12種類のPLDアイソザイム遺伝子（α型4種，β型2種，γ型3種，δ型1種およびζ型2種）が存在する。シロイヌナズナPLDアイソザイムは，植物組織の異なる部位に局在し，異なる生育過程で発現し，リン脂質代謝プロセスやシグナル伝達系に深く関与することが明らかとなっている[4]。それらのうちPLDζ1およびζ2を除く10種のPLDが活性発現にカルシウムイオンを要求するCa^{2+}依存型PLDである。これらPLDには共通してN末端領域にCa^{2+}依存性リン脂質結合ドメイン（C2ドメイン）が存在し，PLDαは活性発現にmMレベルのCa^{2+}を要求する。一方，PLDβお

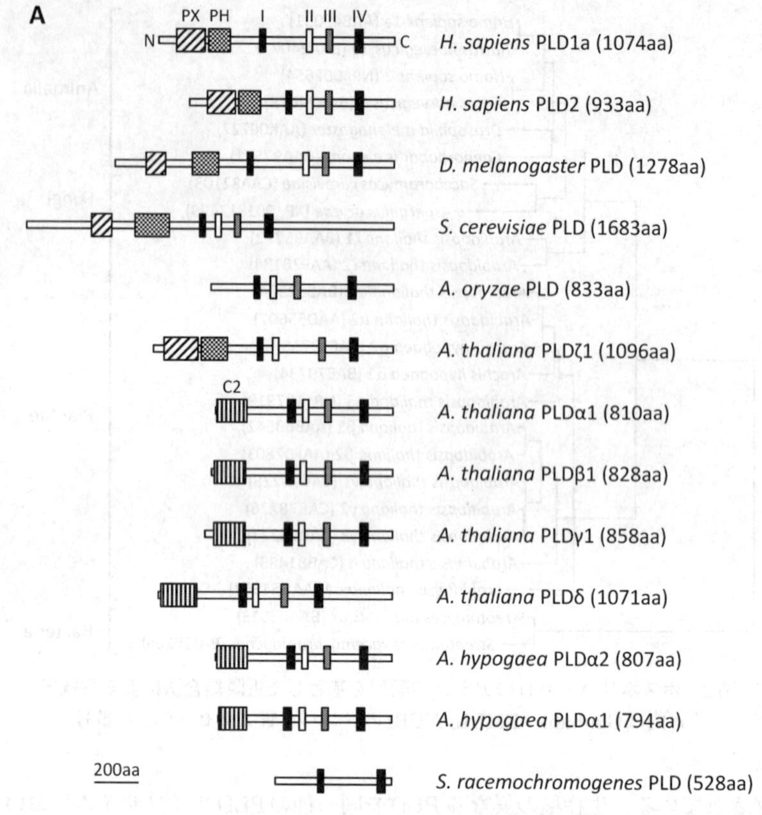

図3　ホスホリパーゼDの構造
A：ドメインマッピング，( ) 内はアミノ酸残基数
B：高度に保存された領域のアミノ酸配列，太字は相同性の高いアミノ酸残基

よびγにおいては，PC，ホスファチジルエタノールアミン（PE）およびホスファチジルイノシトールビスリン酸（PIP_2）の混合ベシクルにおいて，μMレベルのCa^{2+}でPCを加水分解する[5)]。また，PLDδはμMからmMまでの幅広いCa^{2+}で活性を示し，PIP_2を要求しないが，遊離オレイン酸により顕著に活性化される[6)]。一方，PLDζは，C2ドメインの代わりに哺乳類や酵母のPLDに存在するPhox homology（PX）ドメインとpleckstrin homology（PH）ドメインをN末端領域に有する。両ドメインはホスホイノシチドへの結合に関与しており，PLDζは活性発現にCa^{2+}を要求しないが，PIP_2を要求し，PCに対して特異的に作用する[7)]。

近年，シロイヌナズナ以外の植物においても多くのPLD遺伝子が見出されており，イネ[8)]とポプラ[9)]で17種類，ブドウ[9)]で11種類が報告されている。

古典的なPLD酵素源としてキャベツ葉やピーナッツ（*Arachis hypogaea*）種子が有名であるが，現在ではそれらのPLDはα型に分類されている[10, 11)]。α型PLDは，活性発現にCa^{2+}やMg^{2+}を要求するのみであり，レシチン中の主要リン脂質であるPCやPEに対して高い作用性を示す。このような性状により，比較的容易に*in vitro*で活性を検出できたことが，代表的な酵素

B

Conserved region I		HH K VD F GG DLC GR D	
H. sapiens 1a	462	AHHEKLVIID-------------QSVAFVGGIDLAYGRWDD	489
H. sapiens 2a	440	AHHEKLLVVD-------------QVVAFLGGLDLAYGRWDD	467
D. melanogaster	613	AHHEKIVVID-------------QTYAFMGGIDLCYGRWDD	640
S. cerevisiae	794	AHHEKFVVID-------------ETFAFIGGTDLCYGRYDT	821
A. oryzae	199	AHHEKFIVID-------------YALAFIGGIDLCFGRWDA	226
A. thaliana ζ1	480	SHHEKLVIVD-------------NQVCFIGGLDLCFGRYDT	507
A. thaliana α1	330	THHQKIVVVDSEMPS-RGGSEMRRIVSFVGGIDLCDGRYDT	369
A. thaliana β1	343	THHQKNVIVDADAGG-----NRRKIIAFVGGLDLCDGRYDT	378
A. thaliana γ1	367	THHQKTVIVDAEAAQ-----NRRKIVAFVGGLDLCNGRFDT	402
A. thaliana δ	371	THHQKCVLVDTQAVG-----NNRKVTAFIGGLDLCDGRYDT	406
A. hypogaea α2	328	THHQKIVVVDSDMPS--GDSGKRRIVSFVGGIDLCDGRYDT	366
A. hypogaea α1	301	THHQKIVVVDAKLPNGKDSDHQRRIVSFIGGIDLCNGRYDT	341
S. racemochromogenes	190	WNHSKLVVVDG-------------GSVITGGINSWKDDYLD	217

Conserved region II		PR PWHD G D F QRW	
H. sapiens 1a	672	STPRMPWHDIASAVHGKAARDVARHFIQRWN	702
H. sapiens 2a	534	TTPRMPWRDVGVVVHGLPARDLARHFIQRWN	564
D. melanogaster	861	TTPRMPWHDVGLCVVGTSARDVARHFIQRWN	891
S. cerevisiae	866	VIPRMPWHDVQMMTLGEPARDLARHFVQRWN	896
A. oryzae	272	DYGRMPWHDVAMGLMGDCVYDIAEHFVLRWN	302
A. thaliana ζ1	548	KHPRMPWHDVHCALWGPPCRDVARHFVQRWN	578
A. thaliana α1	399	GGPREPWHDIHSRLEGPIAWDVMYNFEQRWS	429
A. thaliana β1	406	GCPREPWHDLHSKIDGPAAYDVLTNFEERWL	436
A. thaliana γ1	430	DGPREPWHDLHSKIDGPAAYDVLANFEERWM	460
A. thaliana δ	433	KAPRQPWHDLHCRIDGPAAYDVLINFEQRWR	463
A. hypogaea α2	396	GGPREPWHDIHSRLEGPIAWDVLFNFEQRWR	426
A. hypogaea α1	371	GGPREPWHDIHCKLEGPIAWDVYSTFVQRFR	401

Conserved region III		SI AY I A HFIYIENQ FI	
H. sapiens 1a	759	EESIHAAYVHVIENSRHYIYIENQFFISCAD	789
H. sapiens 2a	619	ENSILNAYLHTIRESQHFLYIENQFFISCSD	649
D. melanogaster	951	EQSIHDAYIQTITKAQHYVYIENQFFITMQL	981
S. cerevisiae	956	ECSIQNAYLKLIEQSEHFIYIENQFFITSTV	986
A. oryzae	380	EHSIQNAYKEIISKAEHYVYIENQFFITATG	410
A. thaliana ζ1	757	EESIHSAYRSLIDKAEHFIYIENQFFISGLS	787
A. thaliana α1	499	DRSIQDAYIHAIRRAKDFIYVENQYFLGSSF	529
A. thaliana β1	518	DMSIHTAYVKAIRAAQHFIYIENQYFIGSSY	548
A. thaliana γ1	542	DMSIHAAYVKAIRSAQHFIYIENQYFLGSSF	572
A. thaliana δ	565	DKSIQTAYIQTIRSAQHFIYIENQYFLGSSY	595
A. hypogaea α2	496	DRSIQDAYIHAIRRAKNFIYIENQYFLGSCF	526
A. hypogaea α1	473	DRSIQDAYINAIRRAKNFIYIENQYFIGSAF	503

Conserved region IV		YVH K IVDD IIGS NIN RS G RD E A	
H. sapiens 1a	894	YVHSKLLIADDNTVIIGSANINDRSMLGKRDSEMAVIVQDT	934
H. sapiens 2a	754	YIHSKVLIADDRTVIIGSANINDRSLLGKRDSELAVLIEDT	794
D. melanogaster	1093	YVHSKLLIADDRVVICGSANINDRSMIGKRDSEIAAILMDE	1133
S. cerevisiae	1094	YVHAKILIADDRRCIIGSANINERSQLGNRDSEVAILIRDT	1134
A. oryzae	623	YVHGKVCIVDDRVAICGSANINDRSQLGYHDSELAIVVEDQ	663
A. thaliana ζ1	895	YVHSKIMIVDDRAALIGSANINDRSLLGSRDSEIGVLIEDT	935
A. thaliana α1	659	YVHTKMMIVDDEYIIIGSANINQRSMDGARDSEIAMGGYQP	699
A. thaliana β1	677	YVHSKGMVVDDEYVVIGSANINQRSMEGTRDTEIAMGAYQP	717
A. thaliana γ1	707	YVHSKGMVVDDEFVLIGSANINQRSLEGTRDTEIAMGGYQP	747
A. thaliana δ	716	YVHAKGMIVDDEYVLMGSANINQRSMAGTKDTEIAMGAYQP	756
A. hypogaea α2	656	YVHAKMMIVDDEYIIIGSANINQRSMDGARDSEIAMGAYQP	696
A. hypogaea α1	633	YVHSKMMIVDDEYIIIGSANINQRSMDGGRDTEIAMGAYQP	673
S. racemochromogenes	460	AQHHKLVSVDDSAFYIGSKNLYPSWLQDFGYVVESPAAANQ	500

図3　ホスホリパーゼDの構造（つづき）

源となった理由かもしれない。

哺乳類PLDは，ADP-ribosylation factor（Arf）やRasホモログタンパク質ファミリーA（RhoA）などの低分子量GTP結合タンパク質やプロテインキナーゼCなどのタンパク質因子ならびにPIP_2や遊離オレイン酸などの脂質因子が活性発現に要求される[12]。これらの活性化因子の存在が推察され，それらが同定されるようになったのは90年代に入ってからである。哺乳類PLDを産業利用するといった研究テーマは現在でも見当たらず，生理学的研究が主である。

一方，細菌界（Bacteria）では，とりわけ*Streptomyces*属の放線菌から数多く見出されており，その他の細菌から単離された報告は極めて少ない。大腸菌や枯草菌などの細菌においては，触媒ドメインであるHKDモチーフ[13]を一次構造中に有するPLDスーパーファミリーのカルジオリピン（ジホスファチジルグリセロール）合成酵素やホスファチジルセリン（PS）合成酵素をコードする遺伝子が見出されているが，放線菌PLDと相同な遺伝子は報告されていない。さらに，早期に見出された*Streptomyces chromofuscus* PLD[14]は，HKDモチーフを一次構造中にもたず，Ca^{2+}を活性発現に要求し，ホスファチジル基転移触媒能に乏しい，といった多くの放線菌PLDとは異質な性状を示す。一次構造の相同性解析よりアルカリホスファターゼに近いことがわかっており，今日ではPLDとは異にすることが提唱されている[15]。放線菌PLDは，動

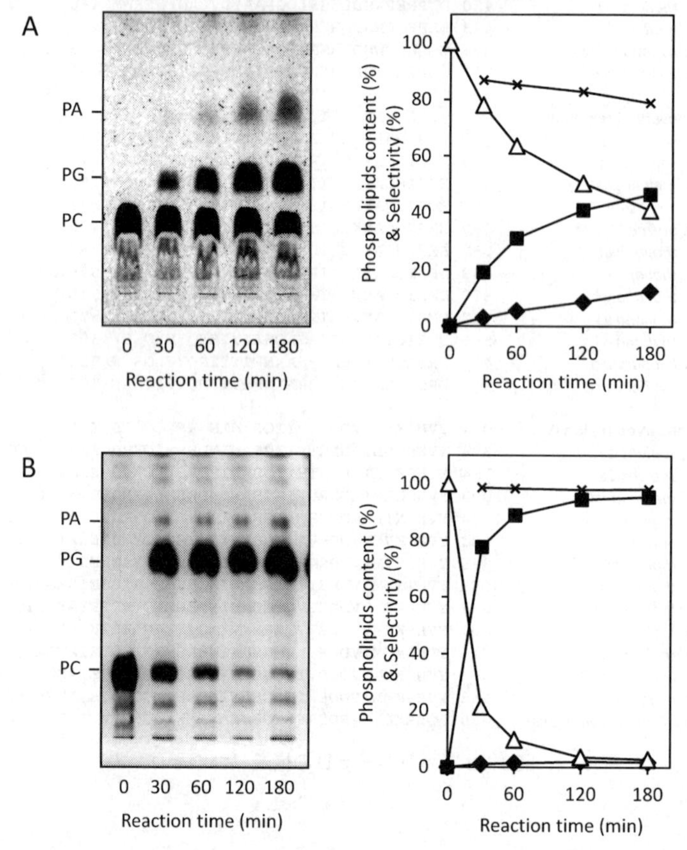

図4 植物PLDと放線菌PLDのホスファチジル基転移反応によるPG生産性
A：ピーナッツ種子PLDα2
B：*Streptomyces racemochromogenes* 10-3株PLD
単相ミセル系，20％グリセロール，PLD添加量：0.02U/ml反応系

物，植物および酵母等のPLDがもつ活性調節系ドメインをもたないため，活性発現にCa^{2+}やPIP_2を特に要求しない。さらに，ホスファチジル基転移触媒能においては，アクセプターとなるアルコール分子種の適応スペクトルも広く，加水分解反応よりもホスファチジル基転移反応を優位に進行させる。

このようなことから，機能性リン脂質の生産には，酵素調製が比較的簡単なキャベツ葉PLDや酵素安定性とホスファチジル基転移能に優れている放線菌PLDが広く使用されている。しかし，植物PLDと放線菌PLDには，ホスファチジル基転移触媒能には顕著な差異がある。

ピーナッツ種子PLDα2（AhPLD2）は，反応系のグリセロール濃度の増加に伴い，PAの副生が抑制され，ホスファチジルグリセロール（PG）の生成が向上するものの，高濃度のグリセロールはPCへの作用性を低下させる[11]。一方，*Streptomyces racemochromogenes* 10-3株PLD（PLD103）[16] にはこのような反応阻害は認められない（著者未公表データ）。AhPLD2とPLD103の20％グリセロール存在下における反応挙動を比較したところ，AhPLD2は高濃度グリセロールによってPCへの作用性が低下したが，PLD103にはそのような傾向は見られず，反応120分でPCの約95％をPGに変換した。さらにPAの産生はAhPLD2よりもPLD103が抑制された（図4）。植物PLDと放線菌PLDのホスファチジル基転移能になぜこのような差異があるのか，未だに明瞭な回答は得られていない。

3　ホスファチジル基転移反応の反応系

酵素反応は一般的に水溶液中で行われるため，アルコール存在下においても基質リン脂質の加水分解反応とホスファチジル基転移反応が競合し，目的とする極性基を置換したリン脂質（以降，転移リン脂質と称する）の収量が低下してしまう。転移リン脂質を効率的に生産するための酵素反応系は，主に以下の3つがある。これら反応系の特性をまとめた。

3.1　単相ミセル系

両親媒性を示すが水への溶解性に乏しいPCやPE等の基質リン脂質を水や緩衝液に懸濁してサスペンションとしたり，微量の界面活性剤を添加して混合ミセルとして反応させる系である。純度の高いPCやPEは単独では水への溶解性に乏しいため，ドデシル硫酸ナトリウム，Triton X-100，デオキシコール酸ナトリウム[11, 16] などの界面活性剤がミセル助剤として利用される。粗レシチンや分画レシチンなどは混在するステロール，カロテノイド，リポタンパク質などの天然物がミセル助剤として作用し，比較的安定な乳化液となる。単相ミセル系は，反応開始時に撹拌すれば静置でも酵素反応が可能である。しかし，その他の反応系と比較すると水が豊富な系であり，基質の加水分解反応が進行しやすいといった欠点がある。反応系のアクセプター（アルコール）濃度を高くすることで加水分解反応をいくらか抑制することができる。

3.2 二相エマルジョン系

水への溶解性に乏しいリン脂質を有機溶媒に溶解もしくは分散させた有機溶媒相と酵素やアクセプターを溶解させた水相とを撹拌混合してエマルジョンとし，界面で酵素反応させる系である。反応後に静置もしくは遠心分離等により有機溶媒相に含まれる転移リン脂質を容易に回収できたり，反応後の水相に新たな基質分散媒を添加することで連続バッチ式に反応させることができる[17]。しかし，撹拌速度が酵素反応性に大きな影響を及ぼしたり，均一なエマルジョンを形成させるために絶えず撹拌混合するエネルギーが必要となる。単相ミセル系と比較して加水分解反応を抑制することが可能であるが，酵素の反応速度は低下する傾向にある。使用される有機溶媒には，水に不溶な四塩化炭素，クロロホルム，ジクロロメタン，イソオクタン，ベンゼン，ヘキサン，ジエチルエーテルおよび酢酸エチル等が利用されているが，基質の凝集や酵素の変性による不活性化や反応阻害を引き起こす場合がある[18, 19]。Junejaらは，酢酸エチルを基質分散媒とした二相系反応において，PCからPSへの転移反応について解析し，PCより遊離したコリンがPLDの酵素反応を阻害することを明らかにした。遊離したコリンをコリンオキシダーゼとカタラーゼで分解することで，PS生成率の向上に成功している[20]。数多くの研究報告より，ジエチルエーテルや酢酸エチルを基質分散媒とするのが最も有効のようである。研究レベルではこれら有機溶媒を使用することに特に問題はない。しかし，転移リン脂質を食品に応用する場合は，食品衛生法の観点からも使用することはできない。食品衛生法で認可されている有機溶媒は，ヘキサン，エタノール，アセトンのみであり，加工助剤として認可されているため，最終製品への残留は認められない。

3.3 無水系

反応系に存在する水（自由水）は，基質の加水分解反応を進行させ，転移リン脂質の収量を低下させる直接的な要因となる。反応液中の水を極力なくすために，脱水処理した有機溶媒のみを反応溶媒とする反応系が無水系である。しかし，有機溶媒の種類によっては，溶媒との接触により酵素が変性し，反応そのものが進行しない場合もある[20, 21]。RichとKhmelnitskyは，放線菌PLDを高濃度の塩化カリウムを含む緩衝液に溶解し，凍結乾燥して得られた標品（塩活性化酵素）を用いることで，無水クロロホルム中においても安定した活性を示すことを報告している。さらに，基質PCより遊離したコリンを陽イオン交換樹脂で捕捉させ，各種芳香族アルコールの効率的なリン脂質誘導化に成功している[22]。DongとSu-jiaは，塩活性化ピーナッツPLDを用いて，陽イオン交換樹脂を添加した無水ジエチルエーテル中で，酵素反応を行い，副反応の加水分解反応を完全に抑制して，PGを90％以上の変換率で合成している[23]。また，Wongsakulらは，放線菌およびピーナッツPLDを同様な方法で塩活性化処理して，無水クロロホルム中で酵素反応を行いPEを100％の変換率で合成しているが，二相系反応と比較して反応速度が1/4に低下することを報告している[24]。RichとKhmelnitskyおよびDongとSu-jiaは，各種の無水有機溶媒で検討しているが，無水ヘキサンを用いた場合，変換率は30％程度と低いようである[22, 23]。

4　機能性リン脂質の合成と産業利用への展望

リン脂質を改良し，機能性を向上させ，さらに新たな用途開発を行うことが油脂工業界さらには食品・医薬品分野で望まれている。PLDのホスファチジル基転移触媒能を利用した機能性リン脂質の合成に関して，具体的な応用例を紹介する。

Nagaoらは，PCとL-アスコルビン酸（ビタミンC）から，6-ホスファチジル-L-アスコルビン酸を合成し，PCの過酸化をL-アスコルビン酸よりも効果的に抑制することを見出している[25, 26]。

Kogaらの研究グループは，ビタミンE誘導体の2,5,7,8-テトラメチル-6-ヒドロキシ-2-(ヒドロキシエチル) クロマンをアクセプターにしてホスファチジルクロマノール（PCh）を合成し[27]，ラードの自動酸化に対する抗酸化作用が，ビタミンEやビタミンEとPCの共存による相乗的抗酸化作用よりもさらに高く[28]，フリーラジカルによる酸化的ダメージによって発症するヒト赤血球の溶血を著しく抑制する効果があることを明らかにし，酸化的細胞傷害に対して効果的な保護剤となることを示唆した[29]。さらに，PChをホスホリパーゼCを用いてジアシルグリセロールを遊離させたクロマノールリン酸（Ch-P）は，ビタミンEやその誘導体およびPChに比べ中性水溶液に高い溶解性を示し，ラット脳ホモジネートの自動酸化および魚油エマルジョンの過酸化を効果的に抑制したことから，新規な水溶性酸化防止剤として食品や医薬品への応用が期待されている[30]。

新保らは，アシル鎖長の異なるPCを基質に放線菌PLDを用いた二相系反応で，コウジ酸を18～46％の収率でリン脂質誘導化している。得られたホスファチジルコウジ酸について，細胞膜に対する親和性をラット肝ミトコンドリア膜膨潤化能で評価したところ，アシル鎖長が8および10の標品は効果があり，マッシュルームチロシナーゼのメラニン生成抑制はあるものの，コウジ酸単独よりも阻害活性が低いことを報告している[31]。

Hidakaらは，ビタミンB群（チアミン，パントテン酸およびそれら誘導体）のリン脂質誘導化を検討し，PCの95％をホスファチジルチアミンに変換している。水溶性ビタミンに親油性が付与されることで，細胞膜への親和性が向上し，細胞内ビタミン輸送の改善が期待されている[32]。

TakamiとSuzukiは，水溶性のゲニピンをリン脂質誘導化することで，細胞膜に対する親和性が向上すると共に細胞膜内への輸送が改善され，Hela細胞（ヒト子宮頸がん細胞），MT-4細胞（ヒトT細胞白血病原因レトロウイルスHTLV-I陽性細胞）およびHEL細胞（ヒト胎児肺繊維芽細胞）に対する細胞毒性効果が顕著に増強されることを報告している[33]。

Friedmanらは，リゾホスファチジルコリンにPLDを作用させることで，グリセロール骨格の*sn*-2位ヒドロキシル基への分子内ホスファチジル基転移により，環状リゾホスファチジン酸（cPA）が生成することを見出した[34]。cPAは，多くの生物種に普遍的に存在する安定なリン脂質であるが，微量な生体成分であり，ヒアルロン酸合成の誘導，アクアポリン産生の促進，セラミドの蓄積，表皮角化細胞トランスグルタミナーゼの発現促進，アクチンストレスファイバーの構築と再構成などといった生理活性を示すことが明らかとなっている。これらのことから新しい脂質メディエーターとして注目され，基礎化粧品への応用が展開されている[35]。

酵素阻害剤などの医薬製剤をPLDのホスファチジル基転移触媒能を利用してリン脂質へ誘導化し，生体に対する毒性の軽減，プロドラッグ化や病原に対する親和性の向上に成功している。

Wangらは，癌治療の効果的な化学療法薬の1つであるシトシンβ-D-アラビノフラノシド，糖尿病の治療薬，抗ウイルス剤および抗癌剤として利用されているグリコシダーゼ阻害剤のアザ糖をそれぞれ高い収率でリン脂質誘導化している。インテグリンの吸着レセプターペプチド（Arg-Gly-Asp）を含む合成ペプチドをα-N-6-ヒドロキシヘキサン誘導体を介してリン脂質誘導化したホスファチジルペプチドのリポソームは，インテグリンへのフィブロネクチンの吸着を効果的に阻害することが明らかとなった[36]。

ウラシル誘導体の5-フルオロウラシル（5-FU）は，ウラシルと拮抗的に作用してDNA合成を阻害する最も効果的な抗癌剤の1つである。一方，5-FUにリボースが結合した5-フルオロウリジン（5-FUR）は*in vitro*において5-FUよりも強力な抗腫瘍活性を示すが，小腸に対する毒性が顕著に高く，経口投与に制限がある。Shutoらは，5-FURの深刻な小腸への毒性をリン脂質化することで低減化した抗腫瘍プロドラッグ5'-ホスファチジル-5-FUR（細胞内PLCによって加水分解され，FUR 5'-リン酸を放出する）を開発し，ネズミにおける白血病および繊維肉腫症に対して優れた抗腫瘍活性を示すことを明らかにした[37]。

Yamamotoらは，ゲラニオール，ファルネソール，ゲラニルゲラニオール，フィトールなどのテルペン化合物をリン脂質誘導化し，単相ミセル系反応により大豆PCの90％をホスファチジルゲラニオールに変換するが，イソプレン単位の増加に伴い変換率が低下することを報告している[38]。さらに，ペリリルアルコール，ミルテノールおよびネロールのモノテルペンアルコールをそれぞれ79％，87％および91％の変換率でリン脂質誘導化し，PC-3細胞（ヒト前立腺癌細胞）およびHL-60（ヒト骨髄性白血病細胞）に対する増殖抑制効果を検討したところ，それらモノテルペンアルコールそのものでは400μMでも効果がなかったのに対し，ホスファチジルモノテルペンアルコールでは100μMで顕著に生存率が低下し，高い増殖抑制効果を示すことを明らかにした[39]。

細菌やウイルスは，消化器の細胞表層に局在するシアル酸を認識して結合することで感染する。シアル酸誘導体が抗炎症剤や抗ウイルス剤として応用されているが，ウイルスに対する親和性が小さいため治癒効果が低い。Koketsuらは，嵩高いシアル酸を直接アクセプターとせずに，1,8-オクタンジオールをPLDのホスファチジル基転移反応でスペーサーに介した後，N-アセチルノイラミン酸（シアル酸）を縮合させてシアリルリン脂質を合成した。シアリルリン脂質をリポソーム化したものは，シアル酸単独に比べ，ロタウイルスに対して1,000倍高い阻害活性を示し，新規な抗ロタウイルス薬になると期待されている[40]。

PLDはリン脂質のみならず，グリセロール骨格がなく，疎水性の高いアルキル鎖を有するリン酸エステルにも作用することが報告されている。ヘキサデシルホスホコリン（別名：

miltefosine）は癌細胞の増殖を抑制する抗悪性腫瘍薬として，現在でも使用されている。しかし，胃腸への毒性が高いため，経口投与する量に制限があるばかりでなく，高い溶血活性を示すことから静脈投与はできない。ヘキサデシルホスホコリンの極性基コリンをPLDのホスファチジル基転移能を利用してセリン[41]や含窒素複素環を有するヒドロキシル化合物[42]に置換して，溶血活性を低減させた新規なアルキルリン酸エステル（APC）が合成されている。APCの抗腫瘍メカニズムは旧来の抗癌剤のようにDNAの複製と転写レベルを抑制するものではなく，細胞膜と細胞内のシグナル伝達経路を阻害するためと考えられている。一方，プロテインキナーゼC（PKC）は細胞の増殖や分化に関与している細胞内シグナル伝達系の鍵酵素であり，PKCの異常な活性化による過剰なタンパク質リン酸化は，癌などの疾病を引き起こすことが知られている。生体内でPKCはPLDによるリン脂質の加水分解で生成するPAにより活性化し，ホスホリパーゼCにより生成するジアシルグリセロール（DAG）はPKCの強力な賦活剤となる。一方，リン脂質とは異なり，グリセロール骨格のないAPCからPAとDAGは生成されず，PKCの活性化を亢進しない[43]。Bossiらは放線菌PLDの基質要求性について調べ，APCのみならず，リン酸基のないラウリルコリンにも作用し，コリンを遊離させることを報告しており[44]，PLDのホスファチジル基転移触媒能を応用した新規な酵素阻害剤の開発が期待されている。

5　おわりに

著者らは，PLDのホスファチジル基転移能を利用して，新規な機能性リン脂質を調製し，食品，香粧品および医薬品へ応用することを目指している。酵素反応を利用した化合物の合成は，有機合成に比べ温度やpHなどの反応条件が穏やかなため，目的化合物の変質や変色，酸化分解などの副反応が進行にしにくく，基質特異性および反応特異性も高いことから，効率的な合成手段となる。しかし，産業への応用を考える場合，食品においては食品衛生法，香粧品と医薬品においては薬事法の法規に従った調製手段を考慮しなければならない。特に目的とする化合物が脂質のような脂溶性の場合には，水よりも極性の低い溶媒の使用が必須であり，法規に従い，かつ効率的な合成ならびに抽出手段を見出すのは容易ではないであろう。著者らの最大の課題は，「如何に基質の加水分解を抑制して，効率的にホスファチジル基転移させるか」であり，この課題をクリアするためには酵素化学のみならず，他分野の新しい知見や技術革新が不可欠であろう。国内外問わず，今後のPLD研究のドラマティックな発展を切に願う。

文　　献

1) S. F. Yang *et al.*, *J. Biol. Chem.* **242**, 477 (1967)
2) A. J. Morris *et al.*, *Trends Pharmacol. Sci.* **5**, 182 (1996)
3) S. M. Hammond, *et al.*, *J. Biol. Chem.* **272**, 3860 (1997)
4) X. Wang, *Curr. Opin. Plant Biol.* **5**, 408 (2002)
5) W. Qin *et al.*, *J. Biol. Chem.* **272**, 28267 (1997)
6) C. Wang, & X. Wang, *Plant Physiol.* **127**, 1102 (2001)
7) C. Qin & X. Wang, *Plant Physiol.* **128**, 1057 (2002)
8) G. Li *et al.*, *Cell Res.* **17**, 881 (2007)
9) Q. Liu *et al.*, *BMC Plant Biol.* **10**, 117 (2010)
10) H. Sato *et al.*, *Food Sci. Technol. Res.* **6**, 29 (2000)
11) Y. Nakazawa *et al.*, *Protein J.* **25**, 212 (2006)
12) 中村俊一, 蛋白質核酸酵素 **44**, 1007 (1999)
13) C. P. Ponting & I. D. Keer, *Protein Sci.* **5**, 914 (1996)
14) S. Imamura & Y. Horiuti, *J. Biochem.* **85**, 79 (1979)
15) R. Ulbrich-Hofmann *et al.*, *Biotechnol. Lett.* **27**, 535 (2005)
16) Y. Nakazawa *et al.*, *Protein J.* **29**, 598 (2010)
17) L. R. Juneja *et al.*, *J. Ferment. Bioeng.* **73**, 357 (1992)
18) F. Hirch *et al.*, *Enzyme Microb. Technol.* **20**, 453 (1997)
19) F. Hirch & R. Ulbrich-Hofmann, *Biochim. Biophys. Acta.* **1436**, 383 (1999)
20) P. D'Arrigo *et al.*, *J. Chem. Soc. Perkin Trans. I* **21**, 2651 (1996)
21) M. Takami & Y. Suzuki, *J. Ferment. Bioeng.* **79**, 313 (1995)
22) J. O. Rich & Y. L. Khmelnitsky, *Biotechnol. Bioeng.* **72**, 374 (2001)
23) C. Dong & S. Su-jia, *Eur. J. Lipid Sci. Technol.* **110**, 48 (2008)
24) S. Wongsakul *et al.*, *Eur. J. Lipid Sci. Technol.* **106**, 665 (2004)
25) A. Nagao & J. Terao, Biochem. *Biophys. Res. Commun.* **172**, 385 (1990)
26) A. Nagao *et al.*, *Lipids* **26**, 390 (1991)
27) T. Koga *et al.*, *Lipids* **29**, 83 (1994)
28) T. Koga & J. Terao, *J. Agric. Food Chem.* **42**, 1291 (1994)
29) T. Koga *et al.*, *Lipids* **33**, 589-595 (1998)
30) S. Miyamoto *et al.*, *Biosci. Biotechnol. Biochem.* **62**, 2463 (1998)
31) 新保喜久雄ほか, 油化学 **44**, 579 (1995)
32) N. Hidaka *et al.*, *J. Nutr. Sci. Vitaminol.* **54**, 255 (2008)
33) M. Takami & Y. Suzuki, *Biosci. Biotech. Biochem.* **58**, 1897 (1994)
34) P. Friedman *et al.*, *J. Biol. Chem.* **271**, 953 (1996)
35) 室伏きみ子, 田中信治, *BIO INDUSTRY* **26**, 5 (2009)
36) P. Wang *et al.*, *J. Am. Chem. Soc.* **115**, 10487 (1993)
37) S. Shuto *et al.*, *Bioorg. Med. Chem.* **3**, 235-243 (1995)
38) Y. Yamamoto *et al.*, *J. Am. Oil. Chem. Soc.* **85**, 313 (2008)
39) Y. Yamamoto *et al.*, *Bioorg. Med. Chem. Lett.* **18**, 4044 (2008)

40） M. Koketsu *et al.*, *J. Med. Chem.* **40**, 3332（1997）
41） H. Brachwitz *et al.*, *Bioorg. Med. Chem. Lett.* **7**, 1739（1997）
42） I. Aurich *et al.*, *Biotechnol. Lett.* **19**, 875（1997）
43） M. Agresta *et al.*, *Chem. Phys. Lipids* **126**, 201（2003）
44） L. Bossi *et al.*, *J. Mol. Cat. B: Enzym.* **11**, 433（2001）

第16章　リパーゼ反応を利用した油脂加工：反応におよぼす水の影響

島田裕司*

1　はじめに

リパーゼは水に不溶性の長鎖脂肪酸エステルを加水分解する酵素である。その反応条件をうまく設定することにより，加水分解だけでなくエステル化，エステル交換も触媒する。また，基質特異性として脂肪酸（FA）特異性，アルコール特異性，位置特異性などを有している。このリパーゼ反応と基質特異性をうまく組み合わせることにより油脂の高度加工が可能になる。実際，油脂産業界では加水分解反応を利用したFAの製造，高度不飽和脂肪酸（PUFA; polyunsaturated fatty acid）を認識しにくいというFA特異性と加水分解を利用したPUFA高含有油の製造，グリセリンとFAをエステル化するグリセリドの製造，グリセリドの1,3-位のエステル結合だけを認識する酵素を触媒としたエステル交換を利用したカカオ脂代替脂や母乳代用脂の製造など，リパーゼは油脂の高度加工になくてはならない触媒として重宝されている。また，リパーゼ反応は化学反応に比べて副反応が少なく，反応産物の精製は化学法を採用したときに比べて容易であるという利点も合わさり，リパーゼ反応を利用した油脂の高度加工はますます注目されるようなっている。

リパーゼの反応の場は油相であり，油相中の水分量が反応に大きく影響する。油の加水分解においては油相中に水を供給し，生産物であるグリセリンを油相から排除できれば加水分解率を高めることができる。エステル化では油相中の水を除去することによって反応の平衡をエステル化に傾けることができる。また，エステル交換では，反応系中に微量の水が存在しても，副反応（加水分解）が進行する。さらに，反応系に存在する極微量の水を強制的に除去すると，リパーゼは失活したり，その基質特異性が変化することもある。そこで，本章ではリパーゼ反応を制御する上で最も重要な因子の一つである水分量に着目し，油脂加工に利用できるリパーゼ反応について解説する。

2　減圧下で脱水する反応

2.1　トリグリセリド（TG）の製造

トリグリセリド（TG）は，リパーゼを触媒としてグリセリンとFAをエステル化することによ

＊ Yuji Shimada　岡村製油㈱　商品企画開発室　室長

り合成することができる。反応温度を50℃以上に設定すると自発的な分子内アシル基転移が起こりやすくなるので，位置特異性において非特異的な酵素だけでなく，1,3-位特異的な酵素を用いてもTGの合成は可能である。グリセリン1モルに対してFAを3モル以上加えると効率よくTGを合成することができる[1,2]。このエステル化で生成してくる水を除去すると，エステル化率は上昇し，反応系中のTG含量は90％以上に達する。また，*Candida antarctica*リパーゼはPUFAも良く認識するので，この酵素を用いるとPUFAのTGを合成することもできる。

PUFAに対する活性が弱い1,3-位特異的リパーゼ（例えば，*Rhizomucor miehei*リパーゼ）を用いて，PUFAを多く含むFA混合物とグリセリンを脱水しながらエステル化した反応を図1に示す。まずPUFA以外のFAがグリセリンの1,3-位にエステル結合する。その後アシル基転移が起こり，結合したFAは1(3)-位から2-位に移動する。反応系中の未反応FA画分にはPUFAが濃縮されてくるため，1(3)-位にPUFAが結合するようになる。反応終期の未反応FAの大部分はPUFAとなり，1,3-位に結合したFAとエステル交換されながら平衡に達する。こうして合成されたTGの1,3-位にはPUFAが多く分布し，2-位にはPUFA以外のFAが多く分布する。ドコサヘキサエン酸（DHA）含量46％のFA混合物を用い，グリセリンに対するFA量を3モルとし，30℃，2kPaで脱水しながら反応させると，TG含量は90％に達し，DHAは1,3-位に50％，2-位に15％分布していた[3]。魚油などのPUFA含有油は，1,3-位にPUFA以外のFAが多く分布し，2-位にPUFAが多く分布している。PUFAを認識しにくい1,3-位特異的酵素を用いて合成したTGにおけるPUFAの位置分布は天然型とは逆である。TGの栄養や物性とFAの位置分布の関係が注目されており，天然型と異なる合成TGは基礎研究の材料としても興味深い。

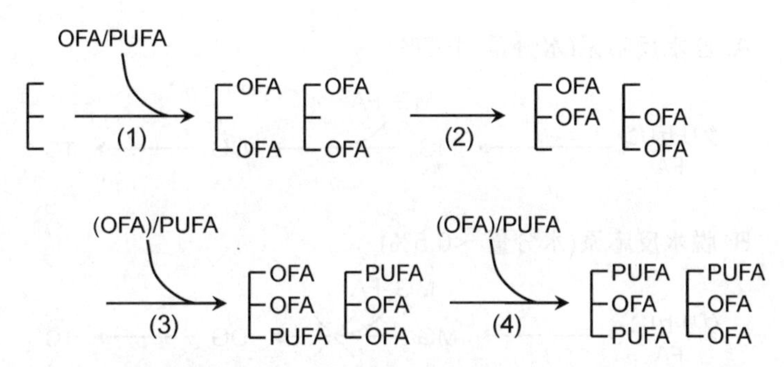

図1　*R. miehei*固定化リパーゼを用いたPUFAを含むFAとグリセリンのエステル化

エステル化率を95％以上に高めるため，2～5kPaで脱水しながら反応を行う。(1) エステル化：PUFA以外の脂肪酸（OFA）が優先してグリセリンの1,3-位に結合する。(2) 自発的なアシル基転移。(3) エステル化：未反応FA画分にはOFAより高濃度のPUFAが存在する。したがって，PUFAも1,3-位に結合する。(4) 未反応FAの大部分はPUFAであり，PUFAと1,3-位のFAがエステル交換されながら平衡に達する。

2.2 モノグリセリド（MG）の製造

エステル化を利用したグリセリド合成において，グリセリンに対して3モル以上のFAを用いるとTGが合成でき，2モルのFAを用いるとジグリセリド（DG）が合成でき，FA量を1モル以下に設定するとMGを合成できる。有機溶媒を使わないMG合成系として，反応液が半固体状になる温度での反応と，脱水しながらの反応が提案されている。前者の反応は，基質の物性変化で説明することができる。MGを合成する反応液中にはFA，グリセリン，MG，DG，TGが存在し，この中でMGの融点が最も高い。したがって，MGだけが固化する温度で反応を行うと，酵素は固体状のMGを認識しにくいため，合成されたMGは反応系外に排除されて反応に関与しなくなる。その結果，反応系中にMGが優先的に蓄積する[4~6]。

後者の脱水しながらの反応として，*Penicillium camembertii* リパーゼを触媒とした反応が報告されている。この酵素は，加水分解反応において部分グリセリドをよく認識するがTGを認識しにくい部分グリセリドリパーゼであり，グリセリンとFAのエステル化に用いると，MGとDGは合成するがTGは合成しない。本酵素を用いたグリセリンとFAのエステル化において，反応系中に数%の水が含まれていてもエステル化は効率よく進行し，エステル化率は80%に達する。しかし，この含水反応系で，酵素はグリセリン，FA，MGを基質として認識するため，MGとDGはほぼ等重量合成される（図2A）[7]。一方，酵素溶液由来の水，およびエステル化によって生成してくる水を除去する脱水反応系（反応系中の水分量は0.5%以下）では，エステル化率は95%以上に達し，合成産物の90%以上がMGとなる（図2B）。この現象は，脱水することにより本酵素の一部の結合水が除去され，その結果，グリセリンとFAを基質として認識するがMGを認識しないという酵素の基質特異性の変化で説明されている[8]。

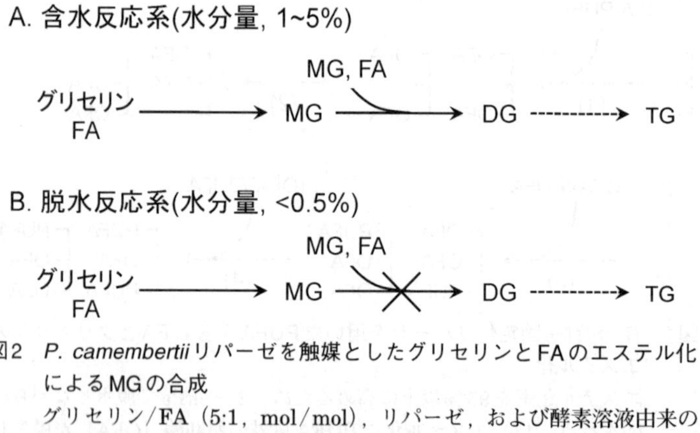

A. 含水反応系(水分量, 1~5%)

グリセリン FA → MG —(MG, FA)→ DG ----→ TG

B. 脱水反応系(水分量, <0.5%)

グリセリン FA → MG —(MG, FA)✕→ DG ----→ TG

図2 *P. camembertii* リパーゼを触媒としたグリセリンとFAのエステル化によるMGの合成

グリセリン/FA（5:1，mol/mol），リパーゼ，および酵素溶液由来の水（2%）からなる反応液を30℃で撹拌しながら反応させた。A．含水反応系（脱水しない反応）。酵素はグリセリン，FA，MGを認識し，MGとDGをほぼ等量合成する。B．脱水反応系（0.7kPaで脱水しながら反応）。MGからDGへの変換反応は起こらない。

3　水-油の二相系を利用する反応

3.1　リパーゼの構造と機能の相関関係

リパーゼは水に不溶性の長鎖FAエステルをよく認識するが，水溶性の短鎖FAエステルは認識しにくい。この性質について，リパーゼは水-油の界面を認識して機能する酵素（界面活性化現象）であると漠然とした説明がなされていた。そして1990年，ヒト膵臓リパーゼ[9]と*R. miehei*リパーゼのX-線結晶構造[10]が同時に発表され，界面活性化現象と構造との相関が明らかになった。

リパーゼの活性中心はリッドと呼ばれる1～3本のα-へリックスで覆われている。このへリックスは，外側に親水性のアミノ酸，内側に疎水性のアミノ酸が分布している両親媒性の構造になっている。したがって，水中に存在しているリパーゼ分子の活性中心はリッドで覆われており，水溶性の基質は活性中心に入り込めず，酵素は活性を発現しない（図3a）。一方，反応系中に油滴が存在すると，リパーゼ分子は水-油の界面に到達した後，リッドと活性中心の間に油が侵入してリッドが開く。その結果，疎水性アミノ酸が多く分布している活性中心は油相側を向いて解放され，酵素は油相中の基質を認識する（図3b）。リパーゼは水溶性の基質を認識できず疎水性の基質だけを認識するという界面活性化現象は，リッドを持ったリパーゼ特有の構造によって説明されている。

3.2　油相中の成分によって決まる反応の平衡

リパーゼ反応の場は油と水の界面であり，その活性中心は油相中に存在している。したがって，水-油の二相系での反応は，油相中の成分に影響され，水相中の成分による影響は受けにくい。この仮説を基に，20％の水を加えた水-油の二相系で*Candida rugosa*リパーゼを触媒としてオ

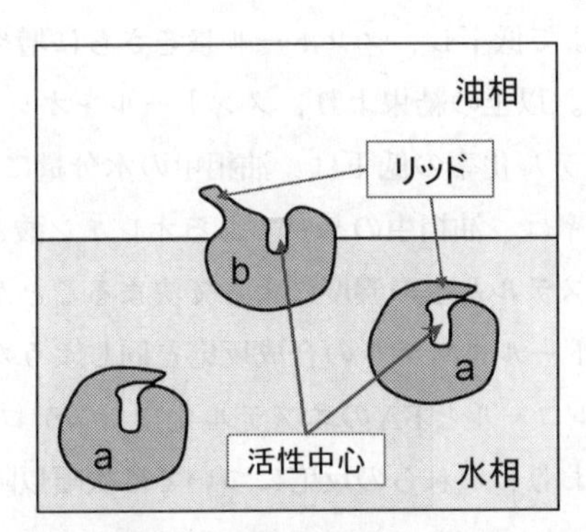

図3　油と水の界面で機能するリパーゼ
a，水相に存在するリパーゼ分子。活性中心はリッドで覆われており，基質は活性中心に近づくことはできない。b，油と水の界面に存在するリパーゼ分子。リッドが開き，活性中心は油相中に解放される。油相中の基質は活性中心に入り込むことができる。

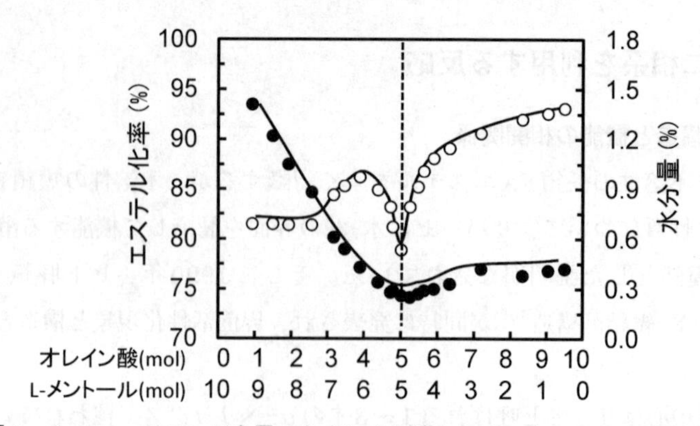

図4　*C. rugosa*リパーゼを用いたオレイン酸とL-メントールのエステル化
水を20％含む反応系でオレイン酸とL-メントールの割合を変えて30℃でエステル化を行い，平衡に達したときのエステル化率を求めた。○，エステル化率；オレイン酸を過剰量用いた反応ではメントールのエステル化率を，メントールを過剰量用いたときのエステル化率はオレイン酸のエステル化率を示した。●，油相の水分量。

レイン酸とL-メントールをエステル化し，反応の平衡状態におけるエステル化率を詳細に検討した（図4）。オレイン酸とメントールを等モル用いたときのエステル化率は79％であり，オレイン酸量を増やすと，メントールのエステル化率は93％まで上昇した。一方，メントールを過剰量用いた反応では，オレイン酸に対して1.5モル以下のメントールを用いたとき，オレイン酸のエステル化率はメントール量に依存して上昇した。しかし，1.5モル以上にするとエステル化率は減少し，82％で一定値に達した。これらの反応において，油相中の水分量を測定した結果，オレイン酸に対して10倍量のメントールを用いた反応の油相中の水分量は1.4％で，メントール量の増加に伴い油相中の水分量は減少した。オレイン酸とメントールの量が等モル量になったとき，油相中の水分量は0.3％まで低下し，メントール量をさらに増やしても油相中の水分量に顕著な変化は認められなかった。以上の結果より，メントールをオレイン酸に対して1.5モル以上加えたときに観察されたエステル化率の低下は，油相中の水分量によって説明することができ，平衡状態におけるエステル化率は，油相中の基質であるオレイン酸とメントールの濃度，および反応産物であるメントールエステルと水の濃度によって決まることが分かった。

水-油の二相系でのL-メントールエステルの合成反応と同じような現象は，ラウリルアルコール（LauOH）など脂肪族アルコールとFAのエステル化や，ステロール（StOH）とFAのエステル化においても認められており，これらの反応については次項以降で紹介する。

3.3　LauOHとFAのエステル化を利用したPUFAの精製

リパーゼはPUFAを認識しにくいという性質を持っている。このFA特異性を利用してPUFAを濃縮する3つの反応を図5に示す。まず，PUFA含有油を加水分解するとPUFA以外のFAのエステル結合が加水分解され，PUFAを未分解グリセリド画分に濃縮することができる[11]。また，

1. PUFA含有油の加水分解

PUFA含有油 ＋ H_2O ⟶ 未分解グリセリド (PUFA高含有油) ＋ PUFA以外の脂肪酸 ＋ グリセリン

2. PUFAを含む脂肪酸とアルコールのエステル化

FA, PUFA ＋ ROH ⟶ FA-Est ＋ PUFA ＋ H_2O

3. PUFAEEを含む脂肪酸エチルのアルコールによるアルコリシス

FAEE, PUFAEE ＋ ROH ⟶ FA-Est ＋ PUFAEE ＋ EtOH

図5　PUFAの濃縮に利用できる3つの反応

PUFA含有油を加水分解して調製したFA混液をアルコールでエステル化するとPUFAを未反応のFA画分に濃縮することができる[12, 13]。さらに，PUFA含有油をエタノリシスして調製したFAエチルエステル（FAEE）をアルコリシスするとPUFA以外のFAEEは用いたアルコールでエステル交換され，PUFAは未反応FAEE画分に濃縮することができる[13, 14]。エステル化やアルコリシスを利用した選択反応において，LauOHの使用はPUFAを収率よく高濃度に濃縮できる[15]。加えて，選択反応後の反応液からPUFA，PUFAEEを精製するのに沸点（分子量）の差を利用した蒸留法を採用するなら，脂肪族アルコールの中でLauOHが最も効果的である[16]。

以上の3つのPUFA濃縮反応のうち，エステル化は水20％を含む反応系であってもPUFA以外のFAのエステル化率は80％以上に達し，水分量を変化させても反応系中の全FAに対するエステル化率，およびPUFAの濃縮率に顕著な差は認められない[13]。この結果も3. 2項で述べた水-油の二相系でのリパーゼ反応の平衡を決めている因子は，油相中の反応に関与している成分の濃度で説明できる。なお，このLauOHを用いた選択的エステル化を組み込んだプロセスにより，DHAは90％以上，アラキドン酸やジホモγ-リノレン酸は95％，γ-リノレン酸は98％まで精製することができる[13]。

3. 4　二相系の反応を利用したトコフェロールとステロール（StOH）の精製

近年の健康志向への高まりから，抗酸化活性を有するトコフェロールや血中コレステロール値を下げる機能を有するStOHが注目されている。これら2つの有用物質は，植物油の脱臭工程からの副産物である脱臭留出物（VODD，vegetable oil deodorizer distillate）から各社各様のプロセスで精製されている。しかし，従来プロセスではトコフェロールとStOHを効率よく分離することができず，またStOHの回収率も低く，プロセスの改良が求められていた。そこで筆者らは，水-油の二相系を使うと加水分解とエステル化が同時進行することに着目し，含水系でのエステル化を組み込んだプロセスを提案してきた[13]。

VODDからトコフェロールおよびStOHの精製プロセスの概略を図6に示す。VODD中にはFA，グリセリド（MG，DG，TG），トコフェロール，StOH，FAステロールエステル（FAStE）が主成分として含まれている。まず，VODDを分子蒸留により低沸点物質画分と高沸点物質画

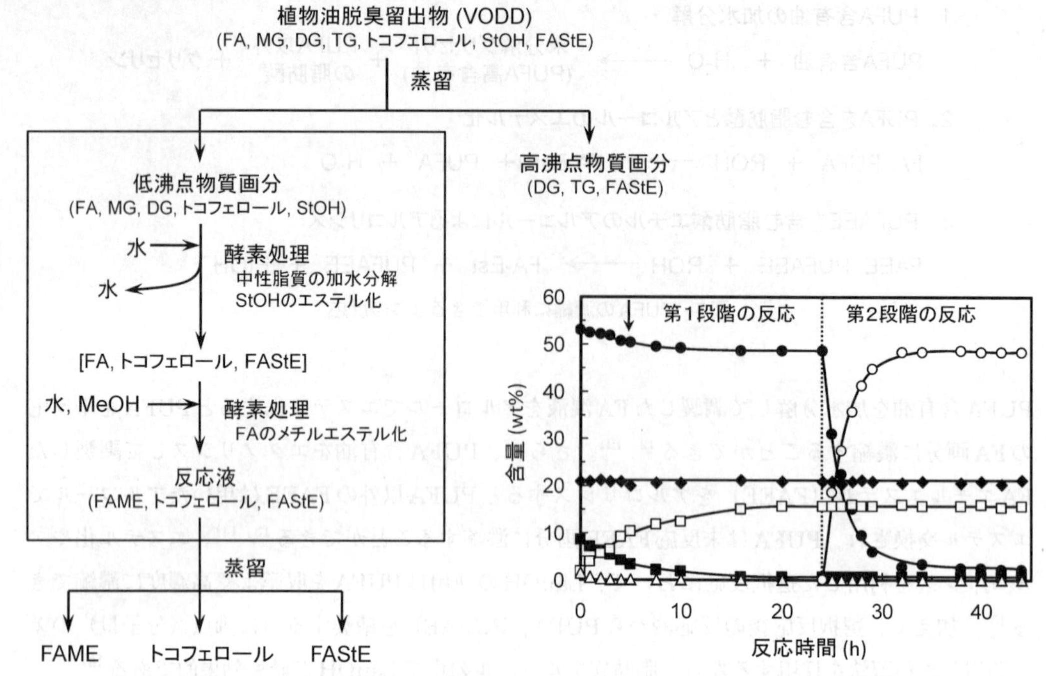

図6　酵素反応と蒸留を組み合わせたプロセスによるVODDからトコフェロールとStOHの精製
低沸点物質画分の酵素処理：低沸点物質画分，10％の水，250U/gの*C. rugosa*リパーゼからなる反応液を40℃で撹拌した。反応を開始して5時間後（矢印）から減圧下（3kPa）で脱水しながら反応を継続した。24時間後（破線）に，20％の水，残存FAに対して7モルのMeOH，および25U/gの*Alcaligenes*属リパーゼを加え，脱水せずに30℃で反応を継続させた。●，FA；○，FAME；■，StOH；□，FAStE；△，グリセリド；◆，トコフェロール。

分に分ける。低沸点物質画分の主成分はFA，MG，DG，トコフェロール，StOHで，高沸点物質画分の主成分はDG，TG，FAStEである。低沸点物質画分に含まれているトコフェロールを収率よく高純度に精製するために，①グリセリドを加水分解し，②StOHをFAでエステル化し，さらに③未反応のFAをメチルエステル化する。その結果，反応液中の主成分はFAメチルエステル（FAME），トコフェロール，FAStEとなる。この3成分の沸点は大きく異なるため，分子蒸留で収率よく分画することができる。この戦略にしたがい，3つの反応を1つの反応槽内で進行させる反応系を構築した。まず，*C. rugosa*リパーゼを用い低沸点物質画分に10％の水を加えて撹拌する。反応初期にグリセリドはほぼ完全に加水分解される。なお，StOHのエステル化は油相中の水分量に依存して進行するため，10％の水が含まれていてもエステル化は効率よく進行し，エステル化率は80％に達する。StOHのエステル化率をさらに高めるために，反応系を減圧にして水を除去すると，StOHのエステル化率は95％まで上昇する。なおこの反応において，系中のグリセリン濃度は低いため，脱水してもFAとグリセリンのエステル化は進行しない。グリセリドの加水分解とStOHのエステル化が終了した時点で，水とメタノール（MeOH）を加え，

*Alcaligenes*属リパーゼを触媒として反応させるとFAStE量は変化せず，未反応FAの95％がメチルエステル化される（図6，挿入図）。得られた反応液を分子蒸留に供し，沸点の差を利用してトコフェロールとFAStEの分画を行った。その結果，トコフェロールは収率90％で純度75％まで高めることができ，StOHはFAStEとして収率86％で純度97％まで高めることができた[17]。このプロセスの開発によりトコフェロールとStOHの回収率を大幅に改善させることができた。

3.5　グリセリン添加による油相中の水分除去

リパーゼはFAと低級アルコールのエステル化を触媒する。特に*C. antarctica*リパーゼが効果的であり，FAに対して5倍モル量のMeOHでエステル化すると，反応によって生成する水を除去しなくてもエステル化率は95％に達する。このエステル化率をさらに高めるために，1回目のメチルエステル化の反応産物を原料とし，未反応のFAに対して1モル，5モル，10モルのMeOHを添加して2回目の反応を行った。その結果，未反応FAに対するエステル化率は，それぞれ8％，40％，50％とMeOH量に依存して増加した。また，これらの反応液にグリセリンを10％になるように加えると，それぞれのエステル化率は68％，72％，71％と飛躍的に上昇し，いずれの反応においても，2回反応による全エステル化率は98％以上に達した。このグリセリン添加によるエステル化率の上昇は，エステル化によって生成した水が反応系中のグリセリン層に引き抜かれ，油相中の水分含量が少なくなったことによると説明されている[18]。

4　大量のエタノール（EtOH）を添加する脱水反応

*C. antarctica*リパーゼは，反応による位置特異性の変化が報告されている。グリセリンとFAをエステル化してTGを合成する反応ではグリセリンの1,3-位の水酸基を優先するものの全て（1,2,3-位）の水酸基を認識する[1]。また，TGに対して1/2モル量以下のEtOHを加えたエタノリシスでは，グリセリン骨格の1,2,3-位を全て同じように認識する（図7A）。一方，TGに対して3倍重量以上のEtOH存在下でエタノリシスすると，1,3-位しか認識せず，反応産物は2-MG

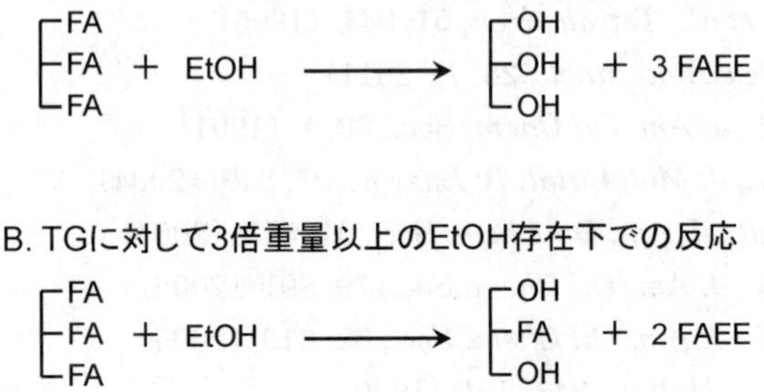

A. TGに対して1/2モル量以下のEtOH存在下での反応

FA / FA / FA ＋ EtOH ⟶ OH / OH / OH ＋ 3 FAEE

B. TGに対して3倍重量以上のEtOH存在下での反応

FA / FA / FA ＋ EtOH ⟶ OH / FA / OH ＋ 2 FAEE

図7　*C. antarctica*リパーゼの位置特異性におよぼす反応系中のEtOH濃度の影響

とFAEEになる（図7B）[19, 20]。この反応は，系中に大量のEtOHが存在すると酵素の結合水の一部が酵素分子から離脱し，その結果，2-位のエステル結合が認識できなくなるという酵素の基質特異性（位置特異性）の変化で説明することができる[21]。なお，この反応はTGの1,3-位に分布しているFA組成と，2-位に分布しているFA組成の分析（TGの位置特異的分析）に用いることができる[20]。

5 おわりに

一般に酵素の結合水は安定性や活性発現に大きく影響すると言われているが，この現象を積極的に取り扱った研究はほとんどない。一方，リパーゼはppmレベルの水しか含んでいない超微水系でも活性を示し，この水が反応の平衡に大きく関与することを紹介した。また，超微量の水分を制御しようとすると，場合によっては酵素の結合水も取り去ってしまう。酵素の結合水は酵素の安定性に影響をおよぼすだけでなく，基質特異性も変えてしまうという事例についても紹介した。酵素の結合水に関する記載は，実証の伴わない現象だけではあるが，極微量の水分量を制御することによって興味あるリパーゼ性質を引き出すことができる可能性があると確信している。

安全・安心が求められる油脂食品業界においても，化学触媒の使用を控えたいとのニーズが高まり，リパーゼを利用した油脂加工は今後ますます注目されると思われる。このような状況下にあって，リパーゼの性質をよく知ることが利用への近道であることは言うまでもない。今まで，あまり注目されなかった水分量に着目した本稿が，リパーゼの油脂加工への利用の拡大に少しでも役立てば望外の幸せである。

文　献

1） A. Kawashima *et al.*, *J. Am. Oil Chem. Soc.*, **78**, 611（2001）
2） G. G. Haraldsson *et al.*, *Tetrahedron*, **51**, 941（1995）
3） T. Nagao *et al.*, *New Biotechnol.*, **28**, 7（2011）
4） G. P. McNeil *et al.*, *J. Am. Oil Chem. Soc.*, **68**, 1（1991）
5） Y. Watanabe *et al.*, *J. Mol. Catal. B: Enzym.*, **27**, 249（2004）
6） P. Pinsirodom *et al.*, *J. Am. Oil Chem. Soc.*, **81**, 543（2004）
7） Y. Watanabe *et al.*, *J. Am. Oil Chem. Soc.*, **79**, 891（2002）
8） Y. Watanabe *et al.*, *J. Am. Oil Chem. Soc.*, **82**, 619（2005）
9） F. K. Winkler *et al.*, *Nature*, **343**, 771（1990）
10） L. Brady *et al.*, *Nature*, **343**, 771（1990）

11）Y. Shimada *et al.*, “Enzymes in Lipid Modification”, p.128, Wiley-VCH, Weinheim（2000）
12）M. J. Hills *et al.*, *J. Am. Oil Chem. Soc.*, **67**, 561（1990）
13）島田裕司，産業酵素の応用技術と最新動向, シーエムシー出版, p.101（2009）
14）K. Maruyama *et al.*, *J. Jpn. Oil Chem. Soc.*, **49**, 793（2000）
15）Y. Shimada *et al.*, *J. Am. Oil Chem. Soc.*, **74**, 97（1997）
16）Y. Shimada *et al.*, *J. Am. Oil Chem. Soc.*, **75**, 1539（1998）
17）T. Nagao *et al.*, *J. Mol. Catal. B: Enzym.*, **37**, 56（2005）
18）Y. Watanabe *et al.*, *J. Am. Oil Chem. Soc.*, **84**, 1015（2007）
19）R. Irimescu *et al.*, *J. Am. Oil Chem. Soc.*, **78**, 285（2001）
20）Y. Shimada *et al.*, *Lipids*, **38**, 1281（2003）
21）Y. Watanabe *et al.*, *New Biotechnol.*, **26**, 23（2009）

第17章　GABA合成酵素，グルタミン酸デカルボキシラーゼ：その生理作用と塩味・隠し味に関する最近の話題

植野洋志*

1　はじめに

γ-アミノ酪酸（GABA）は高等生物において中枢神経に多く存在し抑制性神経伝達物質として作用するアミノ酸である。近年，中枢神経系以外での働きが明らかになり，利尿作用，血圧降下作用，リラクゼーション効果，記憶・学習など幅広い作用が報告され，生活習慣病予防として注目され，特定保健用食品（特保）の指定を受けるに至っている。本章では，GABA合成を担うグルタミン酸デカルボキシラーゼ（GAD）の酵素反応，その類似反応，GABA定量に関する分析技術，そして，GABA合成酵素の新しい役割について解説する。

2　GABA合成

生体内のGABA合成はGADによってなされると考えてよい（図1）[1~3]。脳，膵臓，精巣などの臓器にGADの局在化が報告され，GADタンパク質の精製は主に脳を用いて行われた[4,5]。しかし，精製は困難であり，単一の酵素としての報告がなされたが，サブユニット構造がホモ2量体やヘテロ2量体など統一的な見解が得られていなかった。1990年にUCLAのA. Tobinらが GAD遺伝子解析を行い，高等生物では染色体の異なる位置に独立した2つの遺伝子産物（GAD65とGAD67）であることを明らかにした[6]。この報告により，GADのアイソフォームの存在が示され，その後，神経系では同一細胞にて2つのアイソフォームが同時に発現することが明らかになった。ノックアウトマウスによる解析が行われ，アイソフォームを独立にノックアウトすると生まれたマウスが異なる挙動をおこしたことより，アイソフォームは独立した役割を担うと考えられた[7,8]。GAD65ノックアウトマウスでは，発作症状を示し短命で終わり，GAD67ノックアウトマウスでは，上あご形成不全により呼吸困難で生後すぐに死亡する。これにより，GAD65は神経系で，GAD67は代謝系での役割を担うとされる。

GADの遺伝子解析と同時期にGAD65がI型糖尿病患者に見出されている自己免疫抗体の抗原タンパク質であることが報告された[9]。自己免疫抗体は発症の10年以上前より血液中に現れることより，GAD65タンパク質を用いたELAISA法が早期診断として注目されることになる。な

---

*　Hiroshi Ueno　奈良女子大学　生活環境学部　食物栄養学科　教授

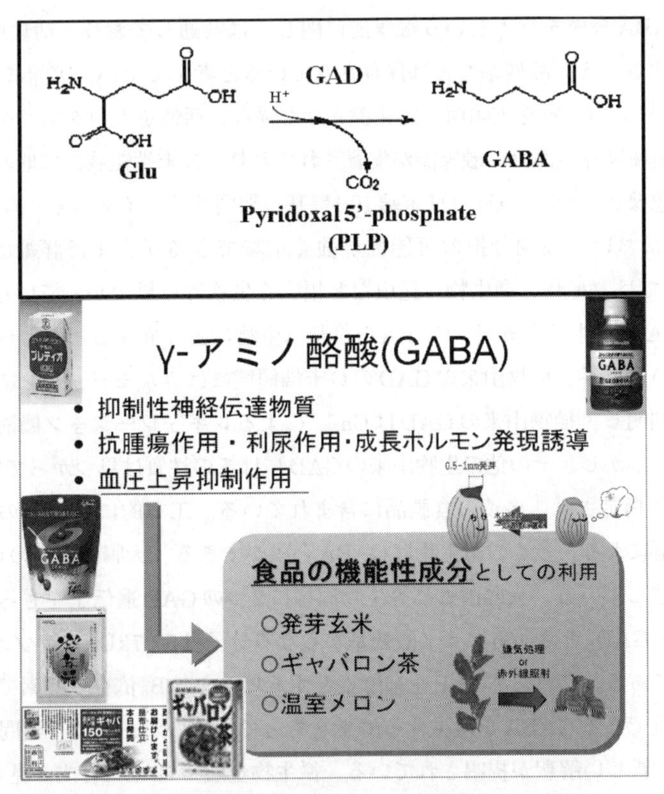

図1　グルタミン酸デカルボキシラーゼの反応，生成物であるGABAの機能性とそれを生かした商品の例

ぜGAD65タンパク質が，I型糖尿病の自己免疫抗体となったのかは世界中で研究されている。ただ，I型糖尿病患者に観察されるCoxsackie virusのコートタンパク質の一部分の配列が，GAD65の配列の一部と高い相同性があり，ウイルス感染により免疫細胞が活性化され，生じた抗体が膵臓のβ細胞に発現するGAD65を標的として攻撃したことにより，インスリン製造に関与するβ細胞が破壊されたと考えられている[10)]。

GAD65は585アミノ酸残基で構成される分子量が65.4kDaのサブユニットをもつ2量体タンパク質であり，GAD67は593アミノ酸残基で構成される分子量が66.6kDaのサブユニットからなる同じく2量体タンパク質である。両方ともビタミンB_6依存型酵素であるため，活性中心のリジン残基にピリドキサル5'リン酸（PLP）がシッフ塩基結合している。同一種間のアイソフォームの一次配列の相同性は，異種間の同じアイソフォームの相同性よりも低い。ヒトとラットでは，GAD65もしくはGAD67の相同性は90％あるが，同一種のアイソフォーム間では60％程度に低下する。固有の生物種の中でアイソフォームが分かれてできたとは考えにくく，共通の祖先より進化したのであろう。高等生物においては，GAD65とGAD67とでは別々の役割を担っているとされることより，その役割分担がどこに起因しているのかは検討されなければならない。アイソフォームはGABA合成を行うという触媒能に関しては共通しており，活性中心の触媒残基，基質結合に関与するアミノ酸残基などは保存されていると考えてよい。実際に，N末端が80残基欠落したGADタンパク質を大腸菌にて発現させた場合，活性をもつタンパク質が得られたことより，N末端領域以外の部分に触媒能が配置されており，N末端領域には他の役割が埋め込まれていることが想像された。GADのN末端100残基の相同性はアイソフォーム間で30％と低いことでこの部分において役割分担の可能性が強く示唆できるが，まだ詳細は明らかでない。GADは動物以外では，植物，微生物，昆虫など幅広く生物界に見つかっている[3)]。生物種に共通な役割はGABA生産能であるが，GABAの役割は生物により異なると考えられているが，全容は明らかでない。近年，植物由来のGADのC末端領域にはカルモジュリン結合部位が保存されていることが判明し，植物由来のGADはCa^{++}によるレギュレーション機構が組み込まれているとされる[11)]。しかし，その他の生物由来のGADにはこの性質は見つかっていない。

GABAは特保に指定され，多くの食製品に含まれている。工業的にGABAの生産は，GABA高発現系の乳酸菌による。多くの微生物はGABA合成ができる。大腸菌由来のGADについては早くから研究が進んでいる。大腸菌も高等生物同様に2つのGAD遺伝子をもっており，その産物であるGAD_A・GAD_Bとも466アミノ酸残基からなる分子量52.7kDaのサブユニットをもつ6量体タンパク質である。これらもPLPを補酵素とするビタミンB_6依存型酵素である。大腸菌がなぜ神経伝達物質であるGABAを産生する酵素をもっているのか，という疑問が投げかけられていたが，近年，新しい解釈が提唱されている。微生物全般でGABA合成が見られることより，何らかの共通性があるのではないか，という期待があるが，まだ完全に研究されている訳ではない。GADの触媒活性は，1分子のグルタミン酸を基質とし，1分子のGABAを産生するが，同時に，1分子のプロトンを消費し，1分子のCO_2を作り出す。すなわち，GADにはプロトンを消費する能力がある。これは，細胞内のpHを中和する働きにつながる。どのような細胞で細胞内pHを中和する必要があるか，ということを問うと，微生物の酸耐性機構にGADが関与している，という解釈がなされる。大腸菌や乳酸菌のように腸内細菌の多くが耐酸性機構を備えていることを説明できるとされる。現在，いろんな証拠が積みあげられた結果，微生物の酸耐性機構の一部をGADが担うとされている[12，13)]。

多くの生物種ではGAD遺伝子を複数有していることがゲノム解析の結果明らかになっている。現在明らかになっているのは，ヒトを含む高等生物では2種類，大腸菌では2種類，キノコでは2種類，麹菌では8種類があげられよう。乳酸菌は1種類であるので，微生物をまとめて論じることはできないようである。GADが生物種の環境に応答して使い分けがなされる，という考え方も支持されているが，環境因子など詳細は不明である。なぜ複数？　という疑問には完全に答えることができていないが，GABA合成がそれだけ多様な生体反応に必要だということであろう。単純にGABAの働きを定義することはできないが，前述のように受容体を介する情報伝達系での役割と，細胞質での代謝に関与する役割に分けることで理解しやすい。高等生物におけるGABAの受容体は3種類あり，$GABA_A$と$GABA_C$はGABAをリガンドとするヘテロ5量体からなるクロライドイオンチャンネルである。$GABA_B$はGABAをリガンドとするヘテロ2量体からなる膜貫通型のG-タンパク質共役型受容体（GPCR）である。通常，2つのαサブユニット，2つのβサブユニット，1つのγサブユニットが$GABA_A$受容体を構成するとされているが，実際には，αサブユニットには6種類，βサブユニットには3種類，γサブユニットには3種類，他にδ，ε，π，θなど16種類以上のサブユニットの存在が知られており，その中から5種類が組み合わされてできていると考えてよい。このような多くの組み合わせは，GABAが押せるスイッチの多様性を意味しており，いかにGABAが多くの生理現象に関与するかを示唆するものである。

3　アミノ酸の脱炭酸反応

GADはグルタミン酸からGABAを合成する脱炭酸反応を触媒する酵素である。単純には，この酵素はグルタミン酸を基質とすることで，グルタミン酸に特異的なポケットを有する。グルタミン酸以外のアミノ酸を基質として利用する可能性を探る研究がなされたが，GADはグルタミン酸に高い特異性を示し，類似の酸性アミノ酸であるアスパラギン酸は基質とはならないと報告されている。この性質は，動物由来であろうと，微生物由来であろうと同じであるという報告があるが，すべての生物種から得られた酵素の基質特異性を検討した例がないので，一般論とは言えない。

グルタミン酸の脱炭酸反応の解析は基本的にCO_2の産生かGABAの定量である。グルタミン酸のみを基質として酵素の性質を検討する場合は問題ないが，他の化合物を基質とするかどうかを検討する場合は，活性測定を工夫する必要がある。例えば，アスパラギン酸の基質としての特性を検討する場合，脱炭酸反応を仮定するならばCO_2もしくは3-aminopropanoic acidを測定することになる。しかし，脱炭酸反応でなくて，副反応となるアミノ基転移反応やラセミ化反応などが触媒される可能性があるので，そのようなときには対応する産物の解析を行う必要がある。アミノ酸すべてが基質となる可能性をもつし，その他，天然物や香辛料などの食品成分の多くは基質となりうる可能性を秘めていることより，検討の対象とすべきであるが，これらの化合物を網羅的に解析する手法は現在のところMS解析が考えられるところである。しかし，酵素反応液には緩衝液や大量の基質が含まれることより，グルタミン酸に対する酵素活性の10,000分の1の活性を示すなど（例えば）の反応を解析することになるので，ほぼ不可能と言える。その意味では，脱炭酸酵素に関しては，なにが基質となりうるのか，という大切な情報が得られない状態である。

GADはビタミンB_6依存型脱炭酸酵素であるが，アミノ酸配列で高い相同性をもつ類似の酵素として，芳香族アミノ酸デカルボキシラーゼ（AroDC）（古くは，Dopa脱炭酸酵素）とヒスチジンデカルボキシラーゼ（HDC）がある。前者はドーパミンの合成に，後者はヒスタミンの合成に関与し，どちらもアミノ酸を基質とし，二酸化炭素を産生する。ドーパミンはアルツハイマー病やパーキンソン病との関係が示唆されている神経伝達物質である。ヒスタミンは，食中毒の原因となる生理活性アミンであるだけでなく，アレルギー，喘息，胃潰瘍といった疾患の原因物質でもある。どちらも食と密接に関係しているが，アミノ酸配列を比較するとある特徴が見えてくる。AroDCは480アミノ酸残基からなる分子量54kDaのタンパク質で，約590アミノ酸残基からなるGADや662アミノ酸残基からなる分子量が74kDaのHDCと比較すると一番短く，脱炭酸反応に関与するアミノ酸残基（活性中心のリジン残基，基質であるアミノ酸のα位のカルボン酸を認識するアルギニン残基，そして，基質の側鎖を認識するであろうアミノ酸群）はすべてそろっていると考えられる。GADは，AroDCに加えてN末に約100残基余分に，また，HDCは，C末に約150残基余分についていると考えてよい。GADの場合，N末約80残基を欠落させた組換え体タンパク質が大腸菌で発現されたが，活性を失わずにいたので，N末端約100アミノ酸残基の働きに注目されている。GAD65が神経終末に局在化し，GAD67が細胞質に発現することを考えると，N末端領域に細胞内輸送のシグナルが存在するとされるが，まだ明らかにはなっていない。HDCに関しては，74kDaの全長型は不活性型であり，C末約150残基がプロテアーゼにより切断されることで活性をもつ成熟型HDCに変化すると考えられている。生体内のどこでどのようにプロセシングを受けているのかという疑問はまだ完全に解明されていないが，今後の重要な課題であろう。結晶構造解析の結果，これら脱炭酸酵素の構造が明らかになってきている。HDCの結晶構造解析はまだなされていないし，GADの場合は，N末端100アミノ酸残基が欠落しているタンパク質の構造解析のみが報告されている段階であるが，分子モデリングにより予想できる構造を考慮すると，3つの脱炭酸酵素ともに同じフォールディング様式をとると考えられている。ただ，GADとHDCともに全長型の構造解析は生理的意義を考えるうえでぜひとも実現すべき課題である。

4 アミノ酸分析技術

GADの酵素活性の測定は単位時間あたりのGABAかCO_2生産量を定量することで行える。GABAの産生を連続的に追跡できる技術はなく，一定時間に産生されるGABA量を定量することになる。C_1位以外の炭素に放射性元素である^{14}Cを導入したグルタミン酸基質を用いて，反応液中に大量に存在するグルタミン酸と微量に生成した^{14}C-GABAを分離し，その後，アイソトープ量をβカウンター（シンチレーションカウンター）にて測定する方法がある。しかし，放射性元素の処理には環境破壊等の問題があるため，現在ではGABAのアミノ基をラベル化し定量するアミノ酸分析装置を用いる手法が簡便であるとされる。一方，CO_2の測定にはC_1位の位置が^{14}Cでラベルされたグルタミン酸を基質として反応させ，生じたCO_2ガスを閉鎖系で紙フィルターに吸着させて，そのフィルターをβカウンターにて測定することで定量するか，ガス発生量を直接容積として測定する手法がある。どちらも感度と手間の点で敬遠されている。

GABAのアミノ酸分析機による定量は，ポストカラム法とプレカラム法に分けることができる。ポストカラム法は，Spackmanらが開発したイオン交換カラムでアミノ酸を分離し，その後，ニ

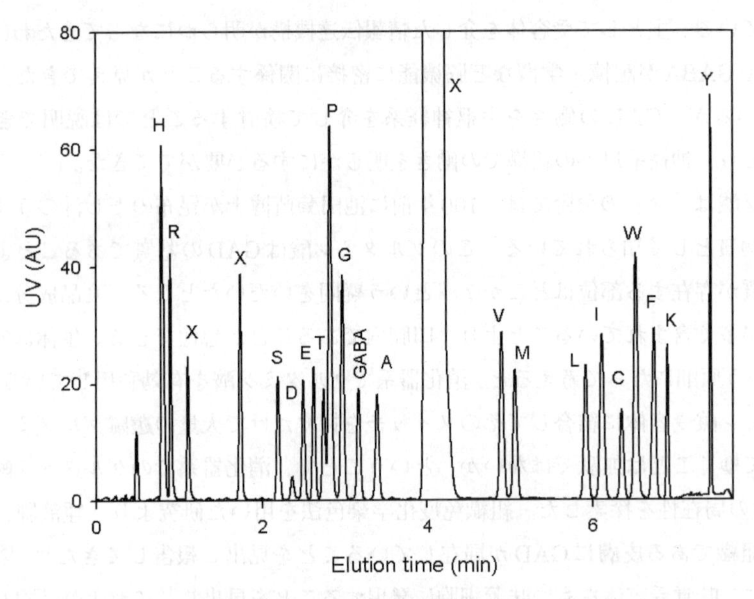

図2　アミノ酸分析

アミノ酸分析は，4-Fluoro-7-nitro-2,1,3-benzoxadiazole（NBD-F）誘導化によるプレラベル化法による。分析カラムは粒子径が1.8μm，内径3.0mm，長さが50mmのODSカラムを用いた。所要時間約8分でアミノ酸標準サンプルを分析できる。約3.2分でGABAが単一ピークとして溶出される。Xはアミノ酸以外に由来するピークであり，アミノ酸誘導体はそれぞれに対応するアミノ酸の一文字略号で示す（H：ヒスチジン，R：アルギニン，S：セリン，D：アスパラギン酸，E：グルタミン酸，T：トレオニン，P：プロリン，G：グリシン，A：アラニン，V：バリン，M：メチオニン，L：ロイシン，I：イソロイシン，C：システイン，W：トリプトファン，F：フェニルアラニン，K：リジン，Y：チロシン。

ンヒドリン試薬による発色誘導体を定量するのが主である[14, 15]。GABAはPhe前後に独立したピークとして溶出されるが，感度はnmolレベルで微量分析ができるとは言い難い。ニンヒドリン試薬のほかに，*o*-phthalaldehyde（OPA）試薬を用いることで約10倍の感度を得ることができるが，分析時間は40～60分かかり，イオン交換カラムも高価であるという問題もある。プレカラム法では，Waters社が開発したPico-tag誘導法以来多くの誘導化試薬が開発されて，高感度・短時間の分析を実現している。ODSという一般的な逆相カラムを使う点で利点があるが，塩濃度や不純物に対してピークの溶出時間が過敏に応答し，溶出パターンが一定でないなどの不具合もある。最近では，誘導化試薬の開発が進み，UVと蛍光の両方の検出器で検出できるものもある。最新技術では，50fmol程度の解析を10分以内で可能にしている（図2）。

5　新しい役割

近年，生体機能の理解が深まるにつれて，神経伝達物質であるグルタミン酸やGABAの働きが注目されている。主として受容体を介した情報伝達機構が明らかになってきたわけであり，グルタミン酸やGABAが記憶・学習など脳機能に密接に関係することが見えてきた。多くの研究がなされているが，GADの働きを中枢神経系を介して検討することでは説明できない現象が多々生じており，神経系以外の組織での働きを明らかにする必要がでてきた。

グルタミン酸は「食」の分野では，100年前に池田菊苗博士が昆布のだし汁のうま味成分として同定した物質として知られている。このグルタミン酸はGADの基質であることより，生体内で大量に基質が存在する部位はどこか？　という疑問をいだいたところ，食品成分には遊離のグルタミン酸が多く含まれていることより，口腔内であることが想像できる。生体は無駄なことをしない，という原則にたって考えると，消化器系でグルタミン酸を有効利用しているはずである。単にグルタミン酸受容体に結合してそのスイッチを押すだけで大量の遊離グルタミン酸が胃・腸へ流れ去ってゆくことは無駄ではないか，ということで，消化器系でのグルタミン酸の代謝酵素であるGADの局在性を探索した。組織免疫化学染色法を用いた研究より，唾液腺，胃，腸，そして口腔内組織である皮膚にGADが局在していることを見出し報告してきた[16〜18]。さらに興味深いことに，味覚受容体をもつ味蕾細胞に発現することを見出し，これより「隠し味」のようなこれまでに経験で理解されていたものが，分子レベルで説明できる可能性が開けたので，この話題を提供する。

生理研の小幡・柳川らが開発したGFP/GAD67ノックインマウスはGAD67タンパク質が発現する部位にGFPタンパク質が発現することで緑色の蛍光を発する。このノックアウトマウスを用いて組織の切片をつくり，蛍光顕微鏡下で観察すると，マウスの味蕾にGAD67が発現していることを確認できる[19]。これまでに組織免疫化学染色法にて得た結果と整合性があり，味蕾にGABA合成酵素が発現しているといえる。抗GABA抗体での組織染色では，蛍光発色と分布のパターンが一致し，味蕾ではGABA合成もなされており，マウスの味蕾で発現しているGAD67は酵素としての役割を担っている。

現在，味蕾細胞は4種類あるとされる（図3)。I型味蕾はII型とIII型を連結する細胞とされる。II型味蕾は甘味・苦味・うま味受容体を発現しており，一般的に味蕾として知られている細胞である[20]。III型味蕾は塩味・酸味受容体を発現し，IV型味蕾は幹細胞であるとされる。GAD67が発現している細胞は，II型とIII型を区別するマーカータンパク質を標的として組織免疫染色を行うことで，III型であると判明できた。これにより，III型味蕾細胞内では，GABA合成がなされ，GABA自身はGABA受容体のリガンドであることより，クロライドイオンチャンネルタンパク質と相互作用する可能性が示唆できる。GABA受容体については前述したが，III型味蕾は塩味の受容体を備えている細胞であることより，クロライドイオンチャンネルの存在は注目に値する。GAD67が発現していることで，GABAが産生され，クロライドイオンチャンネルを活性化することが考えられる[21]。これにより，塩味のシグナル伝達経路をIII型味蕾の内部で明らかにすることの重要性が見えてくるが，そこにGABAが関与していることはこれまでほとんど考慮されていなかった。

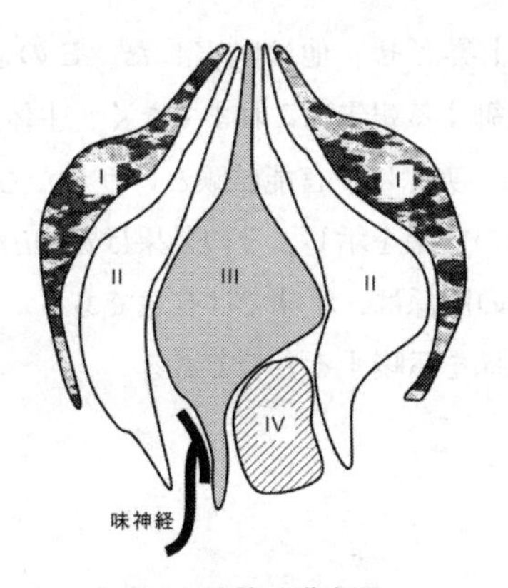

図3　味蕾の構成図
I：支持細胞，II：甘味，苦味，うま味受容体を擁する細胞，
III：塩味，酸味受容体を擁する細胞，IV：幹細胞。

ここで味物質が受容体に結合することで生じる味覚シグナルがどのように味神経に伝達されるのかを考えたい。ヒトは味の情報を脳で処理し，記憶する。3～5歳に味に関する記憶が形成されるといわれているが，果たして味細胞自体には記憶を担うことは可能なのだろうか？　味細胞のターンオーバーは非常に短く，10日程度といわれている。そのように早く入れ替わる味細胞が味質を記憶できるとは考えにくいので，味細胞は味物質の情報を味神経に伝達する役割を担うと考えるのがよさそうである。ところが，II型味蕾と味神経とは直接の接続がなされておらず，味神経はIII型味蕾とのみ接続していることが電子顕微鏡で観察されている。II型味蕾の味信号がどのように味神経に伝達されるのか，という疑問は現在研究の対象である。しかし，甘味やうま味が少量の塩を加えることで味質が向上するという「対比効果」，一般に「隠し味」として知られている現象，については，II型とIII型味蕾と味神経の関係を考えざるを得ない[22]。例えば，甘味の信号が味神経に伝達される場合，II型味蕾から何らかの物質（たぶん，ATPであろうとされている）が放出されて味神経に伝達されなければならない。その際，伝達される電気信号の振幅は味質の強さに比例する。さすれば，「対比効果」を考える場合，甘味やうま味信号に塩味の信号を上乗せする必要があるが，それはどこでおこるのであろうか？　筆者らは，II型味蕾からの信号は直接味神経に伝わるのではなくて，III型味蕾を経由することで塩味の増幅効果が付加され，甘味やうま味信号が増幅されるのではないかと考える。その際，GABAの信号が何らかの役割を担うのであろうと想像（期待）しているが，現在，検討中である。今後の展開は読者の想像にお任せするが，味の情報伝達機構を明らかにすることは重要である。

さらに物事を飛躍させると，III型味蕾のなかの塩味情報伝達経路は細胞外からの影響を受けるのであろうか，という試みである。ちなみに，塩味に関与する受容体の1つとしてクロライドイオンチャンネルを考えると，そのリガンドであるGABAの産生を担うGAD67の酵素活性を制御することが考えられる。*In vitro*の研究において，組換え体GAD67タンパク質にさまざまな香辛料抽出物を作用させて酵素活性を測定したところ，香辛料抽出物は多様な効果を示すことが判明した。一部は酵素活性を上昇させ，他は阻害した。このように，天然物由来の成分が，GABA合成酵素の酵素活性を制御する報告はこれまでなく，生体内でも同様の活性制御が行われる可能性を示唆するものである。実際に，官能試験というかたちで*in vivo*の研究を行ったところ，香辛料抽出物は，塩味に強い効果を示し，その効果は*in vitro*の酵素活性制御の効果と相関がみられた[23, 24]。この*in vivo*の関係は，塩味では有意であったが，甘味では相関関係がみられず，GABA合成系と塩味との関係を示唆するものである。

6 まとめ

GABAは食品の添加物としての効能が謳われて久しい。近年，分子生物学的な観点からの研究が活発になり，分子レベルでのGABAの作用が明らかになって，食の分野におけるGABAの作用機構が見えてきた。生体内でのGABAの作用は，基本的にGABA受容体を介して行われるとされる。さまざまなGABAの生理作用を制御する取り組みもなされており，その標的は，①GABA受容体とGABA分子の相互作用の制御，②GABA放出機構の制御，そして③GABA合成機構の制御となる。GABA合成酵素に関する研究成果により，部位特異的な③への検討が可能となり，減塩食品の開発など新たなる産業への道が開かれることを願っている。

文献

1） E. Roberts *et al.*, *J. Biol. Chem.* **187**, 56（1950）
2） E. Roberts *et al.*, *J. Biol. Chem.* **188**, 789（1951）
3） H. Ueno, *Journal of Molecular Catalysis B: Enzymatic* **10**, 67（2000）
4） J. -Y. Wu *et al.*, *J. Biol. Chem.* **248**, 3029（1973）
5） L. A. Denner *et al.*, *Proc. Natl. Acad. Sci. USA* **84**, 668（1987）
6） M. G. Erlander *et al.*, *Neuron* **7**, 91（1991）
7） H. Asada *et al.*, *Biochem. Biophys. Res. Commun.* **229**, 891（1996）
8） H. Asada *et al.*, *Proc. Natl. Acad. Sci., USA.* **94**, 6496（1997）
9） S. Baekkeskov *et al.*, *Nature* **347**, 151（1990）
10） M. A. Atkinson *et al.*, *Journal of Clinical Investigation* **94**, 2125（1994）
11） G. Baum *et al.*, *J. Biol. Chem.* **268**, 19610（1993）
12） M. P. Castanie-Cornet *et al.*, *Microbiology* **147**, 709（2001）
13） P. D. Cotter *et al.*, *Mol Microbiol.* **40**, 465（2001）
14） S. Moore *et al.*, *Anal. Chem.* **30**, 1185（1958）
15） D. H. Spackman *et al.*, *Anal. Chem.* **30**, 1190（1958）
16） M. Iwahori *et al.*, *Journal of Biological Macromolecules* **2**, 76（2002）

17）K. Akamatsu *et al.*, *Journal of Biological Macromolecules* **7**, 55（2007）
18）K. Ito *et al.*, *Biochim Biophys Acta* **1770**, 291（2007）
19）中村友美ほか, 解剖学雑誌 **80**, 63（2005）
20）N. Shigemura *et al.*, 細胞工学 **26**, 890（2007）
21）Y. Nakamura *et al.*, Chemcal Senses **32**, J19（2007）
22）植野洋志, *Dojin News* **136**, 1（2010）
23）久木久美子ほか, 味と匂学会誌 **14**, 435（2007）
24）佐々木公子ほか, 美作大学・美作大学短期大学部紀要 **56**, 9（2011）

第18章　有機溶媒耐性チロシナーゼ
—その特性と利用の可能性—

伊東昌章*

1　はじめに

本章では，ポリフェノールオキシダーゼの一種であり食品の褐変やメラニン生合成に関与する酸化還元酵素「チロシナーゼ」について，その特性と食品分野における利用状況を紹介する。また，有機溶媒中で高い活性と安定性を有する「有機溶媒耐性チロシナーゼ」の発見，その諸性質，無細胞タンパク質合成系を用いた活性化機構の解析，および，今後の利用の可能性について述べる。

2　チロシナーゼとは？

チロシナーゼ（monophenol，*o*-diphenol：oxygen oxidoreductase，EC 1.14.18.1）は，ポリフェノールオキシダーゼと総称されるポリフェノール類を酸化する酵素の一群に含まれ，細菌，キノコ，植物，昆虫，その他の動物などさまざまな生物種に存在する酸化還元酵素である。チロシナーゼは，主に2つの異なる反応を触媒する。1つは，*o*-ジフェノールである種々のカテコール誘導体の酸素による酸化を触媒し対応するキノン類と水を生成するジフェノールオキシダーゼ活性である。もう1つは，モノフェノール類のオルト位へのヒドロキシル化を触媒し*o*-ジフェノール類を生成するモノフェノールオキシダーゼ活性（モノフェノールモノオキシゲナーゼ活性ともいう）である。これらの反応の概略を図1に示す。このような2つの反応を触媒することから，チロシナーゼは，L-チロシンなどのモノフェノール類，あるいは3-(3,4-ジヒドロキシフェニル)-L-アラニン（L-DOPA）などの*o*-ジフェノール類，どちらを基質とした場合でも*o*-キノン類を生成する。また，生成したキノン類は反応性が高く非酵素的に酸化重合されメラニン色素を形成する。そのため，チロシナーゼは，生体内においてL-チロシンからのメラニン生合成過程のキーエンザイムとして機能している[1,2]。顔などの肌にできるシミやソバカスはメラニン色素の沈着が原因で生じる。その予防を目的として，チロシナーゼ阻害剤を用いたメラニン生成の抑制に関するさまざまな研究が行われており，既に，コウジ酸やアルブチンなどのチロシナーゼ阻害剤を有効成分とした美白化粧品が開発，販売されている。また，チロシナーゼは，モノフェノール類，ジフェノール類のみならず，芳香族アミン類のオルト位へのヒドロキシル化，それによ

＊　Masaaki Ito　沖縄工業高等専門学校　生物資源工学科　教授

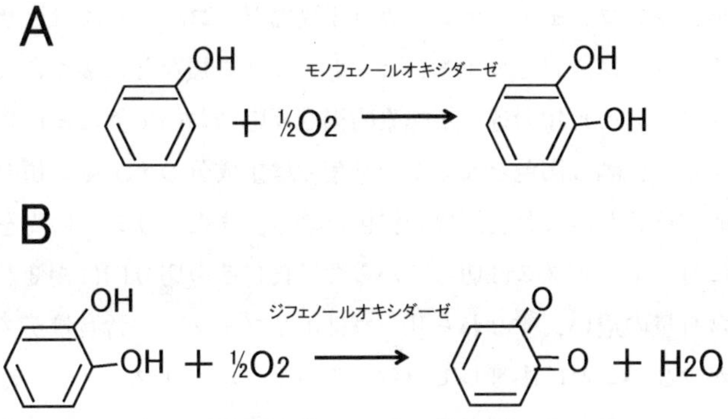

図1　チロシナーゼの反応
A：モノフェノールオキシダーゼ活性
B：ジフェノールオキシダーゼ活性

って生成した*o*-アミノフェノール類の*o*-キノイミン類への酸化も触媒することが報告されており，幅広い基質特異性を有している[3]。

チロシナーゼは，銅イオンを含有する銅酵素である。一般に，タンパク質中のアミノ酸残基に配位する銅イオンは，その物理的性質の違いにより，青色を呈するもととなるタイプ-1，一般的な銅イオンに近い挙動を示すタイプ-2，反強磁性相互作用により電子スピン共鳴で不検出(通常，タンパク質に配位した銅イオンは検出される）のカップルした2つの銅イオンからなるタイプ-3，の3つに分類される。チロシナーゼには，タイプ-3に相当する1分子あたり2つの銅イオンが配位しており，それらが触媒を行う活性中心を形成している。タイプ-3の銅イオンを有する銅タンパク質には，チロシナーゼのほか，酸素貯蔵タンパク質であるヘモシアニンなどがあげられる。また，近年，放線菌*Streptomyces castaneoglobisporus*の生産するチロシナーゼのX線結晶構造解析がなされ，その特徴的な立体構造，タイプ-3銅イオンの配位の状態が明らかとなっており，立体構造をもとにした機能についての考察が可能となっている[4]。

3　チロシナーゼを含むポリフェノールオキシダーゼの食品への利用

リンゴやバナナなどの果実やレタスなどの野菜を切ったり傷つけたりして放置すると褐変する。これは，植物組織が損傷により細胞が壊れ，細胞内の液胞に含まれるポリフェノール類がプラスチド（色素体）に存在しているポリフェノールオキシダーゼと接触し，酵素的に酸化されてキノン類が生成し，その生じた反応性の高いキノン類が非酵素的に酸化重合されて褐色の色素を生じることによる。この着色反応のことを酵素的褐変反応という[5]。基質となるポリフェノール類は，さまざまな植物性食品に含まれており，近年，抗酸化性や抗変異原性などの有益な機能が見い出され注目されている植物性成分の1つである。また，植物によって含有するポリフェノールの種類は異なっている。クロロゲン酸は，リンゴ，モモ，ナシ，コーヒー豆，カカオ豆など，カテキン類は，茶葉，リンゴ，モモ，ナシ，カカオ豆など，コーヒー酸は，サツマイモ，カカオ豆，ブドウなど，チロシンは，ジャガイモ，ビート，キノコ類などに多く含まれる。このような植物に含まれるポリフェノール類の違いが酵素的褐変反応において異なる色調を与える。多くの果物および野菜の場合，色調は褐色となるが，茶葉では主成分のカテキン類の酸化重合によりテアフラビン類が生成することにより色調は赤橙色となる。また，リンゴの皮をむくとその表面はすぐに褐変するのに対して，レタスは切ってから数日後にその切り口に褐変が生じる。この褐変速度の違いは主に含有量の違い，すなわちリンゴはポリフェノール含有量が多く，レタスはポリフェノール含有量が少ないことに由来している。このようなポリフェノールオキシダーゼによる植物性食品の褐変により，食品の外観が変わり，品質劣化につながるため，そのコントロールは食品加工，食品工業において重要な課題の1つとなっている。また，植物性食品のみならず，シイタケのチロシナーゼによる褐変による品質劣化や，麹菌（*Aspergillus oryzae*）由来のチロシナーゼによる酒粕中の米麹粒に黒い斑点が生じることによる商品価値低下など，キノコ栽培や発酵食品分野においても褐変を抑えることが重要な課題の1つとなっている[6]。

一方，このようなチロシナーゼを含むポリフェノールオキシダーゼの酵素的褐変反応を利用した食品加工の例としては，茶葉を原料とした紅茶および烏龍茶の製造，カカオ豆を原料としたチョコレートの製造があげられる。現在，日本においても広く一般的に飲まれている紅茶はその歴史が古く，紅茶のもととなった発酵茶は17世紀前半に中国福建省武夷山の桐木（トンムー）村で作られるようになったと言われている[7]。紅茶は，摘んだ生の茶葉をしおらせて水分を40％ほどとばし，その後強く揉むことで細胞を壊して発酵を促す。その発酵度を80～100％まですすめる完全発酵茶が紅茶となる。また，烏龍茶は，中国においては青茶（チンチャ）に分類され，細かい製造方法は紅茶の場合と異なるが，その発酵度は30～60％であり，発酵途中で加熱して発酵を止めた半発酵茶である。なお，ここでいう発酵は，微生物による発酵ではなく，茶葉に最初から含まれるポリフェノールオキシダーゼの作用による酵素発酵を指す。現在，紅茶は，イギリスなどヨーロッパをはじめ世界中の100カ国以上で愛飲されており，茶葉の利用の約7割を占める茶の代表的な加工品である。このように茶葉にポリフェノールオキシダーゼを作用させて加工する紅茶や烏龍茶は伝統的な加工品であるばかりでなく，近年では，含有するポリフェノール類の機能に着目した研究開発が行われており，特定保健用食品として売り出されている製品もある。

4　有機溶媒耐性チロシナーゼの発見と諸性質

これまで述べてきたように，チロシナーゼを含むポリフェノールオキシダーゼの一群は，食品分野において紅茶や烏龍茶の製造工程における酵素発酵に利用されてきた。このポリフェノール類を酸化重合するという反応特性を利用することにより，これまでの紅茶や烏龍茶とは異なる新たな機能性食品，フェノール性樹脂などの新たな工業製品の開発が期待できる。そのような状況のもと，筆者らは，水に難溶なポリフェノール類も基質とすることができ生成物の溶解性を高め重合度のコントロールを可能とすることができるエタノールなどの親水性有機溶媒を含む水溶液中で，高い活性を有するポリフェノールオキシダーゼを見出すことを目的とし，各種微生物よりスクリーニングを行った。その結果，京都市左京区の土壌より分離した放線菌*Streptomyces* sp. REN-21が菌体外に生産するポリフェノールオキシダーゼ（後に，酵素化学的性質を調べた結果，チロシナーゼであることが判明）が，一般に用いられているマッシュルーム由来のチロシナーゼと比べて，各種有機溶媒存在下で高い活性，高い安定性を有することを見出した[8]。

そこで，*Streptomyces* sp. REN-21の培養液より目的酵素を精製し，諸性質を決定した[9]。まず，培養上清5.6リットルより，硫酸アンモニウム塩析，各種クロマトグラフィーを行うことで，収率26％で約1.2mgの精製標品を得た。この精製酵素は，SDS-PAGE上で分子量約32,000の単一バンドとして得られた。L-DOPAを基質とした場合の本酵素の反応最適pHは7.0であり，本酵素を30℃で16時間保持した場合，pH7.0～8.0の間で安定であった。また，本酵素は35℃で最も高い活性を示した。次に，本酵素がどのようなポリフェノールオキシダーゼに分類されるかを調べた。本酵素は，マッシュルームチロシナーゼと同様，モノフェノールであるL-チロシン，ジフェノールであるL-DOPAを酸化した。また，コウジ酸，L-システイン，DL-ジチオトレイトール（DTT），ジエチルジチオカルバミン酸ナトリウムのようなチロシナーゼ阻害剤によって濃度依存的に酵素活性が阻害された。これらのことから，本酵素はチロシナーゼに分類されることが示された。また，各種有機溶媒添加の影響を調べた結果，本酵素は，50％エタノール存在下でも水溶液の場合と比べ44％の活性を示した。一方，マッシュルームチロシナーゼは同じ条件下で6％のみの活性であった。さらに，本酵素は，30％エタノール存在下で30℃，20時間保持しても活性の低下は認められず安定であった。以上のことから，本酵素は，有機溶媒に対して高い耐性を有する有機溶媒耐性チロシナーゼ（Organic Solvent Resistant Tyrosinase：OSRT，以後OSRTとする）であると結論した。

次に，OSRTの特性を把握し，特に工業的に利用可能とするために，常法により遺伝子クローニングを行い，取得した遺伝子を用いて大腸菌における大量発現系の構築を試みた[10]。遺伝子クローニングとその取得した遺伝子の解析を行った結果，チロシナーゼ関連遺伝子は，直列したOSRT活性化に関与するタンパク質（OSRT activation protein：OAP，以後OAPとする）をコードするORF-OAPとOSRTをコードするORF-OSRTの2つの遺伝子からなる1つのオペロンで構成されており，活性型のOSRTの生成には，273アミノ酸残基からなるOSRTのみならず，131アミノ酸残基からなるOAPが関与していることがわかった（図2）。また，OSRTおよびOAPの推定アミノ酸配列は，既知の放線菌由来のチロシナーゼおよびチロシナーゼ活性化に関与するタンパク質のアミノ酸配列と高い相同性を示し，OSRTの配列にはチロシナーゼに共通の2つの銅イオン結合部位が認められた。次に，得られたOSRTオペロンを，大腸菌での大量発現系の構築に一般的に用いられるpET20b(＋)ベクターに挿入し，大腸菌での高発現系を構築した。その結果，培養液1リットルあたり約54mgの組換えOSRTが得られた。得られた組換えOSRT

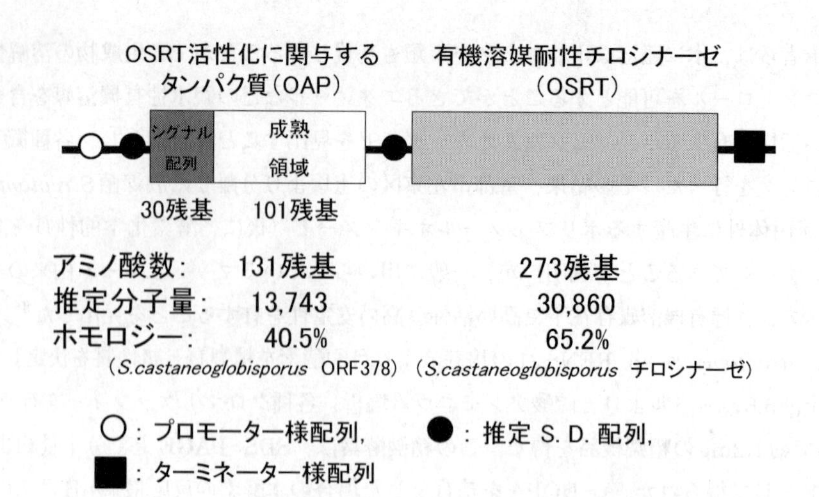

図2 有機溶媒耐性チロシナーゼ(OSRT)オペロン

は,酵素化学的性質(最適pH,有機溶媒存在下での活性と安定性,N-末端アミノ酸配列)が,もとのOSRTの性質と同様であった。以上のことから,OSRTの遺伝子組換えによる大量生産系を構築することができた。今後,大量生産された組換えOSRTを用いた各種応用研究の進展が期待される。

5 無細胞タンパク質合成系を用いた有機溶媒耐性チロシナーゼの解析[11, 12]

OSRTの機能に関しては,どのように活性化されるのか,活性化においてOAPがどのように働くのかなど不明な点が多い。そこで,本研究では,迅速に発現系を構築でき,複数タンパク質の共発現も容易に可能な昆虫培養細胞無細胞タンパク質合成系[13]を用いて効率的なOSRT発現系を構築し,それを用いたOSRT活性化機構の解析を行った(図3)。まず,無細胞発現用ベクターpTD1に,OSRTとOAP遺伝子を別々に挿入し,それぞれOSRTとOAPの発現プラスミドを構築した。それら2つのプラスミドから2種のmRNAを調製し,これらを鋳型とした共発現によるOSRTとOAPの無細胞合成を行った。なお,合成に際しては,DTTによりOSRT活性が阻害されることを防ぐため,非還元(DTT無添加)の昆虫培養細胞無細胞タンパク質合成系[14]を用いた。OSRTの活性化条件を検討したところ,最大活性は,鋳型としてOSRTとOAPのmRNAを等モル量添加し共発現させた後,最終濃度25μMの酢酸銅を加え,25℃,1時間インキュベートすることで得られた。また,別々に合成したOSRTとOAPを混合した後,酢酸銅を添加することでも高い活性が検出された。これらのことは,合成後の不活性型のOSRTが,OAPと1:1で相互作用して銅イオンを取り込み,その後OAPと離れることにより活性化することを示唆している(図4)。

次に,OSRT活性化におけるOAPの作用部位についてOAP変異体を用いて解析した。まず,

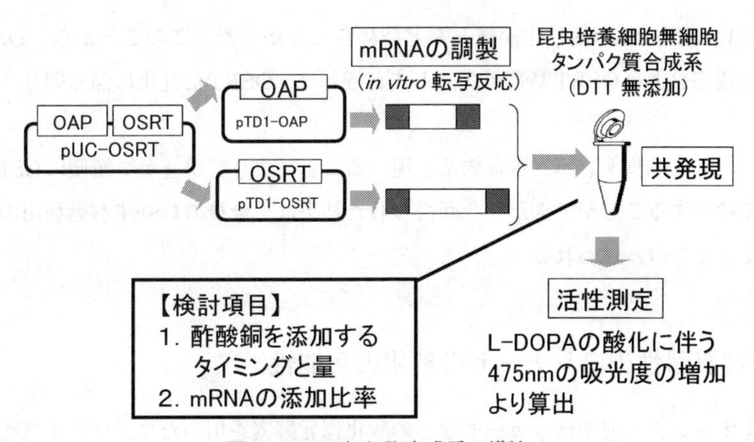

図3　OSRT無細胞合成系の構築

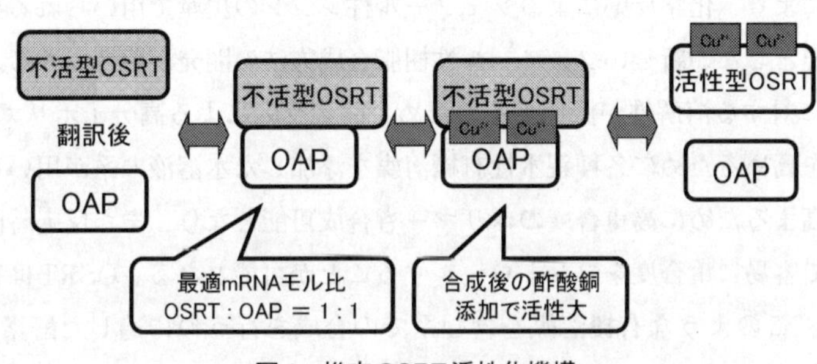

図4　推定OSRT活性化機構

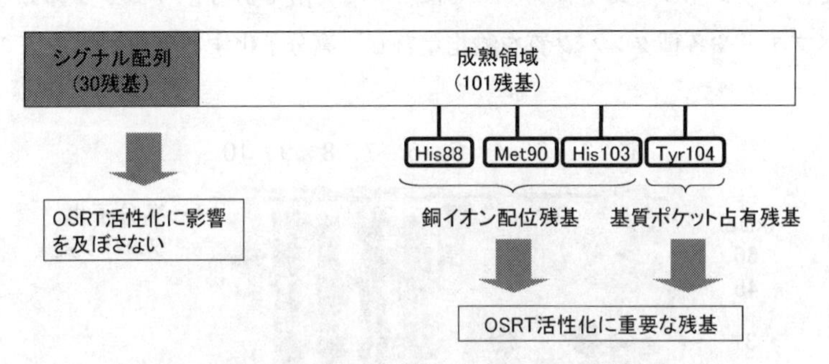

図5　OAPのOSRT活性化に関わるアミノ酸残基

N末端にあるシグナル配列（30残基）欠損変異体を用いてもOSRTの活性化が生じたことからOAPのシグナル配列はOSRT活性化に深く関与しないことがわかった。次に，OSRT，OAPと高い相同性を有する*S. castaneoglobisporus*由来のチロシナーゼとORF-378（図2）との複合体のX線結晶構造解析の結果から推定されるOAPの銅イオン配位残基（His88，Met90，His103）それぞれのAlaへの置換体3種，OSRT基質ポケット占有残基（Tyr104）のPheおよびAlaへの置換体によるOSRTの活性化への影響を調べた。その結果，それぞれの置換体とOSRTのすべての共発現においてOSRTの活性化がほとんど認められなかった。このことから，OAPの3つの銅イオン配位残基およびOSRT基質ポケット占有残基は，OSRT活性化に深く関与することが示唆された。

以上のように，無細胞タンパク質合成系を用いることにより，迅速かつ簡便にOSRTの活性化機構について考察することができた。今回得られた結果は，今後のOSRT有効利用の基礎的知見として利用できるものと思われる。

6 有機溶媒耐性チロシナーゼの利用の可能性

近年，ペルオキシダーゼやラッカーゼなどの酸化還元酵素を用いたフェノール誘導体の酸化重合によるフェノール性樹脂の合成に関して多くの研究がなされている[15~20]。このような酵素反応を用いることにより，化学反応によるフェノール性レジンの生産で用いられる有毒性のホルムアルデヒドを必要としない新しいフェノール性樹脂合成方法の開発が期待できる。一般に，高分子ポリマーは水に対する溶解性が低い。そのため，酵素反応による高分子ポリマーの合成では，生成物の溶解性を高めるために各種親水性有機溶媒を添加した水溶液の系が用いられる。この系では，溶解性が高まるために高重合度のポリマーも合成可能となり，また反応時間など反応条件を変更することで容易に重合度をコントロールすることが可能となる。OSRTは有機溶媒耐性を有することから，このような有機溶媒を含む系での合成を行うのに適した酵素である。今後，OSRTを用いた新たな機能を有するフェノール性樹脂の開発が期待される。

OSRTおよびマッシュルームチロシナーゼは，アミノ酸であるL-チロシンのみならず，チロシンを含むペプチドや各種タンパク質を酸化重合し，高分子化する（図6）[10]。この反応は，例

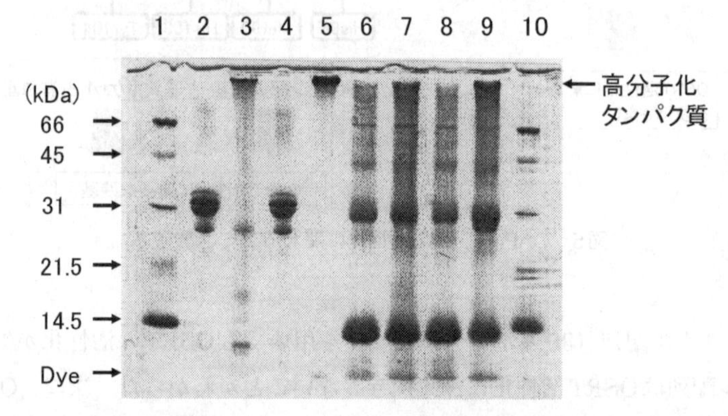

図6 OSRTとマッシュルームチロシナーゼによるタンパク質の高分子化
レーン1と10：マーカー，レーン2と4：反応前のカゼイン，レーン3：OSRT反応後のカゼイン，レーン4：マッシュルームチロシナーゼ反応後のカゼイン，レーン6と8：反応前のヘモグロビン，レーン7：OSRT反応後のヘモグロビン，レーン9：マッシュルームチロシナーゼ反応後のヘモグロビン

えば，ペプチドやタンパク質の酸化重合により新たな機能を有する素材の開発，食品加工場などからでる排水中からタンパク質を酸化重合し樹脂などに吸着回収するといった新しい排水処理システムの開発などへの利用が期待される。

7　おわりに

以上述べてきたように，チロシナーゼは，酵素という概念がない時代より，紅茶，烏龍茶などの発酵茶の製造に用いられてきた。これは，昔の人々が巧みに利用してきた酵素反応の1つであると言える。このような昔からのチロシナーゼ利用の知恵を基礎として，有機溶媒中存在下での酵素による有用物質生産など，近年のバイオテクノロジー技術を活用することにより，チロシナーゼが食品分野，工業品分野などさまざまな産業において有効利用されることを期待したい。

文　献

1） Malmstrom, B., *G. Annu. Rev. Biochem.*, **51**, 21 59（1982）
2） Lerch, K., *Metal ions in biological systems*（Sigel, H. ed.）Vol.13, pp.143-184, Marcel Dekker（1981）
3） Toussaint, O. and Lerch, K., *Biochemistry*, **26**, 8567-8571（1987）
4） Matoba, Y., *et. al.*, *J. Biol. Chem.*, **281**, 8981-8990（2006）
5） 久保田紀久枝, 森光康次郎, 食品学―食品成分と機能性―（第2版）, pp.135-137, 東京化学同人（2008）
6） 小笠原博信, 高橋砂織, フードプロテオミクス―食品酵素の応用利用技術―（普及版）, pp.192-198, シーエムシー出版（2009）
7） 磯淵猛, 一杯の紅茶の世界史, p.26, 文藝春秋（2005）
8） 伊東昌章, 小田耕平, 日本特許第4116172号
9） Ito, M. and Oda, K., *Biosci. Biotechnol. Biochem.*, **64**, 261-267（2000）
10） Ito, M. and Inouye, K., *J. Biochem.*, **138**, 355-362（2005）
11） 前兼久千尋ほか, 2010年度日本農芸化学会大会講演要旨集, p.167（2010）
12） 伊東昌章ほか, 第10回日本蛋白質科学会年会プログラム・要旨集, p.125（2010）
13） Ezure, T., *et. al.*, *Biotechnol. Prog.*, **22**, 1570-1577（2006）
14） Ezure, T., *et. al.*, *Proteomics*, **7**, 4424-4434（2007）
15） Won, K., Kim, *et. al.*, *Biomacromolecules*, **5**, 1-4（2004）
16） Xia, Z., *et. al.*, *Biotechnol. Lett.*, **25**, 9-12（2003）
17） Aktas, N. and Tanyolac, A., *Bioresour. Technol.*, **87**, 209-214（2003）
18） Uyama, H., *et. al.*, *Biomacromolecules*, **3**, 187-193（2002）
19） Kobayashi, S., *et. al.*, *Chem. Rev.*, **101**, 3793-3818（2001）
20） Iwahara, K., *et. al.*, *Appl. Microbiol. Biotechnol.*, **54**, 104-111（2000）

第19章　CGTaseとα-グルコシダーゼの共反応による分岐グルカンの生成とその応用

藤本佳則*1，佐分利　亘*2

1　はじめに

イソマルトオリゴ糖（α-1,6結合）やニゲロオリゴ糖（α-1,3結合）といったα-1,4結合以外のグルコシド結合を含むグルコオリゴ糖は，分岐オリゴ糖と呼称される。これらの分岐オリゴ糖は日本の伝統的な発酵食品である日本酒や味噌などに微量含まれ，コク味や旨味を呈することが知られている。分岐オリゴ糖は発酵中に微生物が生産するα-グルコシダーゼにより合成される。これは，α-グルコシダーゼはマルトースなどのα-グルコシド結合を加水分解し，α-グルコースを遊離する酵素であるが，高基質濃度では新たなグルコシド結合を生じる糖転移反応を触媒するためである。糖転移反応では基質を構成する結合以外の結合も生成されるため，基質に含まれない結合からなる糖質を合成することができる。糖転移反応を利用したオリゴ糖の合成は既に工業化されており，製造されたオリゴ糖は様々な飲食物に利用されている。イソマルトオリゴ糖の製造ではα-1,6結合生成能に優れた*Aspergillus niger*由来α-グルコシダーゼが，ニゲロオリゴ糖の製造では高いα-1,3結合生成能を有する*Acremonium strictum*由来α-グルコシダーゼが利用されている[1,2]。これらのオリゴ糖はいずれもトウモロコシや馬鈴薯由来の澱粉が原料であり，加水分解と糖転移反応の二段反応により合成される。液化型α-アミラーゼにより液化された澱粉は，β-アミラーゼを澱粉枝切り酵素と共に作用させることによりマルトースを主成分とするマルトオリゴ糖に加水分解される。次いでα-グルコシダーゼを添加して糖転移反応を行うことで分岐オリゴ糖が生成する。このような工程を経るため，現在流通している分岐オリゴ糖は二から三糖を主成分とした比較的低分子の糖を高含有する。

食品のボディー感の増強や酸味や苦味など忌避される味質のマスキングなどを目的として澱粉やデキストリンが添加されるが，これらの糖質は老化性を示すため，食感・味質の変化，不溶化による外観の変化など，食品の保存中に様々な問題を引き起こす原因となっている。澱粉の老化は，直鎖状のアミロース鎖が凝集して組織化することが原因であるため，糖鎖中にα-1,4結合以外の結合を導入し，アミロース鎖の凝集を防ぐことが有効な方策の一つと考えられる。そこで，我々はアミロース鎖の非還元性末端にα-1,4結合以外の結合を導入し，耐老化性に優れた高分子分岐糖を合成することを目的とした。

＊1　Yoshinori Fujimoto　日本食品化工㈱　研究所　研究員
＊2　Wataru Saburi　北海道大学大学院　農学研究院　助教

2　分岐グルカンの主成

従来の分岐オリゴ糖の合成反応のような糖質の加水分解と糖転移の二段反応では，最初の加水分解時に高分子のマルトデキストリンは反応中に老化して不溶化するため，高分子糖を糖転移の基質として供給することができない。また，α-アミラーゼは，一度の基質分子との会合で何度か加水分解反応を行う“マルチプルアタック”をするため，反応の初期であっても澱粉からオリゴ糖を生成する[3]。したがって，穏やかにα-アミラーゼを澱粉に作用させたとしても低分子マルトオリゴ糖の生成を抑えることは難しい。そこで，澱粉を穏やかに低分子化するにあたり，糖転移酵素の一種であるシクロデキストリングルカノトランスフェラーゼ（CGTase）に注目した。CGTaseはグルコースがα-1,4結合により6～8分子環状に結合したシクロデキストリン（CD）を澱粉から生成する酵素であるが，マルトデキストリンの重合度の不均一化反応，CDを開環して他のマルトオリゴ糖に転移するカップリング反応，そして加水分解反応を触媒する多機能酵素である[4]。他の活性と比較して加水分解活性が弱いため，澱粉を穏やかに低分子化するには好適と考えた。また，α-グルコシダーゼをCGTaseと協調的に作用させることにより，澱粉の低分子化と同時に非還元性末端にα-1,4結合と異なる結合，いわゆる分岐を導入し，基質分子の老化を抑制することとした。α-グルコシダーゼ非存在下で澱粉枝切り酵素（イソアミラーゼとプルラナーゼ）とCGTaseをDE 4の市販デキストリン（パインデックスNo.100；松谷化学）に作用させたところ，生成したアミロースが著しく老化し，反応液の白濁が見られた（図1）。一方，*A. niger*由来および*A. strictum*由来α-グルコシダーゼ（それぞれ以下ANGおよびASGとする）をそれぞれ添加した反応液は清澄であった（図1）。このことから，意図したように非還元性末端に分岐を導入することにより耐老化性が高い糖質が生成したと考えられた。

次に，生成した糖質の非還元性末端に分岐が導入されたことを確認するために，四糖以上のマルトオリゴ糖の非還元性末端よりマルトース単位でα-1,4結合を加水分解する大豆β-アミラーゼによる分解性を検討した。α-グルコシダーゼ非存在下で澱粉枝切り酵素とCGTaseを液化澱粉に作用させた反応生成物はβ-アミラーゼによりほぼ完全に分解されたのに対し，α-グルコシ

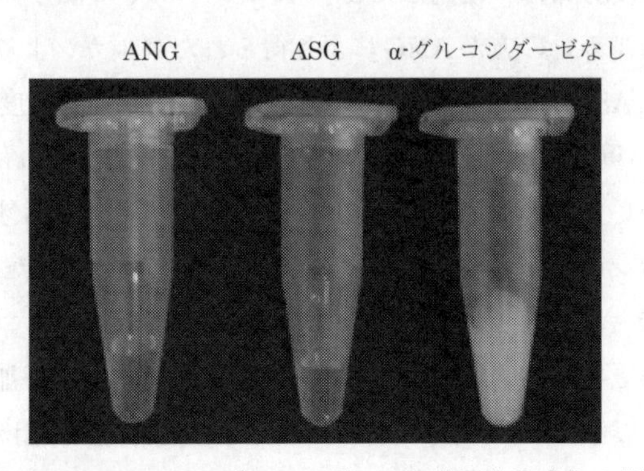

図1　CGTaseとα-グルコシダーゼの共反応生成物の外観

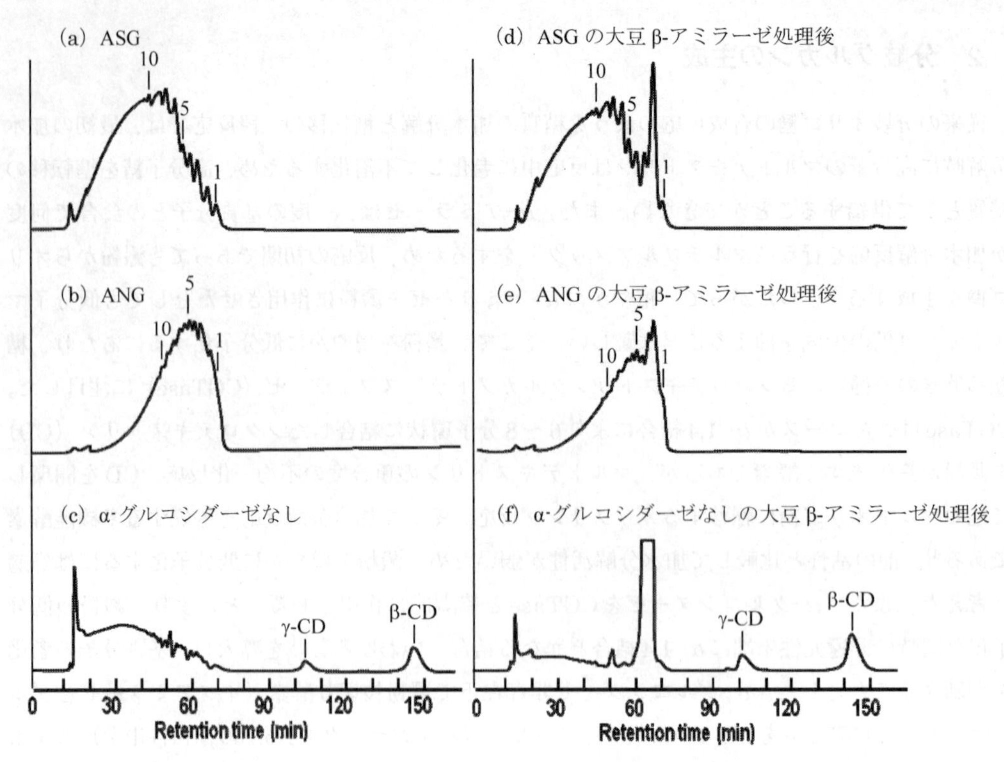

図2　CGTaseとα-グルコシダーゼの共反応による反応液のHPLCクロマトグラム
ピークNo.はグルカンの重合度と一致。

ダーゼとの共反応生成物はほとんど分解されなかった（図2）。このことから，α-グルコシダーゼをCGTaseおよび澱粉枝切り酵素と共に澱粉に作用させることにより，非還元性末端に分岐構造を有する分岐グルカン（β-アミラーゼ耐性グルカン）が生成することが確認された。このβ-アミラーゼ耐性グルカンの重合度は，加水分解と糖転移を組合せた従来のオリゴ糖生成反応により得られる糖質より明らかに大きく，重合度10を超えるいわゆるメガロ糖も含まれていた。また，当該グルカンの重合度分布は，使用したα-グルコシダーゼにより異なっており，ASGによる反応により得られたグルカンの方がANGにより得られたグルカンよりも明らかに高分子であった（図2）。すなわち，ASGによるグルカンの重合度は主として重合度6～10であったのに対し，ANGよるグルカンの重合度は主として重合度4～6であった。これは，ASGとANGの基質鎖長に対する特異性の違いにより説明でき，ANGより長鎖基質への活性が高いASGがANGよりも効率的に長鎖グルカンの非還元性末端にグルコシル基を転移できたためと考えられた[5, 6]。このことから，β-アミラーゼ耐性グルカンの重合度を使用するα-グルコシダーゼの種類によって制御することができると推察される。また，α-グルコシダーゼ未添加での反応では，β-CDおよびγ-CDの生成が認められたが，α-グルコシダーゼを協調的に作用させた反応ではCDはほとんど生成されなかった。CGTaseによる環状化反応では，非還元性末端のグルコシル基の4位

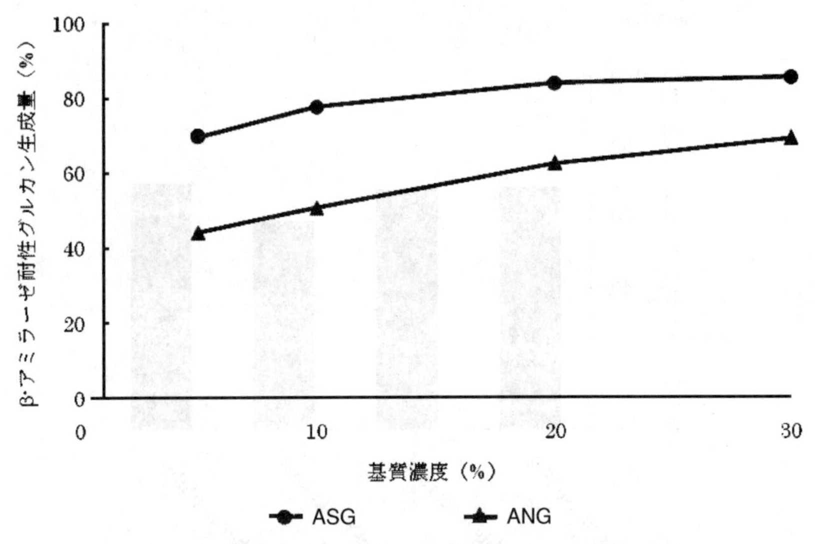

図3　基質濃度とβ-アミラーゼ耐性グルカン生成量の関係

の水酸基に分子内転移することによりCDが生成するため，非還元性末端にα-1,4結合以外の結合が導入されたことで環状化反応が阻害されたと考えられた。

CGTaseとα-グルコシダーゼの共反応によるβ-アミラーゼ耐性グルカンの生成反応を基質濃度5～30％（w/v）で行い，基質濃度を検討した。その結果，基質濃度が高いほどβ-アミラーゼ耐性グルカンの生成量は高く，ASGの方がANGよりも高生成量であった（図3)。基質濃度が高いほどβ-アミラーゼ耐性グルカンの生成が高かったのは，α-グルコシダーゼによる糖転移反応は，基質濃度が高いほど効率的に起こるためと推定される。また，酵素間のβ-アミラーゼ耐性グルカンの生成量の違いは，酵素による糖転移能の違いを反映しており，ASGの方がANGよりも優れた糖転移活性を有すると考えられた。

反応に使用するCGTaseについては，*Bacillus* sp. No 38-2，*Bacillus macerans*，*Bacillus coagulans*および*Geobacillus stearothermophilus*由来酵素で同様な反応を検討したが，起源によらずβ-アミラーゼ耐性グルカン生成量および重合度組成はほぼ同等であった（図4)。澱粉枝切り酵素については，イソアミラーゼ未添加では，反応後に高分子グルカンが残存した。プルラナーゼ未添加では，このような高分子グルカンの残存がなかったことから，基質の分岐は主としてイソアミラーゼが分解していると考えられた。

CGTaseとα-グルコシダーゼの共反応によるβ-アミラーゼ耐性グルカンの工業的製造法を検討するにあたり，基質を市販デキストリンから，糖化製品の原料として汎用的に利用される液化トウモロコシ澱粉とし，同様な反応を検討した。その結果，液化トウモロコシ澱粉を基質とした場合でも，市販デキストリンと同等な組成のβ-アミラーゼ耐性グルカンが得られた（以下ASGによるグルカンをBGI，ANGによるグルカンをBGIIとする)。このうち，BGI中の中性糖を活性炭による脱色，イオン交換樹脂による脱塩により精製した後，固形分濃度70％（w/v）とな

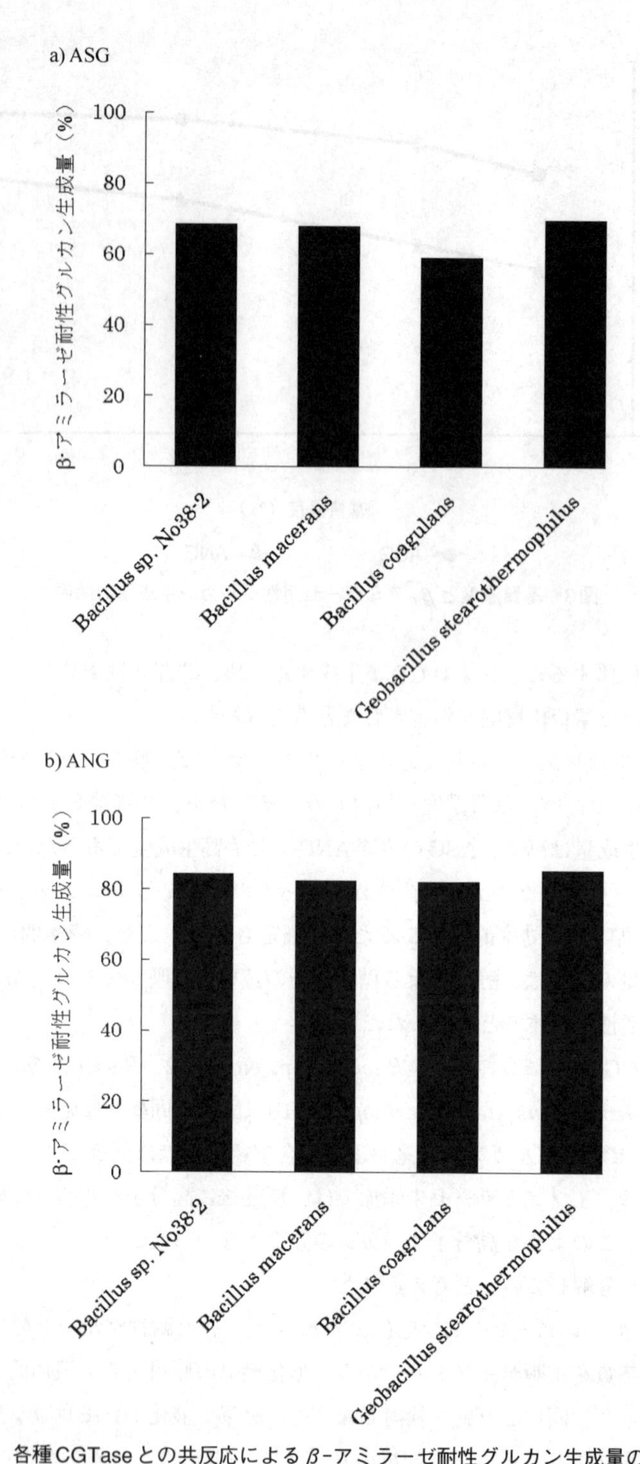

図4　各種CGTaseとの共反応によるβ-アミラーゼ耐性グルカン生成量の比較

表1　BGIとコーンシラップの鎖長分布

DP	BGI (%)	コーンシラップ (%)
1	1.1	0.9
2	1.8	5.8
3	2.9	13.2
4	3.5	8.4
5	4.2	7.0
6	6.6	16.4
7	6.2	18.3
8	6.2	8.2
9	5.9	3.7
≧10	61.6	18.1

BGI　　コーンシラップ

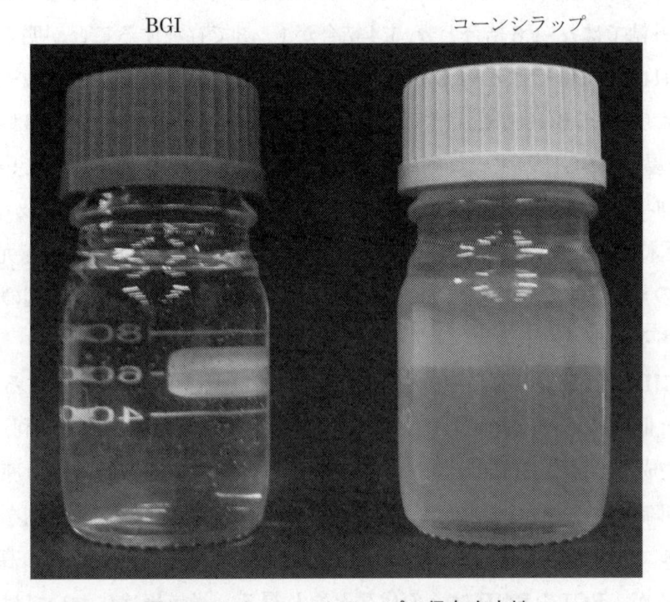

図5　BGIとコーンシラップの保存安定性

るまで濃縮してシラップ状にした。α-アミラーゼと澱粉枝切り酵素により液化トウモロコシ澱粉を加水分解して同様にシラップ状にしたコーンシラップを調製し，BGIと室温下1カ月間の保存安定性を比較した。その結果，コーンシラップではわずかに含有するアミロースによると思われる白濁が見られたのに対し，BGIではコーンシラップより高分子糖の含有量が多いにも拘らず(表1)，清澄性を保持していた（図5）。このことから，酵素反応液の清澄さから示唆されたように，CGTaseとα-グルコシダーゼの共反応により生成したBGIに含まれるβ-アミラーゼ耐性グルカンは耐老化性に優れることが明らかとなった。

3 分岐グルカンの利用特性

BGIとBGIIの構造を明らかにすることを目的として，マルトトリオース生成α-アミラーゼであるMicrobacterium imperiale由来α-アミラーゼと大豆β-アミラーゼによる分解性を検討した。両グルカン共にβ-アミラーゼのみではほぼ重合度組成に変化がなかったのに対し，α-アミラーゼとβ-アミラーゼを組合せることにより分解性が大きく向上した。特に重合度10以上の長鎖グルカンの分解性の向上が著しかった。このことから，両グルカン共に還元性末端側はα-1,4結合から構成されており，α-1,4結合以外の結合は非還元性末端のみに存在すると推定された。次に，このBGIとBGIIのα-アミラーゼとβ-アミラーゼによる分解物から非還元性末端に由来すると考えられる五糖を活性炭カラムクロマトグラフィーにより精製し，メチル化分析によりグルコシド結合の組成比を解析した。その結果，BGI由来五糖ではα-1,3結合とα-1,4結合が1：1で，BGII由来五糖ではα-1,6結合とα-1,4結合が1：3で存在することが明らかになった。このことから，BGI由来五糖ではα-1,3結合が平均2つ，BGII由来五糖ではα-1,6結合が平均1つ含まれると考えられた。BGI由来五糖ではどの結合がα-1,3結合であるのかはっきりしないが，BGII由来五糖の場合，BGIIの生成反応中にプルラナーゼによる作用を免れていることから，非還元性末端のグルコシル基がα-1,6結合であると考えられた。以上のことから，BGIおよびBGIIは共に還元末端側はα-1,4結合による直鎖状構造であり，BGIでは非還元性末端側4つのグルコシド結合のうち平均2つの結合がα-1,3結合，BGIIでは非還元性末端のグルコシド結合がα-1,6結合であると推定された。

BGIおよびBGIIを用いた利用試験を実施した。重合度6～10を主成分とするBGIは，甘味度が砂糖の約8％と低く，各種飲食品のコク付与やエキス分の調整剤としての利用に適している。重合度4～6を主成分とするBGIIはコク付与の他，アルコール感の低減や冷凍卵加工品においてはスポンジ化抑制効果や離水抑制効果等が確認されている。以下にその一例を示す。

発泡酒や低アルコール飲料等ではエキス分の調整剤としてデキストリン等の高分子素材が用いられることがあるが，BGIやBGIIはその代替となり得る。当該用途においては，エタノール存在下でも白濁や沈澱が起こらない，高い安定性が必要とされる。BGI，BGIIともにエタノール存在下での安定性は高く，糖質濃度8％，エタノール濃度40％，5℃で5日間の保存試験において，類似の重合度を有するマルトオリゴ糖やデキストリンが白濁するのに対し，BGI，BGIIはいずれも白濁が起こらない（図6）[7, 8]。BGIおよびBGIIを市販アルコール飲料（レモンチューハイ）に各3％添加し，無添加区と比較してコクおよび好みの官能評価を行った（$n=8$）。その結果，BGI，BGIIいずれもコクが増し，おいしいと評価された（図7）[7, 9]。BGIは全体のボディー感が増し，フルーティーに，BGIと比較して低分子のBGIIはさっぱりとした印象を呈した。

乳飲料やホワイトソース等，様々な用途で牛乳が使用され，特にそのコクは飲食品のおいしさに深く関わっている。図8は牛乳30，35％の水溶液，BGI，BGIIまたはパノース含有シラップをそれぞれ1％（固形分換算，w/w）添加した牛乳30％水溶液のコクの強さに関する官能評価

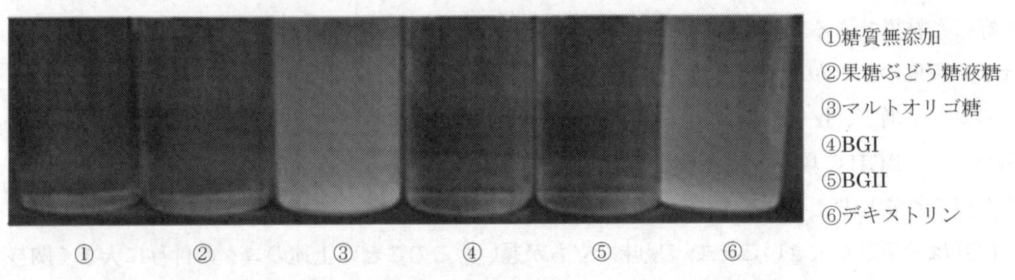

図6　BGIとBGII他各種糖質のエタノール存在下安定性

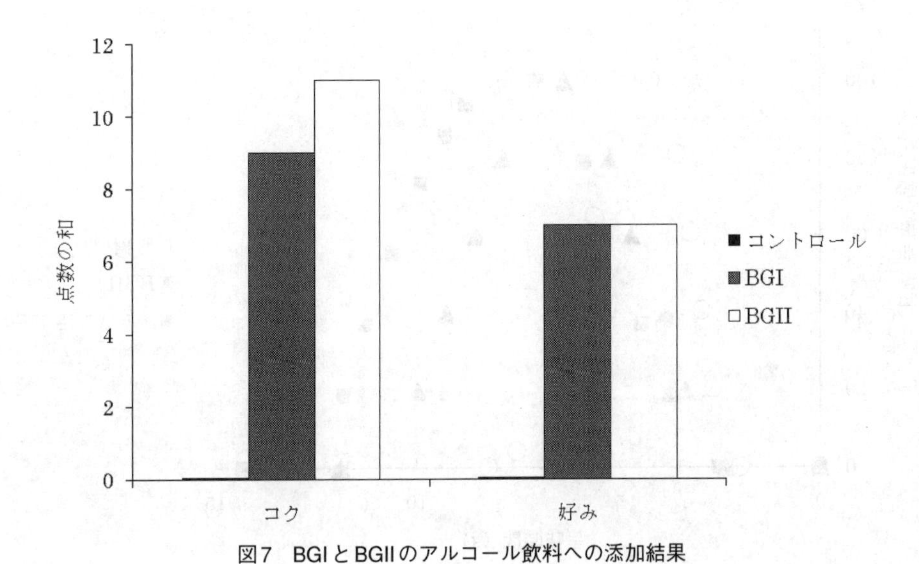

図7　BGIとBGIIのアルコール飲料への添加結果

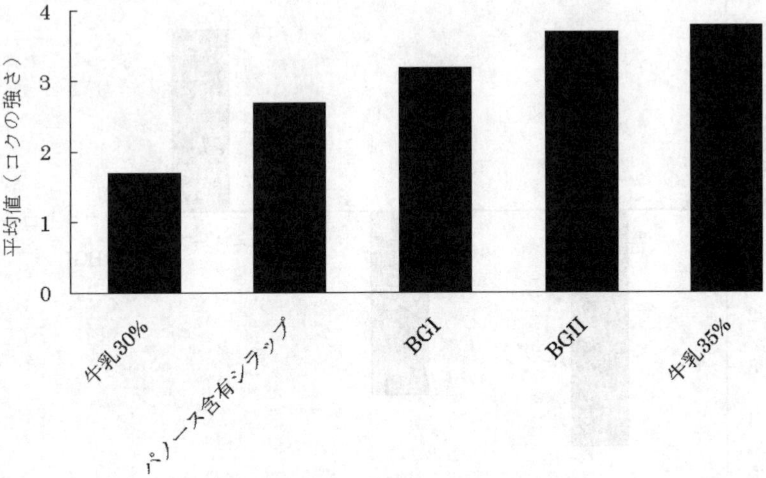

4
3
2
1
0
平均値（コクの強さ）
牛乳30%
パノース含有シラップ
BGI
BGII
牛乳35%

図8　BGIとBGIIの牛乳への添加結果

を行った結果である（$n=8$）[7,8]。牛乳30％と比較してBGII添加区はコクが増し，牛乳35％とほぼ同程度のコクがあると評価されていることが分かる。BGIに関しても，BGII程ではないもののコクが増し，α-1,6結合とα-1,4結合が1：1で存在するパノースと比較してもその効果は高かった。BGIIの場合，牛乳5％分のコクを1％BGIIが補ったことになり，コスト面でも優位性が得られると考えられる。

BGIは分子量が大きいことで，呈味の立ちが遅い。このことが上述のコクの付与に大きく関与

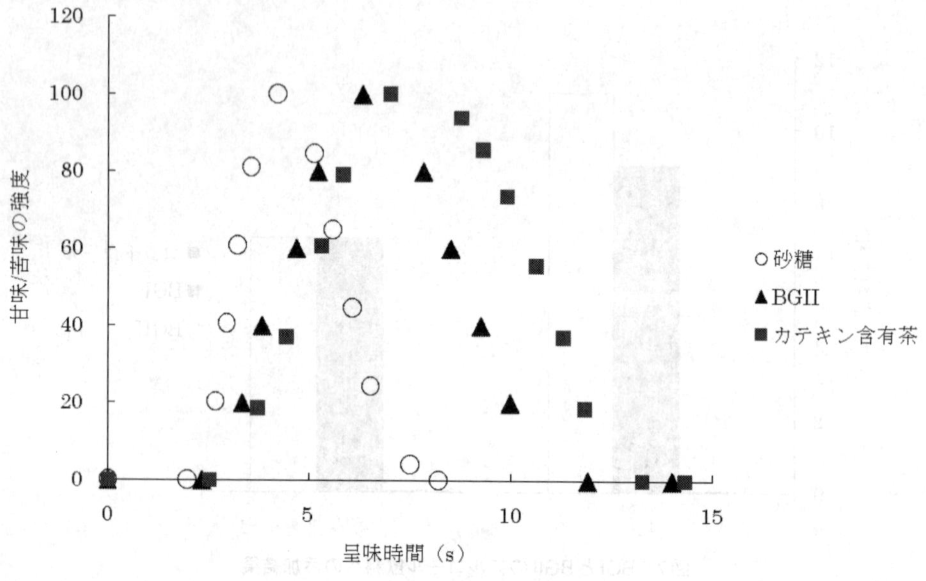

図9　BGII他の甘味／苦味曲線

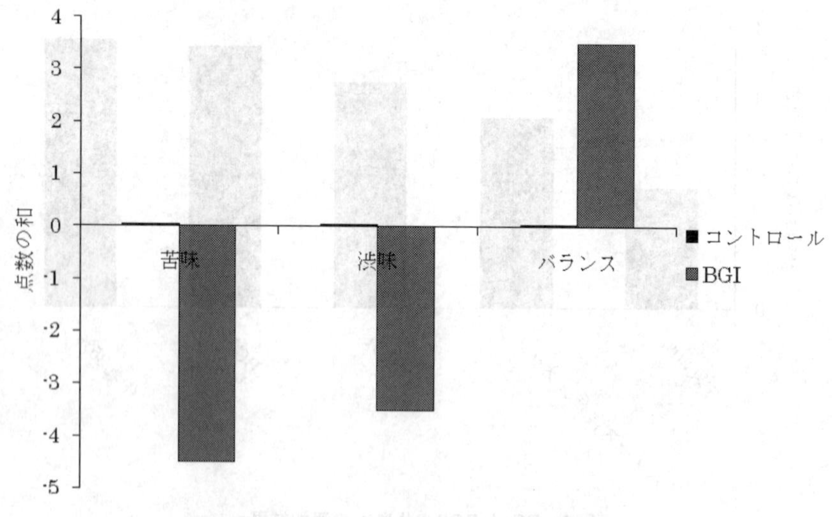

図10　BGIのカテキン飲料への添加結果

していると考えられるが，同様に立ちが遅い味質と併用することで，味質を改善する効果がある。図9は，砂糖，BGIの各水溶液および高カテキン含有飲料の甘味または苦味の呈味時間を示した甘味／苦味曲線である[8]。甘味度／苦味度はいずれの試験区も最高到達点を強度100とした。甘味曲線のピークが4秒前後となる砂糖と比較してBGIのピークは7秒前後と遅く，同じく苦味ピークの遅いカテキンとほぼ一致する。この為，高カテキン含有飲料にBGIを添加すると苦味や渋味が有意に低減する（図10）[7, 8, 10]。苦味物質は様々あるが，カテキン同様に立ちが遅いものが多い。その為，多くの苦味物質に対してBGIの味質改善効果は有効であり，苦味の他，渋味やエグみ等でも同様の傾向を示す。当該効果はBGIIでも確認され，例えば豆乳飲料にBGIIを

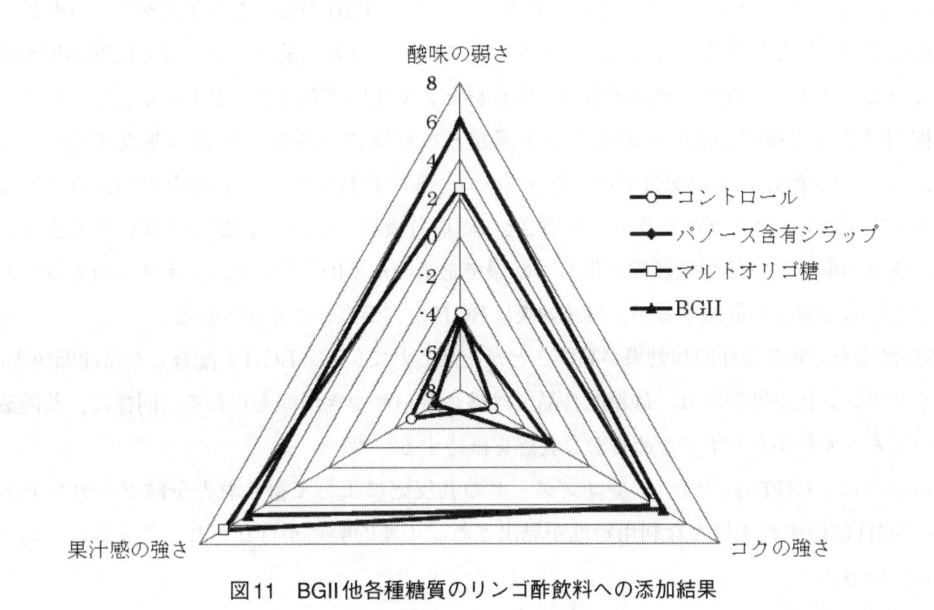

図11　BGII他各種糖質のリンゴ酢飲料への添加結果

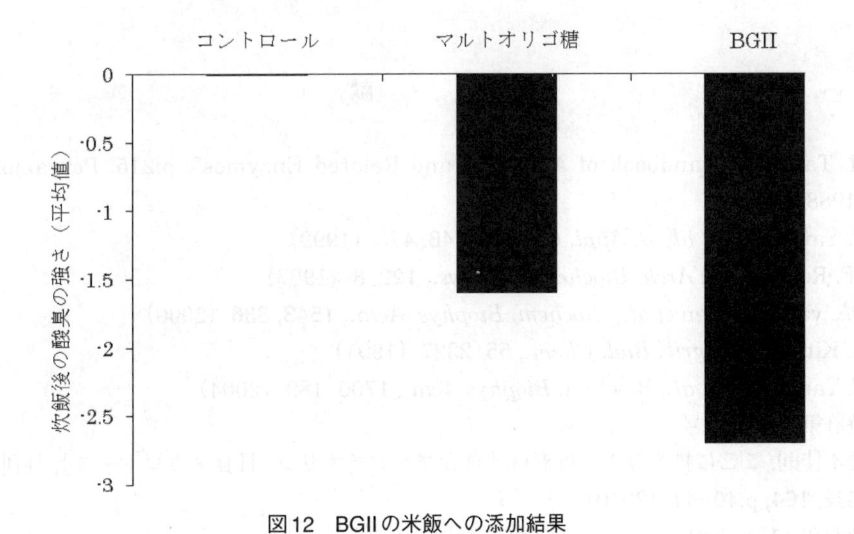

図12　BGIIの米飯への添加結果

添加すると，エグみを軽減しつつコクが増し，マイルドで飲みやすい豆乳となる[9]。

BGIと比較して分子量が小さいBGIIは，酸味や甘味の立ちが早い高甘味度甘味料等の味質を改善する効果が高い。図11は果糖ぶどう糖液糖7％（固形分換算，w/w，以下同様），各種糖質1％，リンゴ酢7％のリンゴ酢飲料を調製し，酸味の弱さやコクおよび果汁感の強さに関して官能評価を行った結果である（$n=10$）[7, 8]。糖質としてコントロールは果糖ぶどう糖液糖を1％（計8％），BGIIおよびパノース含有シラップを試験区とした。コントロールとパノースの評価が大差ないのに対し，BGIIは酸味を低減しつつ，コクを増し，リンゴの果汁感を強めたことが分かる。パノースはBGII同様にα-1,6結合とα-1,4結合が存在するが，重合度が3と小さい為，BGII程の効果が得られなかったと考えられる。つまり，BGIIの適度な分子量がリンゴ酢飲料の酸味低減やコク付与に効果的であったことが示唆された。また，酸臭に対しても低減効果が確認されている。グルコン酸等は無菌米飯等の保存料として使用されることがあるが，レンジアップ後の開封時にその酸臭が感じられることが課題となる場合がある。図12は無洗米100 gに水150 g，グルコン酸0.75 gの配合で炊いたコントロールと比較して，上述の配合にBGIIまたは重合度6～7のマルトオリゴ糖シラップを各2 g（固形分換算，w/w）添加して炊いた米飯の，炊飯後の酸臭の強さを官能評価試験に供した結果である（$n=9$）[7, 8]。マルトオリゴ糖もコントロールと比較して酸臭が低減するが，当該効果はBGIIの方が高いことが分かる。

BGIIはまた，卵の変性抑制効果が高いことが確認されている。BGIIを配合した冷凍卵焼きは，離水やスポンジ化が抑制され，砂糖配合品では感じるパサつきが抑えられる。同様に，茶碗蒸しにおいても「す」がたたず，なめらかな食感を維持する[7～9]。

このように，CGTaseとα-グルコシダーゼの共反応によって得られた分岐グルカンであるBGI，BGIIはいずれも様々な利用特性が見出され，工業的製造が行なわれ，各分野にて高く評価されている。

文　　献

1) H. Takaku, "Handbook of Amylases and Related Enzymes", p.215, Pergamon Press (1988)
2) T. Yamamoto *et al.*, *J. Appl. Glycosci.*, **46**, 475 (1999)
3) JF. Robyt *et al.*, *Arch. Biochem. Biophys.*, **122**, 8 (1967)
4) BA. van der Veen *et al.*, *Biochem. Biophys. Acta.*, **1543**, 336 (2000)
5) A. Kita *et al.*, *Agric. Biol. Chem.*, **55**, 2327 (1991)
6) T. Yamamoto *et al.*, *Biochim. Biophys Acta.*, **1700**, 189 (2004)
7) 特許第4397965号
8) 藤本佳則, ここに技あり！　新素材「日食ブランチオリゴ 日食メガロトース」, 月刊 食品工場長, **164**, p.40-41 (2010)
9) 特開2011-83248

第20章　グルコシルトランスフェラーゼを用いた機能性オリゴ糖の生産

林　幸男*1，篠原　智*2

機能性オリゴ糖の工業生産は，糸状菌や細菌などの微生物の生産する糖加水分解酵素を用いて，多糖類の加水分解または二糖類などを基質とした糖転移反応によって主に行われている。本稿では，*Aureobasidium pullulans*由来のグルコシルトランスフェラーゼを用いたグルコース転移反応による機能性オリゴ糖の生産について紹介する。

1　はじめに

特定保健用食品などの健康志向食品素材として重要な位置を占めている機能性オリゴ糖は，食品産業などにおいてますますその用途を広めて行くものと期待される。

今回，二糖類などの低分子の糖の非還元末端糖残基の6位の炭素にα位でグルコースを転移する活性を有するグルコシルトランスフェラーゼの酵素生産菌，酵素生産のための培養，酵素の特性，機能性オリゴ糖生産のための酵素反応および生成オリゴ糖について述べる。

2　酵素生産菌

パノースのようなα-1,6-グルコシド結合を有するオリゴ糖を生成する酵素の研究の始まりは，1950年のPanらによる*Aspergillus niger*培養液のろ液を用いた研究[1,2]や1951年のPaturとFrenchによる*Aspergillus oryzae*由来のトランスグルコシダーゼを用いた研究[3]など，約60年前にさかのぼる。これらの酵素はマルトースのみを基質として，イソマルトースとパノースを生成する。

また，*Penicillium chrysogenum*由来のトランスグルコシダーゼの研究[4]，*Saccharomyces logos*由来のα-グルコシダーゼの研究[5]，*Aspergillus carbonarious*由来のα-グルコシダーゼの研究[6]，*Leuconostoc mesenteroides*由来のデキストランスクラーゼの研究[7]および*Thermoanaerobacter ethanolicus*由来のα-グルコシダーゼの研究[8]などが報告されている。

一方，*Aspergillus niger*の菌体から抽出した粗酵素液をスクロースとマルトースの混合液に作用

＊1　Sachio Hayashi　宮崎大学　工学部　教授

＊2　Satoru Shinohara　日本オリゴ㈱　研究所　研究所顧問

させることにより，テアンデロース（*O*-α-D-glucopyranosyl-(1→6)-*O*-α-D-glucopyranosyl-(1→2)β-D-fuructofuranoside）が得られることが，1957年にBarker，BourneとTheanderによって初めて報告されている[9]。テアンデロースの化学構造式を図1に示す。

また，1988年に鈴木が*Mucor javanicus*由来α-グルコシダーゼを作用させた可溶性澱粉とスクロースの反応混合液中にテアンデロースを検出している[10]。テアンデロースを固形分で32％含むテアンデオリゴの生産も，*Aspergillus niger*や*Mucor javanicus*などを用いて行われている[11, 12]。

スクロースのみを基質としてテアンデロースを生成する*Bacillus*属菌由来α-グルコシダーゼに関する研究が1993年と1994年にNakaoら[13, 14]，2000年にInohara-Ochiaiら[15]，2002年にOkadaら[16]により報告されている。

以上のように，多くの種類の微生物がα-1,6-グルコシド結合を有する二糖類やオリゴ糖を生成する酵素の生産菌として研究されているが，今回は*Aureobasidium pullulans*由来のグルコシルトランスフェラーゼ（E.C.2.4.1.24：1,4-α-Glucan 6-α-D-glucosyltransferase）を紹介する。

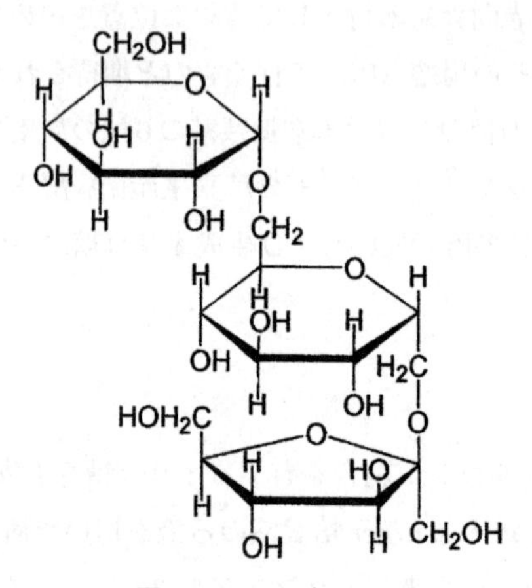

図1　テアンデロース

3　酵素生産[17]

*Aureobasidium pullulans*を酵素生産菌として，各種炭素源，各種窒素源，K_2HPO_4，$MgSO_4 \cdot 7H_2O$を含む100mlの液体培地にて，30℃で72時間振とう培養すると，グルコシルトランスフェラーゼを主に菌体内に生産する。

まず，酵素生産に及ぼす炭素源の影響について述べる。炭素源の種類を変えて培養すると，表1に示すように，本酵素の生産は反応の基質であるマルトースによって強く誘導されることが分かる。マルトースを2.0（%，w/v）以上添加すれば，本菌は良好に酵素を生産する。

次に，窒素源の影響について，表2に示す。酵母エキスが酵素生産のための最適な窒素源であることが分かる。酵母エキスを1.5％（w/v）以上添加すれば，本菌は良好に酵素を生産する。

最適条件での酵素生産の経時変化を図2に示す。1分間に1μmolのグルコースを転移する力価を1Uとすると，本菌は培養開始後48時間で11U/mLの酵素を生産する。その時の乾燥菌体量は16mg/mLである。

表1　炭素源の影響

炭素源（2.5％，w/v）	相対活性（％）
マルトース	100
可溶性デンプン	31
ガラクトース	16
スクロース	14
グルコース	11
ラクトース	8
フルクトース	4
グリセロール	2

表2　窒素源の影響

窒素源（2.0％，w/v）	相対活性（％）
酵母エキス	100
ペプトン	55
$(NH_4)_2SO_4$	5
麦芽エキス	4
$NaNO_3$	2
NH_4Cl	1
NH_4NO_3	1

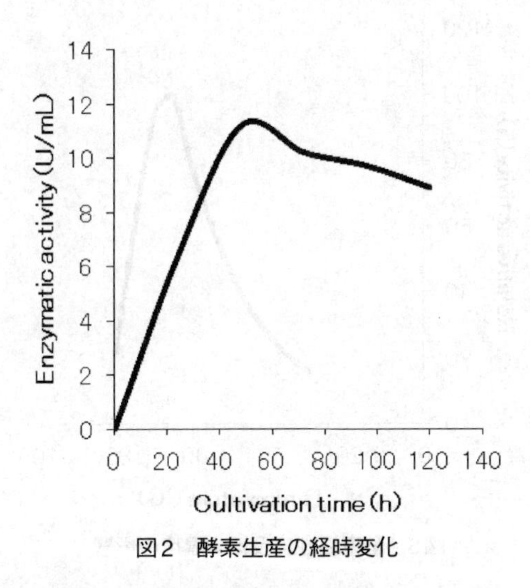

図2　酵素生産の経時変化

4　酵素特性[18)]

酵素を調製するために，まず菌体をキタラーゼ処理することにより菌体内酵素を抽出する。その後，本酵素を電気泳動単一にまで精製するために，硫安塩析，陽イオン交換クロマトグラフィー，陰イオンクロマトグラフィー，ゲルろ過クロマトグラフィーなどを用いる。得られる酵素の分子量は395kDaであり，比活性は304U/mg proteinである。また，本酵素は糖含量32％(w/w)の糖タンパク質である。

本酵素の最適pHは5.0で，pH4～6の範囲で安定である。また，最適温度は65℃（図3）で，60℃までほぼ安定である。本酵素は比較的高い温度で安定であり反応に利用できるので，取扱い易い酵素であると考えられる。

5　グルコース転移反応

マルトース（300mg/mL）のみを基質として，pH5.0，55℃で本酵素を反応させた場合，図4に示すように，まず三糖類のパノースが反応後3時間で生成のピークを迎え，その後イソマルトースが遊離してくる。マルトースの初発濃度に対するパノースの収率は，反応3時間後で45.5％に達する。また，パノースとイソマルトースを合わせた収率は56.6％であり，本酵素のグルコース転移活性が極めて高いことが分かる[18)]。

パノースを基質として酵素反応を行うとイソマルトースを生成するが，イソマルトースを基質としてもパノースの生成は見られない。まずマルトースの非還元末端グルコース残基の6位の炭素にグルコースが転移し，その後パノースのα-1,4-結合が加水分解され，徐々にイソマルトースが遊離されると考えられる[19)]。

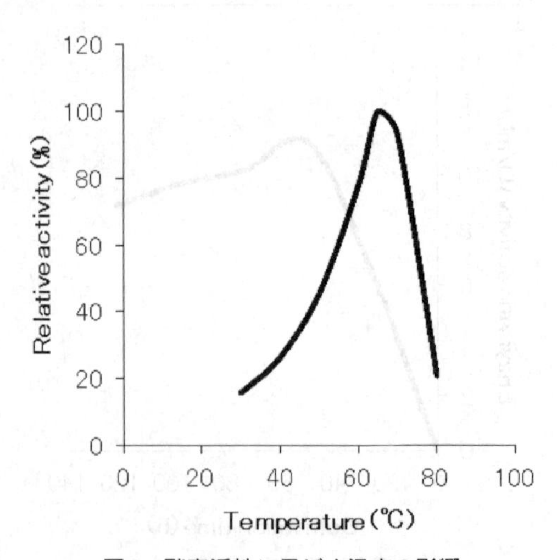

図3　酵素活性に及ぼす温度の影響

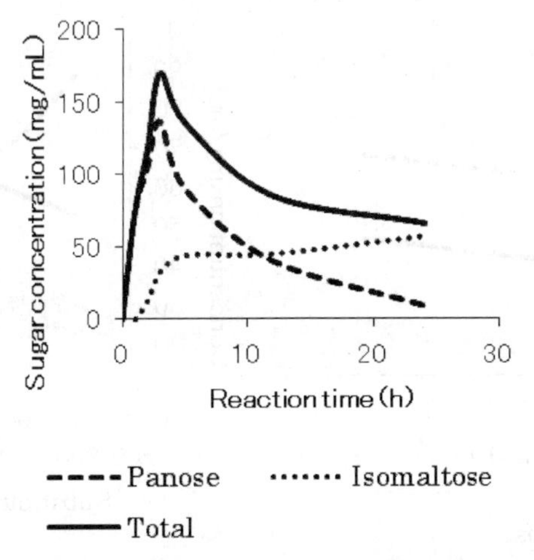

図4　マルトースを基質とした場合の酵素反応の経時変化

また，アルギン酸ゲルを用いた包括法や陰イオン交換体を用いたイオン結合法により，本酵素を極めて高い収率で固定化できることを明らかにしている[20]。

イソマルトースやパノースなどは既に食品産業などで企業化されている。その機能性や食品への応用などについては，成書[21]を参照されたい。

マルトース（250mg/mL）とスクロース（250mg/mL）を基質として，pH5.0，50℃で反応を行うと，図5に示すように[22]，テアンデロースとパノースを生成する。72時間反応後のテアンデロースの濃度は63.9mg/mLであり，その収率は12.8％となる。また，パノースと合わせた濃度は103mg/mLであり，その収率は20.6％となる。マルトースとスクロースをそれぞれグルコース供与体および受容体として，スクロースのグルコース残基へグルコースが転移してテアンデロースを生成すると考えられる。また，マルトースのみを基質とした反応が同時に起こり，パノースも生成すると考えられる。

次に，基質濃度のテアンデロース生成に及ぼす影響について，図6に示す[22]。基質濃度を300～700mg/mLまで変化させると，生成物の収量が最も高いのは，基質濃度500～600mg/mLの時である。また，基質の初発濃度に対する収率は基質濃度が低いほど高くなる傾向が見られる。

マルトース（150mg/mL）とスクロース（150mg/mL）を基質とした場合の酵素反応を図7に示す[22]。反応6時間後に，テアンデロースの濃度は53.3mg/mLであり，収率は17.7％となる。また，テアンデロースとパノースを合わせた濃度は85.3mg/mLであり，収率は28.4％となる。本酵素がスクロースを受容体としても高いグルコース転移活性を示すことが分かる。

以上のように，本酵素はテアンデロースやパノースの製造に極めて有用であると考えられる[23]。

1968年にSidiquiとFutgalaによって蜂蜜中にテアンデロースが見出されており，回収された

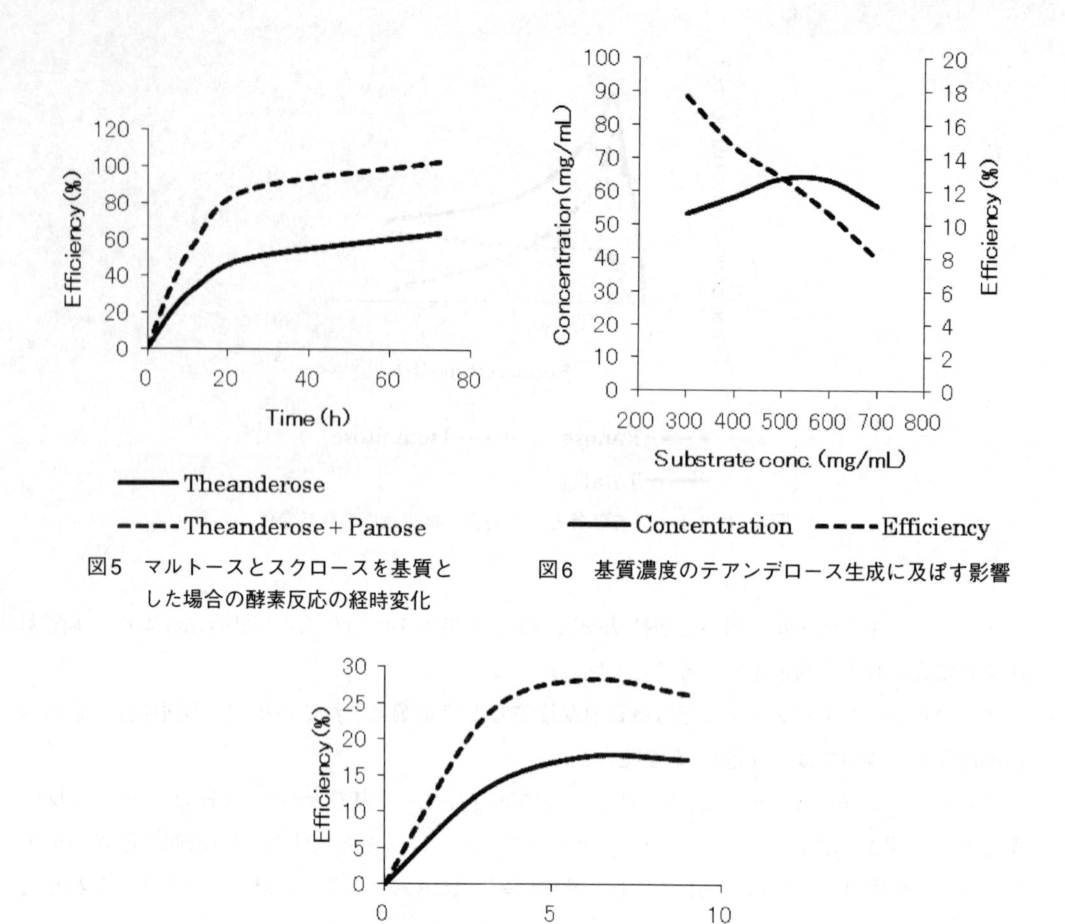

図5　マルトースとスクロースを基質とした場合の酵素反応の経時変化

図6　基質濃度のテアンデロース生成に及ぼす影響

図7　基質濃度300 mg/mLにおける酵素反応の経時変化

オリゴ糖固形分約14％中に約19％含まれることを明らかにしている[24]。

また，1997年にMorel Du Boilは甘蔗糖と甜菜糖のテアンデロース，1-ケストース，ラフィノースなどのオリゴ糖含量を定量比較し，甘蔗糖の特徴としてテアンデロースが55～345ppm含まれることを明らかにしている[25]。さらに，2000年にPapageorgiouとDohertyは，オーストラリアの製糖工場で生産される甘蔗糖のテアンデロースを定量し，糖蜜中に4,700～12,300mg/kg，原糖中に96～192mg/kg含まれることを明らかにしている[26]。

以上のように，テアンデロースは天然に存在するオリゴ糖である。

また，苔*Physcomitrella patens*にも見出されており，その耐凍性に関わる脱水耐性を獲得する際に発現特異的にテアンデロースが蓄積されることが，2006年にNagaoらによって報告されている[27]。この蓄積はストレスホルモンアブシジン酸，低温，高張液処理で誘導されることが明らかにされているので，テアンデロースの環境変化への適応に関わる生命現象における新規な機能性が期待されている。

ここで，テアンデロースの食品産業などによる広い利用が促進されるように，その食品素材としての機能性について明らかにされていることをある程度詳細に紹介したい。

テアンデロースの消化性や腸内常在細菌による資化性については，下川らの研究により次のように明らかにされている[28]。テアンデロースは*in vitro*試験での消化吸収率は胃液での3.7％と小腸粘膜酵素の58.2％を合わせた61.9％であり，経口摂取すると一部は大腸まで到達すると考えられている。*Bifidobacterium adolescentis*など*Bifidobacterium*属菌20株，*Bacteridesdes distasonis*など*Bacteridesdes*属菌15株，*Clostridium butyricum*など*Clostridium*属菌8株，*Porlylomonas asaccharolytia* 1株を用いた資化試験によると，*Bifidobacterium*属菌による選択性はイソマルトースやフラクトオリゴ糖に比べ高い。テアンデオリゴ（スクロース57％，エルロース3％，テアンデロース32％，その他のオリゴ糖7％含有）を健康な成人が1日当たり3または4gを摂取した場合，腸内フローラにおける*Bifidobacterium*の占有率は30～40％に達する[29]。また，腸内腐敗産物であるアンモニア，フェノール，*p*-クレゾール，スカトール，4-エチルフェノールは摂取期間中減少する傾向にある[30]。すなわち，テアンデロースは腸内菌叢の改善や整腸作用に有効であることが分かる。

テアンデオリゴの甘味特性，安定性，安全性などの物性および各種菓子類への応用試験については，農林水産省食品流通局委託事業[31]で検討されており，次のように明らかにされている。甘味度はスクロースの60％であり，固形分当たりのエネルギー値は約2kcal/gである。急性毒性試験ではLD_{50}は21.9g/kg体重であり，亜急性毒性試験で毒性は認められず，復帰変異原性試験で異常はない。特に，緩下性試験では0.8g/kg体重摂取しても下痢を起こさない。また，吸・保湿性に優れており，加工特性はスクロースとほぼ同じである。その他の物性や食品への利用効果などの応用試験などの詳細については，報告書[31]を参照されたい。

テアンデロースの齲蝕に対する効用については，佐藤の研究によって次のように明らかにされている[32]。テアンデロースを0.5％炭素源とした場合，*Streptococcus mutans*などの*Streptococcus*属7株，*Actinomyces viscosus*などの*Actinomyces*属2株，*Lactobacillus casei*などの*Lactobacillus*属2株において資化されず，これらの供試菌の発育に利用されない。また，5％濃度で乳酸生成も見られない。人工歯垢形成の試験において，*Streptococcus*属菌7株が5％スクロースでは23.9～632.7mgの人工歯垢を形成したのに対して，テアンデロースでは0.0～0.2mgと明らかな歯垢形成を認めない。*Streptococcus mutans*と*Streptococcus sobrinus*由来のグルコシルトランスフェラーゼによる非水溶性グルカン試験では，スクロースからそれぞれ165および230μgが検出されたが，テアンデロースでは検出されない。また，スクロースに等量のテアンデロースを添加することにより，非水溶性グルカンの生成がそれぞれ84.2および95.0％抑制される。ラット齲蝕実験では，テアンデロースはスクロースに対して98.0％の齲蝕抑制が見られる。以上のことから，テアンデロースは非齲蝕性に近い低齲蝕性糖質であると考えられている。

以上のように，テアンデロースは食品素材などとしての好ましい特性を有している。

6 おわりに

イソマルトオリゴ糖やパノースなどの分岐オリゴ糖を生成する酵素の研究は，微生物酵素の酵素化学的および生成オリゴ糖の糖質化学的な学術的興味で始まったようである。しかし，各種オリゴ糖の機能性が明らかになり，特定保健用食品の素材などとして特に食品産業においてその価値が認められると，企業化されていない機能性糖質の探索，目的オリゴ糖の収率の高い酵素および起源の異なる酵素の開発が求められてきた。食生活を健康的で豊かにするために，またケア食品などの特殊な目的の食品製造のために，さらには食品産業以外の分野における幅広い応用のためにも，機能性糖質およびそれを生成する糖質関連酵素の今後の開発に期待したい。

文　献

1） S. C. Pan, *et al.*, *Science*, **112**, 115（1950）
2） M. L. Wolfrom *et al.*, *J. Ame. Chem. Soc.*, **73**, 4093（1951）
3） J. H. Patur and D. French, *J. Ame. Chem. Soc.*, **73**, 3536（1951）
4） K. Sorojya *et al.*, *Bioch.*, **60**, 399（1955）
5） 千葉誠哉，下村徳治，澱粉科学，**26**, 59-67（1979）
6） K. J. Duan *et al.*, *Biotechnol. Lett.*, **16**, 1151（1994）
7） M. C. Rabelo *et al.*, *Appl. Biochem. Biotech.*, **133**, 31（2006）
8） Y-H. Wang *et al.*, *Biologia*, **64**, 1053（2009）
9） S. A. Barker *et al.*, *J. Chem. Soc.*, **5**, 2064（1957）
10） 鈴木幸雄，澱粉科学，**35**, 93（1988）
11） 田村幸永ほか，特開平5-339282（1993）
12） 竹田裕彦ほか，特開平7-75591（1995）
13） 中尾正宏ほか，特開平5-227955（1993）
14） M. Nakao *et al.*, *Appl. Microbiol. Biotechnol.*, **41**, 337（1994）
15） M. Inohara-Ochiai *et al.*, *J. Biosci. Bioeng.*, **89**, 431（2000）
16） M. Okada *et al.*, *J. Mol. Cat. B: Enzymatic*, **16**, 265（2002）
17） S. Hayashi *et al.*, *World J. Microbiol. Biotech.*, **9**, 248（1993）
18） S. Hayashi *et al.*, *J. Indus. Microbiol.*, **13**, 5（1994）
19） S. Hayashi *et al.*, *Lett. Appl. Microbiol.*, **19**, 247（1994）
20） S. Hayashi *et al.*, *J. Indus. Microbiol.*, **14**, 377（1995）

21） 早川幸男，オリゴ糖の新知識，食品化学新聞社（1998）
22） N. Tsutsumi *et al.*, *Food Func.*, **5**, 12（2009）
23） 高羽優算ほか，特開2010-159225（2010）
24） I. R. Sidiqui and B. Futgala, *J. Apic. Res.*, **7**, 51（1968）
25） P. G. Morel Du Boil, *Int. Sugar J.*, **99**, 102（1997）
26） J. Papageorgiou and W. Doherty, *Zuckerrindustric*, **125**, 181（2000）
27） N. Nagao *et al.*, *Phytochem.*, **67**, 702（2006）
28） 下川久俊ほか，栄食誌，**46**, 69（1993）
29） 下川久俊ほか，日本栄養・食糧学会誌，**48**, 57（1995）
30） 下川久俊ほか，ビフィズス，**8**, 135（1995）
31） 岡本　奨，食品新素材有効利用技術シリーズNo.2, 菓子総合技術センター（1996）
32） 佐藤晴彦，日大口腔外科学，**19**, 511（1993）

第21章　酵素による食品の低アレルゲン化

熊谷日登美[*1]，北田杏和[*2]，中村静佳[*3]

1　はじめに

近年，環境変化や食生活の変化等に伴い，アレルギー患者数が増加していると言われている。食物アレルギーとしては，鶏卵，乳製品，小麦が三大アレルゲンであるが，鶏卵や乳製品は，乳児期に発症し，成長と共に寛解する場合が多い。一方，小麦，蕎麦，大豆，米等の穀類や豆類のアレルギーは，難治性で，長期間にわたり，疾患と付き合わなくてはならない[1, 2]。また，小麦や蕎麦では，重篤なアナフィラキシー（anaphylaxis）症状が出ることがあるので，この点でも注意が必要である。

食物アレルギーでは，日々の食事を制限しなくてはならないため苦痛も大きいが，完全な除去食ではなく，嗜好性を低下させずに，アレルゲンのみを分解した低アレルゲン化食品を摂取することができれば，食生活の質の低下を防ぐことができる。アレルゲンは通常，比較的分子量が小さく，加熱処理や酵素処理に対して抵抗性があり，変性や分解が起こりにくいタンパク質であるが，条件を選ぶことにより，アレルゲンの分解が可能である。

本章では，酵素による食品の低アレルゲン化について，特に，穀類や豆類のアレルゲンの分解を中心に，その手法（酵素の種類，反応条件等），低アレルゲン化の程度，低アレルゲン化食品の嗜好性の改善法等について紹介する。

2　小麦（*Triticum aestivum*）

小麦は，イネ科コムギ属に属し，米，トウモロコシと共に，世界三大穀物の一つである。タンパク質は，溶媒への溶解性の違いにより，水に可溶なアルブミン（albumin），塩溶液に可溶なグロブリン（globulin），70％エタノール溶液に可溶なプロラミン（prolamin），希酸・希アルカリ溶液に可溶なグルテリン（glutelin）の4種類に分類されるが，小麦タンパク質中の組成は，アルブミンが約9％，グロブリンが約5％，プロラミンが約40％，グルテリンが約46％とされている[3]。小麦タンパク質の場合には，プロラミンをグリアジン（gliadin），グルテリンをグルテニン（glutenin）と呼ぶ。グリアジンは，さらに，α-グリアジン，β-グリアジン，γ-グリア

＊1　Hitomi Kumagai　日本大学　生物資源科学部　生命化学科　教授
＊2　Anna Kitada　日本大学　生物資源科学研究科　生物資源利用科学専攻
＊3　Shizuka Nakamura　大塚薬品工業㈱　生産部　開発課　研究員

```
  1 MKTFIIFVLL AMAMNIASAS RLLSPRGKEL HTPQEQFPQQ QQFPQPQQFP QQQIPQQHQI

 61 PQQPQQFPQQ QQFLQQQQIP QQQIPQQHQI PQQPQQFPQQ QQFPQQHQSP QQQFPQQQFP

121 QQKLPQQEFP QQQISQQPQQ LPQQQQIPQQ PQQFLQQQQF PQQQPPQQHQ FPQQQLPQQQ

181 QIPQQQQIPQ QPQQIPQQQQ IPQQPQQFPQ QQFPQQQFPQ QQFPQQEFPQ QQQFPQQQIA

241 RQPQQLPQQQ QIPQQPQQFP QQQQFPQQQS PQQQQFPQQQ FPQQQQLPQK QFPQPQQIPQ

301 QQQIPQQPQQ FPQQQFPQQQ QFPQQQEFPQ QQFPQQQFHQ QQLPQQQFPQ QQFPQQQFPQ

361 QQQFPQQQQL TQQQFPRPQQ SPEQQQFPQQ QFPQQPPQQF PQQQFPIPYP PQQSEEPSPY

421 QQYPQQQPSG SDVISISGL
```

図1　小麦ω-グリアジンのアミノ酸配列
（H. Matsuo *et al.*, *FEBS J.*, **272**, 4431（2005））

ジン，ω-グリアジン（図1）に，グルテニンは，さらに，低分子量（LMW）グルテニンと高分子量（HMW）グルテニンに分けられる。グリアジンとグルテニンの重合物をグルテン（gluten）と呼び，このグルテンが，小麦の独特な物性の形成に大きく寄与している。

小麦アレルギーは，小麦粉の吸引により喘息の症状が現れるbaker's asthma，運動時に小麦を摂取することによりアナフィラキシー症状が現れる小麦依存性運動誘発アナフィラキシー（WDEIA：wheat-dependent exercise-induced anaphylaxis），遺伝疾患で小麦を摂取することにより腸炎の症状が現れるセリアック病（coeliac diseaseあるいはceliac disease）がある。主要アレルゲンは，baker's asthmaではグロブリン画分のα-アミラーゼインヒビター，トリプシンインヒビター等，小麦依存性運動誘発アナフィラキシーではグリアジン（主にω-グリアジン），セリアック病ではグルテンである。ω-グリアジンは，大麦のγ-3ホルデイン（hordein）およびライ麦のγ-35およびγ-70セカリン（secalin）と交差性があるとされている。小麦タンパク質中には，グルタミン残基が約35％も含まれ，グリアジンやグルテニンのエピトープ（epitope）配列として，グルタミンの連続配列を有するQQFPQQQ，QQIPQQQ，SQQQ，QQPGQ，QQSGQGQ等が同定されている。

Watanabeらは，いくつかの酵素を用いて，小麦の塩溶性タンパク質と塩不溶性のタンパク質の分解を試みたところ，アクチナーゼ（actinase），コラゲナーゼ（collagenase），トランスグルタミナーゼ（transglutaminase）を用いた場合に，どちらのタンパク質画分においても，アレルゲン性（患者血清との反応性）の顕著な低下が見られたと報告している[4]。小麦粉は，タンパク質含量の違いにより，強力粉（12～13％），中力粉（10～11％），薄力粉（7～9％）に分けられるが，小麦粉にこれらの酵素を作用させても，低アレルゲン化が可能であった。タンパク質含量の高い強力粉では，酵素添加量を0.5％以上（アクチナーゼでは0.1％以上）にすることにより患者血清との反応性が低下し，タンパク質含量の低い薄力粉では，酵素添加量を0.1％以上（アクチナーゼでは0.05％以上）でアレルゲン性が十分に低くなった。次に，コラゲナーゼで低アレルゲン化した薄力粉を用い，パスタとパンの作製を試みた[5]。エクストルーダーを用い，種々の添加物を加えてパスタの加工を行ったところ，オリゴ糖（ソルビトール，マルトトリイトール，マルトテトライトール等の混合物）5％，界面活性剤（スルビタンモノステアレート）5ppmおよび塩1％を添加した場合に，硬さ，凝集性，味が好ましいパスタとなった。パンの製造においては，焼き上がりの体積とテクスチャーパラメーターで評価を行い，最適な水分，界面活性剤，糖の添加量を求めた。しかし，用いたコラゲナーゼがクロストリジウム属由来であり，食品への利用が許可されていないことから，食品に利用可能な酵素を用いて，同様な低アレルゲン化が可能か検討した[6]。グルテンのエピトープ配列がGln-X-Y-Pro-Proであることから，プロリン残基の近傍を加水分解し，アミラーゼ活性の低い（アミラーゼによりデンプンの分解が進むと，甘味の生成や，テクスチャー特性の低下が起こるため）酵素を検索した結果，ブロメライン（bromelain）がこの条件を満たしていた。そこで，反応条件を検討したところ，薄力粉に対し，1％のブロメラインを添加し8時間反応させる，あるいは，1％のブロメラインを添加し2時間反応後，さらに1％のブロメラインを添加し2時間反応させることにより，患者血清との反応が検出できなくなる程度まで，薄力粉のアレルゲン性が低下した。この低アレルゲン化薄力粉のバッターに，糖，塩，界面活性剤，炭酸水素ナトリウム，クエン酸等を加えて膨化食品を作製したところ，イングリッシュ・マフィンに類似したパンが作製可能であった。得られたパンは，味，におい，色のいずれにおいても，市販のパンより優れていた。また，糖タンパク質や多糖がアレルゲンになる場合もあるため，デンプンを分解せず，糖タンパク質等のアレルゲンを分解する酵素としてセルラーゼ（cellulase）を，タンパク質を分解する酵素としてアクチナーゼを選び，この比率を変えて検討した結果，薄力粉に対してセルラーゼ0.5％を加えて1時間反応させた後，アクチナーゼを0.5％加えてさらに1時間反応させることにより，アレルゲン性が十分に低下した[7]。この低アレルゲン化薄力粉を用いて，カップケーキ，ピザ，クッキー，うどんを作製したところ，糊化デンプンを用いた場合には，未処理の薄力粉を用いた場合とほぼ同等の膨化体積やテクスチャー特性を有する製品が作製可能であった。臨床試験では，約5分の4の患者で，アレルギー症状の改善が見られた[2]。また，低アレルゲン化中力粉では，アルギン酸ナトリウムと乳酸カルシウムの添加により，パスタの糊化特性が改善した[8]。

小麦の発芽に働くシステインプロテアーゼ（cysteine protease）およびセリンプロテアーゼ（serine protease）活性を有する酵素を用いて低アレルゲン化を行った研究もある[9]。エピトープ配列により，これが分解される最適pHが異なっていたが，いずれのpHでも，エピトープ配列の分解が見られた。

微生物による発酵過程でのタンパク質分解も，アレルゲン性の低減化に有効である。種々の大豆製品のうち，醤油，味噌，テンペ等の発酵食品は，アレルゲン性が低いとの報告がある[10]。

タイの伝統食品であるThua Nao（大豆発酵食品），Sa La Pao（蒸しパン），Kha Nhom Jeen（発酵米麺）から単離した微生物から抽出した粗酵素を用いて，グリアジンの低アレルゲン化を行った研究もある[11]。これらの食品からは，9種類の微生物が単離され，このうち大半が，バチルス・サブチリス（*Bacillus subtilis*）であった。いずれの粗酵素でも，グリアジンは分解され，いくつかの粗酵素では，小麦アレルギー患者血清との反応性も低下した。

3　米（*Oryza sativa*）

イネ科イネ属の米には，タンパク質が約6％含まれる。米タンパク質の組成は，アルブミンが約5％，グロブリンが約10％，プロラミンが約5％，グルテリンが80％とされており[3]，グルテリンが主要タンパク質である。米タンパク質の場合には，グルテリンをオリゼニン（oryzenin）と呼ぶ。

米アレルギーは，難治性であるという点では，小麦アレルギーと似ているが，アナフィラキシー症状が出ることはほとんどない。アレルゲンは，主にグロブリン画分に存在し，16，26，33，56kDaのタンパク質が同定されている。16kDaのアレルゲンは，α-アミラーゼインヒビター（α-amylase inhibitor）であり（図2），構造中にS-S結合が5カ所にあるため安定で，加熱やプロテアーゼに対する耐性が高い。26kDaのアレルゲンは，α-グロブリンと呼ばれ，小麦のHMWグルテニンと相同性が高い。

Watanabeらは，米タンパク質を分画し，グロブリン画分にアレルゲン性が高いことを確認後，いくつかの酵素を用いて，グロブリン画分の分解を試みたところ，アクチナーゼを用いた場合に，アレルゲン性（患者血清との反応性）の顕著な低下が見られたと報告している[12]。一方，ペプシン（pepsin），トリプシン（trypsin），キモトリプシン（chymotrypsin），パンクレアチン（pancreatin）等の消化酵素では，アレルゲン性の低下は見られなかった。米粉にアクチナーゼを作用させた場合にも，アレルゲン性は低下したが，米粒に作用させた場合には，米粒表面の細孔への酵素の浸透が不十分であったため，アレルゲン性は残存した。そこで，米粒を脱気後，さらに，酵素活性を阻害しない界面活性剤（オレイン酸モノグリセリド）を選択し，これにより表面張力を下げて，米粒細孔内へ酵素が浸透しやすくしたところ，アレルゲン性は十分に低下した。しかし，アクチナーゼ反応をpH9の炭酸緩衝液中で行ったため，米の色素が褐色となったことから，米粒を水洗し，炭酸緩衝液を除去後，希塩酸で処理し，色を白くした[13]。さらに，酸味を除去するため，再度水洗し，米の破砕を防ぐため，蒸煮によりデンプンを糊化後，乾燥した。得られた低アレルゲン米は，未処理米に比べ，粘りと外観が優れていた[14]。この低アレルゲン米は，「ファインライス」という商品名で市販され，臨床試験でも，約4分の3の患者にアレルギー症状

```
  1 MASNKVVFSV LLLVVLSVLA AAMATMADHH QVYSPGEQCR PGISYPTYSL PQCRTLVRRQ
 61 CVGRGASAAD EQVWQDCCRQ LAAVDDGWCR CGALDHMLSG IYRELGATEA GHPMAEVFPG
121 CRRGDLERAA ASLPAFCNVD IPNGPGGVCY WLGYPRTPRT GH
```

図2　米α-アミラーゼインヒビターのアミノ酸配列
（H. Izumi *et al.*, *FEBS Lett.*, **302**, 213（1992））

の改善効果が見られ，特定保健用食品第一号となったが，現在は製造されていない[15]。

熊谷らは，炊飯改良剤中の酵素が，炊飯過程で働くことから，食品に利用可能ないくつかの酵素を炊飯直前に添加し，炊飯過程でのグロブリン画分のアレルゲンの低減化を試みたところ，アクチナーゼ，パパイン（papain）等，いくつかの酵素で，アレルゲン性が低下することを示した[16]。しかし，アルブミン画分を含む総タンパク質では，アレルゲン性が残存していた。そこで，炊飯前にアクチナーゼあるいはパパインを反応させたところ，アレルゲン性は低下し，特に，パパインを用いた場合に，嗜好性がより改善した。

4　蕎麦（*Fagopyrum esculentum*）

タデ科ソバ属の蕎麦は，小麦と同様に，アナフィラキシー症状を起こすことがあるため，注意が必要である。蕎麦粉は，最初に挽き出される胚乳の中心部の内層粉にはタンパク質が約6％，2番目に挽き出される中層粉にはタンパク質が約10％含まれる。蕎麦のアレルゲンとしては，16，19，24kDaのタンパク質が同定されている。16kDaのアレルゲンは，2Sアルブミンの一種でBWp16あるいはFag e 2と呼ばれ（図3），消化耐性が高く，アナフィラキシー症状を発現する原因物質である。24kDaのアレルゲンは，13Sグロブリンのβ-サブユニットで，Fag e 1と呼ばれる。Fag e 2とは異なり，比較的消化されやすい。

蕎麦では，微生物を用いて発酵させることにより，アレルゲン性低下を試みた研究がいくつかある。蕎麦の実を蒸煮後，大豆発酵食品のテンペ作製に用いる*Rhizopus oligosporus*を作用させた場合には，発酵24時間でアレルゲン性はほぼなくなった[17]。発芽させた後，オートクレーブ処理した蕎麦に納豆菌（*Bacillus natto*）の胞子を植え付けた場合には，発酵36時間でアルブミンもグロブリンもほぼ消失した[18]。一方，発芽させた蕎麦に米麹を作用させた場合では，発酵60日でアルブミンもグロブリンもほぼ分解された。

5　大豆（*Glycine max*）

大豆は，マメ科ダイズ属に属し，タンパク質を約35％含んでいる。大豆タンパク質の主成分はグロブリンである。このうち，α-コングリシン（α-conglycinin，別名：2Sグロブリン）が約15％，β-コングリシン（β-conglycinin，別名：7Sグロブリン）が約28％，γ-コングリシン

```
  1 MKLFIILATA TLLIAATQAT YPRDEGFDLG ETQMSSKCMR QVKMNEPHLK KCNRYIAMDI
 61 LDDKYAEALS RVEGEGCKSE ESCMRGCCVA MKEMDDECVC EWMKMMVENQ KGRIGERLIK
121 EGVRDLKELP SKCGLSELEC GSRGNRYFV
```

図3　蕎麦Fag e 2のアミノ酸配列

（S. Koyano *et al.*, *Int. Arch. Allergy Immunol.*, **140**, 73（2006））

```
  1 MGFLVLLLFS LLGLSSSSSI STHRSILDLD LTKFTTQKQV SSLFQLWKSE HGRVYHNHEE
 61 EAKRLEIFKN NSNYIRDMNA NRKSPHSHRL GLNKFADITP QEFSKKYLQA PKDVSQQIKM
121 ANKKMKKEQY SCDHPPASWD WRKKGVITQV KYQGGCGRGW AFSATGAIEA AHAIATGDLV
181 SLSEQELVDC VEESEGSYNG WQYQSFEWVL EHGGIATDDD YPYRAKEGRC KANKIQDKVT
241 IDGYETLIMS DESTESETEQ AFLSAILEQP ISVSIDAKDF HLYTGGIYDG ENCTSPYGIN
301 HFVLLVGYGS ADGVDYWIAK NSWGEDWGED GYIWIQRNTG NLLGVCGMNY FASYPTKEES
361 ETLVSARVKG HRRVDHSPL
```

図4　大豆Gly m Bd 30Kのアミノ酸配列
（A. Kalinski *et al*., *J. Biol. Chem*., **265**, 13843（1990））

（γ-conglycinin）が約3％，グリシニン（glycinin，別名：11Sグロブリン）が約40％である[19]。

大豆の主要アレルゲンは，β-コングリシニン（7Sグロブリン）のGly m Bd 30K（34kDa）（図4），Gly m Bd 28K（28kDa），Gly m Bd 68K（68kDa）で，Gly m Bd 30Kは別名oil-body-associated proteinと呼ばれるパパインファミリーのタンパク質である。Gly m Bd 28Kはビシリンファミリーのタンパク質で，Gly m Bd 68Kも含め，いずれも糖タンパク質である。この他，グリシニン（11Sグロブリン）に含まれるGly m glycinin G1（55.7kDa），Gly m glycinin G2（54.4kDa），Gly m glycinin G4（63.6kDa）や，大豆皮殻に含まれ，バルセロナ喘息のアレルゲンであるGly m 1.0101（4.2kDa），Gly m 1.0102（3.9kDa）等，様々なアレルゲンが同定されている。大豆タンパク質は，加熱処理ではアレルゲン性は高いままであるが，プロテアーゼによる分解でアレルゲン性は低下する。

大豆を水に浸漬後，オートクレーブをかけ，種々の酵素を添加し，37℃で20時間反応させた場合には，プロレザー（proleather）あるいはプロテアーゼN（protease N）を用いた場合に，顕著なタンパク質の分解がみられ，抗Gly m Bd 30Kモノクローナル抗体および大豆アレルギー患者血清との反応性も低下した[20]。

脱脂大豆から分画した分離大豆タンパク質に，*Bacillus subtilis*由来の市販のプロテアーゼを作用させた場合も，プロレザーFG-Fが最もアレルゲンの分解活性が高かった。特に，pH7において70℃で反応させた場合に効果が高く，抗Gly m Bd 30Kモノクローナル抗体との反応性は消失し，抗Gly m Bd 28Kモノクローナル抗体および大豆アレルギー患者血清との反応性は顕著に低下した[21]。

脱脂大豆から分画した分離大豆タンパク質をエンド型プロテアーゼにより分解して得られたペプチド画分としては，酵素分解後の沈殿も含むタイプ，沈殿を遠心分離で除去したタイプ，および沈殿を除去後さらに精製し，高分子画分を除去したタイプがある[22]。ペプチドへの分解により，ゲル化性，粘性，保水性は低下するが，起泡性や高範囲pHでの溶解性は増加する。このペプチドは，患者血清との反応性が低く，沈殿を除去したペプチドを3％含む飲料を用いて行った臨床試験では，約3分の2の患者で大豆特異的IgE抗体との反応性が低下し，アレルギー症状の改善がみられた[22)]。

豆乳をにがりで凝固させ豆腐ゲルを作製した際の上清として得られるホエー（whey）画分に，常圧あるいは高圧（100～300MPa）下で，アルカラーゼ（alcalase），ニュートラーゼ（neutrase），コロラーゼ（corolase）を作用させた場合には，アルカラーゼおよびニュートラーゼは，いずれの圧力下でも，アレルゲンを分解し，患者血清との反応性が低下したが，コロラーゼでは，300MPaで反応させた場合のみ，アレルゲンの分解がみられた[23)]。

豆乳，豆腐，湯葉，きなこ，油揚げ，味噌，醤油，納豆等の大豆製品のアレルゲン性を抗Gly m Bd 30Kモノクローナル抗体を用いて評価したところ，味噌，醤油，納豆では，抗体との反応が検出できなかった[24)]。このことは，微生物による発酵で，アレルゲン性が低下することを示している。

水に浸漬後，オートクレーブにかけた大豆に，納豆菌（*Bacillus natto*）を植え付け，発酵させたところ，発酵8時間で抗Gly m Bd 30Kモノクローナル抗体との反応性がほとんど消失し，24時間で患者血清との反応性が消失した[25)]。

茹でて，オートクレーブにかけた大豆を，米麹，大麦麹，大豆麹で発酵させた場合には，いずれの麹を用いた場合でも，保存1～2カ月で，抗Gly m Bd 30Kモノクローナル抗体および大豆アレルギー患者血清との反応性がほとんど消失した[26)]。

アレルゲンのうち，Gly m Bd 28KおよびGly m Bd 68Kを欠失した変異株（東北124号「ゆめみのり」）に微生物由来の酵素を作用させ，Gly m Bd 30Kの分解を試みた研究もある。これは，浸漬により膨潤させた大豆をオートクレーブにかけ，酵素を浸透させることにより，アレルゲンの分解を行ったもので，煮豆はテクスチャーもほとんど変わらないが，豆腐ゲルは作製できない[27)]。

6　まとめ

酵素により，穀類や豆類のアレルゲンの分解を行った研究について紹介した。食品においては，病気を予防するという効果ばかりでなく，嗜好性も大切であるが，タンパク質の分解では，苦味ペプチドが生成したり，高分子マトリックス形成能が低下し，ゲル化性やテクスチャー特性が低下することがある。また，酵素による分解では，酵素のにおいや色が，最終食品に残ってしまうことがある。食品は，日々摂取するものであるので，味，におい，テクスチャー等の嗜好性が低いものは，長期的に摂取することが難しい。低アレルゲン化食品の開発では，おいしさにも配慮した調製法を考えることも大切である。

文　　献

1） 日本栄養・食糧学会監修,「食物アレルギー」, p.55, 光生館（1995）
2） 池澤善郎編,「低アレルギー食品の開発」, p.153, シーエムシー出版（1994）
3） 中村丁次ほか編,「食物アレルギーA to Z」, p.63, 第一出版（2010）
4） M. Watanabe *et al.*, *Biosci. Biotechnol. Biochem.*, **58**, 388（1994）
5） M. Watanabe *et al.*, *Biosci. Biotechnol. Biochem.*, **58**, 2061（1994）
6） S. Tanabe *et al.*, *Biosci. Biotechnol. Biochem.*, **60**, 1269（1996）
7） M. Watanabe *et al.*, *Biosci. Biotechnol. Biochem.*, **64**, 2663（2000）
8） Y. Oishi *et al.*, *Food Sci. Technol. Res.*, **15**, 39（2009）
9） S. Oita *et al.*, *Food Sci. Technol. Res.*, **15**, 639（2009）
10） A. M. Herian *et al.*, *J. Food Sci.*, **58**, 385（1993）
11） P. Phromraksa *et al.*, *J. Food Sci.*, **73**, M189（2008）
12） M. Watanabe *et al.*, *J. Food Sci.*, **55**, 781（1990）
13） M. Watanabe *et al.*, *J. Food Sci.*, **55**, 1105（1990）
14） 渡辺道子ほか, 栄食誌, 44, 51（1991）
15） 池澤善郎編,「低アレルギー食品の開発」, p.137, シーエムシー出版（1994）
16） 熊谷日登美ほか, 特開2009-148248（2009）
17） T. Handoyo *et al.*, *Food Res. Int.*, **39**, 598（2006）
18） K. Miyake *et al.*, *Fagopyrum.*, **23**, 75（2006）
19） 山内文男, 大久保一良編,「大豆の科学」, p.32, 朝倉書店（1992）
20） R. Yamanishi *et al.*, *J. Nutr. Sci. Vitaminol.*, **42**, 581（1996）
21） K. Tsumura *et al.*, *Food Sci. Technol. Res.*, **5**, 171（1999）
22） 上野川修一, 近藤直美編,「食品アレルギー対策ハンドブック」, サイエンスフォーラム, p.342（1996）
23） E. Peñas *et al.*, *Eur. Food Res. Technol.*, **222**, 286（2006）
24） H. Tsuji *et al.*, *Biosci. Biotechnol. Biochem.*, **59**, 150（1995）
25） R. Yamanishi *et al.*, *Food Sci. Technol. Int.*, **1**, 14（1995）
26） H. Tsuji *et al.*, *Food Sci. Technol. Int.*, **3**, 145（1997）
27） 小川正ほか編,「抗アレルギー食品ハンドブック」, p.196, サイエンスフォーラム（2005）

第22章　微生物酵素によるカキ果実剥皮技術の開発

尾﨑嘉彦*

1　はじめに

近年，消費者の果物離れが指摘されるようになっている。事実，総務省の家計調査等の統計からもこの傾向は裏付けられている。例えば，20年前の平成3年には，およそ115kgであった世帯あたりの年間の生鮮果実購入量は，平成20年には90kgを割り込んでいる。内訳をみると，みかんのように，この間に3割近く消費が落ち込んでいるものがある一方で，バナナのように7割近く増加したものもある。一方，食料需給表によると，我が国の果実類の消費は，生果，加工品を含めた総量では，年間800万トン前後のほぼ一定の水準で推移している。これは，生鮮果実の消費量が減少する一方で，加工品の消費が増加しているためである。近年の加工品の増加に大きく貢献しているのは，海外から輸入される果汁である。

これまで，国産品，輸入品を問わず果実加工品の大部分を占めてきたのは果汁であった。しかし，近年，加工品についても，より新鮮感のあるもの，生の果実に近いものを求める消費者ニーズから果汁以外の果実加工品への展開が模索されている。さらに，最近では，果汁を摂取することと生の果実を摂取することに生理的な差があるのか否かについても，検討が行われるようになっている。その差については，まだまだ議論の余地があるところではあるが，果汁加工品は，加工，精製の過程で食物繊維や機能性が期待されるファイトケミカルズの一部が失われているということは事実である。このような背景から新たな果実加工品として，注目を集めているのがカットフルーツのように最小限の加工を施した加工品（Minimally Processed Product）である。この動きは我が国だけではなく，欧米を中心に国際的な動きとなっている。

果実類の酵素剥皮技術は，1970年代から米国でカンキツ類を対象に検討が行われ，基本的な技術は確立されていたが，商業的に利用された実績はほとんどない。ところが，昨今，Minimally Processed Product市場の拡大にともない，酵素剥皮技術も再び脚光を浴びるようになっている。

本章では，これまでに行われた酵素剤を利用した青果物の剥皮技術の開発を振り返ると共に，著者らが開発したカキ果実の剥皮技術について紹介する。

---

* Yoshihiko Ozaki　㈱農業・食品産業技術総合研究機構　果樹研究所　栽培・流通利用研究領域　流通利用・機能性ユニット　上席研究員

2　米国でのカンキツの酵素剥皮技術の開発

酵素剤を青果物の剥皮に応用しようとする試みは，まず明確に組織上独立した外果皮をもつカンキツ類から始まった。事の発端は，グレープフルーツの果皮の苦味を低減して，新たな用途開発を図ろうとした研究からであった。Roeらは，グレープフルーツ果皮に減圧含浸法でナリンジナーゼを含む酵素剤を含浸させて，果皮に含有されるナリンジンを分解し，苦味を低減しようと企てた。この手法で，彼らの思惑通り苦味を低減することができたが，それと同時に，果皮自体も軟化したのである。使用した酵素剤に混在したペクチン分解酵素の作用が原因であった[1)]。これを応用して，グレープフルーツやオレンジの外皮を部分的に穿孔し，酵素液が浸透しやすくした後に，減圧含浸法でペクチン分解酵素を導入し，外皮，内皮を軟化させて除去する手法を完成している[2)]。

これらの技術は，残念なことに商業的に利用されることなく，今日に至っている。技術自体は，ある程度の完成は見ているものの，それが優位性をもって活用される場面が少なかったためである。カンキツに関しては，外皮，内皮ともに剥皮された果肉が用いられるのは，缶詰が中心であった。カンキツの缶詰製造の際には，外皮は人手で，あるいは機械的に除去される。その後，水流などでじょうのう単位に分割され，酸，アルカリ処理により内皮も分解除去されるのである。熱処理や酸アルカリ処理の工程で，果実本来の風味が変化することも指摘されてきてはいたが，最終的に行われる熱殺菌の影響の方が大きかったこと，またこれらのプロセスが，商業的に十分に効率的であったことなどが，酵素剥皮技術が普及に至らなかったことが主な原因であろう。

ところが，近年のカットフルーツなどを中心とする果実加工品の新たな動きの中で，酵素剥皮技術は再び注目を集めるようになっている。これは，酵素剥皮技術が，より新鮮で生に近いものを求める消費者のニーズに合致するものであるからであろう。

3　カンキツの酵素剥皮に影響及ぼす要因とプロセスの設計

酵素剥皮の基本的な原理になっているのは，外来のペクチナーゼ活性を含む酵素溶液を果皮組織に導入し，そこで作用させることで，細胞間マトリクスに存在する多糖類を限定的に分解することである。これにより，細胞間の接着が破壊され，結果として果皮が脱落することになる。果実と果皮の接着には，ペクチン，セルロース，ヘミセルロースが関与することが知られており[3)]，用いる酵素剤には，ポリガラクチュロナーゼ（EC 3.2.1.15），ペクチンリアーゼ（EC 4.2.2.10），ペクチンエステラーゼ（EC 3.1.1.11），セルラーゼ（EC 3.2.1.4）が含まれることが必要とされている[4)]。一般的に食品加工用に用いられているペクチナーゼ製剤には，これらの活性に加えて，さらにヘミセルラーゼ（EC 3.2.1.8）も含まれている[4)]。実際の果実の酵素剥皮においては，対象物の特性に応じて，これらの活性の比率を調整する必要が生じるかも知れない。

果皮組織の細胞間隙に，酵素液を導入する手法として，真空含浸がしばしば用いられている[4)]。

一般に酵素を含んだ溶液に植物組織を浸漬し，加圧または減圧することで内部にまで酵素液を含浸させることが可能である。これは，植物組織の細胞間に間隙があり，何らかの気体が満たされ，多孔質と同じような構造をとっているためであると考えられる。加圧することにより，細胞間隙に存在する気体が圧縮されるとともに，外部の溶液が圧入される。常圧に戻した場合には，気体も元の体積に戻り，酵素液は外部に押し戻されることになる。逆に，減圧を行った場合には，細胞間隙の気体が組織から押し出され，表面から気泡となって排出される。常圧に戻した際には，外部から溶液が流入し，細胞間隙の気体と置換されることになる[5]。カンキツの外皮の剥皮については，加圧含浸を繰り返す手法でより高い効率を実現している例もある[6]。これらのプロセスは以下に述べるようないくつかのステップで構成されている（図1）。

まず，原料果実は表面に付着している微生物を不活性化する目的で，塩素水等で洗浄される。その後，温湯により熱処理が行われる。熱処理により，剥皮効率が向上することが知られている。その理由は明確にはされていないが，ペクチンの粘度が低下する，セルロースの結晶構造がアモルファス構造へと変化する，果皮組織が酵素液を吸収しやすくなる点などが，寄与しているものと考えられている[7]。

外果皮表面に何らかの傷をつけて，真空含浸の際の流入経路を確保することで，効率的に果皮組織へ酵素液を導入することができる。具体的には果頂部，果梗部を切断した後に果実の赤道線および子午線に沿って，アルベド層にまで切れ込みを入れる，あるいは，細かい突起のある金属板で果実を擦過し，表皮全体に細かい傷をつけるなどの方法が提案されている[2, 6, 7]。

一方，果実側の要因としては，果実の品種，熟度[8]などが剥皮条件に影響を及ぼすことが示されている。果実の品種については，これまでの主要なカンキツについて，酵素剥皮による剥皮特性が明らかにされている[7]。剥皮効率の向上のためには，品種，熟度などを一定にそろえた集団

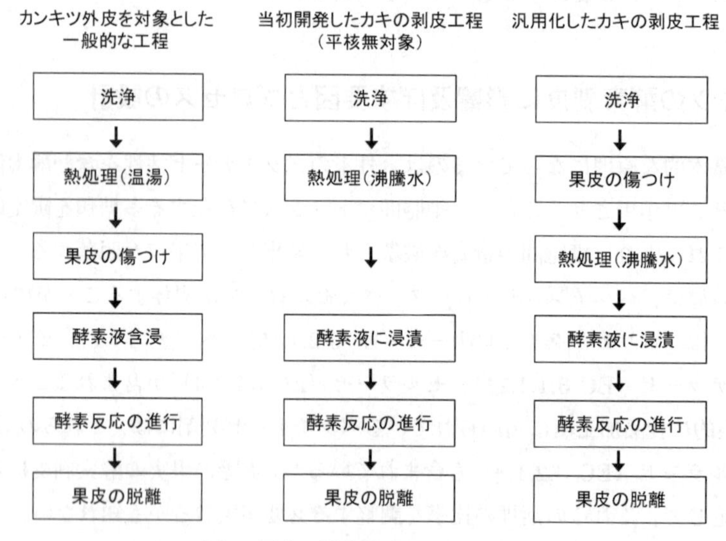

図1　果実の酵素剥皮の工程概略図

に対して，個別に条件設定を行う必要があると考えられる。

4　カキの酵素剥皮技術の開発の背景

カキは世界中で栽培されている果樹で，全世界で年間およそ250万トンの収穫がある。このうち，我が国では年間およそ20万トンの果実が生産されている。全国のほとんどの地域で栽培されているが，和歌山県，奈良県，福岡県，福島県，岐阜県などの栽培面積が特に大きくなっている。カキの消費形態は，生食が中心であり，加工品については，干し柿，あんぽ柿が主要なものとなっている。一部柿酢や菓子類などへの加工も行われているものの他の果実のように多様な加工品が販売されるには至っていない。これは，カキが果実特有の香りや酸味をもたないため，加工した際にその果実の特徴を活かすことができないためであると言われている。しかしながら，産地では低迷する生果需要を背景に，新たな加工品，加工技術の開発が強く求められるようになっていた。既存の加工品においても，その加工工程の入り口として，剥皮が求められる。カキ果実を大量にかつ省力的に剥皮することができれば，カキを原料とする新たな加工品の創製，あるいは干し柿やあんぽ柿などの既存加工品の生産性の向上につながる。そういうカキ生産者からの要望に応えて取り組んだのが，この技術の開発のきっかけであった。

果実類の酵素剥皮は，果皮組織の限定的な分解に基づくものであり，原理的には多くの果実類に適用できるはずである。ところが，明確な果皮構造をもたないカンキツ類以外の果実類については，これまでネクタリン，アプリコット，モモ等の一部の核果類についての検討結果が報告されているに過ぎず[9, 10]，多くの検討は行われてはきていなかった。

5　前処理としての熱処理

まず，酵素剤を含む水溶液を果皮組織にいかに導入するかを考えなければならない。カキの果皮の最外層は，角皮と呼ばれる撥水性に富んだ皮膜で覆われている。筆者らは，この角皮をできる限り簡便に，かつ均一に損傷させる方法について「平核無柿」を材料として検討を重ね，最終的に熱処理により果実の表皮に細かい亀裂が入ることを見いだした[11]。

「平核無柿」の場合は，60℃の水浴中に果実を1時間保持しても，表皮に変化は認められなかったが，80℃の場合には，2分間の処理で，表皮に細かいしわが入ることが観察された。さらに，水浴の温度を上げて，沸騰水浴中で処理を行うと，30秒で表皮に細かい亀裂が入り，2分間の加熱では角皮が剥離するようになる（表1）。カキ果皮には，角皮の下に，強固な石細胞層が存在し，角皮を除去しただけでは，喫食可能な状態とは言えない。しかし，この処理により，少なくとも角皮の撥水性は失われ，角皮下層の果皮組織にまで，酵素液の導入が可能となる。

熱処理により若干，果実の物性が変化する。果実硬度計により，果実の側部と果頂部の貫入荷重を測定したところ，未処理果実が平均値で7.4kgfであったところが，沸騰水浴中で2分間処理

表1　熱処理が「平核無柿」果実の表皮に及ぼす影響*

	処理時間（分）						
処理温度（℃）	0.5	1	2	5	10	30	60
60					1	1	1
80			2	2	2		
100	3	4	5				

*果実をそれぞれの温度の水浴中に一定時間保持し，表皮の状態に応じて，5段階のスコアを設定して評価した。
1：変化なし，2：しわが発生，3：細かい亀裂が発生，4：大きな亀裂が発生，5：角皮が剥離

表2　熱処理が「平核無柿」果実の硬度に及ぼす影響*

	処理時間（分）						
処理温度（℃）	0.5	1	2	5	10	30	60
60					7.1	6.5	5
80			6.6	5.3	5		
100	5.6	5.1	4.5				

*果実硬度計により測定した側部および果頂部における貫入荷重（kgf）の平均値。未処理の果実では，7.4kgfであった。

した果実では，4.5kgfまで低下していた（表2）。1分間処理のものは，官能的には未処理のものと大きな差は感じられず，この程度の熱処理では食感にも大きな影響は与えないことを確認した。

6　酵素剤の選抜

ペクチンは，ガラクチュロン酸を主な構成単位とする酸性多糖体で，高等植物に幅広く分布している。特に果実には豊富に含まれることが知られている。ペクチンは植物組織中では主にプロトペクチンと呼ばれる複合多糖体として，細胞間隙に存在し，植物細胞間の接着剤としての役割を果たしていることが知られている[12]。そこで，ペクチン質分解活性を含むことが知られている数種の食品加工用酵素剤の水溶液に，熱処理で表皮に損傷を与えた「平核無柿」果実を浸漬し，一定条件で反応させた後，水流中で表面を擦過し，剥皮状態を比較した（表3）。大部分の酵素剤は表皮の状態に影響を与えなかったが，プロトペクチナーゼ-IGAで処理したもので，顕著な果皮組織の崩壊が起こり，擦過処理により石細胞層を含む果皮が脱落した（写真1）。

プロトペクチナーゼは，プロトペクチンに作用して，水溶性のペクチン分子を遊離させる活性をもった酵素の総称で，これまでに*Trichosporon penicillatum*や*Kluyveromyces*属等の真菌類，*Bacillus*属の細菌から単離されている[12]。プロトペクチナーゼ-IGAは*Trichosporon penicillatum*由来のプロトペクチナーゼ[13]であり，ポリガラクチュロナーゼ活性がその本体であるが，プロトペクチンに作用して，水溶性のペクチン分子を遊離させる活性が顕著であることが知られている。この点が，果皮組織内のプロトペクチンの分解による細胞間接着の破壊に功を

表3　各種酵素剤によるカキ果実の剥皮効果*の比較

酵素剤	熱処理**時間（秒）	酵素処理時間（分）			
		30	60	90	180
スミチームAC	30	1	1	1	1
	60	1	1	1	1
	120	1	1	1	1
スミチームC	30	1	1	1	1
	60	1	1	1	1
	120	1	1	1	1
ペクチナーゼ3S	30	1	1	1	1
	60	1	1	1	1
	120	1	1	1	1
マセロチームA	30	1	1	1	1
	60	1	1	1	1
	120	1	1	2	2
プロトペクチナーゼ-IGA	30	1	1	1	3
	60	2	3	5	5
	120	3	4	5	5

＊剥皮効果を5段階の剥皮スコアで評価した。1：変化なし，2：部分的に角皮が剥離，3：部分的に外果皮組織が崩壊，4：外果皮組織が大部分崩壊，5：外果皮組織が完全に崩壊

＊＊熱処理温度100℃，各酵素濃度0.1％，反応温度37℃

写真1　酵素法により剥皮したカキ（平核無）果実
左：未処理果実，右：処理果実

奏し，カキ果実の剥皮において，他のペクチン分解酵素と大きく異なる効果を生んでいるものと考えられる。

7　熱処理の意義と適用範囲の拡大

熱処理による角皮の損傷の発見に至る過程では，アルカリ処理や有機溶剤処理などの化学的処

理，さらに擦過処理や穿孔処理等の物理的処理についても検討を行ったが，食品加工の一つのプロセスとして利用するということを考えると，水浴中での熱処理以上の適した手法は見いだすことができなかった。ところが，その後の検討で，カキ果実を，沸騰水浴中に，1分程度保持した場合の表皮の状態により，三つのグループに大別できることが明らかになった（表4）[14]。加熱により角皮に損傷を与えることができるのは，最初に検討を行った「平核無柿」等の一部の品種に限られていたのである。例えば，三つめのグループに属する「富有柿」では，同等の処理でも角皮に全く変化が起きなかった。このため，熱処理の代替として金属針により「富有柿」の角皮の穿孔を行い，果皮組織への酵素液の導入をはかり，それ以外は同一の条件で酵素による剥皮を試みた。ところが，この場合，酵素剤による果皮組織の崩壊は，全く起こらなかったのである。

既に述べたように，カンキツ果皮の剥皮の場合にも，事前の熱処理が剥皮効率を高めることが報告されている[7]。しかし，カンキツの場合の熱処理はカキの場合とは温度域が異なる点，また，熱処理を省くことで，果皮の崩壊が全く起こらなくなることから，既に指摘されているような，ペクチン粘度の低下，セルロース結晶構造のアモルファス化，果皮組織への酵素液吸収率の向上以外の別の機構が存在することが予想された。

剥皮に使用する酵素剤の活性をポリガラクチュロン酸を基質とするモデル系で測定する場合に，カキ果皮の抽出物を系に添加することで，活性が大きく低下することを見いだした。また，その活性低下は，カキ果皮抽出物の熱処理により抑制されることが明らかになった（図2）。実際の果実でも，穿孔処理後に，加熱処理をした「富有柿」では，「平核無柿」と同一の酵素処理条件で，果皮組織の崩壊が起こり，剥皮が可能となったのである。

この事実は，カキ果実にはペクチナーゼ（ポリガラクチュロナーゼ）活性を阻害するインヒビター（Polygalacturonase inhibiting protein，PGIP）が含まれていることを示唆するものであった[15]。熱処理により，PGIPが表皮から一定の深度まで不活性化される。酵素液は果実内に拡散してゆくが，PGIPが不活性化された部位と活性を保った部位の間に，反応速度の差が生じる。PGIPが不活性化された部位で，組織の崩壊が限定的に進行し，果皮の脱落につながっているものと考えられる。

組織的に明確に分離した外皮をもたない果実を酵素法で剥皮する場合には，酵素による分解の範囲をどのように制御するかが，最大のポイントになると考えられる。果肉組織への酵素液の拡

表4　果実を短時間熱水中に保持*した際の果皮表面の状態変化に基づくカキのグルーピング

グループ	熱処理後の表皮の状態	主な品種
グループⅠ	角皮全体に亀裂が生じるもの	平核無柿，刀根早生
グループⅡ	果頂部およびその周辺等，局部にのみ亀裂が生じる	市田柿，西条柿，青曽，三社柿
グループⅢ	角皮に亀裂がほとんど生じない	富有柿

*各果実を沸騰水浴中に1分間保持した。

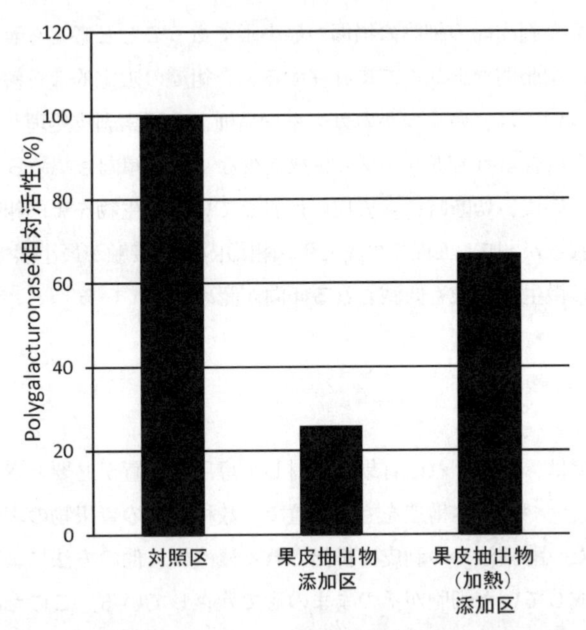

図2　果皮抽出物の添加によるPolygalacturonase活性の抑制
Polygalacturonic acidを基質として，Milner-Avigad法で生成する還元糖を測定。果皮抽出物は，平核無柿果皮を100mM酢酸緩衝液（pH5.5）中で氷冷下摩砕し，遠心分離して得た上清を透析して調製した。これを沸騰水浴中に30分間保持したものを加熱果皮抽出物とした。対照区には，果皮抽出物のかわりに，同容量の緩衝液を加えて，酵素反応を行った。

散が均一になるように制御することは非常に困難である。このことは，単に果実を酵素液に浸漬するだけでは，酵素反応が均一に進行せず，果皮が残ったり，あるいは一部えぐれたりすることから容易に推察できる。ところが，穿孔処理，熱処理を経て，酵素処理を行ったカキの剥皮面は，非常に平滑であり，果肉組織での熱伝導が均一であることを示唆している。

この知見を背景に，カキについては，熱処理による亀裂についての品種間差を問わずに剥皮できる技術を確立している（図1）[14]。

8　剥皮果実の品質

酵素剥皮処理した果実は，もちろん既存の加工品である干し柿やあんぽ柿へと加工することも可能である。さらに，新しい加工品として，カットフルーツなどへの展開も期待されるところである。カットフルーツの品質低下は，まず剥皮面，切断面の細胞の損傷を契機にしていることが指摘されている[16]。損傷した細胞から漏出する汁液がドリップとなり，パッケージの外観を損ねるばかりではなく，微生物汚染の原因となったりするためである。また，切断面の細胞の損傷が，褐変や果実成分の酸化的劣化の引き金となることも知られている[16]。酵素剥皮した果実では，刃物による剥皮に比べて，剥皮面の細胞の損傷が最小限であることと考えられる。これは，酵素による剥皮が，基本的に細胞間マトリクスに存在する結合組織の限定的な分解によるものであるためである。この点については，いくつかのカンキツ品種で，酵素剥皮処理したものが，従来法である刃物でカットした場合よりもドリップの生成が少なくなる傾向も認められている[17]。さらに，刃物による加工では，剥皮，切断時に，表皮に付着している微生物を果肉組織にまで押し込んでしまうことが懸念されるが，加工工程で果皮と果肉組織内部の接触が最小限である酵素剥皮では，カット加工後の果実の微生物汚染も低減される傾向が認められている[18]。

9　まとめ

従来法による剥皮では，それぞれの青果物に対して専用の装置が必要とされていたが，酵素を利用することにより，一つの基本構造をもつ装置で，数種類もの青果物の剥皮が行えるようになると考えられる。また，酵素法での剥皮で排出される残渣は，他の方法によるものより遙かに少なく，かつ果皮を構成していた細胞がそのままの形で残存している。このため，残渣を「果皮に含まれる機能性成分を含んだマイクロカプセル」として利用するなどの高付加価値利用も可能となる。

この技術開発を通じて，我々が得た感触は，カンキツのように果肉と分離した明確な果皮構造をもたない果実の剥皮にも，プロトペクチナーゼによる限定的な果皮組織の分解に基づく手法が有効であるということである。ただ，この手法により剥皮を実現するためには，果実が外来の酵素に対して備えている物理的な防御機構，生化学的な防御機構の二つを破壊してやる必要があるということである。前者は，カキに見られるような撥水性に富んだ角皮の存在であり，後者は本稿でもとりあげたPGIPの存在である。これら二つの要因を適切に処理してやれば，カキ以外の多くの青果物にも酵素剥皮技術を適用できるものと考えている。

文　　献

1）Roe, B. *et al., Proc. Fla. State Hortic. Soc.*, **89**, 191（1976）
2）Bruemmer, J. H., *U. S. Patent*, 4 284 651（1981）
3）Whitaker, J. R., *Enzyme and Microbial Technology*, **6**, 341（1984）
4）Pretel, M. T. *et al., Tree and Forestry Science and Biotechnology*, **2**, 52（2008）
5）尾崎嘉彦, ナノテクノロジー時代の含浸技術の基礎と応用, p.638, テクノシステム（2007）
6）Adams, B. and Kirk, W., *U. S. Patent*, 5 000 967（1991）
7）Pretel, M. T. *et al., Process Biochemistry*, **32**, 43（1997）
8）Ismaii, M. A. *et al., Proc. Fla. State Hortic. Soc.*, **118**, 403（2005）

9) Toker, I. and Bayiondiri, A., *Lebensmittel-Wissenschaft und-Technologie*, **36**, 215 (2003)
10) Janser, E., *Food Processing*, **3**, 1 (1996)
11) 尾﨑嘉彦ほか, 日本国特許　第3617042号 (2004)
12) Sakai, T. *et al., Advances in Applied Microbiology*, **39**, 213 (1993)
13) Sakai, T. and Okushima, M., *Agric. Biol. Chem.*, **42**, 2427 (1978)
14) 阪井幸宏ほか, 公開特許公報, 特開2008-86258 (2008)
15) 阪井幸宏ほか, 平成16年度和歌山県工業技術センター研究報告, p.16 (2005)
16) 尾﨑嘉彦, カット野菜品質・衛生管理ハンドブック, p.154 (2009)
17) 生駒吉識ほか, 日本食品科学工学会第56回大会講演要旨集, p.120 (2009)
18) 村上ゆかりほか, 日本防菌防黴学会第37回年次大会講演要旨集, p.150 (2010)

第23章　小麦フスマの前処理・酵素処理および麹菌発酵による解析と機能性付与

尾関健二*

1　はじめに

小麦は平成21年で570万トンが食糧用として流通しており[1]，小麦フスマとして年間50万トン以上排出されている。極一部は不溶性食物繊維が豊富な健康食品として利用されているが，そのほとんどは米ヌカと同様に食品バイオマスの廃棄物として扱われている。これまで米ヌカについてはヘミセルロース成分に着目し，市販の食品用酵素剤のヘミセルラーゼ剤で機能性糖であるL-アラビノース（以下アラビノース）およびD-キシロース（以下キシロース）まで可溶化し，同時にデンプン質はグルコースまで分解し，酵母でアルコール発酵を行うことによりそれぞれの機能性糖を濃縮し，さらに酵母菌体量が増加した機能性発酵素材を開発した[2, 3]。米ヌカと小麦フスマではヘミセルロースの構成糖の含量および組成が異なっており，小麦フスマのヘミセルロース分解には，ヘミセルラーゼなどの酵素剤の組合せや順番など種々検討する必要がある。今回は小麦フスマにマイクロウェブの前処理および最適な酵素処理条件での機能性糖の可溶化およびその機能性付与について検討した。また本研究過程で小麦フスマで誘導するタンパク質のプロテオーム解析を行ったところ，2次元電気泳動でα-アミラーゼが分子量の大小および等電点の違いであちらこちらに点在し，本来の小麦フスマの分解に関連する麹菌酵素および遺伝子の解析の邪魔になり，デンプン質を除去する方法の開発およびその小麦フスマを利用した不溶性食物繊維を分解する麹菌酵素および遺伝子群をクローズアップすることに成功し，より効率の高い可溶化や機能性付与を目指した結果を紹介する。

2　小麦フスマでの可溶化試験

2.1　マイクロウェブの前処理・酵素処理

小麦フスマには色々な種類が存在するが一番安い物を使用した。小麦フスマ1g中のヘミセルロース含量は320mg，アラビノース含量は85mgおよびキシロース含量は140mgとして可溶化糖の計算に用いた[4, 5]。小麦フスマを前処理としてマイクロウェブを1分間行ったものの有無で，小麦フスマの1/100量の食品用酵素剤（ヘミセルラーゼ，セルラーゼ，ペクチナーゼ剤など各

---

*　Kenji Ozeki　金沢工業大学　バイオ・化学部　応用バイオ学科　ゲノム生物工学研究所　教授

酵素剤の至適温度およびpH条件）でその順番と組合せ酵素を種々検討した結果[6]，1段階目の酵素剤としてキシラナーゼ剤のoptimase CX72L（CX；至適温度60℃，pH9）がアラビノース（ara）およびキシロース（xyl）の可溶化率が高く，2段階目の酵素としてアラビナーゼ剤のスミチームARS（ARS；至適温度50℃，pH4.5）またはペクチナーゼ剤のスミチームPX（PX；至適温度50℃，pH4.5）との結果を比較した。なお可溶化した機能性糖の測定はHPLC法（カラム；SUGAR SPO810，検出器；RI）で行った。図1に2段階酵素分解後の小麦フスマ（マイクロウェブ処理の有無）の可溶化率（重量減）と図2に機能性糖の可溶化率を示す。

小麦フスマの重量減による可溶化率の変化はマイクロウェブ処理で大きな変化は認められないが，酵素剤ではARSのアラビナーゼ剤との組合せで大きくなった。機能性単糖であるアラビノースおよびキシロースへの可溶化は，マイクロウェブの前処理の効果は認められなかった。主体

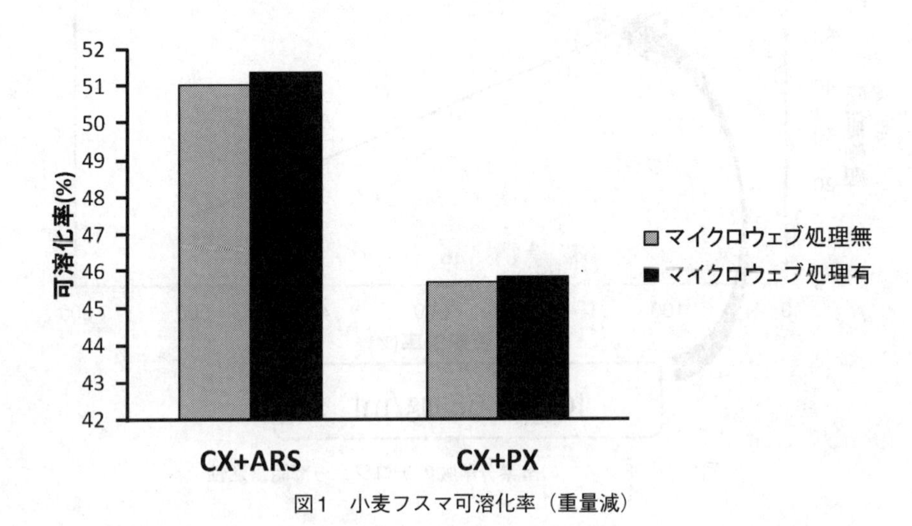

図1　小麦フスマ可溶化率（重量減）

図2　小麦フスマ可溶化物の機能性糖

となる酵素剤の種類に大きく影響され，2段階目の酵素剤がARSのアラビナーゼ剤の効果がペクチナーゼ剤に比べて高く，アラビノースで40％近くまたキシロースで60％近く可溶化できる条件が見つかった。これは米ヌカの場合それぞれ30％または20％であり，酵素剤の種類および順番も異なり[2,3]，その構成ヘミセルロース成分などが小麦フスマと米ヌカではかなり異なることに起因していると考えられる。

2.2　機能性評価

小麦フスマの2段階酵素分解物について，チロシナーゼ阻害活性（図3）[7]とラジカル消去能に

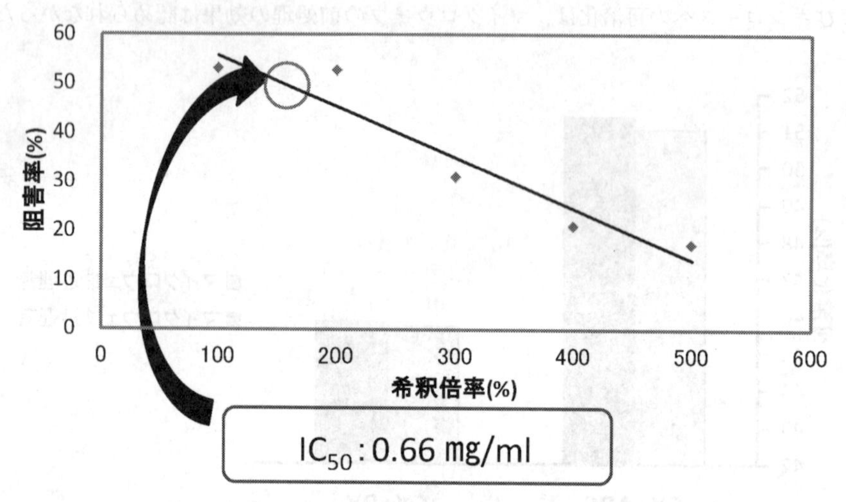

図3　小麦フスマの酵素分解物のチロシナーゼ阻害活性

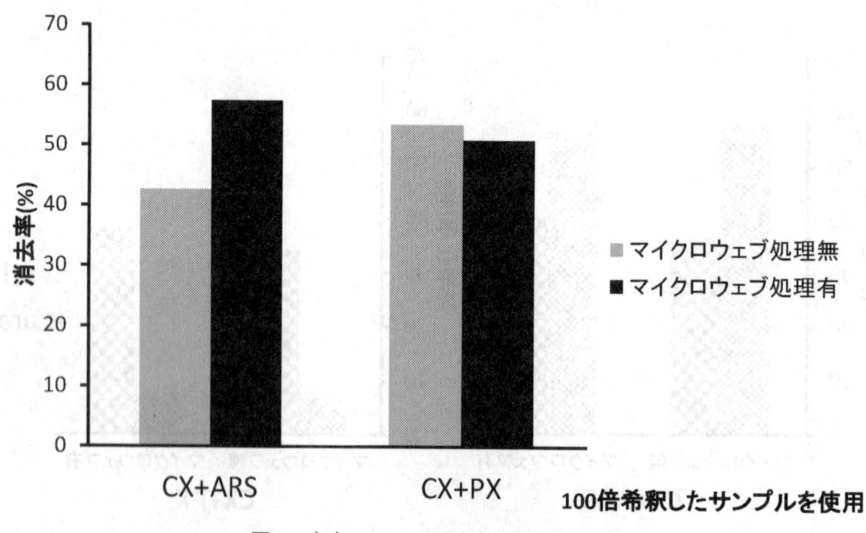

図4　小麦フスマの酵素分解物抗酸化能

よる抗酸化能（図4）[8] の機能性評価を行った。小麦フスマの2段階酵素分解物について高いチロシナーゼ阻害活性があることを初めて確認した。IC_{50}の値で小麦フスマの酵素分解物量の反応組成で0.66mg/mlとなり，チロシナーゼ阻害活性が既知である麹酸と比較して22倍と強い阻害活性があることが分かった[6]。このことはヘミセルロース分解で生成したフェノール化合物などが多いことが推測できる。マイクロウェブの前処理では効果がないことも分かった。従って小麦フスマの用途開発の1つとして，食品の褐変防止剤または美白化粧品への応用も期待できる。

ヒドロキシラジカル消去率を測定する方法で抗酸化能を評価した結果，マイクロウェブ処理をした2段階目の酵素としてARSを使用した酵素分解物に高い抗酸化能が認められた。このことはヒドロキシラジカルを捕捉する物質がこれらの前処理および酵素処理することにより増加したことが予測できる。

3　デンプン質除去小麦フスマでの可溶化試験

3.1　デンプン質除去小麦フスマの調製方法および確認

小麦フスマには8％程度のデンプン質が共存しており[4]，小麦フスマを培地とした麹菌発酵（培養）では，α-アミラーゼおよびグルコアミラーゼなどのアミラーゼ系酵素を誘導し，フスマを分解する麹菌加水分解酵素が隠れ，特にプロテオーム解析が困難であった。そこで小麦フスマのデンプン質の除去方法を確立し，アミラーゼ系酵素タンパク質がない状態でプロテオーム解析を行うことにより，小麦フスマの麹菌加水分解酵素遺伝子群を新規に取得する目的で実験を行った。

小麦フスマをオートクレーブ（121℃，20分間）で50mMクエン酸を用いて酸加水分解する

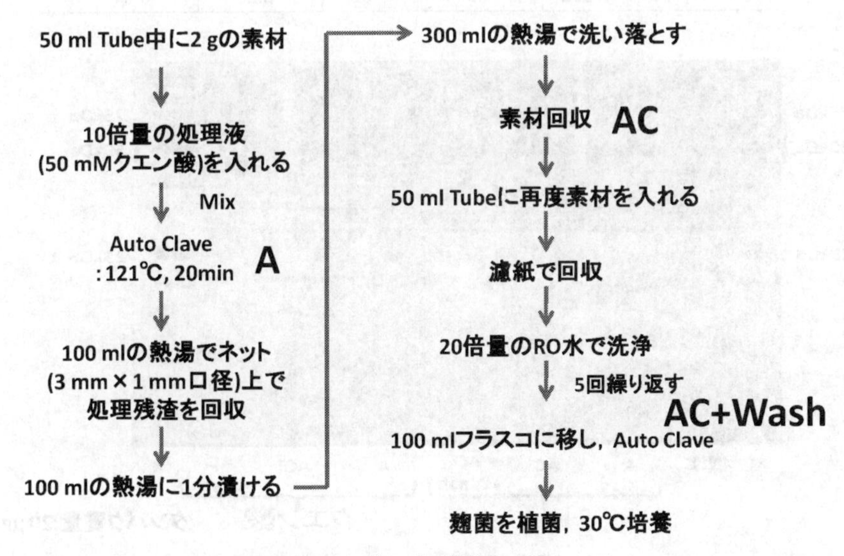

図5　デンプン質除去方法

ことにより，デンプン質を分解除去し，更に熱水で洗浄することによりデンプン質はほとんど除去できることが分かった（図5）。小麦フスマ培地では30℃で5日間の麹菌培養であるが（標準），デンプン質除去フスマ培地では麹菌の生育が悪く，7日間の培養を行い，それぞれの抽出タンパク質中の各種酵素活性（表1）とSDS-PAGE（図6）によりデンプン質が確実に除去できたかの確認を行った。

表1よりクエン酸を加えてオートクレーブ処理，更に熱水洗浄を繰り返すことにより，α-アミ

表1　各種酵素活性

処理液	処理段階	培養前pH	培養後pH	タンパク量 μg/ml	α-amylase mU/μg	糖化力 mU/μg	β-xylanase mU/μg	β-xylosidase mU/μg
標準		6.0	8.2	969	30.0	0.2	1.2	0.01
H_2O	A	5.6	8.3	598	21.9	0.04	2.8	0.02
	AC	6.7	7.8	410	24.1	0.05	4.6	0.02
	AC＋Wash	6.9	7.7	345	13.5	0.04	3.4	0.02
クエン酸	A	3.4	8.0	817	0.8	0.06	1.5	0.01
	AC	4.4	7.5	114	1.9	0.06	3.3	0.06
	AC＋Wash	5.6	7.0	118	0.5	0.02	2.2	0.07

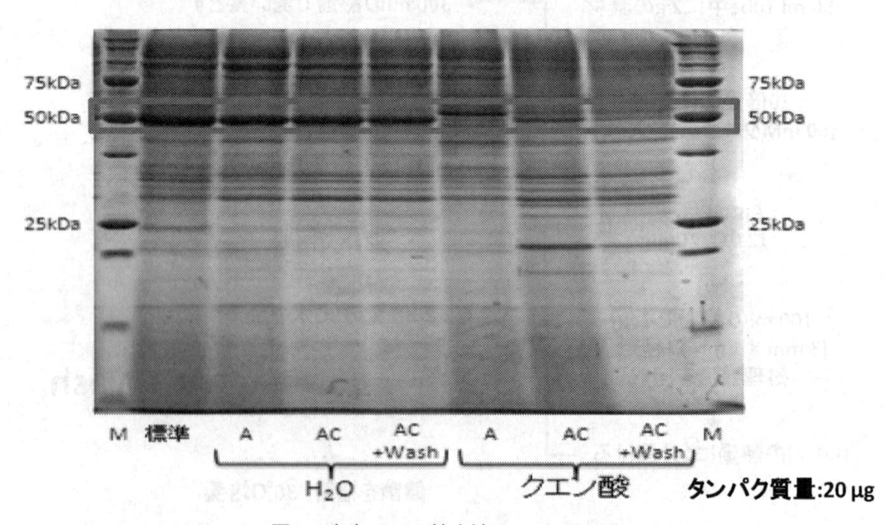

図6　小麦フスマ抽出液のSDS-PAGE

ラーゼおよび糖化力（グルコアミラーゼとα-グルコシダーゼの合計の活性）はほとんど認められなくなり，β-キシラナーゼおよびβ-キシロシダーゼが誘導することが分かった。特にキシロシダーゼは基質含量が増大することによりその生産量が多くなると予想できる。SDS-PAGEでは50kDaがα-アミラーゼであるが，クエン酸＋洗浄区分ではその前後の大きさのバンドを含めたプロテオーム解析の結果，α-アミラーゼのタンパク質の誘導生産は認められなかった。またグルコアミラーゼについては，デンプン質がある小麦フスマで各種大きさの糖鎖の修飾があり，プロテオーム解析で検出できなかった。従ってこのような処理により麹菌のアミラーゼ系酵素の誘導がない，キシラナーゼおよびキシロシダーゼを誘導した麹菌フスマ抽出液を調製することに成功した。この酵素バランスのフスマ酵素剤は，バイオマス分解の新たな用途としての可能性が考えられる。

3.2　マイクロウェブの前処理・酵素処理

以前の実験で小麦フスマの液体培地で高生産する麹菌キシラナーゼ遺伝子をプロテオーム解析から同定（SDS-PAGE）し，それらの遺伝子組換え麹菌を2種類取得した。xylanase F3（F3）は液体培養で親株の64倍の生産性を高めた麹菌であり[9]，Endo-1,4-beta-xylanase（Endo）は液体培養で73倍の生産性を高めた麹菌である。その両株から小麦フスマ培養を行った時に抽出した酵素剤として，これまでに決定した2段階酵素反応（CX72L＋ARS）の時に更に添加した。キシラナーゼ酵素活性としては，それぞれ図7の条件で可溶化試験を実施した。

アラビノースの可溶化率（図8）は，標準（デンプン質除去していない通常の小麦フスマ）で20％以下と低くなった。図2の実験に使用した小麦フスマとは別のものを使用し，ロット差やへ

使用素材：小麦フスマ、AC+Wash処理フスマ

前処理　：マイクロウェブ処理（0 ～ 3分：各1分）

使用Buffer：50 mM, pH9.0 Tris-HCl Buffer　10 ml/素材1 g

酵素（Buffer10 mlに対して、10 μl添加）　キシラナーゼ活性

		キシラナーゼ活性
1段階目	キシラナーゼ剤 optimaseCX72L (pH9.0　60 ℃)	0.54U
2段階目	アラビナーゼ剤 スミチームARS (pH4.5　50 ℃)	0.15U
麹菌酵素抽出液（1 ml添加）		
	xylanase　F3	14.1U
	Endo-1,4-beta-xylanase	8.4U

親株に対しての活性値		
	液体培養	固体培養
F3	64倍	14倍
Endo	73倍	8倍

図7　小麦フスマの可溶化試験

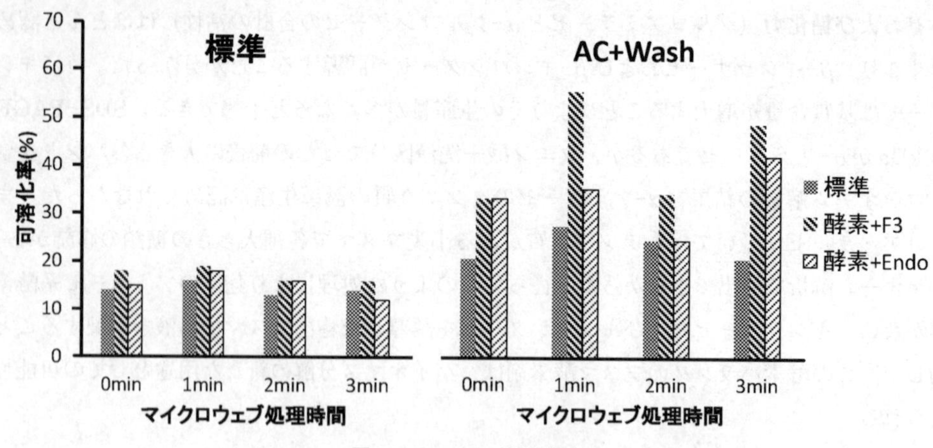

図8　arabinose 可溶化率

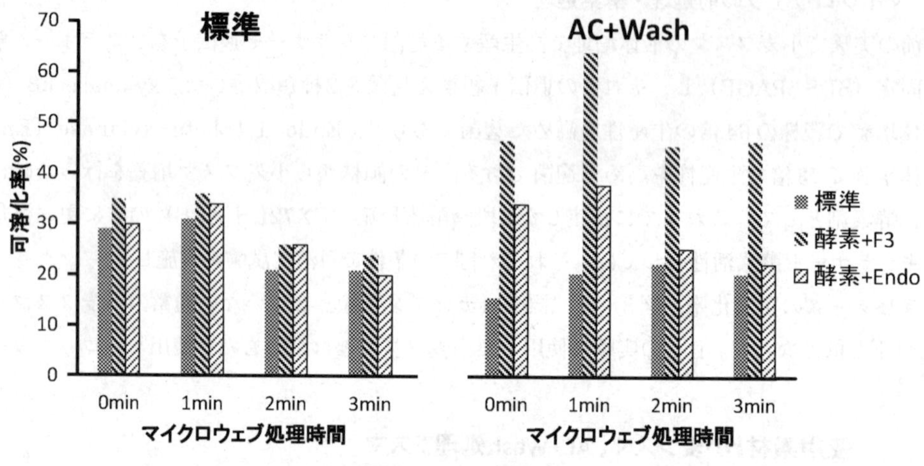

図9　xylose 可溶化率

ミセルロース成分の差により，今回機能性糖への可溶化率が低い値となったと考えられる。AC＋Wash（デンプン質除去した小麦フスマ）でマイクロウェブ1分間の効果が高くなったが，2分間以上行うとこれらの酵素で分解されにくい構造に変化することが予想され，可溶化率が低くなった。一番高いアラビノースの可溶化条件は，デンプン質除去した小麦フスマで1分間のマイクロウェブ処理を行い，2段階酵素にF3を添加した区分で60％程度となり，F3はアラビノースの可溶化に効果が高いことが分かった。

キシロースの可溶化でもアラビノースと同様な結果であり，最適な可溶化条件はデンプン質除去した小麦フスマで1分間のマイクロウェブ処理を行い，2段階酵素反応時にF3を添加した区分で60％を超える可溶化率を示した。このようにデンプン質除去した小麦フスマを使用し，マイクロウェブの前処理と併せることにより，酵素分解効率が高まり機能性糖への可溶化がより高まることが分かった。従ってこのような条件の基質を利用することにより，更なるプロテオーム解析で新規の麹菌加水分解酵素の取得も期待でき，可溶化の更なるアップの可能性が考えられる。

3.3　麹菌発酵によるプロテオーム解析およびDNAマイクロアレイ解析

デンプン質を除去していない小麦フスマ（標準）で麹菌培養により生産するタンパク質は，図10のようにα-アミラーゼが分子量50kDaだけでなく，低分子量および高分子量また等電点も違ったところに強いスポットを検出した。一方，デンプン質除去小麦フスマ（AC＋Wash）では，α-アミラーゼは検出せず，同じキシラナーゼを多くの箇所に検出した。既に麹菌で高生産株を

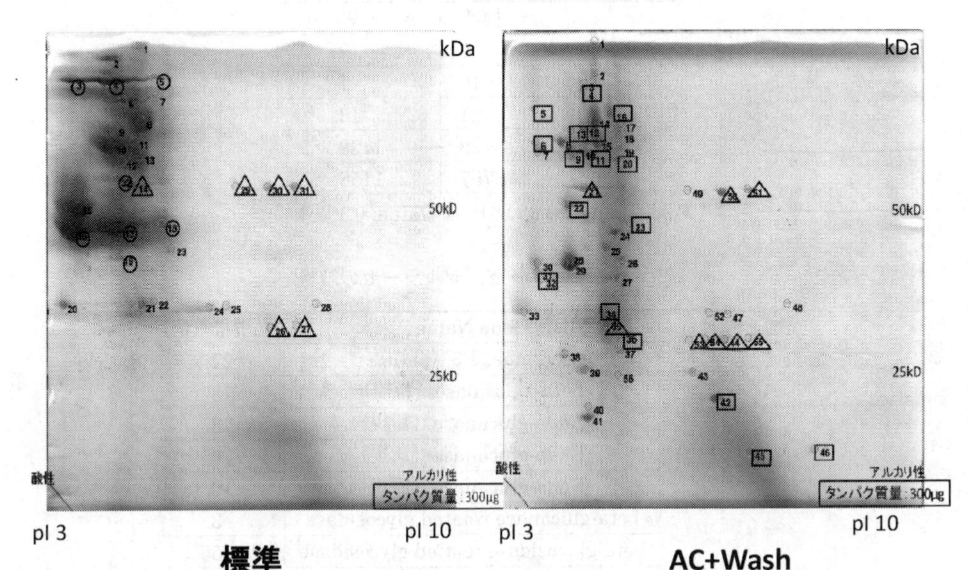

○：α-amylase，△：β-xylanase，□：未処理で見られないスポット

図10　2次元電気泳動

表2　同定されたタンパク質

関連酵素	gene name	spot
ヘミセルラーゼ	Endo-1,4-beta-1,4-xylanase（既知）	21.35
	xylanase F3（既知）	44.50.51.53.54.55
セルラーゼ	predicted endo-1, 3-beta-glucanase（新規）	20
	beta-glucosidase-related glucosidases（新規）	1.2.14
		3.4.12
		13
Predicted protein		24
		31.32
		34
		36
		45.46

表3　Predicted proteinの解析

ヘミセルラーゼ	*Aspergillus oryzae*	Predicted protein	5,6
	Aspergillus flavus	BNR/Asp-box repeat domain protein	
	Penicillium chrysogenum	Exo-arabinanase（既知）	
	Aspergillus oryzae	Endo-1,4-beta-xylanase A（既知）	45,46
	Aspergillus flavus	Probable endo-1,4-beta-xylanase A	
セルラーゼ	*Aspergillus oryzae*	Glucan 1,3-beta-glucosidase A（新規）	31,32
	Aspergillus flavus	Probable glucan 1,3-beta-glucosidase A	

表4　DNAマイクロアレイによる発現解析

	標準	AC＋Wash
ヘミセルラーゼ	2	2
セルラーゼ	10	7
その他機能既知	21	13
機能未知	3722	1129
合計	3757	1158

Fold-Change: 0.33以上　P-value: 0.1以下

表5　ヘミセルラーゼ，セルラーゼの解析

関連酵素	Gene Name	発現量（倍）
ヘミセルラーゼ	xylanase F3（既知）	27
	beta-xylosidase（新規）	3
セルラーゼ	Endo-glucanase（新規）	73
	Endo-glucanase（新規）	70
	Endo-glucanase（新規）	10
	beta-glucanase related glycosidase	3
	beta-glucosidsse related glycosidase	5
	Glucsosidase I	2

育種済みのキシラナーゼのスポットが多くなったが（表2），これまで2次元の電気泳動からのプロテオーム解析では発見できなかった新規なβ-グルカナーゼが2種類見つかった。また麹菌のゲノム解析情報ではPredicted proteinに分類された遺伝子番号をデータベースとホモロジー検索した結果（表3），既知のアラビナーゼとキシラナーゼおよび新規なβ-グルコシダーゼが各1種類見つかった。

麹菌DNAマイクロアレイ解析では，栄養源豊富なデンプン質が存在する培養条件と異なり，デンプン質がほとんどない条件では発現する遺伝子数が1/3になることが分かった（表4）。またデンプン質を除いたフスマで発現量が27倍高い既知のキシラナーゼ遺伝子と発現量が3倍の新規なキシロシダーゼ遺伝子を発見した（表5）。このキシロシダーゼ遺伝子は，小麦フスマの液体培養で発現が強い既存のキシロシダーゼ遺伝子とも異なっていた[10]。セルラーゼ系では新規なβ-グルカナーゼ遺伝子を3種類発見することができた。

以上のようにデンプン質を除去することにより，小麦フスマのヘミセルロースおよびセルロース成分を分解する酵素群をクローズアップすることを可能にし，デンプン質がない小麦フスマで麹菌発酵することにより，セルラーゼ系の新規な加水分解酵素遺伝子群を同定することに成功した。このような栄養源が少ない環境下ではセルラーゼ系酵素で麹菌が生育するためのエネルギーを獲得するような代謝系が働いていることが推測できる。また麹菌は少なくとも8種類のキシラナーゼと10種類のキシロシダーゼ遺伝子を持っており[11]，小麦フスマの種類，培養期間，温度などの培養条件の変更により更なる新規遺伝子の発見につながることが期待できる。

3.4　機能性評価

デンプン質がある小麦フスマ（標準・未処理）とデンプン質を除去した小麦フスマ（除去処理）のマイクロウェブの有無で2段階酵素処理を行い，その反応物の機能性評価として抗酸化能のIC_{50}値（表6）とラット小腸抽出液を用いてマルトースを基質としたときの二糖類水解酵素阻害活性（表7）[2]を測定した。

抗酸化能はマイクロウェブ1分間が未処理の物に比べIC_{50}が低い値となり，より少ない量で効果が高いことが分かった。またマイクロウェブ処理時間をそれ以上増やしても余り効果がなく，機能性糖の可溶化と同様な傾向であった。デンプン質を除くことにより抗酸化能は低くなる傾向があり，これはデンプン質除去過程で温水洗浄を何度も繰り返しており，オートクレーブ処理も

表6　抗酸化能

マイクロウェブ処理時間	処理名	未処理	除去処理	マイクロウェブ処理時間	処理名	未処理	除去処理
		IC_{50}	IC_{50}			IC_{50}	IC_{50}
		mg/ml	mg/ml			mg/ml	mg/ml
0min	標準	2.3	3.1	2min	標準	1.7	3.0
	標準＋F3	2.4	2.2		標準＋F3	2.1	3.4
	標準＋Endo	3.6	1.9		標準＋Endo	1.9	3.0
1min	標準	1.8	2.2	3min	標準	1.9	2.8
	標準＋F3	1.4	2.0		標準＋F3	1.8	2.4
	標準＋Endo	1.4	1.5		標準＋Endo	1.4	2.2

表7　二糖類水解酵素阻害活性

マイクロウェブ処理時間	処理名	未処理	除去処理	マイクロウェブ処理時間	処理名	未処理	除去処理
		阻害率(%)	阻害率(%)			阻害率(%)	阻害率(%)
0min	標準	/	70	2min	標準	/	32
	標準＋F3	/	30		標準＋F3	/	28
	標準＋Endo	/	35		標準＋Endo	/	30
1min	標準	/	42	3min	標準	/	25
	標準＋F3	/	27		標準＋F3	/	25
	標準＋Endo	/	29		標準＋Endo	/	29

含めてフェノール化合物などの分解または除去が起こったものと考えている。

マルトースを基質としたときの二糖類水解酵素阻害活性は，未処理のものでは小麦フスマのデンプン質から酵素剤に夾雑するアミラーゼ系酵素で生成する糖質の影響を受け，阻害率が測定できなかったことが考えられる。デンプン質を除去した小麦フスマでは，前記の影響はないと考えるが，アラビノースおよびキシロースが一番可溶化できた条件であるマイクロウェブ1分間の前処理で2段階酵素にF3を強化した区分は，マイクロウェブなしの2段階酵素の標準区分の半分以下の阻害率となった。このことはこの反応系を阻害するような成分を含んでおり，混合系での測定では，酵母により発酵糖を発酵除去した物での測定がより正確に評価でき，更なる機能性付与が期待できる。今回試験に用いた小麦フスマではチロシナーゼ阻害活性は安定した値が得られず，ロット差での機能性糖への可溶化の割合およびその機能性評価への影響も今後検討する必要があると考えている。

4　おわりに

小麦フスマのヘミセルロースの構成糖であるアラビノースおよびキシロースへの可溶化を検討し，それぞれ60％程度になる可溶化条件を見つけることができた。小麦フスマの酵素分解物には，チロシナーゼ阻害活性，抗酸化能および二糖類水解酵素阻害活性が付与できることが確認できた。技術開発としてはアラビノースおよびキシロースを可溶化した酵素分解物を酵母で発酵した素材での機能性評価まで行いたかったが，次回の検討課題としたい。

デンプン質を除去した小麦フスマの麹菌発酵により，新規なキシロシダーゼ，グルカナーゼおよびグルコシダーゼを発見することができた。これらの小麦フスマの分解に有用と考えられる遺伝子の高生産麹菌を育種し，可溶化率の向上や機能性付与を検討したいと考えている。ここで紹介した機能性素材としての付加価値を高めた食品素材開発は小麦フスマの全量利用としては難しいので，残りの部分はバイオマスエネルギーを考える必要があり，今回取得した酵素群を単独または組合せることにより，この分野の研究の発展に寄与できることも付け加えたい。

謝辞

本研究の多くは，㈶食生活研究会より平成21年度の研究助成を受けたものと㈱日清製粉グループ本社との共同研究成果であり，ここに感謝の意を表す。

文　　献

1)　第85次農林水産省統計表（平成21～22年），p.614, 農林水産省
2)　尾関健二，発酵・醸造食品の最新技術と機能性，p.248, シーエムシー出版（2006）

3) 尾関健二, 醸協, **103**, 321 (2008)
4) 吉積智司ほか, 新食品開発用素材便覧, p.36, 光琳 (1991)
5) 日本食物繊維学会編集委員会, 食物繊維, p.42, 第一出版 (2008)
6) 尾関健二, チロシナーゼ活性阻害剤の製造方法, 特開2010-273598
7) 秋久俊博ほか, 実験生体分子化学, p.151, 共立出版 (2007)
8) 尾関健二ほか, 食品・臨床栄養, **4**, 19 (2008)
9) K. Ozeki *et al.*, *J. Biosci. Bioeng.*, **109**, 324 (2010)
10) S. Suzuki *et al.*, *J. Biosci. Bioeng.*, **109**, 115 (2010)
11) Y. Noguchi *et al.*, *Appl. Microbio. Biotechnol.*, **85**, 141 (2009)

第24章　凍結含浸法による食材の軟化

坂本宏司*

1　はじめに

含浸とは，微細な隙間から機能性の物質を染み込ませることによって，材料の物性を改善，改質する技術を指し，真空含浸や加圧含浸がある。含浸技術は，ポリエステル不織布や木材への樹脂含浸など無機物から木材等の有機物に至るまで様々な加工材料を高機能化するために古くから利用されている。食品加工分野で含浸技術が注目される契機となった技術として，酵素含浸法がある。Mcardleらによると，酵素含浸法（Enzyme Infusion）とは，植物組織の表面または内部に酵素を導入して，酵素反応により物性や成分組成を変える技術であると定義している[1)]。著者らは，食材内へ酵素を効率的かつ急速に含浸する方法として凍結減圧酵素含浸法（以下，凍結含浸法）を開発し，工業的に実用化できるレベルまで技術を高めた。酵素の導入速度が遅いと，時間的コストに加え，酵素反応が表面で進み過ぎるという問題があった。凍結含浸法は急速含浸法という位置付けにあり，細胞間隙のみならず，細胞内への物質導入を可能としたことで応用範囲は広い。また，専用の加工装置を必要とせず，低コスト・省エネルギー型食品加工技術として技術導入しやすい面をもつ。現在，凍結含浸法は高齢者や咀嚼・嚥下障害者にとって食べやすく，食欲を促進する介護食の製造技術として実用化が進んでいるが，機能性付加技術，医療検査食，新食感食品など今後様々な分野で利用されるものと思われる。

2　凍結含浸法とは

2.1　食材の単細胞化

植物細胞は，細胞壁に囲まれ，中葉を介して接着している。中葉には細胞壁間接着物質であるペクチン質が存在し，ペクチナーゼを作用させれば，植物組織は軟化し，細胞を遊離させることができる。これまでに，風味，色調の保持などを目的に，ペクチナーゼやセルラーゼ製剤を用いて，ニンジン，ニンニクなど多くの植物食材について単細胞化が行われてきた[2, 3)]。単細胞化するには，食材と酵素を効率的に接触させるため食材を細切後，酵素反応を行う。しかし，切り離された細胞は酵素液中に遊離するため，細胞内外で生じる浸透圧差の影響により細胞の破壊や栄養成分の溶出が生じる。栄養成分の溶出を防止するには，糖質などの浸透圧保持物質を添加する必要がある[4)]が，溶出を完全に防止することはできない。

---

* Koji Sakamoto　広島県立総合技術研究所食品工業技術センター　技術支援部　部長

2.2　凍結含浸法

凍結含浸法とは，凍結・解凍操作と減圧操作の2工程を基本工程として食材内部に酵素を急速導入する手法である[5]。凍結工程での氷結晶の生成は，組織に緩みを与え，酵素の含浸効率を劇的に高めている。凍結含浸法は，当初，単細胞化処理の過程において浸透圧の影響を受けにくくする方法として考案された。食材を細切せず塊の状態で酵素含浸すれば，切り離された細胞が酵素液中に遊離することはなく，そのまま食材内部に留まる。実際，食材を凍結・解凍後ペクチナーゼを減圧含浸させる実験では，中心部まで酵素が導入され，形状は保たれてはいるものの，指で押さえれば完全に崩壊させることができた。酵素を食材内部に急速導入することで，表面と中心部の反応時間差をなくすことができる。この時，細胞内成分の溶出はほとんど認められていない。また，酵素反応を制御すれば，軟化度合を自由に調節することも可能となる。加圧含浸も可能であるが，コスト面および品質面で減圧法が圧倒的に有利である。

凍結含浸法は，Fitoらが真空含浸法で報告している食材の気液界面で起こる変形緩和現象を伴う流体力学メカニズム[6]の拡張技術と言える。真空含浸法では，減圧と常圧復帰処理による食材空隙内の空気圧と外液の圧力の変化に伴う空気の体積変化が，酵素液導入の駆動力となっている。真空含浸法が食材表層の空隙への酵素含浸であるのに対して，凍結含浸法は酵素液が食材中心部にまで含浸される点で異なる。凍結含浸法のメカニズムについては，Shibataら[7]が詳細な検討を行っている。凍結による氷結晶の生成は，食材の体積増加をもたらし，解凍時には氷結晶融解とともに組織が緩み，ドリップの溶出により体積減少が生じる。この状態で減圧処理を行うと空隙内空気は大きく膨張し，細胞間隙の水分を押し出しながら空気は外へと放出される。食材内の内圧が外圧と平衡化したあとに常圧復帰すると，空隙は急速に収縮する。この体積変化が外液（酵素液）を食材内部に導入する駆動力となっている。

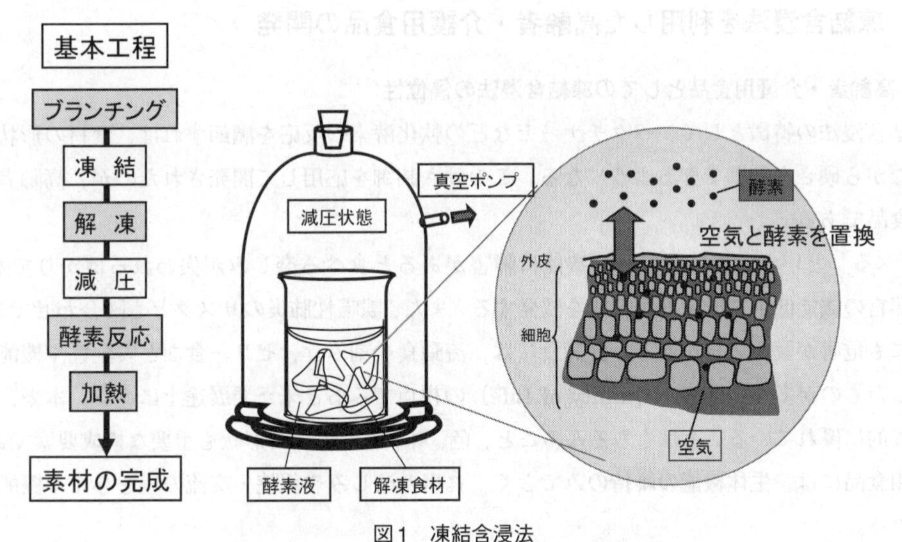

図1　凍結含浸法
使用酵素：ペクチナーゼ活性を有する酵素製剤

凍結含浸操作の基本手順は次のとおりである（図1）。先ず，生または加熱した食材を－20℃程度で凍結後，酵素製剤を溶解させた水溶液または調味液に浸漬，解凍する。酵素液に浸漬した状態で減圧にし，所定真空度で最大5分程度放置する。常圧復帰後，直ちに酵素液から取り出して，そのまま所定の温度条件下で，酵素反応を速やかに進行させる。この間，加熱処理はブランチングと酵素失活のみで，煮込み工程を省略することができるため，省エネルギー型食品加工技術としても有望である。

2.3 凍結含浸法で得られた単細胞の品質

凍結含浸処理では，氷結晶生成により細胞壁が損傷し，品質低下を生じる可能性がある。生ジャガイモから調製した凍結含浸単細胞，粉砕物およびマッシュポテトのアミログラフ測定を行い，細胞からのデンプンの溶出について調べている[5]。粉砕物は，細胞壁の破壊によるデンプンの溶出により急激な粘度上昇が生じるが，凍結含浸で調製した単細胞の場合，粘度上昇は生じない。デンプンを多く含む食材の場合，細胞壁が比較的良好に維持されていることがわかる。

また，成分溶出や香気劣化の問題に対しても，紅サツマイモのアントシアニンやニンジンの主要香気成分であるβ-カリオフィレンやビサボレンなどの単細胞中の残存率を調べ，凍結含浸法によって品質的に安定な単細胞を調製できることを明らかにしている[5]。調理工程における煮炊きは，熱による軟化と調味料の染み込みを目的としているが，加熱によりビタミンCなどの栄養成分の分解や溶出，香りや色調の変化を伴う。一方，凍結含浸法は，酵素液に調味料を混合すれば，軟化と調味料の染み込みを含浸工程で一度に行えるため，ビタミンなど栄養成分の分解や溶出を最小限に抑えることができる。

3 凍結含浸法を利用した高齢者・介護用食品の開発

3.1 高齢者・介護用食品としての凍結含浸法の優位性

凍結含浸法の特徴として，ペクチナーゼなどの軟化酵素の反応を調節すれば，食材の形状を保持しながら硬さを制御できるようになる。この硬さ制御を応用して開発されたのが，高齢者・介護用食品である。

「食べる」という行為に関与する機能に障害があると食べる楽しみが失われるばかりでなく，消化器官の機能低下や低栄養化状態を誘発する。また，誤嚥性肺炎のリスクとも隣合わせであり，生命にも危害が及ぶ場合がある。介護食には，流動食や刻み食，ゼリー食など安全性や機能性を重視したものが多く，QOL（Quality of Life）の視点でみると未だ発展途上にある。本来，食品は栄養的に優れていることはもちろんのこと，色，味，香りに加え形状も重要な構成要素である。介護用食品には，生体機能の維持のみでなく，食事の楽しみや親睦・交流の場を与える機能が求められる。

凍結含浸法を利用すると，外観的に健常者と同じ食事の提供が可能となり，食の世界にバリアフリー化をもたらす。また，本法を応用して，食物繊維などの栄養成分や機能性成分の付加・増強，造影剤含浸による嚥下造影や消化器官造影検査食などの開発も可能である。

3.2　根菜類等の凍結含浸処理

凍結含浸法を用いて介護食を製造する場合，植物食材によって酵素剤の効き方が異なるため，市販酵素剤の選択は重要である（図2）。ゴボウ，レンコンなどの根菜類は凍結含浸法では軟化しやすい食材であるが，それでも酵素剤の種類により軟化速度は大きく異なる[8]。細胞壁にはキシログルカンを始め複雑な構造をもつ多糖が数多く存在するため，軟化には様々な酵素活性を有している市販酵素剤を単独または複数組み合わせて使用する。また，酵素剤の選択は製品の味，色調，物性，製造コストにも影響し，複数の酵素剤を組み合わせることで製品品質を高められる場合もある。

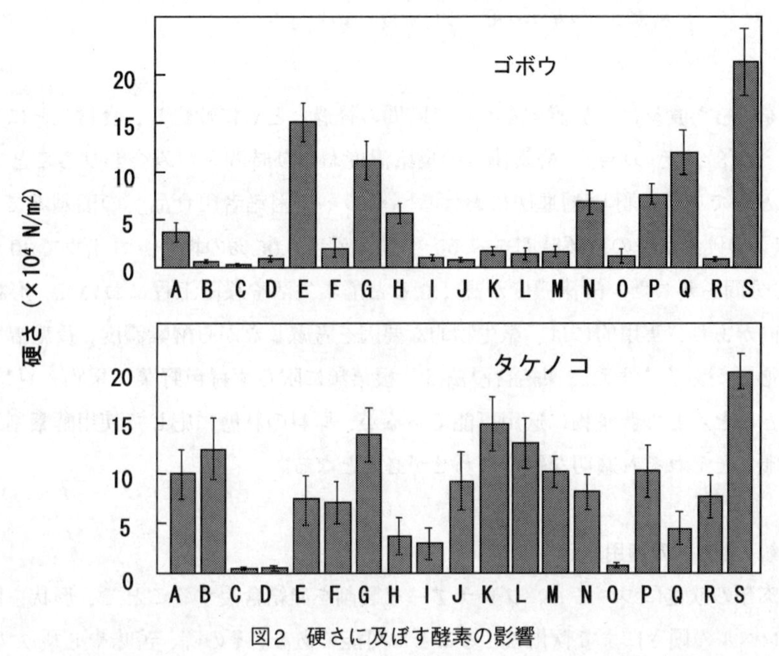

図2　硬さに及ぼす酵素の影響

A；Macerating EnzymeY（ヤクルト薬品工業），B；セルロシンME（エイチビィアイ），C；Hemicellulase “AMANO” 90（天野エンザイム），D；Pectinase G “AMANO”（天野エンザイム），E；Cellulosin HC100（エイチビィアイ），F；Cellulosin AL（エイチビィアイ），G；Sukrase S（三共），H；Cellulase “ONOZUKA” 12S（ヤクルト薬品工業），I；Cellulase Y-NC（ヤクルト薬品工業），J；Macerozyme 2A（ヤクルト薬品工業），K；Pectinase XP-534（ナガセケムテックス），L；Pectinex Ultra SP-L（ノボザイム），M；Macerozyme A（ヤクルト薬品工業），N；Pectinase HL（ヤクルト薬品工業），O；Cellulase A “AMANO” 3（天野エンザイム），P；Celluclast 1.5L FG（ノボザイム），Q；Cellulase “ONOZUKA” 3S（ヤクルト薬品工業），R；Pectolyase（新日本化学工業），S；コントロール
酵素濃度：0.5％

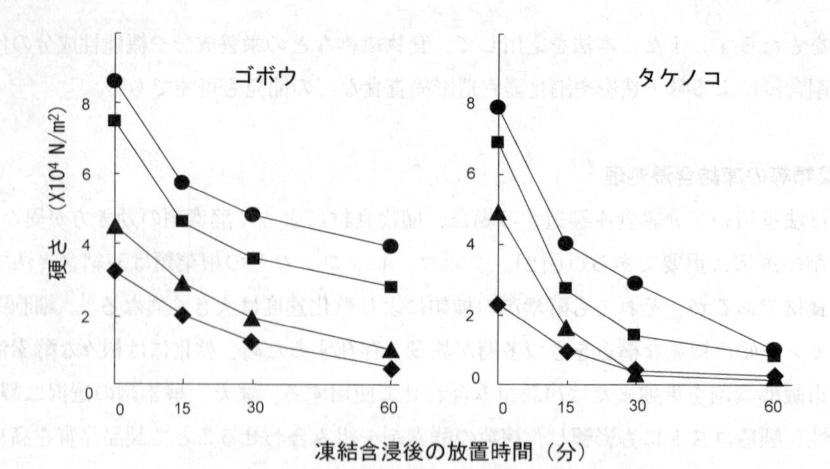

図3　硬さに及ぼす酵素濃度，反応時間の影響
酵素濃度：●，0.05％，■，0.1％，▲，0.5％，◆，1.0％
酵素：ペクチナーゼ，反応温度：40℃

凍結含浸を行った食材は，放置するだけで時間の経過とともに軟化し，食材ごとに一定の硬さに収束する（図3)。そのため，酵素濃度，反応温度および時間を組み合わせることで，硬さ調節を行うことができる。健康増進法における「そしゃく困難者用食品」の旧基準である$5.0\times10^4 N/m^2$以下の硬さまでの放置時間をみると，酵素濃度0.05％の場合，ゴボウで30分間，タケノコでは15分間を要した。酵素濃度が高くなると酵素失活や殺菌工程において，形状が崩れやすくなる傾向があり，実用的には，微生物的な要因を考慮しながら酵素濃度，反応温度を調節して製造する必要がある。また，凍結含浸法は，根菜類に限らず緑色野菜，果物，豆類[9]，穀類，キノコ類などほとんどの農産物に適用可能であるが，原料の状態に応じて使用酵素剤，酵素液組成，操作手順などそれぞれ適切な組み合わせが必要となる。

3.3　水産物，食肉への適用

魚介類や肉類の軟化についても，プロテアーゼ製剤を凍結含浸することで，形状を保持したまま，介護食レベルの硬さにまで軟化させることは可能である。その際，苦味やドリップを抑制し，品質を良好に保ったまま軟化することが必要で，食感，呈味性は使用するプロテアーゼのタンパク質分解様式と密接な関連がある。魚介類や肉類の凍結含浸は生のまま処理する場合が多く，微生物の増殖を抑えるため，各工程は5℃以下の条件下で行う。魚介類や肉類の凍結含浸では，酵素反応後60℃程度の穏やかな加熱によって初めて急激に軟化する（図4)。軟化により10kDa以下のタンパク質が特異的に生成することから[10]，酵素分解後の加熱処理でさらなるタンパク質の低分子化が起こり軟化するものと考えられる。また，遊離アミノ酸量は処理前と比較して増加するが，タンパク質構成アミノ酸の増加が顕著で，呈味性の向上と消化吸収機能改善効果が期待される[10]。これまで，酵素注入法として，インジェクション法等が用いられているが，凍結含浸法

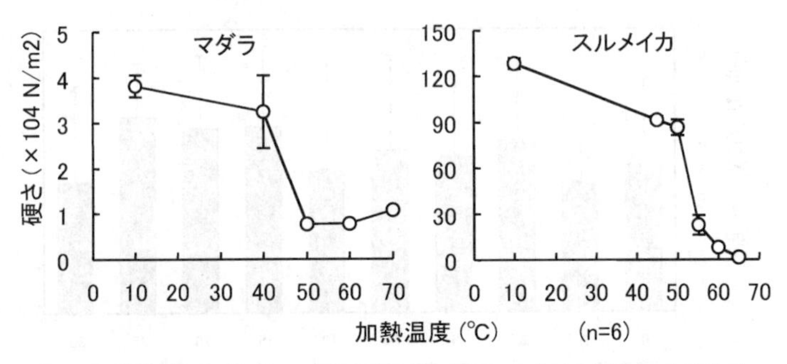

図4　凍結含浸でプロテーゼ処理したマダラ，イカの加熱による軟化

は見た目に加え処理肉の均一性および軟化度の面から介護食の製造には最適である。また，硬いモモ肉などを均一に軟化できるので，一般的な食肉の軟化にも適用可能である。

工業化において，これらの食材の形状を損なわずに，配送あるいは盛り付けするには，冷凍食品としての流通が理想的であるが，硬質容器の利用や増粘剤を添加した形態で販売すれば，チルドやレトルト食品として流通させることも可能である。

3.4　増粘剤含浸による離水抑制および油脂含浸

嚥下食は良好な食塊形成を図り嚥下しやすくするため，トロミ剤で粘性を付加して製造されている。凍結含浸食材においてもトロミ液をかける方法もあるが，酵素と増粘剤を同時に食材内部に導入し粘性を付加することも可能である。凍結含浸処理では，増粘剤はその粘性のため酵素含浸の妨害物質になる。そのため，未水和状態の増粘剤（生デンプン等）を用いる方法を考案した[11]。含浸時に酵素溶液中に分散する未糊化加工デンプン（デリカSE）量が，凍結含浸タケノコの硬さおよび離水率に及ぼす影響について検討した結果を図5に示す。離水率は，未糊化デリカSE濃度の増加とともに減少し，添加量10.0％以上になると離水は抑制される。このとき，硬さと離水抑制は互いに独立して行うことが可能である。本技術により付着性や凝集性の改善による食塊形成能の向上に加え，歩留まりの向上も可能である。

凍結含浸法では，調味料やビタミン，ミネラルなどの水溶性成分の他，脂溶性成分を含浸することも可能である。これらの技術は，栄養強化食品やカロリー強化に利用できる。脂溶性成分を導入するには，エマルションの形にして導入する方法がある[12]。ジャガイモを使った実験では，油脂比率が10～70％の水中油滴型エマルションを凍結含浸できることがわかっている。油脂の比率が30％のエマルションの場合，3g/100gの油脂を食材内部にほぼ均一に導入できる。また，エマルション中の油滴が小さいほど，導入油脂量は増加し，個体間のバラツキは小さくなる傾向が報告されている。

3.5　凍結含浸食の消化性改善効果と摂食試験

凍結含浸法による軟化は，分解酵素による低分子化を伴うため，消化性の改善効果が期待され

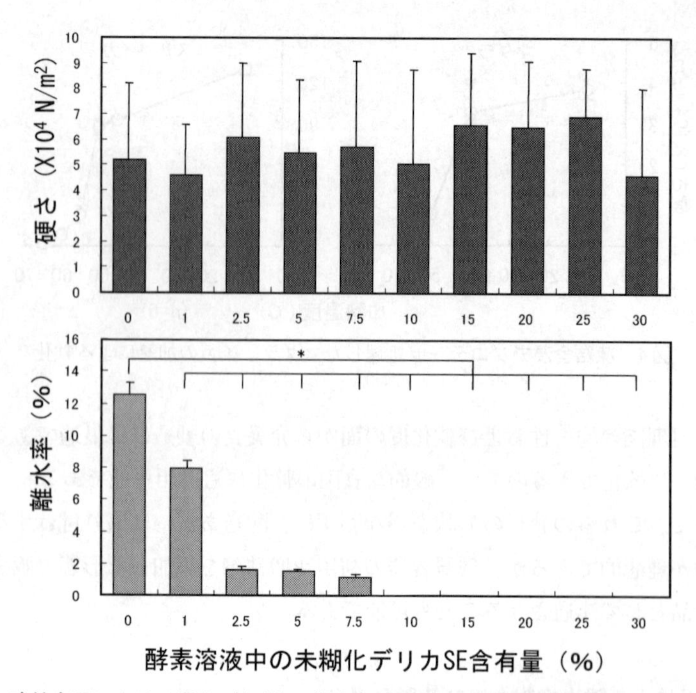

図5　凍結含浸における硬さ（上段），離水率（下段）に及ぼす未糊化デンプンの影響
試料：タケノコ，酵素：ヘミセルラーゼ「アマノ」90（0.3％），硬さ：平均値±標準偏差（$n=10$），離水率：平均値±標準偏差（$n=3$），＊：$p<0.05$

る。特に，根菜類は食物繊維や無機質の主な供給源となり得る食品食材であるが，摂食機能が低下した者にとって，消化器官への負担も大きいとされる。凍結含浸したレンコンの人口消化試験とラットを使った胃内滞留時間に関する報告[13]によると，凍結含浸処理によって，消化時間が短縮され，可消化量は増加するというデータが得られている。図6に示すように，食材の硬さと消化酵素処理後の不溶性固形物量との間には高い相関が認められている。また，粒子径も低下することが報告されており，食材が軟らかいほど不溶性固形物量が少なく消化性の改善効果が期待される。

介護施設入所者を対象とした摂食試験では，凍結含浸食はこれまで極キザミ食あるいはミキサー食を喫食していた高齢者に適しているというデータが得られている[14]。凍結含浸食は，食事時間の大幅な短縮効果が確認されており，健常者と同じ見た目の食事を楽しむことができるようになれば，高齢者の栄養面におけるリスクを軽減し，生活を豊かにするだけでなく，家族や介護者にとっても労務や精神負担の軽減につながることが期待できる。

4　真空包装機を利用した凍結含浸法

病院や介護施設内の厨房で直接凍結含浸食を調理する方法として，真空包装機を利用した少量

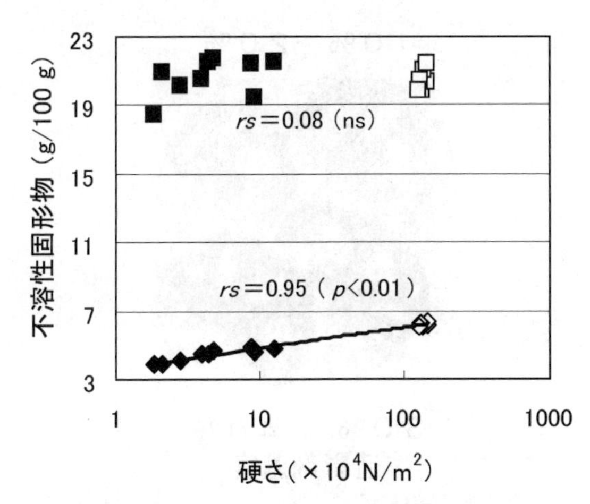

図6　食材（レンコン）の硬さと不溶性固形物量
◆；凍結含浸処理後人口消化，◇；無処理のまま人口消化
■；凍結含浸処理，□；無処理
人口消化試験；400U/g　パンクレアチン，37℃，9hr。
パンクレアチン酵素単位1U；0.096％の可溶性デンプンから
1分間に1μmolグルコースを生成するために必要な酵素量

生産かつ複合調理可能な凍結含浸技術の開発を行った[15]。工業生産で使われるタンク式減圧装置に比べ，酵素液量は制限されるが，調味も同時に行え，衛生的でもある。また，近年普及しつつある真空調理システムでそのまま調理することができる。凍結・解凍した食材と酵素剤を含む調味液をフィルムに入れ，真空包装機を用いて真空包装するという簡易な方法ではあるが，真空包装時の圧力（5.1～15.3kPa）と減圧保持時間を適切に設定しておく必要がある。軟化後の加熱温度は酵素失活温度に設定する必要はあるが真空調理に準じた取扱が可能である。酵素失活後，冷却しておけば貯蔵もでき，従来の刻みやミキサー処理が不必要になる。病院や介護施設において，凍結含浸食品を直接製造することが可能となったことで，調味や技術改良が現場で行えるようになったメリットも大きい。将来，家庭でも簡易に調理できるような専用の小型装置の開発に期待したい。

5　安全性評価のための臨床試験と新規嚥下造影検査食の開発

凍結含浸食材の安全性を確認するため，凍結含浸法で嚥下造影検査（Videofluorography：VF）食を製造する技術を開発している[16]。摂食・嚥下障害患者では，食物の種類や形態によって嚥下困難の程度は異なる。また，摂食・嚥下活動を外部から観察することは非常に困難で，誤嚥が疑われる場合，VF検査等が行われる。また，嚥下機能は食物の性状により影響を受けるため，VF検査にどのような検査食を用いるかは特に重要である。通常，VF検査には，液状の食品やゼリーなどに造影剤を混ぜ合わせた検査食が用いられている。しかし，これらの検査食は模擬

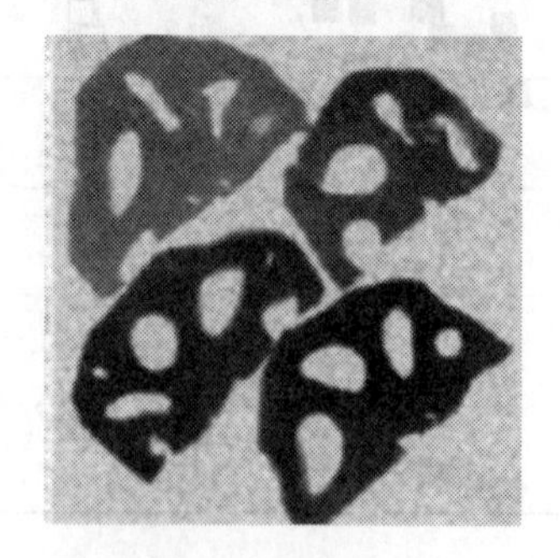

写真1　造影剤を含浸したレンコンの透過X線像
使用酵素：ペクチナーゼ
造影剤：オイパロミン300（イオパミドール含有，富士製薬工業製）

的なものに過ぎず，本来の食物の摂食・嚥下状態を観察しているとはいえない。一方，凍結含浸法では，酵素と造影剤を同時含浸させることで，形状はそのままに物性を調整した検査食を作製できる（写真1）。本検査食でVFを実施したところ，咀嚼期から嚥下期に至る通常の摂食過程のVF画像を取得することができた。根菜類に関する臨床評価の結果は，概ねヨーグルトと同等との結果が認められている[17]。また，外科領域にも応用展開でき，胃切除術後の造影結果において，凍結含浸食材がつかえることはなく，食道から残胃，さらに十二指腸への食材の移動の程度が観察されている。

6　機能性成分の付加・増強技術への応用

凍結含浸で使用する酵素をうまく利用すれば，機能性成分の付加・増強技術として用いることができる。例えば，多糖類の低分子化により水溶性食物繊維を食材内部に生成させることができる。セルロシンME（エイチビィアイ製）処置したゴボウの食物繊維を調べると，総食物繊維量はほとんど変化しないが，凍結含浸処理によって水溶性食物繊維が増加することが確認されている[8]。水溶性食物繊維は，コレステロールなどの生体内吸収抑制作用や血糖値上昇抑制作用などに関与する成分である。

また，ジャガイモにオリゴ糖生成酵素を凍結含浸すれば，食材内部にオリゴ糖を生成させることができる[18]（図7）。ジャガイモにはオリゴ糖がほとんど含まれないが，ジャガイモをすりつぶしてαアミラーゼ（液化酵素6T，エイチビィアイ製）を作用させると，60分間の反応で100gあたり8.5gのオリゴ糖が生成する。一方，形状あるジャガイモにαアミラーゼを含浸すると，6.5g生成する。これは，凍結含浸処理により酵素が細胞内に導入され，細胞内のデンプンを形状保持した

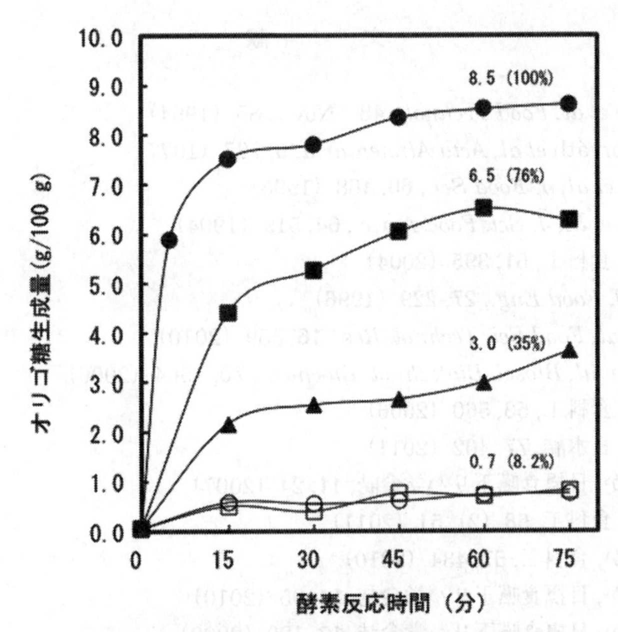

図7　ジャガイモを各処理方法で酵素反応させた時の
酵素反応時間に対するオリゴ糖生成量の変化
●：粉砕後に酵素液と混合
■：凍結解凍後に酵素含浸（凍結含浸法）
▲：凍結解凍後に酵素浸漬
○：未凍結で酵素含浸
□：未凍結で酵素浸漬

ままオリゴ糖に変換したことを意味している。さらに，凍結含浸処理の前処理に誘電加熱を利用し，細胞内への酵素導入効率をさらに上げる技術も開発している。このような食材に酵素を含浸して機能性を付加・増強する技術に関する報告例はなく，今後さらに発展するものと思われる。

7　おわりに

凍結含浸法は，摂食・嚥下障害をもつ患者や高齢者に希望を与え，QOLの向上に大きく寄与するものと確信している。また，酵素の応用範囲を広げる技術として有望で，従来の食品加工技術の概念を変える要素も有している。食品加工分野での今後の技術展開に期待したい。

文　献

1) R. N. Mcardle *et al*, *Food Technol.*, **48** (Nov.), 85 (1994)
2) K. Zetelaki-horváth *et al*, *Acta Alimentaria*, **6**, 227 (1977)
3) T. Nakamura *et al*, *J. Food Sci.*, **60**, 468 (1995)
4) S. V. Ramana *et al*, *J. Sci. Food Agric.*, **64**, 519 (1994)
5) 坂本宏司ほか, 食科工, **51**, 395 (2004)
6) P. Fito *et al*, *J. Food Eng.*, **27**, 229 (1996)
7) K. Shibata *et al*, *Food Sci. Technol. Res.*, **16**, 359 (2010)
8) K. Sakamoto *et al*, *Biosci. Biotechnol. Biochem.*, **70**, 1564 (2006)
9) 柴田賢哉ほか, 食科工, **53**, 560 (2006)
10) 永井崇裕ほか, 日水誌, **77**, 402 (2011)
11) 中津沙弥香ほか, 日摂食嚥下リハ学会誌, **11**, 24 (2007)
12) 渡邊弥生ほか, 食科工, **58** (2), 51 (2011)
13) 中津沙弥香ほか, 食科工, **57**, 434 (2010)
14) 中津沙弥香ほか, 日摂食嚥下リハ学会誌, **14**, 95 (2010)
15) 中津沙弥香ほか, 日摂食嚥下リハ学会誌, **13**, 120 (2009)
16) 坂本宏司ほか, 特開第2007-204413 (2007)
17) 平位知久ほか, 日本耳鼻咽喉科学会会報, **113**, 110-114 (2010)
18) K. Shibata *et al.*, *Food Sci. Technol. Res.*, **16**, 273 (2010)

第25章　既存の酵素を用いた新素材の生産
—難消化性デキストリンと遅消化性デキストリンを例に—

島田研作＊[1]，大隈一裕＊[2]

1　はじめに

わが国では特定保健用食品（トクホ）の関与成分をはじめとして様々な機能性食品素材が開発され，広く食品に利用されている。その中でも糖質関連の機能性食品素材の割合は高い。そして，その機能性食品素材の大半が糖質関連酵素によって製造されている。このことを鑑みると，糖質関連酵素がわが国の機能性食品の発展に重要な役割を果たしてきたことは言うまでもない。

糖質関連酵素によって製造されている機能性食品素材に関して，ここでは具体的に例示しないが，難消化な機能性オリゴ糖や希少糖に分類される素材の大半がそれに該当する[1)]。このような素材の開発戦略は，安価な原料を機能性オリゴ糖や希少糖などの特徴的な素材に変える反応の触媒を酵素に求め，それに合った酵素を探索して新規な酵素を得るという戦略である（素材が先か，酵素が先かは別にして）。

このように，機能性食品素材の開発において，アウトプットとなる素材と新規な酵素は対をなす関係にあるといえる。

しかしながら，機能性食品素材と糖質関連酵素の関わりを俯瞰すると，中には既存の酵素を従来の使い方とはまったく異なる使い方で多角的に利用して食品素材の特徴や機能性を高めたものがあることに気付く。

本章では，このような既存の酵素を用いた新素材の生産に関して，難消化性デキストリンと遅消化性デキストリンを例に，酵素の多角的利用という観点から紹介する。

2　難消化性デキストリン

2.1　概要

難消化性デキストリンはでん粉に酸を添加したあと加熱によって生成する難消化性成分を分離・精製して製造する食物繊維である。水溶性で溶液の粘度は低く（濃度30％，30℃で8mPa·s程度），甘味度はショ糖の10％なので飲料や食品に配合しやすく，配合した食品の味への影響が少ない。エネルギー値は1kcal/gと低カロリーであり，多くの優れた生理機能を有し，特定保

＊1　Kensaku Shimada　松谷化学工業㈱　研究所　主査研究員

＊2　Kazuhiro Okuma　松谷化学工業㈱　研究所　所長

健用食品の関与成分としても利用されている。

2.2 製造方法と分析方法

難消化性デキストリンの原料には，コーンスターチ，タピオカでん粉，馬鈴薯でん粉などを使うことができるが，現在はコーンスターチが使われている。製造工程を図1に示す。

加熱工程は難消化性成分を生成する工程である。原料となるでん粉に酸を添加して加熱することで難消化性成分を生成させる[2]。酵素分解工程は加熱工程で生成した難消化性成分とそれ以外の成分を分離可能な成分に変換する工程である。加熱工程を経たでん粉を水に溶解して，α-アミラーゼ，続いてアミログルコシダーゼによる加水分解を行う。いずれの加水分解反応もリミットまで反応させる。この連続した2つのリミット反応において，酵素で加水分解される成分はブドウ糖にまで分解し，加水分解されない成分はブドウ糖以外の難消化性画分として残る。そして，この難消化性画分は，ラットの小腸粘膜酵素，食物繊維の定量方法であるプロスキー法[3]でも加水分解されないことより食物繊維であると確認された[4]。すなわち酵素分解工程は食物繊維以外の成分をブドウ糖に変換する工程である。分画工程は酵素分解工程で変換したブドウ糖と難消化性画分をイオン交換クロマトグラフィーで分離分画し，食物繊維含量の高い難消化性画分を得る工程である。最後に，難消化性画分の成分をスプレードライヤーで粉末化して製品とする。

こうして得られた製品は，ヒトでの臨床試験の結果，小腸までの上部消化管ではほとんど消化吸収されないことが確認された[5]。すなわちα-アミラーゼとアミログルコシダーゼのリミット反応で加水分解されない成分は，ヒトの上部消化管でもほとんど消化吸収されない食物繊維であることが確認された。

通常，α-アミラーゼはでん粉をエンドワイズに分解するため，でん粉の液化や糖化，すなわちデキストリン，マルトデキストリン，水飴などの製造に用いられている。また，アミログルコシダーゼは液化したでん粉に作用してグルコースを生成するため，グルコースの製造に用いられ

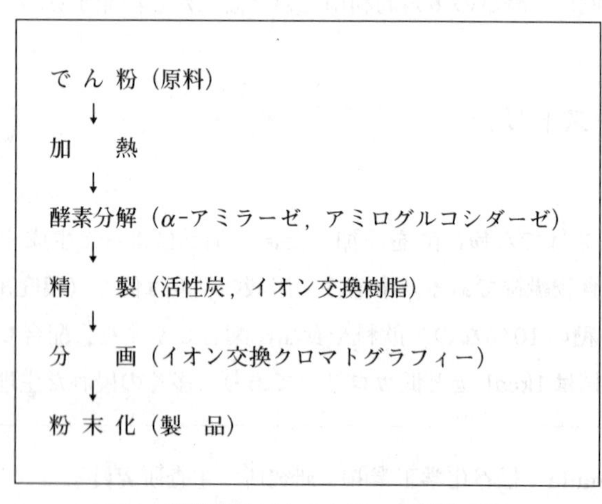

図1　難消化性デキストリンの製造工程

ている。しかしながら，難消化性デキストリンの場合は，これら2つの酵素をリミットまで反応させることで「産業酵素による加水分解反応を食物繊維成分の濃縮に利用した」ところが特徴的であり，酵素の多角的利用方法の一例であるといえる。

難消化性デキストリンの食物繊維の測定は，栄養表示基準の栄養成分の分析方法である酵素－HPLC法によって定量される。この分析方法はAOAC 2001.03に準拠している。一般的な食物繊維の分析方法である酵素－重量法（AOAC 985.29，991.43に準拠する）で分析すると，アルコールに溶解する低分子成分が測定できないため，定量値が低くなるので注意が必要である[6)]（AOAC法は米国のAOACインターナショナルが管理運営している世界標準の分析方法。AOAC法は世界各国で公定法として認められている）。なお，難消化性デキストリンは水溶性であるので，難消化性デキストリンの製品試験並びに特定保健用食品の関与成分の分析では，アルコール沈殿させずに水溶液をそのままHPLCで分析する酵素－HPLC法の変法が難消化性デキストリンの分析法として使われている。

また，難消化性デキストリンの構造はメチル化分析法による結合様式の割合の測定で分析することができる。メチル化分析法は多糖の結合していない部位および結合している部位にそれぞれ特定の化学修飾を施すことでその結合様式を測定する方法である[7)]。難消化性デキストリンは通常のデキストリンに比べて1,4結合以外の割合が多く分岐構造が発達している[5)]。このメチル化分析の結果から推定される代表的なモデルとしての難消化性デキストリンの推定構造式を図2に示す。

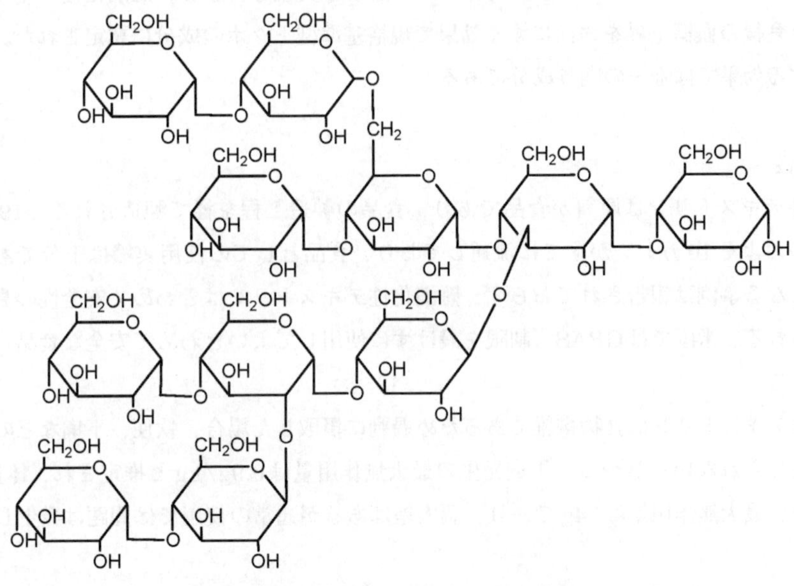

図2　難消化性デキストリンの推定構造式

2.3 物理化学的特性

難消化性デキストリンはグァーガム分解物，アルギン酸塩，ペクチンなどに比べて水に溶けやすく，溶液の粘性が低い（濃度30％，30℃で8mPa·s程度）。また，甘味度はショ糖の10％なので，配合した食品の味への影響が少なく，飲料や食品に配合しやすい素材である。難消化性デキストリンはイヌリンやフラクトオリゴ糖とは異なり，酸性条件下での分解反応が進行せずに安定であるため，酸性飲料への配合が可能である。また，難消化性デキストリンは鉄分，大豆の臭み，酢の刺激を抑える作用や高甘度甘味料の味質を改善する作用すなわちマスキング作用があり，豆乳，酢飲料，高甘度甘味料を含む飲料などを飲みやすくすることを目的とした配合例がある。

2.4 機能特性

難消化性デキストリンのエネルギー値は食物繊維として1kcal/gである。カロリーの低減を目的にした低カロリー食品に使用されている。

難消化性デキストリンは様々な生理機能を有する。具体的には，①整腸（便秘を改善，下痢を改善），②血中コレステロールを下げる，③食後の血糖上昇を緩徐にする，④中性脂肪の代謝を改善する，⑤食後中性脂肪の上昇を緩徐にする，⑥脂肪の蓄積を抑制する，⑦ミネラルの吸収を促進する，などの効果があり，いずれの効果も実験で証明され，論文報告されている[8〜13]。特に整腸効果，食後の血糖上昇を緩徐にする効果，食後の中性脂肪の上昇を緩徐にする効果を保健の用途とした特定保健用食品（トクホ）は合計277品目にのぼり，全特定保健用食品955品目の実に29％を占める（平成23年4月1日付）。このような実績を背景に，難消化性デキストリンは整腸効果と食後の血糖上昇を緩徐にする効果で規格基準型トクホの成分に認定された。血糖上昇を緩徐にする効果では唯一の関与成分である。

2.5 安全性

難消化性デキストリンは原料が食品であり，食品の製造工程を経て製造される。1988年の販売開始からおよそ10万トンがすでに流通しており，食品としての使用実績は十分である。これまで問題となる事例は報告されておらず，難消化性デキストリンはきわめて安全性の高い食品と位置づけられる。米国ではGRAS（制限を設けずに使用してよいきわめて安全な食品）として認められている。

難消化性デキストリンは食物繊維であるため過剰に摂取した場合，軟便，下痢などの胃腸症状の発生はさけられない。しかし，下痢発生の最大無作用量は0.9g/kgと推定され，体重60kgの成人の場合，最大無作用量は54gであり，個人差はあるが通常の使用では問題は発生しないと考えられる。

2.6 食品への応用

難消化性デキストリンの利用用途を表1に示す。特定保健用食品（トクホ）をはじめとして非

表1　難消化性デキストリンの用途

利用目的	用途の例
特定保健用食品（トクホ）	コーヒー，お茶，スポーツドリンク，味噌汁，スープ，水，ニアウォーター，パン，ご飯，ヨーグルト，そば，サプリメントなど
食物繊維源（食物せんい強化）	ジャム，コロッケ，惣菜，スープ，シリアル，経腸栄養剤，濃厚流動食，野菜ジュース，サプリメントなど
マスキング，味質改善	豆乳飲料，酢飲料，高甘度甘味料を含む飲料など

常に広範な用途に利用，応用されている。

3　遅消化性デキストリン

3.1　概要

遅消化性デキストリンはでん粉を液化した後に糖転位反応を触媒する酵素α-グルコシダーゼによりα-1,6結合などの分岐構造に糖転移させて製造される高分岐デキストリンである。物理化学的特性は標準的なマルトデキストリンと比べてほぼ同等であるが，α-1,6結合などからなる分岐構造は消化酵素で分解しにくいため，標準的なマルトデキストリンと比べて緩徐な消化吸収性を示し，腹持ち感が持続する特長をもつ。

3.2　製造方法と分析方法

遅消化性デキストリンは，でん粉を酸（塩酸やシュウ酸）あるいはα-アミラーゼを用いて液化した後，糖転移反応を触媒するα-グルコシダーゼ（トランスグルコシダーゼ）とマルトース生成酵素を作用させて製造される。トランスグルコシダーゼはデキストリンに作用して糖転移反応を触媒し，α-1,6結合などの分岐構造を発達させる。また，マルトース生成酵素の作用により生成するマルトースはトランスグルコシダーゼの最適な糖供与体となり，デキストリンへの糖転移反応の効率化に寄与すると考えられている。活性炭による脱色，ろ過，イオン交換樹脂による脱塩などの精製が行われた後，濃縮され，そのまま液状として，あるいはスプレードライヤーで粉末化されて製品化される。

通常，トランスグルコシダーゼはイソマルトオリゴ糖（イソマルトース，イソマルトトリオース，パノースを主成分とする分岐オリゴ糖）の製造に用いられている[14]。その転移反応の主な糖受容体は単糖や二糖である。しかしながら，遅消化性デキストリンの場合は，「転移反応の主な糖受容体がデキストリンである」ところが特徴的である。このことでこれまで報告されていない新規なデキストリンを開発し得たことを鑑みると，酵素の多角的利用方法の一例であるといえる。

遅消化性デキストリンはDE（Dextrose Equivalent）の測定とメチル化分析法による結合様式の割合の測定で分析される。DE値はでん粉の分解度をパーセントで表したものであり，「DE＝

直接還元糖（グルコースとして表示）／固形分×100」の式により求められる。でん粉が完全に分解されてすべて構成糖であるグルコースになった場合，DE値は100で，分解されていないでん粉では0である。測定方法にはウィルシュテッター・シューデル法，レーンエイノン法などがある[15]。遅消化性デキストリンのDE値は20程度である。

メチル化分析法は前節で述べたとおりである。遅消化性デキストリンの分析結果の例を表2に示す。遅消化性デキストリンは通常のデキストリンに比べて1,6結合の割合，中でも非還元末端の1,6結合の割合が多く分岐構造が発達していることがわかる。この分析の結果から推定される代表的なモデルとしての遅消化性デキストリンの推定構造式を図3に示す。

表2　結合様式の割合

結合様式	遅消化性デキストリン（DE＝20）	マルトデキストリン（DE＝15）
1,4結合	77.8％	90.4％
1,6結合	17.5％（11.0％）*	6.0％（0.0％）*
1,3結合	4.7％	3.6％
1,2結合	0.0％	0.0％

＊　括弧内は1,6結合のうち非還元末端の1,6結合を示す。

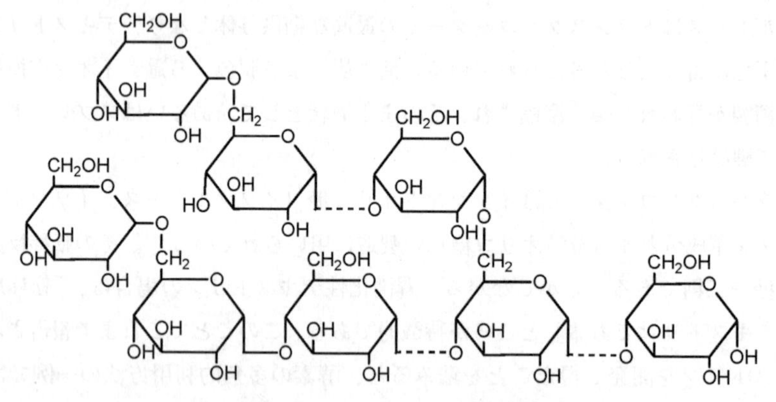

図3　遅消化性デキストリンの推定構造式

3.3　物理化学的特性

遅消化性デキストリンの溶解性，粘性（濃度30％，30℃で9mPa·s程度），浸透圧（濃度10％で140mOSMOL/kg程度），甘味度（ショ糖の20％程度），酸安定性などは，DEが同等ならば標準的なマルトデキストリンとほぼ同等である。

3.4　機能特性

遅消化性デキストリンは，表2に示したように非還元末端の1,6結合の割合が多く分岐構造が発達している。α-1,6結合などからなる分岐構造は消化酵素で分解されにくいため標準的なマルトデキストリンと比べて摂取後の血糖値の上昇は低いことが確認されている（図4）。このことは遅消化性デキストリンの緩徐な消化吸収性を示している。また，遅消化性デキストリンは，消化吸収が緩徐であるため，標準的なマルトデキストリンと比べて腹持ち感が持続する傾向が認められている（図5）。また，遅消化性デキストリンのエネルギーは4kcal/gであることが確認されている[16]。したがって，栄養剤，スポーツ飲料などのエネルギー供給を目的とした炭水化物源として利用できる。

3.5　安全性

遅消化性デキストリンは原料が食品で，食品の製造工程を経て製造されている。また，製造に使用する酵素も食品加工用酵素として長年使用されているものであり，きわめて安全な食品と位置づけられる。

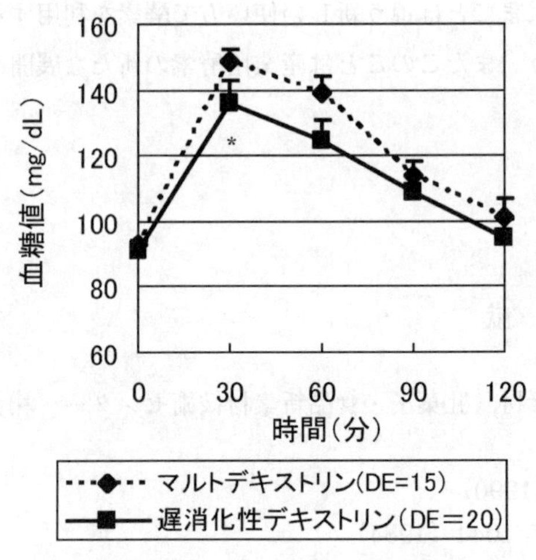

図4　50g摂取後120分までの血糖値の変化
（n=11，*P<0.01 Paired t-Test）

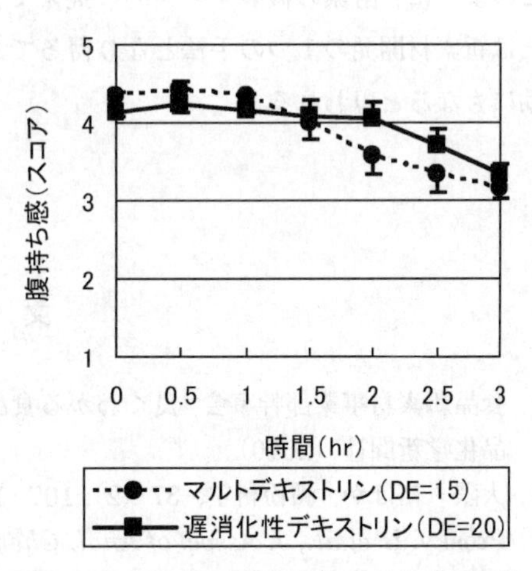

図5　50g摂取後3時間までの腹持ち感の変化
（アンケート方式，n=11）

3.6 食品への応用

遅消化性デキストリンは，摂取後の血糖値の上昇が緩慢で緩徐に消化吸収され，腹持ち感が持続し，しかもエネルギーは4kcal/gなのでエネルギー供給を目的とした炭水化物源として利用できる。

具体的には，摂取後の血糖値の上昇が緩慢で緩徐に消化吸収され，しかも浸透圧が低く，高浸透圧がもたらす浸透圧性の下痢などのリスクが低いことから糖尿病患者向け栄養剤に，腹持ち感が持続することからダイエット食品やエネルギー補給食品に，摂取後の血糖値の上昇が緩慢で緩徐に消化吸収され，腹持ち感が持続するエネルギー持続型の炭水化物であることからスポーツ飲料・ゼリーなどに利用できる。すなわち遅消化性デキストリンは栄養剤，栄養補助食品及びエネルギー飲食品の炭水化物源など広範な医療食品及び食品分野への利用，応用が期待できる。

4 おわりに

難消化性デキストリンと遅消化性デキストリンを例に，既存の酵素を用いた新素材の生産すなわち酵素の多角的利用に関して紹介してきたが，このような例は今回紹介した2つの素材以外にも散見される。

例えば，シクロデキストリングルカノトランスフェラーゼ（CGTase）を用いたカップリングシュガーの開発は酵素の多角的利用のはしりであったと捉えることができる。CGTaseの分子間転移反応（カップリング反応）は現在ではCGTaseの3つの反応の1つとして広く認知され，素材開発に利用されているが，当時は副反応として捉えられていた。また，本章の前に紹介されているCGTaseとα-グルコシダーゼの共反応による新規分岐糖も酵素を多角的に利用することで開発に成功した例であろう。

このように，酵素の機能を多角的に捉えて，これまでとは違う新しい使い方で酵素を利用することは新素材開発の1つの手法となり得るであろう。またこのことは産業用酵素の新たな展開の一助にもなると思われる。

文　献

1） 食品新素材事業部幹事会, 良くわかる食品新素材, ㈳菓子・食品新素材技術センター ㈱食品化学新聞社（2010）
2） 大隈一裕ほか, 澱粉科学, **37**（2）, 107-114（1990）
3） Prosky, L. *et al.*, *J. Assoc. of Anal. Chem.*, **67**, 1044（1984）
4） ニューフード・クリエーション技術研究組合, 食品素材の機能性創造・制御技術―新しい食品素材へのアプローチ―, pp.95-114, ニューフード・クリエーション技術研究組合（1999）

5） Okuma, K., Matsuda, I., *J. Appl. Glycosci.*, **49**（4）, 479-485（2002）
6） 栄養表示基準における栄養成分等の分析方法等について，別添　栄養成分等の分析方法等，8食物繊維，厚生省生活衛生局食品保健課新開発食品保健対策室長通知，衛新第13号，平成11年4月26日
7） Ciucanu, I., Kerek, F., *Carbohydrate Research.*, **131**, 209-217（1984）
8） 梅川知洋，健康・栄養食品研究，**2**（2）, 52-57（1999）
9） Livesey, G., Tagami, H., *Am. J. Clin. Nutr.*, **89**, 1-12（2009）
10） 若林茂，日本栄養・食糧学会誌，**44**，471-478（1991）
11） Kishimoto, Y. *et al.*, *Eur. J. Nutr.*, **46**, 133-138（2007）
12） 山本卓資，肥満研究，**13**, 34-41（2007）
13） Miyazato, S. *et al.*, *Eur. J. Nutr.*, **49**, 165-171（2010）
14） ㈳菓子総合技術センター編，分岐オリゴ糖，昭和62年
15） 澱粉糖技術部会編集，澱粉糖関連工業分析法，pp.5-14，食品化学新聞社（1991年）
16） *J. Appl. Glycosci.*, **55** Suppl, 37（2008）

食品酵素化学の最新技術と応用Ⅱ
—展開するフードプロテオミクス—《普及版》 (B1245)

2011年10月18日　初　版　第1刷発行
2018年6月11日　普及版　第1刷発行

監　修　井上國世　Printed in Japan
発行者　辻　賢司
発行所　株式会社シーエムシー出版
東京都千代田区神田錦町1-17-1
電話03(3293)7066
大阪市中央区内平野町1-3-12
電話06(4794)8234
http://www.cmcbooks.co.jp/

〔印刷　あさひ高速印刷株式会社〕

ISBN 978-4-7813-1282-8 C3045 ¥5200E